編者序

現代製造產業，總是面對各種不同的整合性技術問題。當龐雜的製程出現不順暢，要有即刻性的有效作法並不容易。尤其是像電路板產業，產品製造程序變化多，要用標準而簡單的應對方法處理問題，難度必然會更高。且相同的產品，不同的廠家可能會採用各自的觀點規劃流程，此時所必須關注的技術重點也會不同。筆者每次在更新整理相關問題的解決方案時際，總會面對取捨抉擇，怕贅述太多實用性不夠，但也怕輕忽疏漏把業者關心的議題刪了。

其實各種製程、產品、技術問題，都有主客觀、切入角度、資源與篇幅等不同限制。要讓各種需求讀者都得到滿意指引，恐怕是緣木求魚。萬幸本書並非單人的發現，而是集合設備、製程業者多年的經驗累積。多數編者看到與蒐集的狀況，本書可覆蓋的機率都相當高。終究書的編成，不可能永遠針對特例、偏門，這讓編者在漏編或顧及不週時，能有一點心安理得的自我安慰。筆者仍會持續在技術交流中，汲取可供參考的資料，在未來的更新改版時做強化！

有諸多同業、先進幫忙，筆者才能蒐集到較多實用資料做整理。爲查閱方便，編排格式仍沿用過去筆者的標準表格呈現模式。圖片輔助發揮一圖解千語的想法，也一直是編者不變的概念。

電路板製造技術是多元性的，問題不會只有一個答案，編者僅能盡力關照讓資訊儘量周延，提供經驗上較可行的方案對策供讀者參考。這本書永遠不會完美，也誠惶誠恐的感謝指教、支援、支持的朋友。這本書的重新出發，還是要感謝讀者與同業先進的指教與幫忙。也希望顧慮不週處，讀者能不吝指教！

景碩科技 林定皓

2018 年春　僅識 于台北

編輯部序

「系統編輯」是我們的編輯方針，我們所提供給您的，絕不只是一本書，而是關於這門學問的所有知識，它們由淺入深，循序漸進。

本書以前人解決問題的經驗編寫而成，內容涵蓋故障判讀、恰當切片、簡要製程介紹、常見缺點與解決方法解析，並針對不同技術可能發生的問題，適當編入相關議題，並盡量達到與實際作業相符，方便讀者閱讀比對，本書適用於電路板相關從業人員使用。

同時，本書爲電路板系列套書 (共 10 冊) 之一，爲了使您能有系統且循序漸進研習相關方面的叢書，我們分爲基礎、進階、輔助三大類，以減少您研習此門學問的摸索時間，並能對這門學問有完整的知識。若您在這方面有任何問題，歡迎來函聯繫，我們將竭誠爲您服務

電路板製造與應用問題改善指南

林定皓　編著

全華圖書股份有限公司

目　錄

CONTENTS

CONTENTS

CONTENTS

進入問題判讀－找出真相的基礎

1-1 前言

面對電路板品質、故障問題，業者常把機械研磨、斷面切片當作首要分析手法，有時候也輔以簡單表面分析，就直接進入問題判讀階段。筆者以爲，這種方式固然有機會找到問題眞因，但是誤判或疏漏風險也不小。筆者參與過不同組裝或代工品質問題探討，發現許多案例判讀都有跳步驟問題。譬如：某些案例單憑少數切片照片，就直接進行問題判讀，又或者沒有理解製程實況前就直接判定問題。最令人質疑的是，還看到爲了利益態度偏頗的判讀，這方面筆者相當不以爲然，也深自警惕絕不能犯。

電路板可用製程頗多，譬如：黑化與超粗化都被用在壓板前處理，前者多數使用垂直吊車設備，但後者比較常用水平傳輸設備。兩種設備所可能產生的缺點模式並不相同，問題判讀時需要注意與臆測的方向也不同。如果武斷判定，有誤判風險。本書探討內容雖然以裸板爲主，但仍然無法避免討論一些組裝過的電路板故障問題，電路板本來就是爲承載、連接零件而做，不可能僅關心整體技術的片段。

1-2 電路板問題判讀的時機

電路板品質問題判讀時機，筆者認爲有四個階段，它們各是：內層板製程中 (包括 HDI)、電路板成品後、電路板組裝時、成品生命週期中，愈後段找到問題引起的損失愈大，而問題判讀難度也愈高。

在此將各段問題判讀效益與狀態簡述如後：

1. 電路板問題最早可判讀的時機是在裸板生產過程中 — 這是電路板問題判讀最佳時點，問題既未向後延伸，發揮成本效益也最大。
2. 其次是電路板成品階段 — 此時除表面缺點外，多數潛在品質缺點或問題都可能被掩蓋無法以目視判讀，同時有風險流到客戶手上組裝。此時較常見的手段，是 100%電氣測試與表面檢查 (目視與 FVI)。
3. 接著是組裝過程中的故障判讀 — 此時故障問題層次再度提高，又因爲有電子元件加入與組裝處理，讓故障問題判讀更加麻煩。
4. 最後是產品使用生命週期中的故障判讀 — 這類判讀更棘手，除了組裝累積的問題外，還必須考慮產品使用環境、材料相關、基本設計、周邊條件等問題。

電路板品質問題發掘時機愈早，造成損害當然也愈小。其實在電路板生產線上能即時察覺問題，是品質缺陷發覺的最佳時機。但這類場合是量產環境，除非有較資深或豐富經驗的作業者謹愼管控，否則多數都無法在第一時間檢出。例如：筆者面對的案例，業者喧稱電路板發生線路滲鍍問題，其成品板面發現的典型缺點狀況，如圖 1-1 所示。

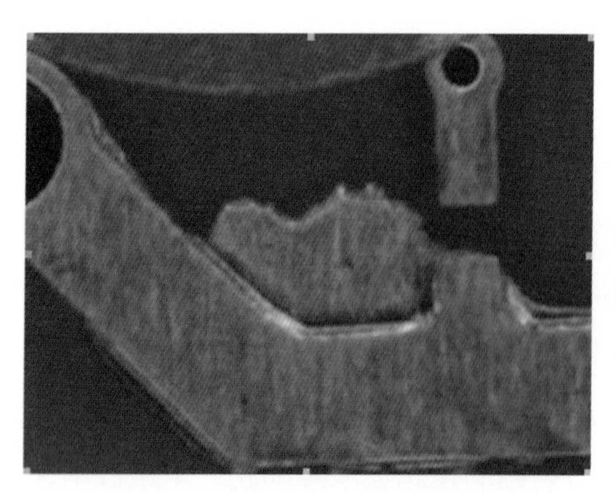

▲ 圖 1-1　有線路滲鍍嫌疑現象的缺點，多數集中在生產板邊且有與線路連接的外型

姑不論這個嫌疑判定是否有爭議？但是據業者說，這種缺點板的累計總量有近千片之多令筆者不解，爲何電鍍製程沒及時在生產線上就發現？一般而言，如果出現線路滲鍍，板面線路邊緣多數會有大量銀灰色不規則圖形出現 (因爲多數廠商採用純錫電鍍作爲抗蝕刻層)，判讀既不困難也多呈現出全面性分布。典型線路滲鍍，其典型剝膜後、剝錫前表面狀況，如圖 1-2 所示。如果出現近千片滲鍍問題板，代表品質問題不但跨越多批，且作業經過長時間都沒有發現並提出警告。這種品質問題，如果在線路電鍍前及時叫停，最多只要做影像轉移重工就可以補救，但是通過電鍍、線路蝕刻就只有報廢一途。連續而大量

出現相同問題報廢相當可惜，建議業者不論是屬於全製程或單一製程代工，都要關注製程中品質問題及延伸影響。如果眞的產生跨批大量報廢性問題，是很難將責任歸咎給單一製程的。

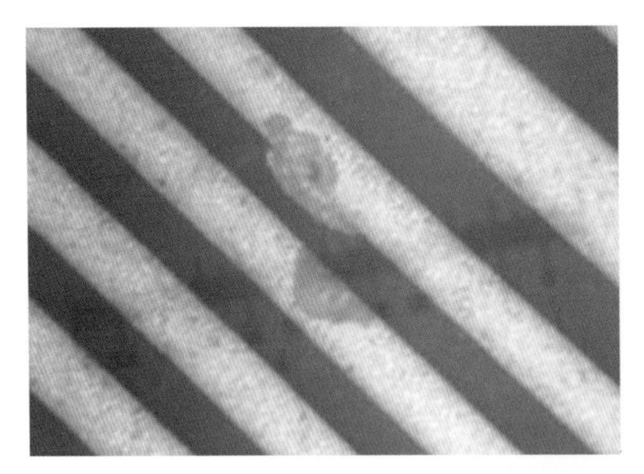

▲ 圖 1-2　典型的線路電鍍銅、錫滲鍍成品與半成品缺點範例

1-3 一般目視比較看不見的電路板缺點

傳輸訊號用電路板，必須用多層結構來控制訊號〝阻抗〞，成品較容易看到的品質問題，多爲綠漆、金屬表面處理、孔徑等可表面檢查或與組裝有關的瑕疵，而內部線路、樹脂膠材、通盲孔品質、內斷、異位、輕微氣泡脫層等問題，是潛在缺點無法以目視直接看到。就因爲眼睛看不到，所以缺點成品會因無法檢出而流出。筆者判讀組裝過的電路板缺點，從通孔切片可以看到鑽孔孔壁狀態不理想。這種孔壁容易讓藥水殘留且清洗不易，狀況較輕的或許不會發生產品運作問題，但是當燈蕊效應 (Wicking) 較明顯，時常會出現組裝爆孔、孔壁金屬分離斷裂、電氣信賴度故障等問題。該案例典型的組裝後孔內品質不良故障狀態，如圖 1-3 所示。

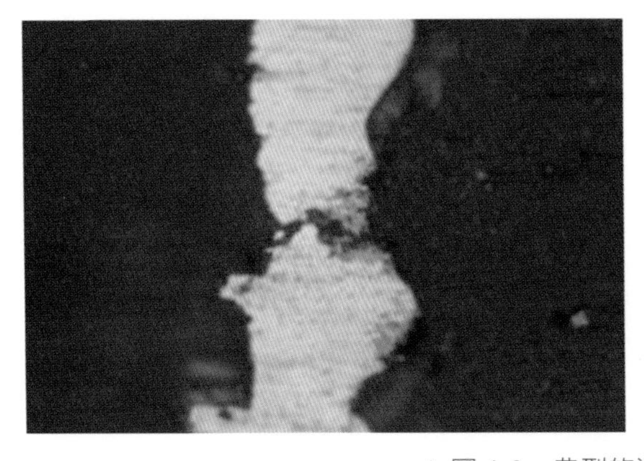
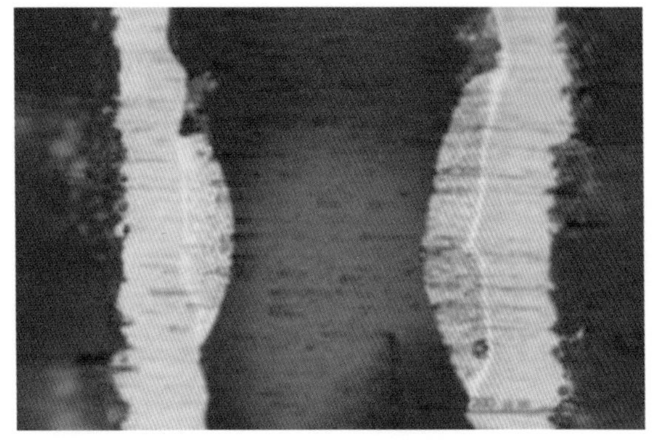

▲ 圖 1-3　典型的通孔缺點與燈蕊現象

這類缺點在板廠內檔下可讓損失降到最低，但業者一般無法檢出容易流入組裝。若進入高熱組裝，孔內斷裂故障問題會大幅提升且比例偏高。一般如果孔銅與樹脂結合良好，熱應力拉扯屬於均匀分布狀態，厚板孔銅斷裂比較常出現在轉角上。但如果孔銅局部出現浮離或內層銅凹陷，熱應力就會集中在這些區域而導致內壁斷裂缺陷。圖 1-4 所示，為典型的缺點範例。應力集中，是電路板出現各種斷裂問題的重要因素之一。

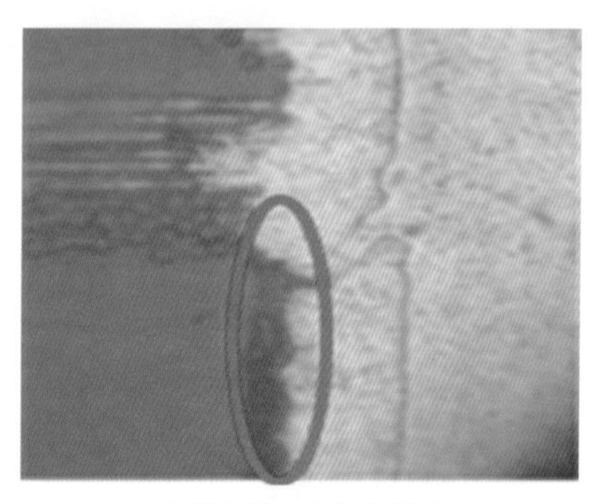

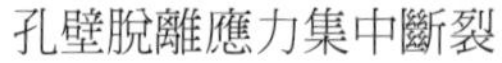

孔壁脫離應力集中斷裂

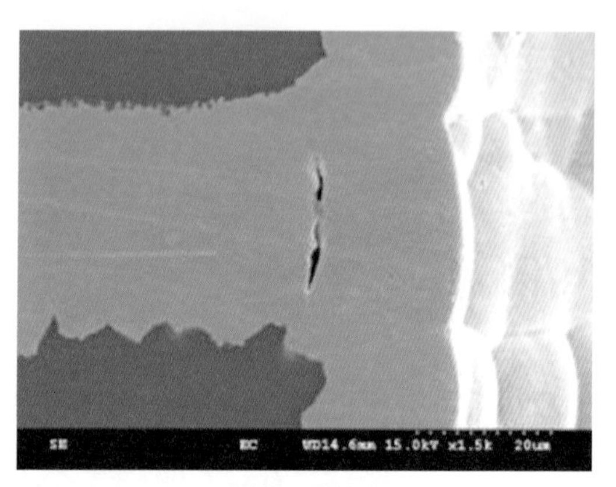

內層銅退縮斷裂

▲ 圖 1-4 典型孔壁斷裂的故障缺點範例

電路板樹脂基材與內層銅面的各種分離、斷裂、起泡，又是另外一種典型的非表面潛在故障缺點。這類缺點簡單可以分為銅與樹脂間、基材內、樹脂間、樹脂與玻璃纖維間的斷裂分離。

一般而言，如果大銅面與膠片樹脂間產生斷裂分離，裂痕又沒有跨越內層到內層基材，這種問題筆者比較偏向判定為壓板問題，可能源自於銅面處理不良、壓板條件不當、膠片品質異常、表面存在不潔異物等。

如果膠片與內層銅面結合良好，但是在連結介面與內層材料都出現拉扯斷裂問題，筆者就會偏向判定為基材強度有潛在問題，或者是產品選用的材料不當無法負荷製程需求。斷裂面未跨越介面，必然是介面結合不良而應朝介面問題尋找答案。圖 1-5 所示，為典型銅面結合不良延伸斷裂的範例。

這類基材中出現的故障問題常產生爭議，但如果明顯可以看到玻璃纖維裸露，應該可以判定為基材特性有問題。如果大銅面保持結合完整，但是卻出現跨越內層或膠片的斷裂，就應該可以判定問題是出自於材料特性問題。這兩種現象，是筆者認為比較不會出現模糊判定的案例。

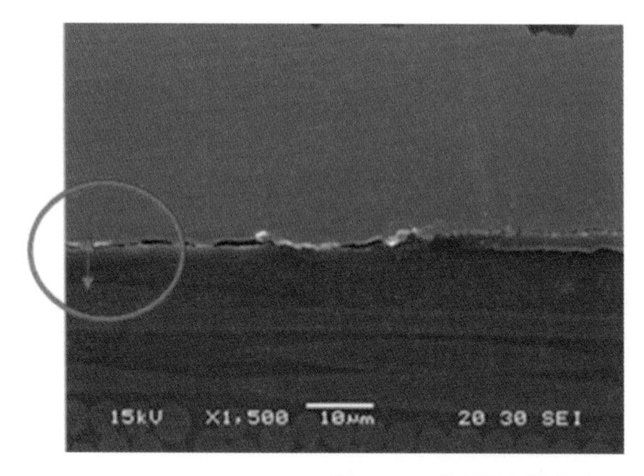

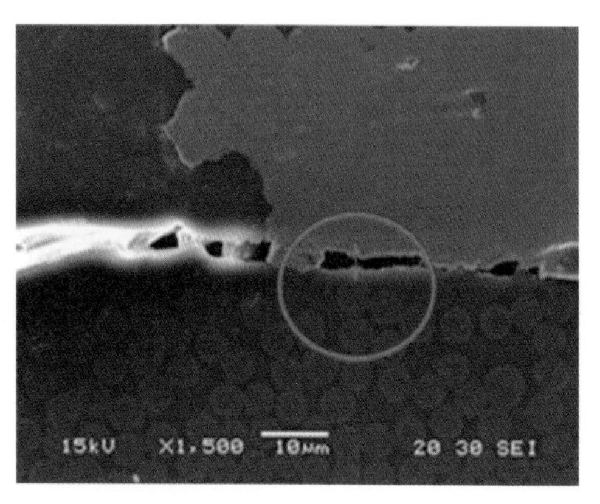

▲ 圖 1-5　典型銅面粗度不足產生的分層斷裂範例

1-4 故障、缺點判讀與技術責任的釐清

一般故障缺點判讀需要探討兩個層面：其一是缺點可能發生的來源，其二是究竟哪個製程步驟或材料需要負擔比較大的貢獻責任？

通孔品質問題，或許被判定爲鑽孔條件不理想導致孔壁粗糙，因爲燈蕊現象明顯會使孔銅不均與輕微浮離，導致組裝強大的熱應力讓浮離更明顯。但如果材料纖維紗能夠更細一點，對鑽孔加工平整度會有幫助，因此筆者會提出材料特性對故障問題也有貢獻。

然而這不是判定材料有問題，而應該進一步探討是材料特性不良或者是選擇不當。這兩者的判定對責任歸屬相當重要，材料沒有達到應有特性屬於基材商責任，但選用材料後的生產變數就可能要設計者或板廠共同負擔責任。而這個案例中誰要負擔比較多的責任呢？是電鍍或者鑽孔製程要負擔更多責任？又或者是設計者需要負大部分責任？

這類問題對全製程廠商而言會比較單純，因爲品質責任只在同一家公司內協調分擔。雖然還是有技術爭議，但報廢成本分攤卻比較容易達成協議。不過當製程連貫跨越代工體系，這個問題就涉及到兩個公司的利益而必須說得更清楚。

選用比較容易加工的基材當然有利於產品信賴度與電路板製程，但是電子產業價格競爭激烈，成本考量常超越作業困難性與風險性考量。前述案例如果換成細緻纖維基材製作電路板，不但鑽孔切割會比較容易且孔壁品質也會比較光滑，鑽針磨耗也會明顯降低，但其最大弱點是材料成本會提高 (更細緻、更薄的玻璃布需要更多張膠片堆疊成規格厚度)。

從這個觀點看，根本問題在價格競爭力考量，而不是基材供應商不懂得使用更恰當纖維布製作基材。而鑽孔加工也會考慮成本問題，當基材比較難鑽孔時，作業者要調整鑽孔參數才能最佳化品質。而一般鑽孔成本計算是以單孔價格累計，如果降低板堆疊數、進刀速度、單鑽針鑽孔數等都會增加成本。因此代工廠商面對多變的樹脂材料結構，加工參數都是以板厚度、鑽孔直徑的比例關係作爲考量標準，比較不會針對樹脂基材細節特性做變化調整。

再從電路板設計看，常見的數位產品設計多以阻抗控制爲主要考慮來調整基材厚度，而需要機構強度的應用則從機械強度觀點入手調整厚度，他們多數都不會關注基材其它細節特性。除非有特別信賴度要求，否則所有電子系統廠商也將選材責任交給電路板廠，而板廠也會朝向相同基材厚度、膠片張數低的規劃走。

早期沒有無鉛、無鹵需求的年代，基材樹脂填充材料的添加與搭配物料類型還比較單純。但綠色材料當道後，樹脂基材變化相當多樣，爲了調整基材物理特性，添加的填充物家家不同，種種變化也都會直間接影響基材鑽孔加工性與成品信賴度，這些變化讓鑽孔製程窮於應付。

從以上這些切入點檢討，就可以看到判定責任歸屬的困難。如果說基材特性對故障缺點有貢獻必然是事實，但這是否代表材料商應該對故障問題負責呢？其實相同厚度材料如果膠片堆疊結構不同，對加工性與信賴度必然有影響。而指定使用某種材料的板廠，沒有因爲這些材料差異調整參數，導致電路板產出品質不符需求，其實也難辭其咎。從以上觀點看，某些製程間的責任分攤，時常不得不走向協調之路。技術判讀不應該以鄉愿態度應對，但是技術觀點與實際產品責任判定並不能劃上等號，其中有許多枝節只有設計、材料供應、製作、組裝者間取得共識才能解決。

筆者認爲，一般電路板品質缺點、故障判讀，都還是針對取樣的有限樣品狀態進行，它充其量不過是採取了產品母體中小小的部份做分析。這些問題判讀的目的，固然是要釐清製程或廠商間各自該負擔的責任，但更重要的還是希望知道如何遏止品質問題並策勵未來。

另外從專業眼光看，缺點分析與缺點判讀是兩個不同的階段。目前市場上有不少的分析服務公司，可以爲產品商做信賴度與缺點分析服務。但是就像檢驗師可以爲某些疾病做檢測，卻無法如醫生一樣做病理與病徵的進一步判斷。筆者的觀點認爲，分析公司的工具與經驗，可以幫助問題點的發現，但是判讀方面確實有其困難。且當要做判讀前，其實解析本身可能就必須先有製造專業觀點介入，否則大海撈針不可能找到設定的一些缺陷。筆者認爲，分析工作依賴設備與分析經驗當然可以，但是要進行製作零件的專業判讀，則非具有豐富產業經驗的人不能擔當。這種問題不是純理論探討，不能僅是紙上談兵。

因此多數狀況下，爲了讓判讀能夠比較接近眞實狀況，降低主觀立場的爭議，筆者都會建議採用“四段式判讀”步驟來做解析。

1-5 何謂“四段式判讀”

筆者所謂的四段判讀指的是：(A) 接受與明確化議題 (B) 進行破壞與非破壞解析 (C) 深度探討交換意見 (D) 做出結論。

A. 接受與明確化議題

品質是製作出來的，其實問題也源自於製作過程。筆者在“電路板技術與應用彙編 - 總論”中提到，製造業必需關注的五大技術領域是：材料、設備、工具、製程、測量方法。電路板產業與一般元件產業最大的不同，是可用材物料的類型與廠商變化幅度都很大，且可用的設備、製程選擇性也比較多，加上產品應用、信賴度等級也都有差異，這些在在會影響電路板品質出現故障時，判讀問題的臆測方向。

筆者以爲故障問題判讀除了經驗外，更重要的是判讀者要有“一切歸零”的態度。所謂“一切歸零”的態度，就是在判讀前先將主觀意識、既有經驗、製程立場放在一邊，一切先從了解案例背景開始做議題理解，包括：議題進行狀態、爭議重點、議題意圖等。同時要謹愼做資料蒐集、確認判讀標的、實際問題與製作背景細節，這些資訊都會影響分析精緻度與需要的輔助分析方法，建構正確認識後才開始考慮要做何種追蹤、檢測、分析、切片、數據蒐集等，這種作法是比較安全有效的故障判讀法。

實務經驗讓筆者受益最多的是，當放下主觀立場並傾聽故障問題產生經過與各種製造過程，能讓筆者體會到類似問題需要以各種不同手法與態度面對，同時也領會廣大電路板技術領域，有如此多不同小技巧與做法。

B. 進行破壞與非破壞解析

當確認判讀標的及其所需釐清的疑點，可以開始思索如何規劃分析方向與採用手法。其實品質缺點、故障判讀，最忌諱直接做切片與資料蒐集，尤其是缺點樣品有限、缺點又少而小時，嚴謹規劃分析作法更爲重要。某些儀器分析，需要較高處理成本，如果規劃中使用不必要的程序，也會浪費時間與作業成本，更糟的時候還可能產生誤判。

目前許多電子元件構裝採用 BGA 形式，這類構裝如果出現組裝介面問題，接點介面要做完整灌膠固定切片並不容易，因此要先推定直接做切片可能面對的誤判風險。圖 1-6 所示，爲無法完整固定球接點所產生的介面毛邊現象，不過未必會影響問題判讀。

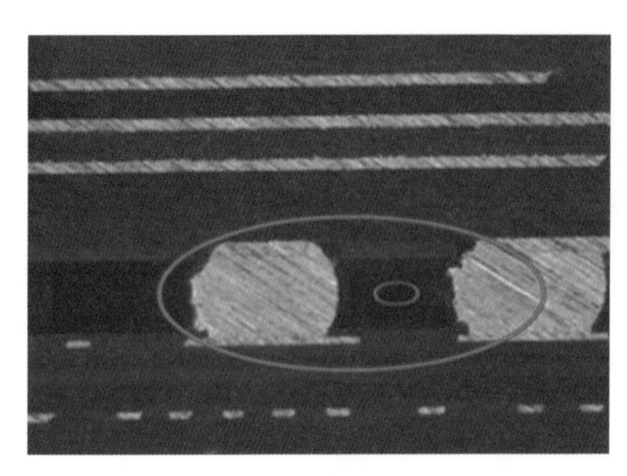

▲ 圖 1-6　未填充材料固定進行研磨的球接腳毛邊

電路板產業的歷史已經不短，但是因爲可用技術變化大、不統一，業者的企業規模也差異頗大，因此廠商手上有的檢測、觀察工具形形色色不一而足。近年來有些先進的 3D-X-ray 檢查機，可以進行非破壞性缺點偵測，但是因爲設備昂貴、速度慢、單次可覆蓋範圍小，因此在電路板業界並不普及。典型的 3D-X -ray 檢查圖像，如圖 1-7 所示。

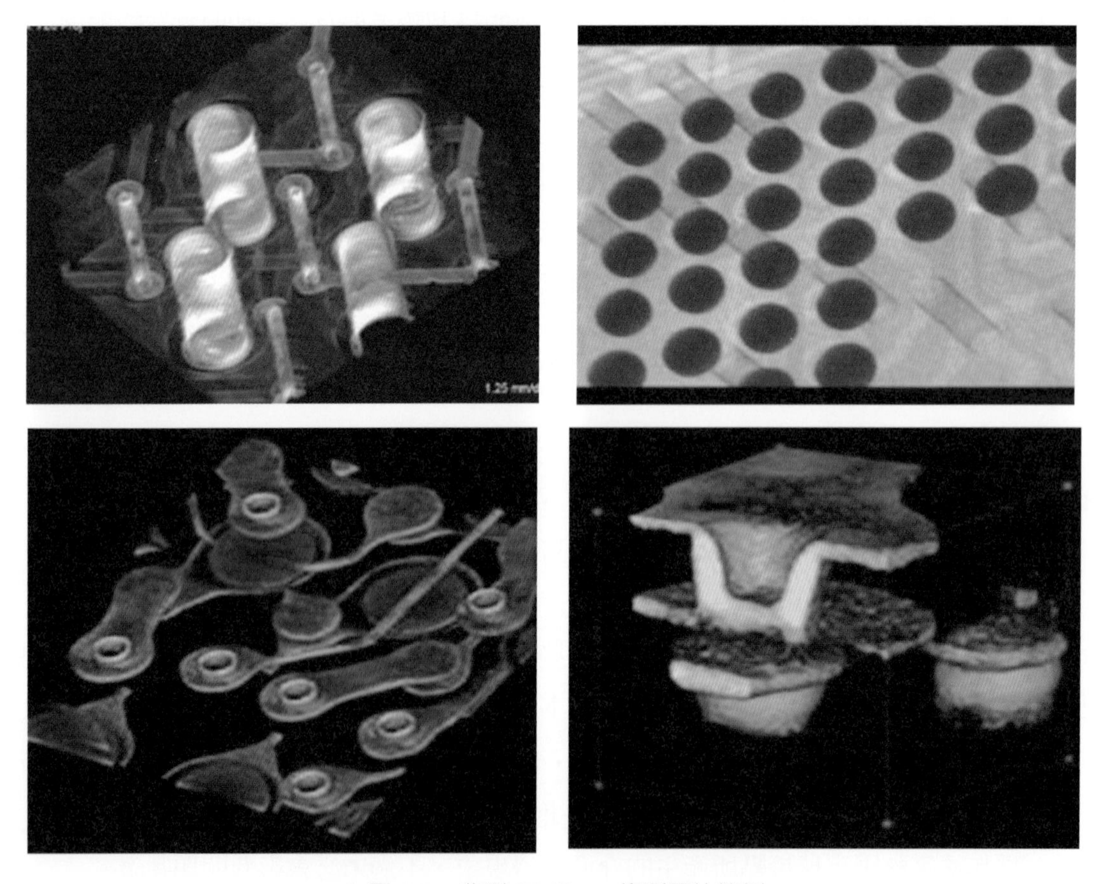

▲ 圖 1-7　典型 3D-X-ray 偵測照片範例

常見的電路板品質缺點、故障問題，常出現在不同電路板材料層次的介面，這時候應該要採用何種偵測手法與儀器，就是故障判讀的重點。業者時常認定電子顯微鏡 (SEM) 是觀察細微結構的好工具，但有時採用工具顯微鏡的彩色影像與環光模式，更能夠呈現缺點的立體感與色澤，未必比電子顯微鏡圖像判讀能力差。業者還建議採用濺鍍法，在金屬面上沈積鐵金屬來增加切片的影像對比，更有利於切片影像的觀察。圖 1-8 所示，為典型切片後濺鍍處理的影像範例。

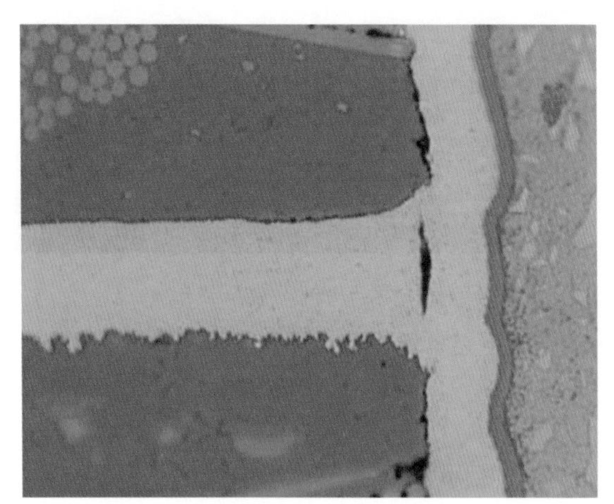
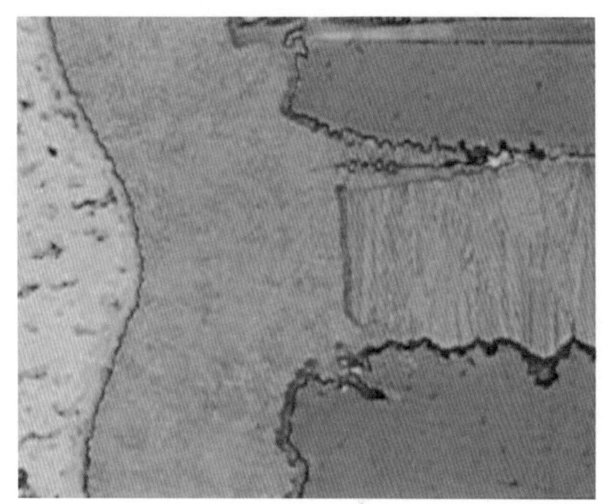

▲ 圖 1-8　切片後以濺鍍法處理，增加影像的色度對比 (來源：ATO)

進行缺點樣品分析，總要保持懷疑與不確定的態度，這個階段的所有資訊都還不足以做缺點判定，因此過快下結論不利於找出眞問題。執行問題解析最好由有完整現場實務經驗的人主導，不論數據蒐集、影像製作、切片下刀、研磨過程，都需要實務經驗邊做邊修正。切片功力固然重要，但更重要的是切片的可讀取性與代表性，因此筆者比較重視可判讀性，切片細節處理功夫則比不上專業切片品管人員，成果確實比較粗糙。樣品目視檢驗、破壞觀察、切片觀察逐步進展，不武斷、不躁進是此階段分析態度的重點，尤其是面對判讀樣品量少、缺點小的案例更是如此。

筆者也曾面對故障樣品取樣不足，而沒有找到重要缺點的窘境，還好因為保持開放態度準備與委託業者做深度討論，才經業者提供資料與嚴重樣品重新切片找到主缺點。圖 1-9 所示，為第一次找到的刮傷缺點與補切片重新照相找到的抗鍍缺點，兩者判讀會有很大的差異。

筆者總認爲人不是神，電路板技術專家多得是，故障缺點判讀應該要先以放空的心態找答案，而不應該直接先入爲主下判斷，這樣比較能找到接近事實的問題癥結。而筆者也建議產業新鮮人，一定要親手做幾次切片，才比較能體會實際切片可能呈現的狀態與面對的問題。

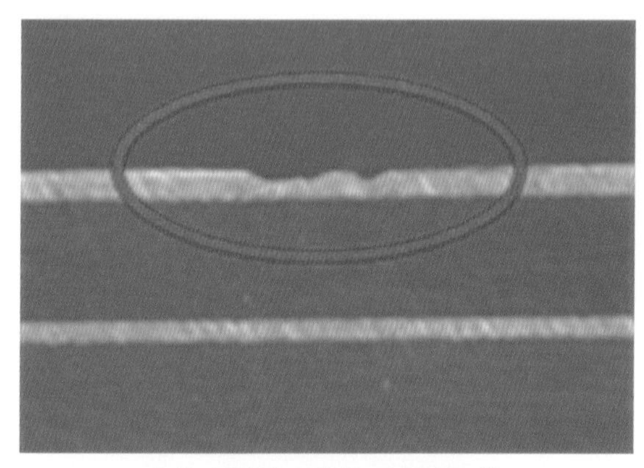

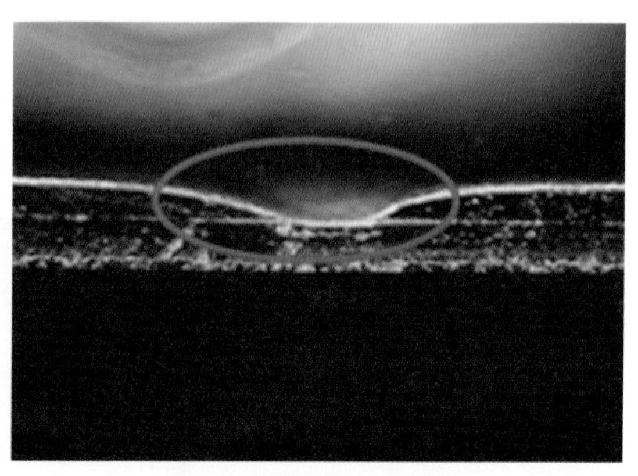

先找到屬於刮傷的不規則凹陷

後來找到屬於抗鍍的凹陷

▲ 圖 1-9　兩次找到缺點的切片斷面差異比較

C. 深度探討交換意見

電路板的缺點常不是單一因素造成，有時候某人將問題判給單一製程貢獻，只是因爲相對機率最高而已。譬如：前述圖 1-9 案例筆者看到刮傷而業者看到了抗鍍，兩種缺點其實對產品的影響輕重差異相當大。輕微刮傷某些產品可接受，但是抗鍍造成的線路坑洞就可能被判定爲報廢。

筆者在判讀之初對凹痕輕微的樣品做切片取樣，雖然也小心的邊觀察邊研磨而判定缺點是機械性刮傷，但因爲取樣少而遺漏了抗鍍缺點問題。幸好做結論前堅持做議題深度討論接受反向意見，否則就會因未主觀而誤判。同時這也給了自己一個機會，再次做其它樣本切片解析找出主要問題。

這種謹慎的過程，筆者建議板廠與代工業者，在判讀品質與故障問題時都能夠確實遵守，因爲多面向不武斷的觀點有助於眞因釐清。單向或主觀思考都有判讀偏頗的風險，一旦過分自信進行判讀做出結論，不但會導致專業立場損傷，也可能讓後續問題產生重大商業與名譽損失不可不愼，因此這個步驟是筆者個人做這類判讀時比較堅持要重複進行的程序。

筆者過去曾經被問到，如果介入這類判讀，又與委託者或當事人緊密接觸，是否會有判讀不公的問題。其實這是一個兩難的問題，判讀需要產業的專業同時搭配實際狀況確認。因此接觸討論透過平台收取鐘點費，都屬於例行公事，判讀是否公正仍然需要靠實務經驗與判讀者是否能潔身自愛達成。這方面的問題並不只存在於產業技術的判讀，社會各領域可能涉及利益的裁判，也都會有類似問題。因此，要如何找到公正的第三方，既有專業又能公正確實是個考驗。

D. 做出結論

不論是否找到故障的眞問題解答，主導者最好都能對深度討論意見交換後對內容做總結。這不但可以對判讀案例明確化有幫助，同時也可以讓判讀者累積更多經驗，是一種雙贏的作法。

筆者在前述案例中雖然第一次遺漏了抗鍍問題必須做補救切片，但是並沒有放棄原來判斷的刮傷缺點。因爲抗鍍產生的凹陷，其邊緣應該呈現平滑規則弧度，但是刮、壓傷卻會呈現不規則外形。且一般刮傷深度不會太大，這個先前的判讀不必因爲前述問題遺漏而改變，筆者判讀時仍然秉持看法列入結論參考缺點之列。

不過筆者要提醒的是，特定判讀結論適用範圍都應該僅止於分析樣品與直接連帶缺點產品，並不建議將這些結論用在延伸製程參數修正、材料狀態判讀等事件上。一般製程問題的處理，應該要先回歸正常的 SOP 爲第一要務，品質問題常來自於異常或製程能力不足，但是兩者之間不能夠直接轉換，這是筆者爲何在此提醒的主因。

產品故障現象是一個綜合體，當問題出現的時候所可能涉及的因子不少且深淺不一。筆者判讀問題的結論大都有多因子，相同外觀的缺點可能源自於多種不同原因，因此它們只有主因、副因的差異，建議在做結論時同時列入。筆者也常認定問題不會來自單一面向，因此類似缺陷外觀只要出自於不同樣品，筆者也認爲需要分開重新解讀。除非事證明確呈現案例結論可以沿用，否則筆者都建議重新做解讀分析。這種做法未必被某些先進、同業接受，但筆者覺得堅持重新思考會比直接沿用誤判風險低。

筆者認爲所有品質缺點、故障判讀，都只能說找到了接近事實的原因，應該儘量避免直接用來更動製程。從統計角度看，製程表現是一種風險控管概念，我們只能說問題判讀找到了可能現象，但是要變動製程參數還是應該用比較大量的實驗與取樣來驗證其重複性與有效性。

除此之外，筆者也建議在沒有完全確認問題且結案前，必須將所有分析樣本與切片保留完整，這樣可以在看到新事證或有新想法時嘗試進一步做不同的補救分析。

1-6 留意用對分析方法

筆者在不同場合，見過不少業界專家與資深先進，他們因爲在各自專業領域都有一定的經驗累積、專精性、立場，因此會產生觀點與看法上的衝突。筆者認爲這種狀態實屬正常，只要不主觀、提證據、尊重數據與事實，終究可以找到比較能夠妥協與接受的判讀結論。但是分析樣本的過程，採用正確設備與方法卻是執行問題判讀工作必須特別留意的事。

譬如：某些廠商希望分析金屬表面污染，因此用 EDX 測試金屬材料表面來判定污染的有無。一般 EDX 要偵測淺層表面狀態，必須用比較低的能量強度做檢測，如果雜質含量偏低還是可能無法偵測到低濃度污染。此時如果還是要對微量雜質做分析，就必須使用如：OJ 等可偵測更淺層表面的檢測儀器做分析。另外值得注意的是，電路板的碳、氫、氧、氮等非金屬元素背景值偏高，如果直接採用 EDX 判讀這類污染，誤判風險性頗高。且 EDX 的有效讀值與偏差量也是問題，如果不分大小有數字就認定有污染，這種看法也有待商榷。

又例如：焊錫屬於柔軟延伸性良好的金屬，如果產生接點脫層中間有縫隙，有可能因爲機械研磨而導致殘屑填充縫隙觀察失誤。極細微的小空洞或隙縫，可能需要用 FIB 電子槍切割法，避開機械切割研磨產生的延展誤判問題。典型的 FIB 斷面觀察範例，如圖 1-10 所示。

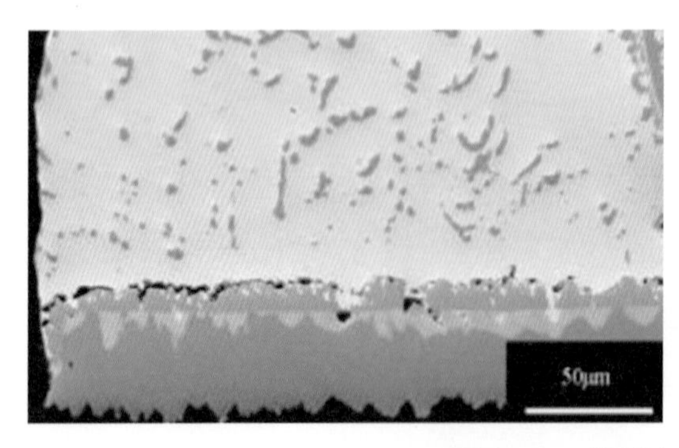

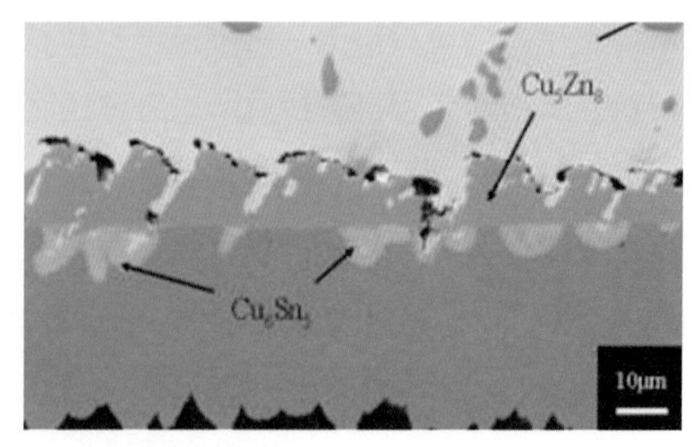

▲圖 1-10 典型的 FIB 斷面 SEM 照片

某些電路板爆板問題，因爲組裝過程的熱應力而產生拉扯延伸，用一般切片觀察容易產生判定盲點。構裝產業常採用超音波先做層分離區的定位分析，這種方式有助於樣本破壞前先確定爆板位置，同時可以比較大面積的偵測。一般切片都屬於線的觀察，不小心就會落入取樣位置錯誤的陷阱，這種故障判讀不可不愼。圖 1-11 所示爲典型電路板層分離超音波非破壞性偵測照片。

某些經過組裝的電路板要做介面故障判讀，需要小心使用判讀前的表面處理方法。例如：筆者曾面對某組裝故障案例，該電路板是採用浸金表面處理且組裝時出現了焊接不良，要做焊接不良點表面黑鎳分析。但問題在於剝除接點面焊錫必須用剝錫液，而剝錫液會損傷鎳金屬面，經過損傷的鎳面無法成爲故障判讀依據。此時，如果周邊還有類似結構鎳金面，則或許可以作爲輔助判讀的依據。

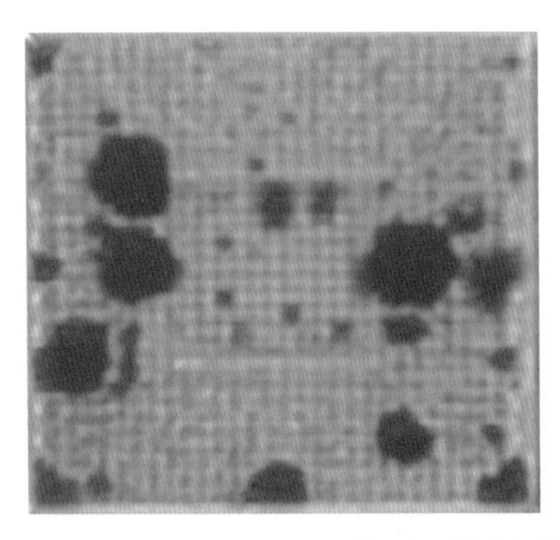
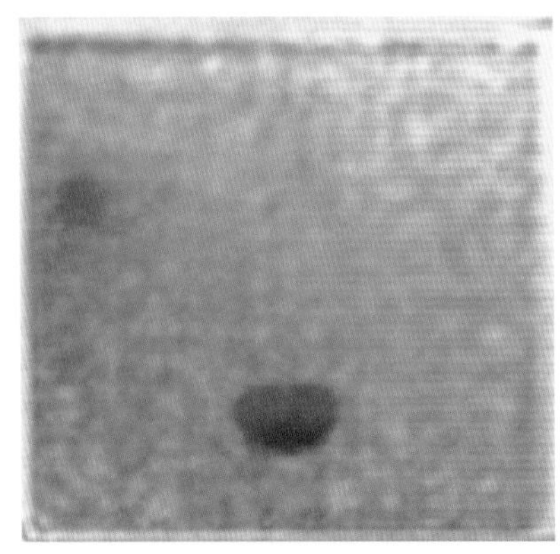

▲ 圖 1-11　典型的電路板層分離超音波空洞偵測照片

一般樹脂基材經過烘烤、噴錫、組裝等過程，其實聚合物都會朝更高聚合度狀態走，組裝成品呈現的樹脂狀態，已經不能完全代表電路板生產過程的情況。如果一定要了解當時可能的樹脂材料物理特性，筆者建議用工廠內留下的產品空板或報廢板做解析。電路板樹脂材料，可以簡單分爲內層基材與樹脂膠片兩部分，一般電路板成品要做聚合度指標 Tg 檢測，如果將兩種材料混合在一起分析，所得到結果是混合結果，它不能完全代表實際膠片樹脂的聚合狀態。

筆者曾與綠漆業者討論綠漆表面與內部深層位置間的聚合度差異問題，業者從學理上同意表面與內度樹脂會有聚合度差異，但要做 Tg 檢驗就必須將表層與內部綠漆樣本分開，光是取樣工作就無法準確完成，又如何能驗證內外位置的聚合差異呢？這個道理也可以用在樹脂基材的聚合度狀態解釋上。因此筆者才強調某些分析儀器與方法有其極限，用對分析方法與儀器所得到的結論，才能作爲判讀故障問題的參考，而受到方法、儀器限制的故障現象，只能夠用理論、趨勢做方向性判讀解析，至於是否能夠被當事人接受，恐怕就無法勉強了。

1-7 方便使用的可攜式光學小工具

爲了方便觀察故障缺點與討論技術議題，筆者常關心隨身可攜的一些觀察工具，除了工廠比較大的顯微鏡、SEM 外，添購比較廉價的周邊配件給工程人員使用，也對問題判讀有幫助。過去板廠工程師因爲資源有限工具單價貴，多數慣用的光學輔助觀察工具都是座式放大鏡、筆鏡等。不過目前常見的路邊攤放大鏡，筆者也發現效果相當好，如果找對網站可以買到不錯的低價位輔助工具產品。筆者所述這些傳統與廉價放大鏡，如圖 1-12 所示。

傳統常見的隨身放大鏡　　網路上的廉價放大鏡

▲ 圖 1-12　典型隨身攜帶的觀察用放大鏡工具

這些廉價產品，網路上宣稱是驗鈔、觀察古董專用的工具，但是用來觀察一般電路板表面品質問題還相當好用。尤其是在做切片研磨時，邊觀察邊研磨對於精細缺點的掌握相當有幫助，因此筆者也推薦給大家使用。

1-8 小結

電路板缺點與問題分析不是切片、觀察這麼簡單的過程，必須要有完整的製程觀念、材料認知、製造經驗與背景、實際使用的製造處理資訊，才有機會做比較有把握的問題判讀，但發生誤判的機會仍然不低，這方面並不全然是經驗老到就可以避免的。

筆者一些電子系統廠的朋友，因面對多次焊接斷路判讀議題希望與筆者做討論。其實電子產品製作的愈後端，問題判讀複雜度與風險就愈大，這是因爲累積程序更多、加入零件也更多所致。不過對於這些組裝後出現的電路板斷路問題，筆者建議分析前應該取得線路佈局圖、短斷路測試結果，否則找缺點就像大海撈針一樣誤判風險相當高。

以目前電子元件大量使用陣列構裝而言，數百、上千接點的案例比比皆是，沒有基礎資料不但分析成本大幅增加，且找不到問題的機會也相當高。圖 1-13 所示，爲沒有電測與設計背景資料，筆者大海撈針下找到的不確定缺點。乍看之下它應該是斷路問題點，但是沒有電測背景資料輔助，筆者沒有百分之百把握。後來經過大倍率與細微的景深調整，還是將該點判定爲沒有問題的接點。

故障樣品判讀的有效性必須要限制範圍，判讀出來的問題現象最好不要過度延伸。證據力比較強的案例，當然可以明確化的做技術判定，但一般問題判讀案例，都無法推論到電路板製程的實際參數與藥水、材料狀態，如果業者對這類判讀有期待，也只能做方向性推測，但是筆者認爲比較難作爲直接證據。要掌握製程的狀態，比較可行的辦法還是要利用故障判讀的方向做製程重複性故障實驗，如果複製缺點確實與故障判讀相同或者類似，此時證據力才能說比較充分。

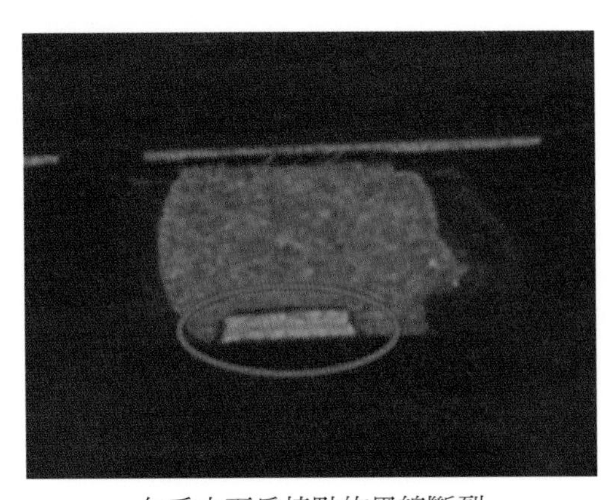

乍看之下爲接點的黑線斷裂

調整放大倍率、景深確認沒有斷裂問題

▲ 圖 1-13　BGA 可能誤判的斷路缺點範例

筆者已經強調過，最佳的問題發覺時機是在電路板製作過程，如果發現某些製程有故障問題的嫌疑，在可能狀況下不但應該及時防堵其擴大，還應該儘可能留下藥水或物料樣品，這樣才能有效對判讀做再次的製程驗證。如前所述，產品的生產與材料、設備、工具、製程、測量控制方法直接相關，因此故障樣本判讀無法直接指出製程內問題，一般比較可以直接找出製程問題的人，應該是材物料、藥水供應商或者電路板廠自己。

缺點故障判讀，是一個有趣、具挑戰性也必須負擔某些名譽損失的風險。不過專業的人想要技術提昇，只做紙上談兵、學習正常技術製程工作是不夠的，仍然必須找機會面對故障缺點判讀的挑戰，虛心討論、謹慎分析、開懷大度，才能在不怕誤判、願意學習、承受挑戰壓力下逐漸成長。

切片篇－製程與品質管控的利器

2-1 電路板切片製作概述

電路板以切片做品管訊息追蹤，對問題解決固然有直接幫助，而其獲得的影像也有眼見爲實的描述功能。但是產品被破壞功能將隨之消失，這種做法不能做爲產品製作主要品管手段，也因此要如何切得少、破壞低，完成缺點判讀並提出有效品管對策，就成爲切片與判讀者所應共同努力的課題。

切片除了偵測電路板外，也有追蹤品質的功能在內。某些高階產品生產時被要求在板邊作假孔或假線形 (Dummy Pattern)，藉由切片確認樣片 (Coupon) 表現出來的狀況，可以推估整體產品品質狀態。這種做法普遍存在於電路板製程中，廣爲業者採用。好切片不但能幫助缺點認定與問題解決，同時能“見微知眞窺見堂奧”。就如英文原文所述微切片 (Micro- section)，判讀中切片會呈現細微資訊，而不只是點出品質缺點。因此如何運用切片及解讀切片，也成爲研究與製作產品技術的人所必修的課程。

切片具備一些特質，諸如：代表性、精確性、製作的精細度、可判讀性等等，好切片必須能切對地方、切足數量、磨對位置、視角正確、拋光細緻、微蝕完整、易量測、一切片多解讀。如果要留下證據，可以用攝影技術照相存證。目前電子影像已經有極高的解析度，留下電子檔有可方便儲存及發送，且取得影像的成本也比過去低得多，是保留證據的好選擇。但必須注意，影像資料常有不易判讀缺點或有色偏問題，若屬於重要切片還是保留原件一陣子比較安全。近來市場有所謂立體顯微鏡出現，某些切片因爲色差因素容易造成誤判，若能用此類影像系統，對判讀會有助益。

筆者要提醒的是，執行各種切片前應該已經有預設的偵測現象標的，也就是一種假想存在的現象。如果不確定想要看到什麼，那最好想清楚再做，否則很可能在樣本有限下，完全失去了判讀的機會。

2-2 垂直切、水平切與觀察法

就像廚師切菜，可以由上而下的直切，藉由斷面的現象來判讀缺點。也可以用水平的方式平切，以取得大平面觀察機會。

2-2-1 垂直切法

針對要觀察的區域假想一個切割面，希望經由此斷面獲得該區域的資訊。此種做法多數只能獲得小區域資訊，對極細微的缺點研磨就有極大的技術考驗，因此一般都用於缺點較明確或區域較大的品質缺點判定。如：孔的斷面及線路截面等觀察，就時常使用此類做法。

某些切片因爲需要做金屬尺寸量測，爲避免研磨造成的尺寸變異，會採用灌膠固定的做法，但有某些切片爲了多角度觀察，並不作灌膠的動作，附圖 2-1 所示，是一些孔切片的取樣範例。

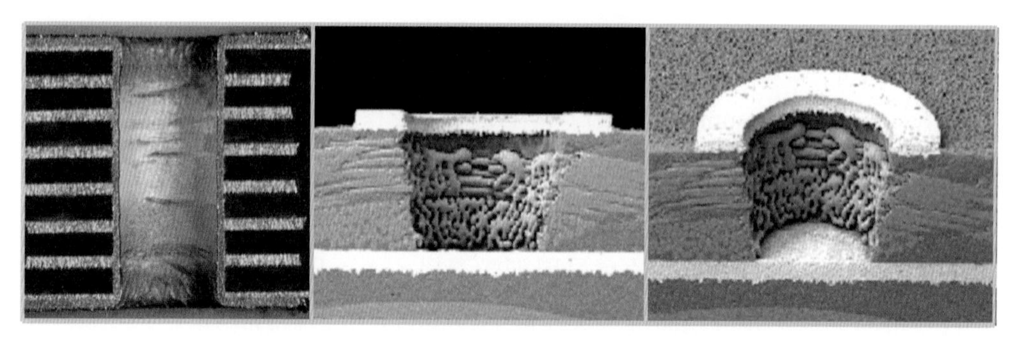

▲ 圖 2-1　左為通孔縱斷面切片，中為未灌膠雷射盲孔照片，右為盲孔斜角度觀察

2-2-2 水平切法

對較大面積的觀察，尤其如基材缺點或表面處理不良等問題，水平切法就展現了較大的觀察空間。例如：底板氣泡、黑化不良等在壓板後發生的缺點，要找出缺點區域或範圍，水平切法就是不錯的選擇。當然近來有核磁共振、超音波水浴的方法可以偵測塑膠內空洞狀況，也有 X 光可以偵測板內金屬雜物狀態，但是要判讀缺點，水平切片仍然是直接看到缺點的方法。圖 2-2 所示爲典型平切法的應用範例。

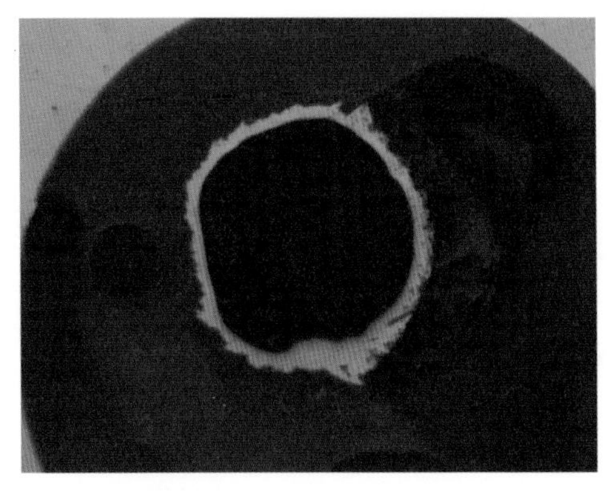

▲ 圖 2-2　左為高階電路板薄介電質層的短路缺點、右為粉紅圈及材料結合缺點

由平面逐步向下磨可以達成大面積觀察的目的，如果採用垂直切法，幸運的話有可能切到外來金屬缺點現象，但是如果採用水平切法則可能更有把握找到問題的出處。

2-2-3　切片的修正

由於切片在製作過程中會因為切割、灌膠、研磨等因素使切片外型不易與想像觀察面成平行狀態。如果光學系統載物平台，恰好必須將觀察的背面置於平台上則會有礙觀察的正確性，此時可以修切片或者用黏土輔助固定以獲得良好的觀察面，其方法如附圖 2-3 所示。

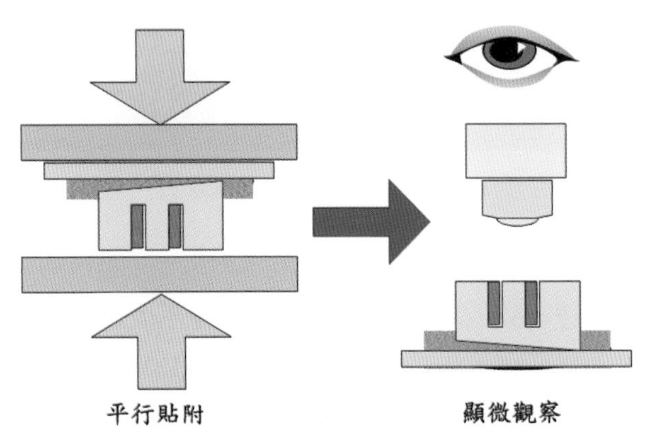

▲ 圖 2-3　切片觀察面的修正與觀測

如果是觀察面處理不良，就必然要作切面修整。如果切面太差無法修整，就必須要重新製作切片，甚至有時會因為樣本用光追蹤無望。因此一般切片取樣，會先以工具切割到接近要觀察的位置，之後以裸片研磨拉近觀察斷面與樣本邊緣的距離，之後小心灌膠固定保持樣本直立，逐步研磨接近觀察斷面，之後減速研磨邊磨邊看，以免造成無法彌補的問題。

切片偶爾會碰到必須修整或與觀察面不平行的問題，如果檢視設備的固定面是如圖所示的切片背面，則用輔助的黏土及載板以平行壓著設備貼附再作觀察是不錯的方法。

2-3 切片的製作程序

2-3-1 取樣 (Sampling)

當切片樣本過大時可以用鋼鋸、線鋸或剪床取樣，也可以用沖床做板面大區域取樣。已經取出的小樣本若需要較精確處理，可以專用鑽石鋸從板面作精細斷面處理。不論是何種取樣法，都必須注意取樣時不傷及樣本觀察區或改變樣本區狀態。圖 2-4 所示，爲製作切片用低速鑽石圓鋸。採用這種細修處理，可以降低研磨過程中近接觀察點的灌膠研磨量，研磨起來比較輕鬆，深度、形狀、平整度也比較容易掌握。

▲ 圖 2-4　低速鑽石取樣圓鋸

先做大取樣再用鑽石鋸床切出小切片是不錯的做法，但如果切片數量龐大則以模具沖壓取樣較有效率。爲了快速一致的取得切樣，業者常會在板邊設計切片樣本，再用沖壓法切下，並以簡單插針工具將多樣本對位串起方便固定灌膠處理。

這種工具是不錯的取樣輔助機具，但是對大量採取切片未必能完全符合實用所需，如何選擇恰當切片取樣法，仍然是作業者値得考慮與練習的課題。某些特定製程如：電鍍通孔，必須做大量定期切片。不但切片量龐大且要持續監控，此時如果還採用一般取樣法，不但成本高昂也無法及時完成實際切片任務。此時如果能夠採用統包式切片，對於實際作業有一定幫助。圖 2-5 所示，爲一般大量固定式切片的示意圖。

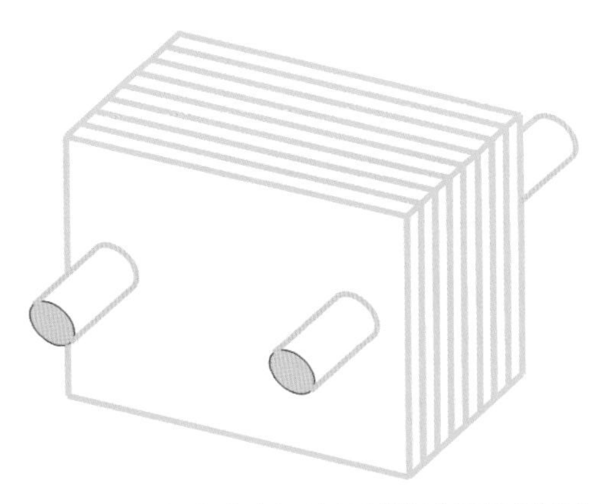

▲ 圖 2-5　沖切方式做出切片的試樣進行堆疊再作灌膠

目前業界已經發展出專業的切片工具套件及自動化切片設備，如果要有系統而精確的進行切片，也可以考慮採用這類系統。

2-3-2　灌膠固定 (Resin Encapsulation)

金屬材質有一定的延展性，研磨中會因爲研磨應力造成延展形變，不利於觀察操作及取得量測精度，尤其特定的切法也必須使用手工，有膠體的固定輔助將使手持研磨得以順利進行。灌膠材質的選用原則以硬化迅速氣泡少爲主要考慮，由於多數灌膠的顏色與基板顏色相近都呈現半透明狀態，因此如果要觀察的樣本特性區域恰好是落在介於灌膠與樣本間，則可以考慮在樣本上塗佈一層不同色澤的樹脂再做灌膠，這將有助於後續的觀察與辨識。例如： 壓板介電質層的厚度量測，就是一個可用來說明的範例。爲了灌膠順利且切片能確實固定在期待的區域，某些切片會使用特定的塑膠模具，切片只要放在模具夾縫中即可。圖 2-6 所示，爲一般專用型的切片架與研磨工具。

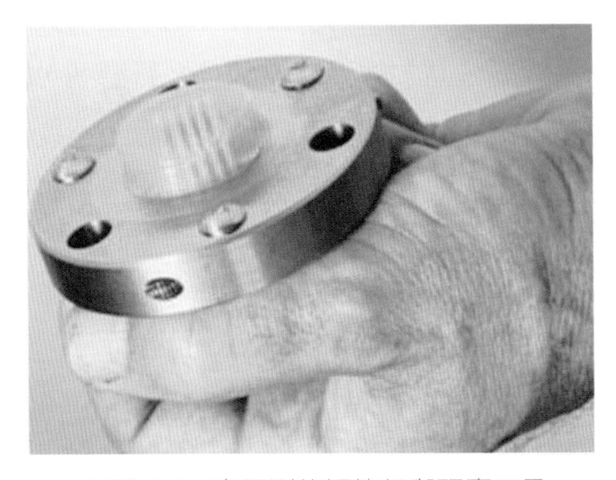

▲ 圖 2-6　專用型的切片架與研磨工具

但此法操作成本略高，且對多樣化的樣本切片就必須提供不同的塑膠模具，另外對於過厚或過薄的電路板，也未必就能使用此類塑膠模。因此隨機利用夾具加上自有灌膠模，成爲多數切片者實際操作的工具。灌膠的材料與填充手法，無法只靠描述而必須有實務操作經驗，至今雖有不少的工具問世，但需要特殊觀察的切片者，累積取樣與操作的技巧和經驗，才是眞正做出良好切片的重點。對要以切片取得資訊的人，固然可以透過別人的手獲取切片資訊，但要獲得確切資訊及學會良好判讀技巧，若能親自參與切片練習，將對樣本判讀與解析大有助益，這尤其能避開一些錯誤切片造成的錯誤判斷。灌膠的目的是爲了支撐研磨產生的應力形變，不良的支撐甚至孔內銅會塌陷到孔內。圖 2-7 所示，就是灌膠氣泡造成支撐不足切片介面變形的範例。

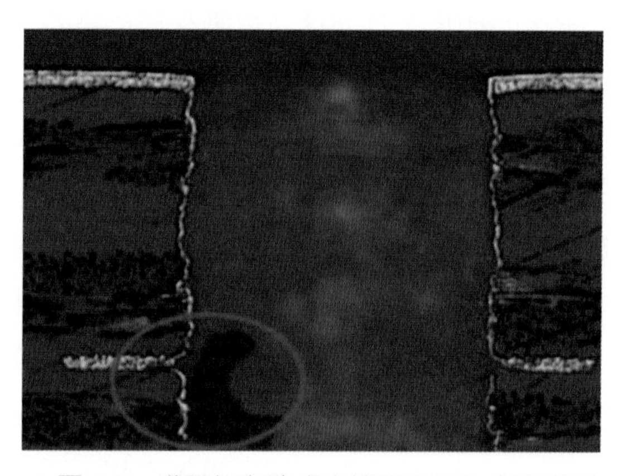

▲ 圖 2-7　灌膠氣泡造成支撐不足切片介面變形

2-3-3　切片研磨 (Grinding)

以砂紙研磨切片是普遍使用的研磨法，市面上有高速轉盤自動研磨機販售，對固定形式的切片是不錯的選擇。對量大又變化多的切片者，則手上功夫仍然必須多加練習。由於電路板樣本需要的觀察面細緻度頗高，如果要得到良好研磨面，除了濕式研磨外，慢工出細活也是必要的。研磨中必須由粗到細逐步調整砂紙號數，不要因爲心急一直使用粗的砂紙。粗砂紙固然切削力大可以比較快達到觀察目標位置，但是研磨面粗糙容易造成切削過頭或無法細拋的風險。因此在將要達到預設的觀察截斷面時，必須提早降低研磨速度以策安全。

逐步的由 (#220 / #600 / #1200 / #2400 / #4000) 砂紙作逐步研磨是不錯的策略，不論手工或機械操作都要將下壓力量作適度調節。過大的壓力會導致切片斷面變形量擴大，有時甚至會影響斷面完整性，或者造成粗顆粒的回壓沾粘。研磨時以獲得固定角度及平行度切面爲主要目標，不要過分施壓。研磨進行中必須提供充足的水幫助潤滑及降溫，這樣較能夠獲致期待的切片結果。圖 2-8 所示，爲半自動研磨與手動研磨設備。

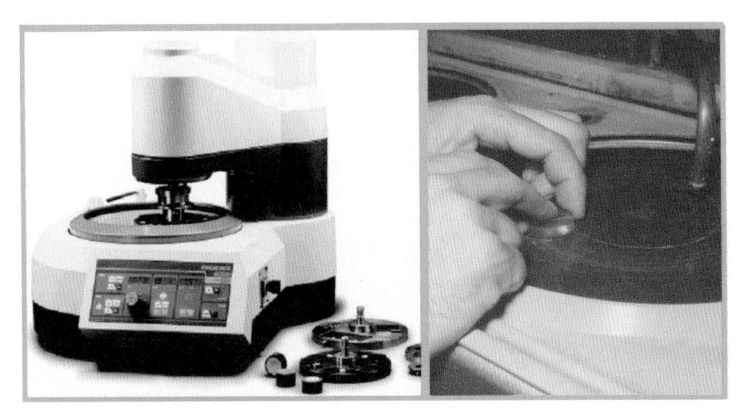

▲ 圖 2-8　半自動研磨與手動研磨設備

2-3-4　細部拋光 (Polish)

其實所謂拋光就是精細切削程序。在切片斷面達到要觀察的位置後，利用極細研磨材將切片的斷面粗度降低，藉以獲得良好觀察表面是切片拋光的主要目的。拋光材料有許多不同的選擇，較常採用的是細緻氧化鋁粉，當然也有許多其他不同可用材質，選用原則還是以可消除砂痕爲重。這類拋光材料，如果加入一些油性填料就可以降低切削率，使研磨面更加細膩清楚。圖 2-9 所示，爲樹脂介面觀察時，填膠釐清介面的案例。

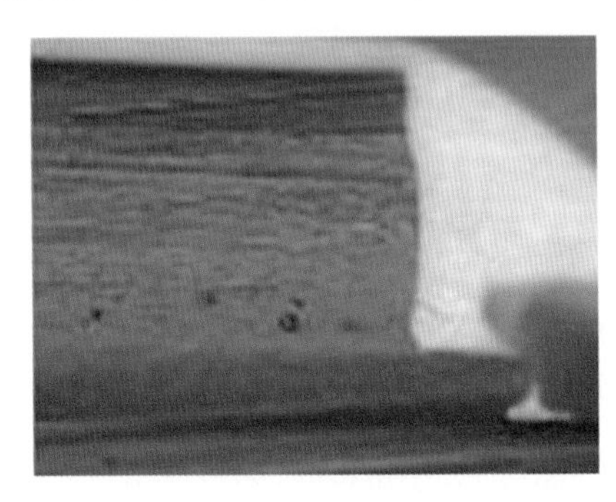

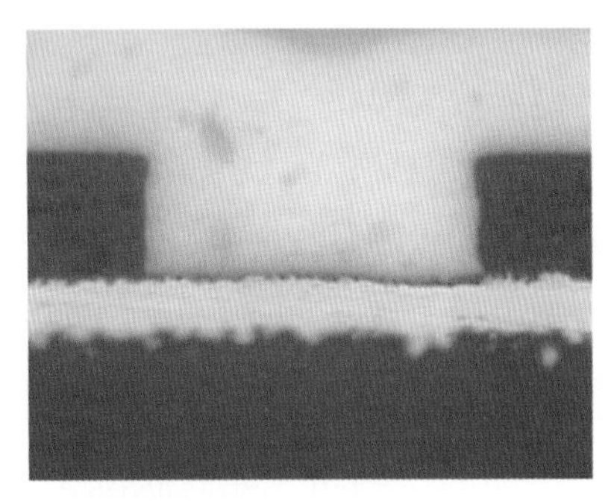

▲ 圖 2-9　樹脂介面填膠觀察範例

拋光也有與研磨一樣的原則，就是有充足的水和恰當的研磨壓力。當然適當轉動切片，使切片各區接受一致的拋光量同時降低拋光單向性，也是不可少的操作程序。過大的壓力及較乾的表面，有時反而會使切片產生高熱焦黑問題，這種作業方式應該儘可能避免。

2-3-5　適當的清潔 (Cleaning)

經過拋光的切片，其表面呈現細緻光滑的亮面，這並不是恰當的切片面。由於研磨與拋光過程中，切片縫隙與柔軟區都可能會因爲研磨產生的壓力，將細微粉末填入。這些材料包括：研磨下來的殘屑、研磨材、拋光材，這也是爲何某些人在測試切片表面缺點時，以 EDX 檢測會發現有鋁金屬殘存在表面的原因。其實電路板的製作不會有鋁金屬存在，但卻在切片上發現殘鋁或殘矽，其中殘鋁可能來自於拋光粉，至於殘矽則可能來自於研磨材或基材的填充物。也因此某些大廠在要求切片時，規定使用鑽石研磨膏來操作以求得更細緻無污染的切面。

爲避免異物造成觀察干擾，拋光後適當清潔是必要程序。當然在研磨與拋光過程中，減少過度研磨造成的異物嵌入，必然是降低異物的重要注意事項。但若已經發現異物嵌入，就必須則強化清潔工作。一般會建議在切片區設置一部超音波清洗機，重要切片可以經過適當清洗再做觀察比較容易看清楚。圖 2-10 所示，爲常用的切片超音波清潔機。

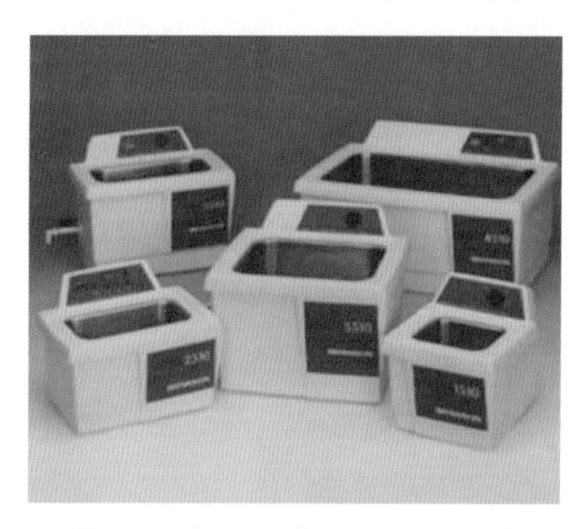

▲ 圖 2-10　切片房常用的超音波清潔機

2-3-6　適量的微蝕 (Micro-etch)

研磨過程中不但會產生切削作用，同時對切片金屬也會產生延展與拉扯作用。因此研磨產生的斷面影像，不但看不出金屬結晶狀況，連灌膠與金屬間或油墨與金屬間的界線，也會模糊不清不易觀察判讀。如此狀況尤其對需要尺寸量測的切片，是一種不恰當的狀態。

微蝕的做法，可以將研磨產生的模糊邊界消除，同時對金屬晶界的呈現也有正面效果。但清楚細膩的微蝕有時不容易作到，效果不好時必須要再拋光重來。切片常用的微蝕液是雙氧水、氨水混合液 (5 ～ 10cc 氨水 +45cc 純水 +2 ～ 3 滴雙氧水) 或鉻酸、硫酸混合液，前者要留意使用一段期間後雙氧水消失的問題，此時可能需要重新配置或添加雙氧水，充分混合均勻的蝕刻液以棉花棒沾染塗抹樣本，直到表面的金屬介面影像清析呈現爲止。圖 2-11 所示，爲不同微蝕程度處理的切片現象。由切片可以發現，如果蝕刻適當可以觀察出電鍍的介面，影像十分清晰。但是如果蝕刻不足，雖然影像的呈現仍然堪稱良好，但是介面的清晰度就打了折扣。

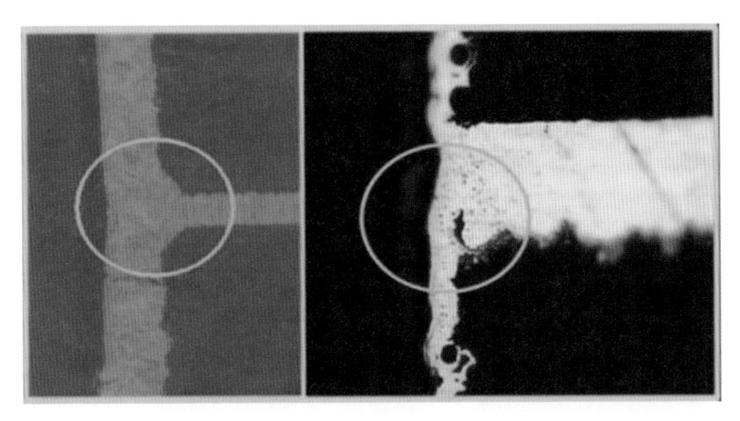

▲ 圖 2-11 左邊是拋光後微蝕不足的結果，右邊則蝕刻恰當清晰可判讀

作業時不要過蝕造成銅面出現暗棕色及粗糙，微蝕後即刻用衛生紙將蝕刻液擦乾，勿使銅面繼續變色氧化。良好的切片微蝕晶界清楚、層次分明，此時立即攝影保存是恰當的方法。

2-3-7 攝影 (Photography)

經過良好拋光微蝕的表面運用顯微鏡來觀察，所看到的是顛倒影像。至於經過顯微鏡呈現出來的影像好壞，則會依機種性能不同而有差異。目前多數顯微鏡都已經配置數位照相機，可將影像轉換成電子檔案保存，不過影像品質與顯微鏡搭配的 CCD 或 CMOS 元件品質直接相關，也與設定的儲存解析度有關，必須以保有可判讀性為基本原則。如果光學元件不理想，就有判讀風險存在。良好的攝影可以呈現清晰切片影像，圖 2-12 所示，為典型軍規要求回蝕孔型影像，此照片的清晰度可以呈現出實際金屬的介面現象。

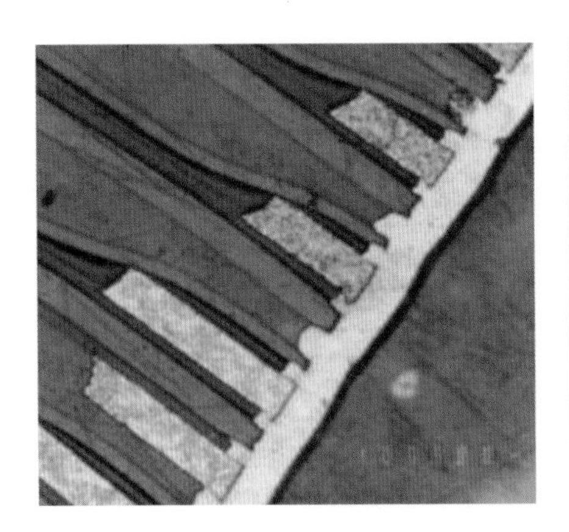

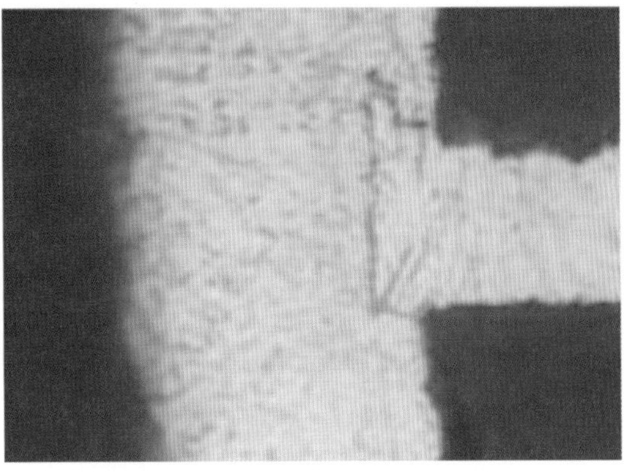

▲ 圖 2-12 回蝕 (Etch Back) 孔所呈現的照片影像

2-3-8 良好的觀測精準度

良好的切片技術，意味著可以根據所獲得的影像來判斷缺點根源，除了上述不可偷懶的程序外，切磨到甚麼深度也是一個很重要的判斷依據。若要量測孔銅厚度，或是了解孔壁粗糙度，則最後研磨到的位置一定在半孔處，且磨面要保持在同一平面上，否則會產生孔徑不規則問題，會發生誤判問題。圖 2-13 所示，爲不共平面又沒有切到正中間的切片案例。

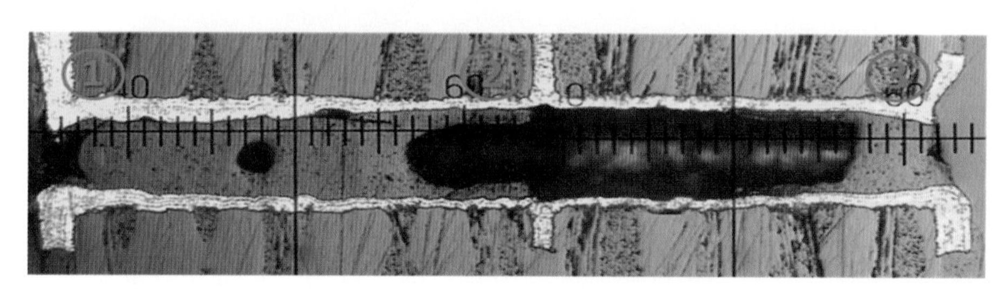

▲圖 2-13 不共面的孔切片影像

這個切片之所以被判定未共平面，是因爲 1、3 的位置孔徑小而中心位置的 2 比較大。至於被判定沒有切到中心，則是因爲電路板設計縱橫比接近 6.0，但是實際縱橫比卻高出不少，這表示切片不是沒有切到中心就是已經超過中心了。不同的問題須視狀況決定採用垂直還是水平研磨法，恰當選用切斷面方向是獲得正確切片訊息的第一步，也是新進學習者必要的功課。

2-4 如何判讀電路板切片或影像資料

2-4-1 如何判讀切片的現象

電路板切片的目的是爲了瞭解區域性的現象，同時依據現象推估缺點來源或現象形成的原因。它是一種反向工程，希望藉由切片將問題現象與可能成因重新呈現。因此如果對切片的缺點類型，分析者對這段製程熟悉程度不足，正確判讀就是個極大問題。因此要判讀某類缺點切片，首先必須對製作或測試的每個程序都有相當程度瞭解，再藉由良好的切片呈現當時現象，如此才有能力作比較精確的判讀。

如果能夠累積較多的判讀經驗，可以增加問題判讀的正確性。恰當的品質現象或缺點不易取得、蒐集，這就是撰寫本書的原始目的之一。筆者希望能提供一個較豐富的資料系統，給需要瞭解問題並想要嚐試解決問題的人，一份可資參考的資料庫。同時也希望能提出一些參考的解決對策，終究診斷病症只是消極的，能將病醫好才更有意義。

2-4-2　如何釐清缺點的來源與歸屬

如第一章所述，如果出現故障或缺點其實判讀有一定的難度，尤其是釐清問題時常產生爭論。不過筆者已經說明，要問題回溯本來就有困難，只能將合理而可能的問題呈現。至於製程改善的部份，則需要在製程中做比較大量樣本解析與確認，才有機會找到改善方法，且可能無法與已經發生問題的樣本完全應對。

電路板切片最常用的領域，就是電路板的孔結構狀況及缺點分析。當然也有部分應用是以觀察表面規格或現象爲目標，但多數切片仍以孔切片爲主。故此地仍以孔切片爲主要的討論陳述對象，至於缺點的成因及解決方案，則在本書後續內容中會作整體問題與對策的整理供大家參考。

2-5　典型的缺點切片

2-5-1　典型的通盲孔缺點現象切片

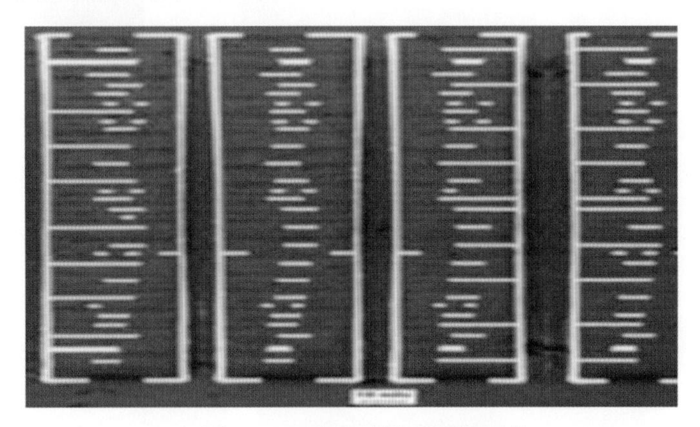

▲ 圖 2-14　孔的結構與層間對位

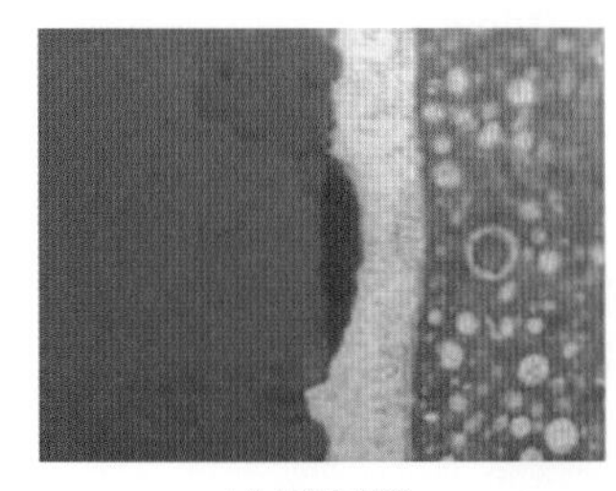

孔壁剝離
（Pull Away）

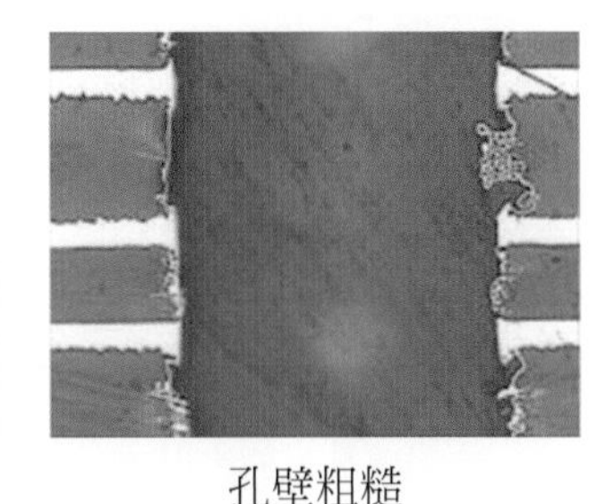

孔壁粗糙
（Hole Wall Rough）

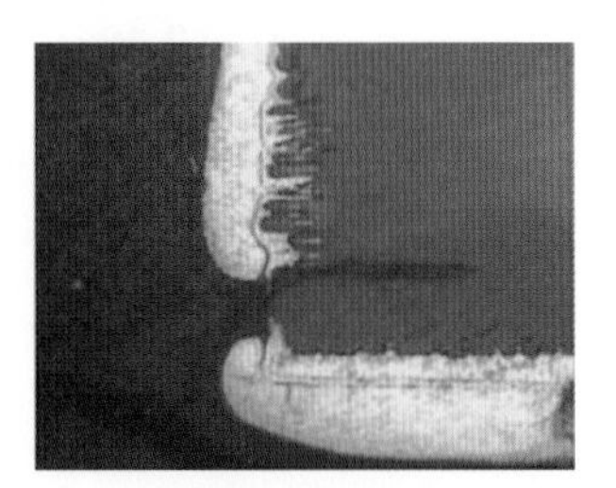

環狀孔破
（Rim Void）

▲ 圖 2-15　典型的孔銅品質缺點

孔壁分離
（Hole Wall Separation）

燈蕊效應
(Wicking)

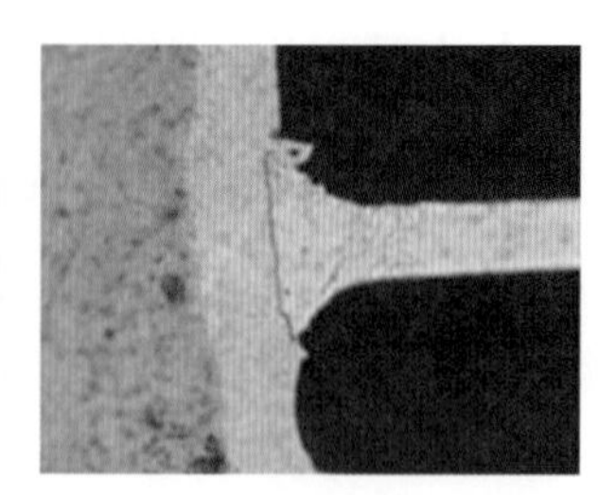

釘頭
（Nail Head）

▲ 圖 2-16　鑽孔品質缺點

2-5-2　典型受熱應力後的孔切片：(一般為每循環 288℃ /10sec 秒試驗)

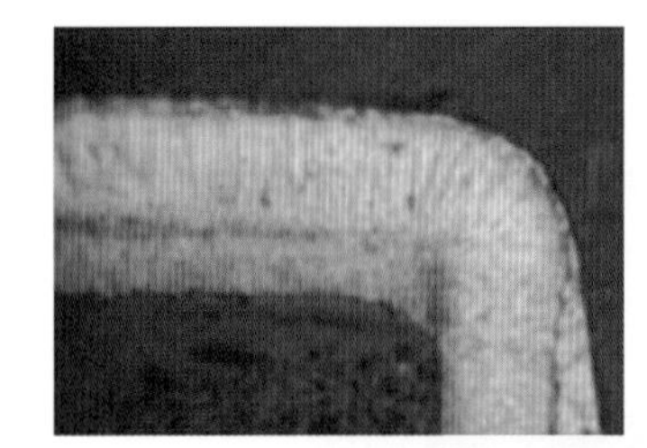

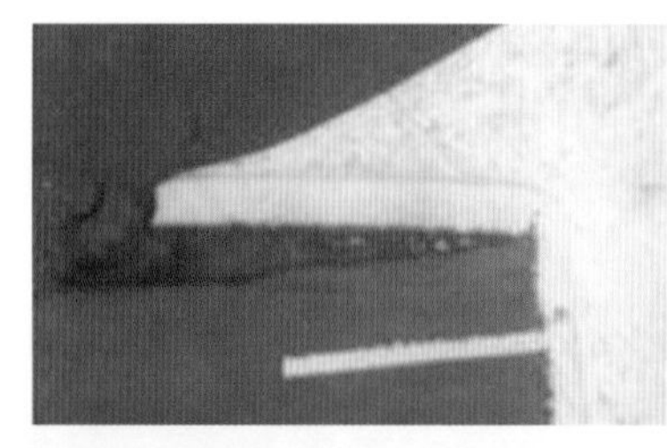

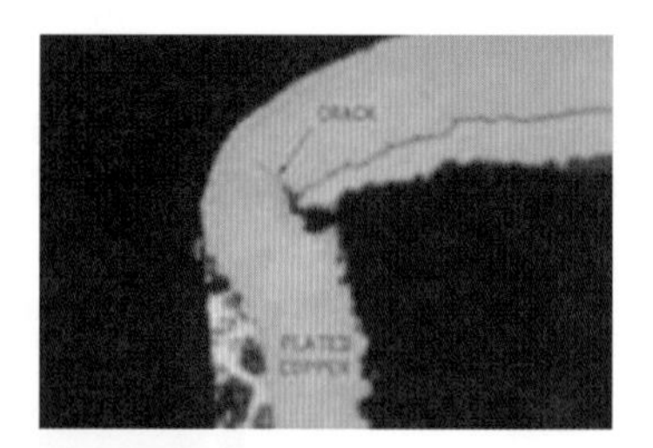

▲ 圖 2-17　轉角正常與斷裂 (Corner Cracking)-(資料來源：IPC-600G)

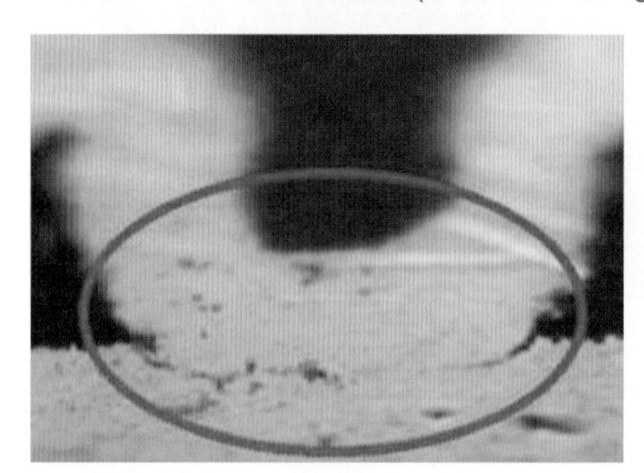

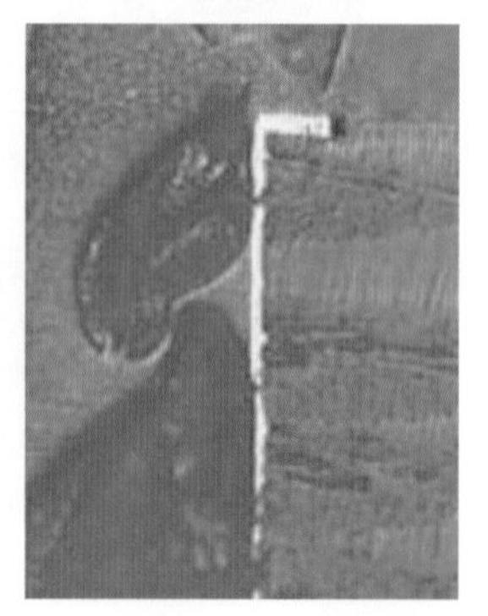

▲ 圖 2-18　孔底浮離 (Via De-lamination)、吹孔 (Blow Hole)

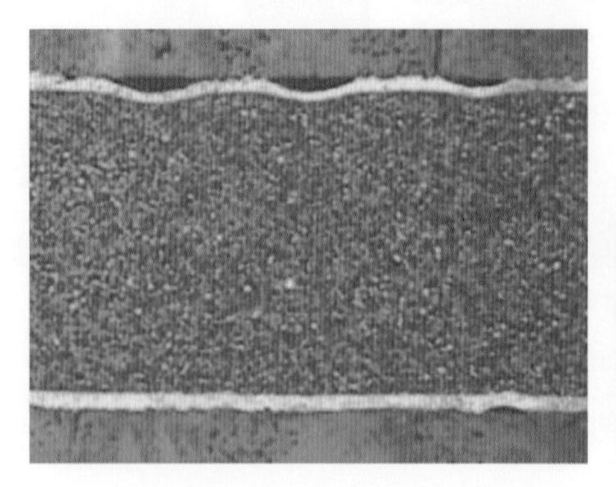

▲ 圖 2-19　樹脂縮陷 (Resin Recession)、內環銅箔分離平面切片

2-5-3　典型的不灌膠樣本

A.　觀察孔壁及表面現象的 SEM 照片

▲ 圖 2-20　含纖維雷射切孔品質、銅面粗度品質偵測

B.　背光檢查 (Back Light)，主要用於孔內金屬化後電鍍前的品質檢查，目的是在利用透光率來判斷金屬覆蓋程度的完整性。

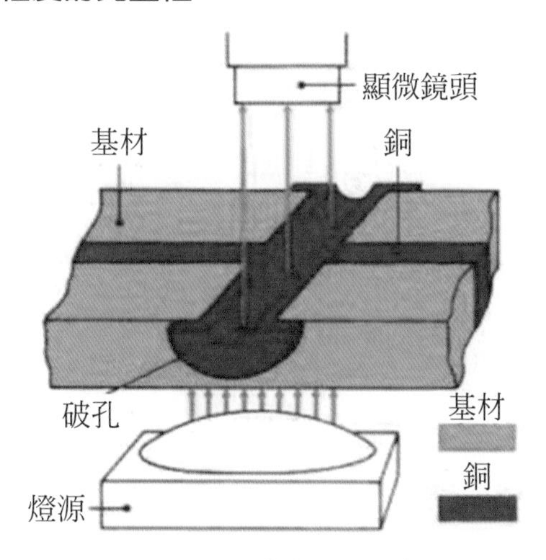

▲ 圖 2-21　背光檢查示意圖

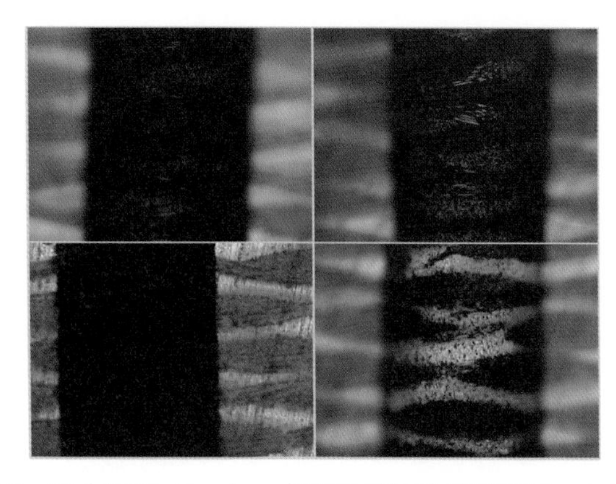

▲ 圖 2-22　經化銅及 Shadow 處理後的通孔透光度 Back Light 切片

2-6 小結

電路板切片，是針對不作切片看不到現象的樣本採取的手段，藉由切片可以找出缺點的位置並協助解決問題。電路板各種新製程與新產品開發、製造品質控管、成品品質追蹤等，切片都成爲不可或缺的觀察法。良好的切片成果，讓電路板業者有更寬廣的視野，業者應善用此技巧作爲開發與品管的利器。然而，切片終究只是觀察品質與現象的一部份而已，如何對整體品質作全面認識，對內外缺點及原因有充分瞭解，才能達成整體實際品質認知的目標。

將切片缺點與表面缺點統合並與實物對照，有機會可以對實際製程提出改善對策。電路板製程眾多，隨不同產品需求製程差異頗大，多數人只能對部分製程作概念性瞭解，如果不再深入討論學習很難運用自如。在學習過程中，最值得注意的就是在針對問題發生原因作細部討論時，藉專家們提出的種種看法，可以輔助問題發現與解決，同時也可以作爲製程改進的參考。後續各篇內容，就是嚐試整理多數以往發生過的問題，提供現象照片並將可能發生的原因提出，同時提供一些專家們曾提出的參考建議。希望能成爲從業者的好參考，學習者的好指引。

工具底片篇－影像的提供者，線路的母親

3-1 應用的背景

工具底片是一個影像的工具，具有 UV 光可穿透與不可穿透的部分，在生產電路板時作爲遮光的工具，因此也有人稱這種工具爲“掩膜”，放在光阻與光源間。雖然這些年來，已經有不少廠商開始採用直接影像產生曝光機做電路板生產，不過曝光底片仍然不減其重要性。工具底片本體以聚酯樹脂片或玻璃板爲主要載體原料，具有遮光與透光區同時存在載體平面上。遮光區可以由金屬如：銀、鉻，或由吸收 UV 的有機色料層產生，製作方式則以影像電腦輔助設計產生的數據來處理。

3-2 重要的影響變數

與底片特性相關的主要因子，包括尺寸穩定度及再現性等，影響影像品質的因素如下：

1. 光密度的對比性
2. 透光與不透光區的敏銳度
3. 遮光區的完整性 (無針孔或雜點)

底片尺寸受環境溫、溼度影響很大，這包括製作時的環境及完成後的儲存環境在內。底片各層的機械及化學特性也直接影響尺寸的安定性。底片尺寸與品質再現性問題涉及其表面的耐磨性，而另外一個表面特性就是底片最好能允許空氣通過，這有利於曝光時眞空可將空氣排出產生密貼。

3-3 底片的製作與處理

線路設計交到電路板製作者手中，經過電腦輔助排版作業就可以製作底片。這時各層線路可以分別利用繪圖機，將線路繪製在感光片上製作工具。電腦科技發達，目前工具底片都採用直接繪製法製作較多，這種做法可以利用電腦做尺寸補償，而不需受限於傳統照相縮放做法。對於精細電路板有較彈性的設計空間，同時所有排版都可以在電腦中直接完成。

排版完成後在底片資料上加註流水號、測試線路、導膠線路及對位工具記號等，就可以將資料轉換到繪圖機上做繪製。經過定影、保護膜處理等程序，底片製作的母片此時應該算完成了。

部分業者利用這種底片做工作片再製，產生所謂的“棕片”來生產電路板，但也有人直接用此片曝光生產，損壞而需要再製時則直接用繪圖機產出。因為繪圖機的成本逐漸降低，電路板的精密度又逐步提高，加上自動化曝光系統普及，用繪圖機直接產生底片已經相當普遍。圖 3-1 所示，為典型捲筒式雷射繪圖機與產出的工具與底片。

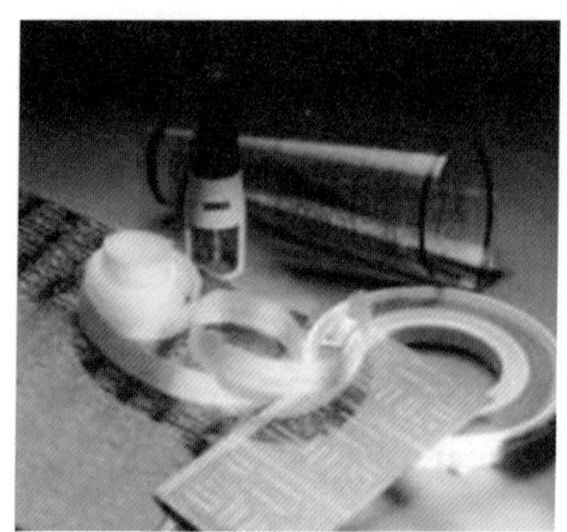

▲圖 3-1

底片的處理必須十分小心，因為每張底片的瑕疵都會忠實再現在電路板的影像轉移中，這不但是浪費底片製作成本，還會導致電路板大量報廢損失。

3-4 底片的結構

3-4-1 鹵化銀底片

典型的鹵化銀片包含多個結構層次，其概略狀況陳述如後：

1. 底片表面會有塗層或保護膜以防止刮傷，多數保護膜面還會有粗化的表面幫助真空作業，快速排除空氣達成均勻貼合

2. 乳膠面的感光性鹵化銀，經過曝光作業後產生可見影像，這層材質主要結構是一層均勻散置鹵化銀結晶的骨膠材料。
3. 承載膜都是採用光學級的聚酯樹脂片，也在一些影像轉移應用採用玻璃，但整體使用比例仍以塑膠片爲主。

一般膠片承載膜厚度約爲 7 mils (175 μm)，所有塗佈層含背膠在內增加的厚度約爲 5～7 μm 左右。典型的黑片如圖 3-2 所示。

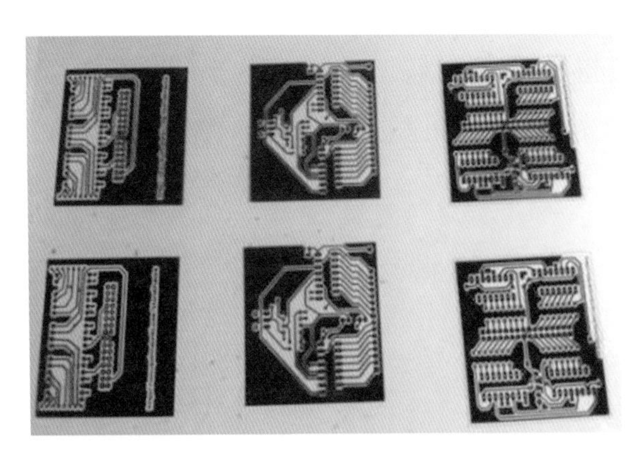

▲ 圖 3-2

3-4-2　偶氮底片

偶氮底片有其特殊性而被用於影像工具底片，對一些需要用目視對位的使用者，偶氮底片的半透光性有利於操作。同時這種偶氮膜可以過濾光阻最敏感的 UV 光波段，表面強度又比乳膠片表現好，這些都使得偶氮片有利於人工操作。典型的偶氮底片如圖 3-3 所示。

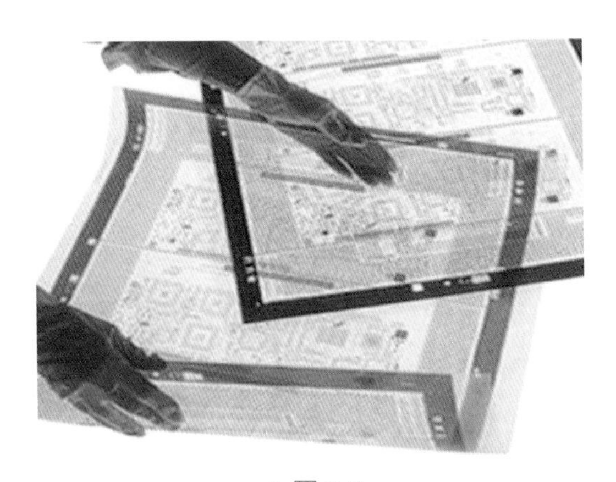

▲ 圖 3-3

偶氮片的底塗不同於鹵化銀結構，但的目的是相同的，想要提供承載膜與塗佈層間的良好結合力。如同鹵化銀片一樣，這類底片最常用的承載膜還是聚酯樹脂片，因爲它具有好的強度、透光性、柔軟度、耐用性及尺寸穩定度。

3-5 底片的品質

不論鹵化銀或偶氮底片作爲工具片的製作材料，有幾個共同品質特性可以評斷是否底片的品質良好。爲了獲得良好光阻品質表現，底片上所有影像必須要平滑且影像清晰。線路邊緣品質直接影響光阻及線路外型製作優劣，有許多因子會影響線路外型的敏銳度(Sharpness)，這些因子包括：

1. 曝光
2. 顯影
3. 對位
4. 處理系統
5. 底片選用
6. 顯影條件

破碎的線路邊緣容易產生小片狀聚合殘膜脫落現象，這種小碎片有可能會重新回沾到線路區域產生品質問題。

底片上線路的寬度必須作適度調整，以符合實際曝光後所產生的光阻影像狀況，而對一些銅墊尺寸也要作適度調整，以符合實際位置及尺寸需求，這些工作目前都可以用電腦輔助系統做繪製修改後輸出圖面。

3-6 底片與製程的定義說明

一般電路板製作者，常對所謂的正負型底片、正負片製程及正負型光阻有一些認知混淆。以筆者簡略的認知，它們的主要特徵可以大略整理描述如後表 3-1。

▼ 表 3-1

	正型	負型
乾膜 (感光膜)	• 見光分解型的感光材 • 因反應速率慢較不被採用 • 較不會被顯影液及水澎潤，理論上可獲得較佳影像	• 見光聚合型的感光材 • 因反應速率慢較快被廣爲採用 • 本身有易被水膨潤的官能基因此影像易失眞
底片	• 與所要製作影像呈同一外型的底片稱之爲正片 • 做線路電鍍的感光用底片用於負型膜曝光者就屬於此類 • 若使用正型乾膜則底片製作洽爲相反	• 與所要製作的影像呈相反外型的底片稱之爲負片 • 做線路蝕刻的感光用底片用於負型膜曝光者就屬於此類 • 若用正型乾膜則底片製作洽相反
製程	• 選用感光膜留在板面者，與所要產生銅區域呈同一影像者稱之爲正片製程 • 電路板內層蝕刻或所謂 Tenting 製程就屬於此類	• 選用的感光膜殘留於製品表面者若與所要產生的銅區域呈相反影像者稱之爲正片製程 • 一般線路電鍍蝕刻製程屬於此類

3-7 底片尺寸的穩定性

電路板製作所需底片的位置精確度要求，一般都會期待保持在每 24 英吋誤差在 1mil 以內，特殊應用甚至期待 30 英吋長度誤差在 0.5mil 以內。這些需求可以採用玻璃底片或軟性底片應對，並控制環境條件的作業下達成，選用的原則是以價位考慮爲主。當然新一代的 DI 可以排除掉底片方面的影響，但是如果不瞭解基材的尺寸變異貢獻，仍然會有製作風險。

玻璃底片對溫溼度的影響較不敏感，但是它的重量大、尺寸大、造價昂貴又不具柔軟性。聚酯樹脂底片對溫溼度的影響較敏感，但是它具有柔軟性，製程可以採用傳統設備概念，同時作業者也比較容易作業。影響底片尺寸的兩個主要因子：

1. 底片的作業環境條件 (就是溫溼度的變化)
2. 製作底片的設備，尤其是乾燥設備

(更完整的底片與影像轉移技術說明，請參考拙作 " 電路板影像轉移技術與應用” 一書)。

3-8 問題研討

問題 3-1 棕片翻製全面線寬變細

圖例

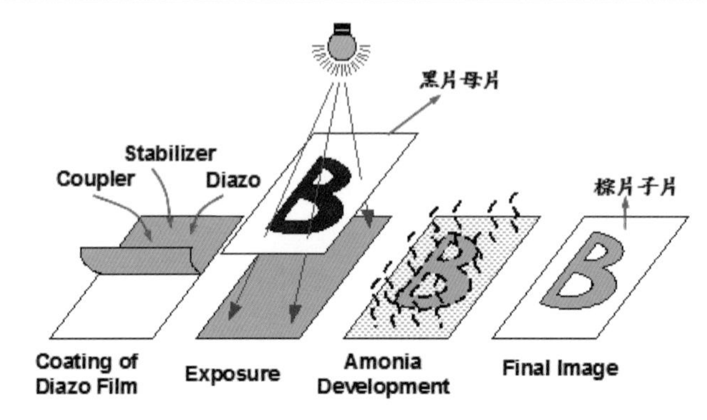

棕片淡黃色感光膜含有三種成份，是 " 正翻正 " 感光分解式的顯像法

可能造成的原因

1. 曝光參數有問題
2. 原稿母片品質不良

參考的解決方案

對策 1.

這與一般的感光油墨或乾膜曝光類似，只是棕片的反應是屬於分解式作用。因此正片翻正片時可能是曝光過度，負片翻負片時可能是曝光不足，修正其曝光時間並確認母片密貼性應該可以改善。

對策 2.

檢查原稿母片線路邊遮光性，確認底片原始尺寸的正確性。

補充說明

任何接觸式底片曝光影像處理，都必須以母片藥膜面密貼子片藥膜面，或者將藥膜面與影像膜間距拉到最小。讓光線透過母片透明片區，將圖像轉換到子片藥膜面上，這樣才能完成良好感光反應。這種規則必須嚴格遵守，以減少光線偏折子片或感光膜失真的問題。

問題 3-2 棕片四周邊緣局部線寬變細

可能造成的原因

1. 曝光機光源設定參數不正確
2. 曝光機照度均勻性變差
3. 棕片面積太大，超出曝光檯面最佳範圍

參考的解決方案

對策 1.

測量 UV 燈管能量與均勻度，超過規定使用壽命時應即更換。另外照度偵測用的零件或儀器 (如：Fly Eye、Intensity Meter) 也應確認其運作狀況，才能確保偵測時的正確性，同時應該重新以曝光格數進行子片狀態校正，因爲實際的底片狀況與最終的影像表現有關。

對策 2.

均勻度變差就應該即刻校正，某些時候反光鏡老化、污染、剝落也可能導致這類問題發生。

對策 3.

使用可操作較大尺寸的曝光機，或者尋求廠商協助調整曝光範圍達成擴大曝光尺寸目標。

問題 3-3　棕片其全面或局部解析度不佳

可能造成的原因

1. 原母片品質不佳
2. 曝光檯面之抽眞空框功能不良
3. 曝光過程中底片間有氣泡存在

參考的解決方案

對策 1.

確認母片線路邊緣影像品質，尤其是母片線路邊緣的狀態，其遮光情形是否正常。

對策 2.

確認成像不良的區域，其母片與子片密接程度是否足夠，可以用牛頓環來執行檢測。同時也應該檢查導氣軟管的完整性，並確認眞空儀表確實正常運作。另外可以加長眞空時間，這也能對問題有幫助。

對策 3.

確認曝光檯面是否沾附灰粒，曝光框是否平整無變形，同時應該留意母片是否已有損傷凹陷或摺痕，同時檢討如何提升抽氣的完整性。

補充說明

翻製子片時子片與檯面間最好墊一張平坦的無塵黑紙，這樣可以吸收不當的外來反光與折射使子片品質更好。

問題 3-4　棕片影像上出現針孔或破洞等瑕疵

可能造成的原因

1. 曝光區有灰塵或顆粒存在造成損傷
2. 原母片品質不佳已經有瑕疵
3. 進料棕片本身品質不良

參考的解決方案

對策 1.

對曝光檯、原始底片及新棕片做好清潔工作，除了這些清潔工作外最好能夠確認污染來源，因為預防會比治療更重要。

對策 2.

檢查原始母片並進行必要修補，另行翻製第二子片並與前一子片比對針孔位置是否雷同，以證明原始母片是否有問題。以目前底片製作水準與成本，發現有底片問題比較建議直接重製。

對策 3.

將未曝光 (感光分解) 之原始棕片直接進行氨氣顯影，使全片均成為遮光之深棕色底片。再到光桌上仔細檢查針孔與破洞，一旦出現即表示原裝棕片品質不良，此時應整批更換並確認新品為不同批號或已經篩選過的產品。

問題 3-5　底片發生變形走樣

可能造成的原因

1. 環境溫濕度的管控不良所導致
2. 乾燥過程不恰當
3. 翻製棕片前的尺寸穩定處理不恰當
4. 所用底片材料厚度不足
5. 底片材料機械方向控制不量

參考的解決方案

對策 1.

加裝溫濕度控制器，以符合底片操作環境的要求，其中尤其是濕度比較麻煩，因為升降調整需要較長的時間，變化也比較察覺得慢。可以參考棕片材料供應商的建議，進行環境規劃。

對策 2.

水平放置風乾是比較恰當的方法，懸掛晾乾容易因為重力及夾持而產生懸垂與變形問題。

對策 3.

專家建議應在製作底片前要在無塵室環境中平放靜置至少 24 小時作穩定處理，這可以讓底片完全與環境狀況一致化。之後再進行影像製作，經過製作程序後再進行另一段靜置讓底片回到影像轉移時的狀態，這樣影像應該可以維持期待的水準。

對策 4.

如果原來使用比較薄的基材底片，則應該要改用比較厚的底片材料，一般業者較常使用的底片厚者為 7mil。

對策 5.

底片材料是採用捲式生產，因此在製膜與塗裝過程中都會產生一定應力。如果材料本身製作過程中還發生厚度差異問題，則這種問題會更加嚴重。

底片製作時應該要注意進料檢驗，同時如前所述要進行適當應力釋放處理。選用較佳廠牌產品當然是不錯想法，但最佳化底片的製作程序也相當重要。只要持續注意控制底片的補償，則有穩定變化的底片材料也應該可以使用。

另外不同等級的產品，對於尺寸的穩定度也有不同的需求，這些問題也是使用底片時值得考慮的部分。

問題 3-6　底片透明度不足或出現混濁問題

可能造成的原因

1. 進料底片中已有雜物
2. 底片品質不穩定產生操作範圍偏移
3. 底片儲存過期或不當而產生異常
4. 製程設備或藥水有問題

參考的解決方案

對策 1.

確認底片進料品質，要求供應商進行品質檢討及提出改善措施，如果未見改善則應該及早更換廠商。

對策 2.

使用前確認底片性能與品質，必要的時候可以用曝光格數片進行作業範圍確認，如果作業範圍確實有偏移則應確認偏移的原因，必要的時候應該尋求供應商的協助或是更換廠商。

對策 3.

確保底片儲存環境的適當溫濕度，使用前應該確認儲存期間是否已過期。適量取用底片並將不即刻使用的底片儘快封存，應該要徹底防止底片見光，原裝盒蓋在取用後要儘快封蓋。

對策 4.

確認設備狀況及藥水濃度，尤其是某些藥水有效期問題或是作業面積限制問題的時候，更需要瞭解實際的作業時間與作業量。穩定的控制設備與製程，對於交換作業人員及交班方面的管控也要標準化，以避免產生不必要的管控困擾。

問題 3-7　棕片或黑片遮光不良造成線寬變異

可能造成的原因

1. 工作底片暗區之遮光密度 Dmax 不足
2. 工作底片明區之透光度 Dmin 不足

參考的解決方案

對策 1.

確認製作過程是否符合操作建議，檢討曝光參數的正確性。設備的狀態與藥品作業溫度也是必要的檢查項目，顯影前不要讓子片暴露在白光下以免發生過度曝光。採用曝光格數表監視底片的表現，以輔助實際作業狀況的判斷。

對策 2.

確認製作過程符合建議作法，所用的化學品與作業溫度也要保持正常。顯影前勿子片暴露在白光下，成像前偶氮棕片也不應該與氨氣環境接觸。

問題 3-8　底片保護膜壓膜氣泡皺摺

可能造成的原因

1. 保護膜品質不良
2. 壓膜機操作不當或異常

參考的解決方案

對策 1.

確認保護膜品質狀況、儲存條件與期間，必要時可以請供應商支援處理問題。

對策 2.

裝置、調整壓膜機應該保持平順，壓輪的彈性狀態與平整度必要需要定時檢查，保護膜張力與壓膜速度維持恆定才會有好的壓膜品質。

3-9 小結

由於電腦與數位輔助系統的進步，不論硬體成本及底片材料費用都大幅下降。多數以往使用的修補法，都因爲成本下降而不再使用。黑片也幾乎都以直接繪製出片，使用翻片作業比較限定在棕片製作。

面對特定應用，棕片仍有其優勢存在，尤其是以人工操作的應用，其表面硬度確實可以讓作業耐磨承受度提高。如果能夠恰當控制棕片曝光與操作參數，讓棕片實際影像尺寸更穩定，此時有可能免用底片保護膜直接曝光，這種狀態對電路板作業解析度是有幫助的。

至於黑片因爲用了繪圖機直接出片，使底片製作問題幾乎都來自於繪圖機本身的能力。當然底片材料本身的尺寸穩定度及品質也會影響底片成果，但在操作性影響方面因爲已經是較自動化的處理，相對變數會比較少。

不過面對愈來愈嚴的產品規格，底片允許公差也在不斷壓縮。對於大板面電路板而言，尺寸穩定性影響更大，這類產品幾乎都用黑片直接出圖生產，因此如何讓控制環境及作業參數最佳化仍是重要議題。

要維持良好曝光品質，除了底片製作水準要維持外，在製程使用前與過程中也應該要週期性檢驗底片品質。目前電路板產業競爭激烈，產品良率高低也成爲競爭力的重要關鍵。因此許多電路板廠都會在生產線週邊配置底片自動光學檢驗設備，以保證底片的持續品質穩定性，這種作法也可以看作是技術能力觀察的指標。

基材篇－信賴度的根本，電路板的基礎

4-1 材料的基本架構

基材 (Laminate) 是由樹脂、強化材料與金屬箔三種原材料製作而成。常見的樹脂系統有：環氧樹脂、BT、PI、Cyanate Ester、PTFE 等。至於強化材料則以玻璃纖維、紙纖維等爲主，當然也有一些新的知名材料如：杜邦公司製作的 Aramid、LCP、PTFE 等塑膠纖維加入，不過使用量到目前爲止並不大。在金屬箔方面，銅箔、鋁箔是比較常見的材料類型。

本書仍以硬式電路板內容爲主體，因此就以目前業者最常用的 FR-4 基材說明。這類材料是以強化纖維布涵浸樹脂製作成膠片，之後經過堆疊熱壓合而成爲銅箔基板，這就是電路板業者所用的主要板材。

4-2 樹脂系統

一般電路板業者所用的 FR-4 環氧樹脂，係由丙二酚 (Bispbenol) 與環氧氯丙烷 (Epichlorohyclrin) 兩者聚合而成。依據其結構主鏈上的環氧基數量又分爲雙功能 (Di-function) 與四功能 (Tetra-function) 兩類。其差異是用樹脂系統可能的 " 破環 " 數區分，其反應後所產生的架橋聚合可以決定材料的強弱與特性，圖 4-1 所示爲典型溴化雙功能環氧樹脂的結構示意。目前的無鹵材料，則是將其中的溴轉換爲替代性耐燃材料。

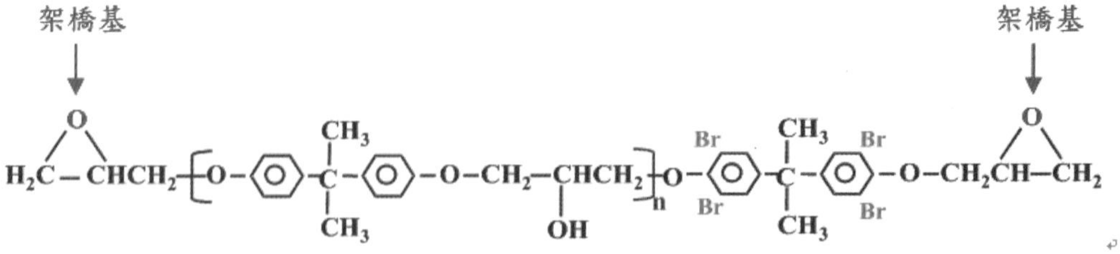

架橋基 架橋基

$$H_2C - CHCH_2 - [O - C_6H_4 - C(CH_3)_2 - C_6H_4 - O - CH_2 - CH(OH) - CH_2]_n - O - C_6H_2Br_2 - C(CH_3)_2 - C_6H_2Br_2 - O - CH_2CH - CH_2$$

▲圖 4-1

爲了維持板材的耐熱與尺寸安定性，現行四功能環氧樹脂系統是採用約 90%雙功能與 10%四功能樹脂所混合而成，爲了適度區隔產品類型而被業者稱爲四功能環氧樹脂。這是因爲全四功能樹脂可能會過脆而不利於操作使用，同時價格過高也不利於成本控制，因此雖然只是混用但爲了區隔而直接如此稱呼。這些年來業者開始推廣綠色材料概念，因此無滷、無鉛材料成爲業者的重要訴求。由於需要變動樹脂配方成爲無滷形式，同時又要能夠承受比較高的組裝焊接溫度考驗，因此不論樹脂組成、填充料添加、硬化劑改變，都直間接受到影響。

基材相當重要的物理特性指標之一是 Tg 值，它所指的是材料的 " 玻璃態轉化溫度 "。當基材經過逐步加溫，聚合物會由常溫玻璃態 (凝態) 轉化爲高溫橡皮態，主要是因爲材料的鍵結狀態被溫度提升所鬆弛，這種溫度範圍被稱爲材料的 Tg 值。雖然大家都以單一溫度來描述材料，但實際狀況它是一個溫度範圍，當到達時材料會軟化。因此實際材料狀態測試，只要落在應有範圍且偏移不大就算正常。

一般雙功能環氧樹脂的 Tg 約在 130℃上下區段，四功能有機會達到 140℃以上，近來爲了特定需求也有些 FR-4 等級高 Tg 的材料出現。至於要調整樹脂提供更高 Tg 特性，也可以加入定量填充材料或高溫樹脂來達成，如：添加 BT 樹脂就可以讓 Tg 值高達 180℃以上。目前環氧樹脂的良好接著力、低吸濕與廉價等優點仍是其它樹脂所不及，因此雖有許多不同材料系統名稱，但它們多數屬於環氧樹脂添加其它材料的系統。

4-3 強化材料系統

至於電路板強化材料，目前除了一些低階應用的單面板及 HDI 類產品的 ALIVH 技術使用杜邦公司 Aramid 材料外，E-glass 玻纖布幾乎是所有硬板基材都採用的強化材。這種材料的製作是先由 1200℃高溫下熔融的玻璃漿用白金篩網 (Bushing) 擠出玻璃束並予以拉伸，產生出固定範圍直徑的玻璃絲 (Filament)，之後經上漿 (Sizing) 處理的多根 (200 ～

400) 細絲，再經旋扭纏繞即成為初步半成品的玻璃纖維紗 (Yarn)，高溫製作玻璃絲的狀態如圖 4-2 所示。

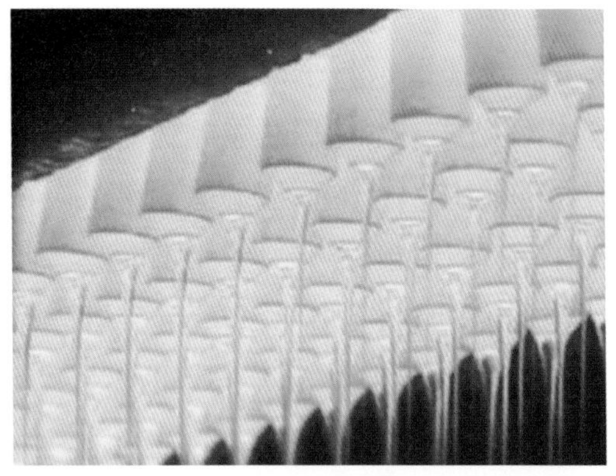

▲ 圖 4-2

織布業者將多股原紗平行排列成為布幅寬度的經紗，並再次上漿來減少編織時的摩擦損傷，目前採用尺寸安定性最佳的編織法 " 單紗平織法 " (Plain Weave)。完成玻璃纖維布後，再用兩次的高溫燒潔 (Fire Cleaning) 及矽烷處理（Silane Treatment），使它能與樹脂產生良好的親和力，這樣才能在吸濕與漲縮時不致分離，而能成為基板可用的強化材料。圖 4-3 所示為典型的玻璃纖維布製作程序。

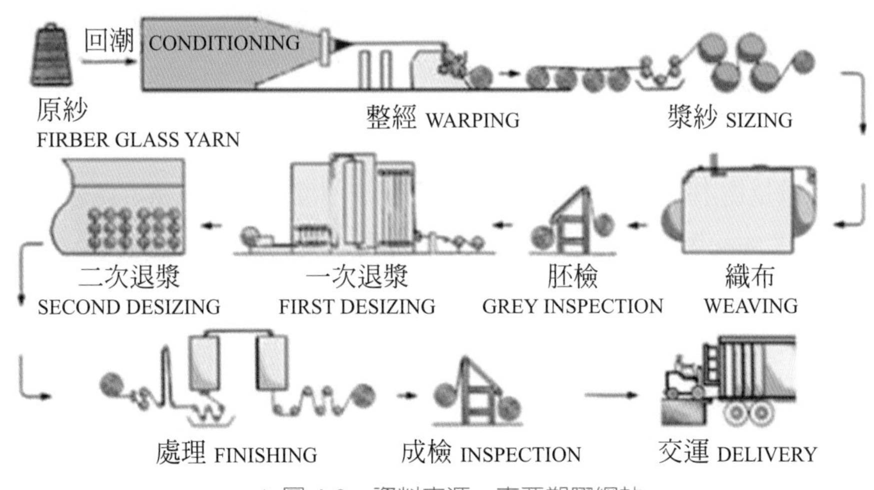

▲ 圖 4-3　資料來源：南亞塑膠網站

在製作電路板基材時，為了調整材料物理特性，還會添加一些特定添加物如：矽砂、金屬氧化物、氧化鋇等，部分添加物是為了調整材料電性，也有部分是為了調整材料的均勻性，這些也都被列入強化材料的範圍。

4-4 金屬箔

業界仍然有少數的其它類型金屬箔被採用，如：鋁箔、電鍍鎳箔、壓延銅箔 (RA-Foil)，但硬式電路板幾乎都採用電鍍銅箔 (ED-Foil) 來製作基板。此種 ED 銅箔是由高速鍍銅機組所製成，陰極爲耐酸柱狀的金屬空心胴體 (Drum)，而陽極則爲不溶性的設計結構。陰陽極間以高速的高溫硫酸銅液 (約 60℃、100g/l) 通過，以極高的電流密度 (可達 1200ASF) 來操作產出不同厚度的銅箔。厚度可隨轉速變化，生產是在不斷的電鍍與撕起過程中進行，如圖 4-4 所示。產出產品爲一面光滑一面有高粗度稜線的柱狀結晶物，一般厚度是以重量表示 ($1\ oz/ft^2=1.35\ mil$)，業者比較常用的有 1 oz、1/2 oz、1/3 oz 等。

▲圖 4-4

近年來由於超細線路製作的需求，業者已經開發出多種不同的載體銅皮產品，這類銅皮的規格不再以重量爲主要指標，而是以實際的銅皮厚度來標示規格。比較常見的規格有 1μm、2μm、3μm、5μm 等，主要用於較高單價的電子構裝載板產品應用。最近因爲可攜式產品主板也需要類似的線路規格，而定義這類產品爲所謂的“類載板”，使得這類材料的應用範圍再度擴大。因爲用在超細線路的製作，因此其粗化處理的稜線也以超低稜線、無稜線等方式製作。

大量產出的生箔 (Raw Foil) 需要再做粗面電鍍銅瘤、鍍鋅或鍍黃銅的遮蔽層製作、鍍薄鎳鉻，強化附著力、防鏽與穩定度等處理，才成爲可用的熟箔 (Treated Foil)。除了這種標準產品外，還有不同的電鍍銅箔產品針對不同需求而有不同製作方式。這些細節並非本書的主要議題，有意瞭解者可以參考筆者拙作 " 電路板技術與應用彙編 - 總論 "，會有比較詳細的說明。圖 4-5 爲一般典型的 ED 銅箔製作流程。

基材廠商取得這些基礎原料後，就可以進行組合與壓合的作業，搭配個別需要所產出的就是印刷電路板的基材。

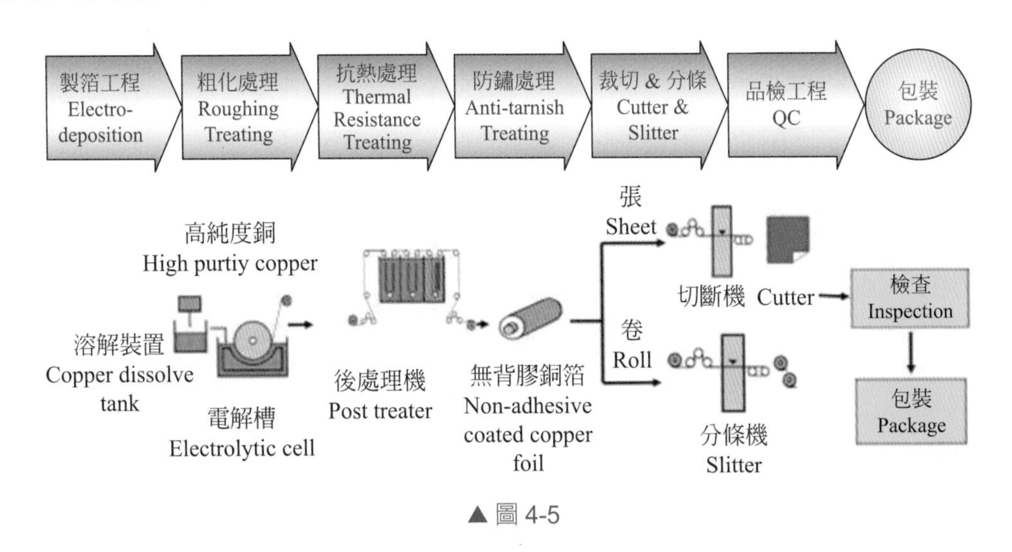

▲ 圖 4-5

4-5 問題研討

問題 4-1　基板在製程中尺寸安定性不良

可能造成的原因

1. 材料製作中機械方向 (經向) 垂直含浸上膠拉伸，導致尺寸漲縮較大
2. 銅箔對基材之拘束力在蝕刻後消失，導致尺寸變異
3. 機械刷磨應力，導致板材拉扯變形
4. 板材樹脂硬化不足，導致整體機械強度較差
5. 壓合前薄基板或膠片過度吸濕，導致尺寸不穩
6. 原材料的玻璃纖維布紗束發生扭曲變形
7. 壓合過程樹脂過度流動造成纖維布拉扯變形
8. 銅面殘銅配置分佈不當導致不規則變形

參考的解決方案

對策 1.

電路板製作過程中的尺寸變化乃是必然，比較重要的不是避免變化而是維持穩定變化，這些變化來自於材料應力的釋放以及樹脂聚合的收縮量。業者應該檢查材料板面方向並維持固定使用習慣，穩定的配置加上預先的補償應該就可以獲得期待的產品尺寸。

對策 2.

儘量把不必要去除的銅面留在板面上，這樣可以減少尺寸變化。這樣的作法同時可以降低薄板在作業中折傷的風險，對於製程的穩定性以及卡板的風險都有益處。

對策 3.

可以採用比較沒有機械傷害機會的製程，如：採用化學微蝕或電解脫脂清潔法。部分的廠商也會採用反向銅皮的材料，這樣可以避免前處理的風險也是可選用的方法之一。

對策 4.

以可用的 Tg 測試法驗證材料的聚合度，必要的時候可以進行烘烤強化的作業來提升材料的特性，目前許多廠商也將這樣的預烘當作製程中的標準作業，這樣對於尺寸的穩定度會有一定的幫助，但是如果經過切割表面留下粉屑，如何讓烘烤不產生殘粉留在板面上的問題則是業者必需要想辦法克服的問題。

對策 5.

內層板經過濕製程後應加強烘烤除濕，在疊合、壓合前要避免再度吸入水氣，疊合完成的材料應該儘快進行壓合，原材料膠片應該保持乾燥的儲存環境避免吸水。

對策 6.

膠片儲存要避免玻璃布的變形，基板業者的含浸上膠製程中要注意傳動張力平衡，以免發生經緯紗束拉斜拉歪等等問題。

對策 7.

調整壓板的壓力大小及加溫加壓的時機，同時注意膠片本身的膠流量 (Resin Flow) 特性，在可達成填充的狀態下不要使用過大的壓力及產生過高的流動量都是讓尺寸穩定的好方法。

對策 8.

爭取可以調整的空間，可參考對策 2. 的作法。

問題 4-2　板面出現微小凹陷或板內發現空洞、異物

圖例

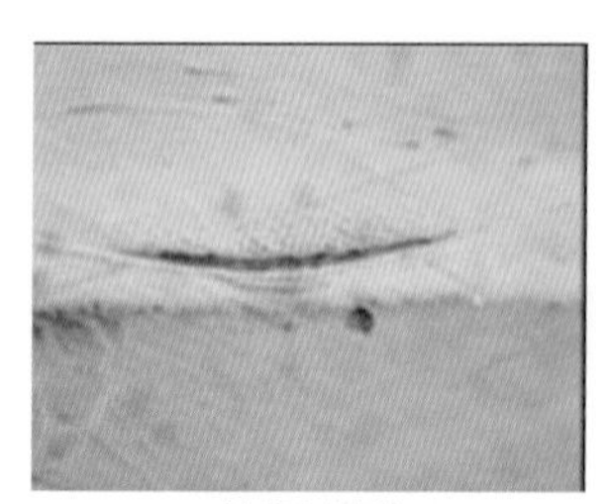

乾涸麻點

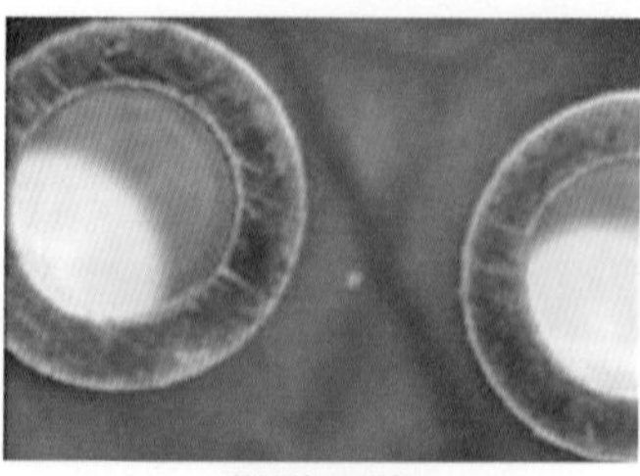

微點凹陷

異物

▲ 資料來源：IPC-600G 可能造成的原因

可能造成的原因

1. 蝕銅後可能因爲銅箔稜線或銅瘤過大導致出現微小凹陷
2. 涵浸玻纖布烘乾時烘烤區聚碳，導致回沾使材料內產生黑色粒子
3. 板材出現線頭、毛髮等異物
4. 樹脂空洞來自於浸潤不良、流膠不足、膠片乾涸、膠化時間太短

參考的解決方案

對策 1.

銅箔稜線雖然有適當的控制，但無法保證絕對能夠避免其中有局部差異。對過深突出稜線或粗點，應該要注意產品的需求與規格來選用銅皮，當發現過度凹陷可以考慮使用低稜線銅皮。面對線路逐步細緻化的趨勢，採用低稜線銅皮已經是共同方向，但還是要注意產品的拉力需求。

對策 2.

要求廠商在膠片製作過程強化設備維護，同時應該在成品檢查時確認設備的偵測率。目前比較完善的膠片塗裝設備，都有相當精密而完整的連線檢驗儀器，理論上不應該有這類問題產品流到使用者手中。如果仍然發生異常問題，要強烈要求材料商改進甚至更換供應商。

使用熱風烤箱上膠業者，殘膠容易吸附於烤箱壁、熱風出口、風管等區域成爲黑色點狀碳化物，這是系統不容易改善的問題。另外上膠區任何異物如：蚊蠅、纖維絲、粉屑也都會形成異物殘留。

基於這些問題的存在，現在已經有相當多烘乾設計採用紅外線除溶劑作法。排氣與環境控制方面，則儘量採用管制區與無塵設計處理，這樣可以大幅降低這類問題的出現。

對策 3.

應該改善操作環境及習慣，尤其要注意作業人員著裝及使用的輔助工具 (如：清潔用布等)。適當改善工作環境及服裝設計，降低工作人員不願遵照規矩的抗拒力，是更直接可以改善這類問題的方法。

對策 4.

目前多數材料製造商的管控能力，乾涸問題多數都不會過份嚴重，但是碰到特定材料配方如果玻璃布耦合劑與樹脂相容性不佳，就會導致不同程度的潤濕不良，嚴重的還會出現全面性乾涸。這類問題如果出現，膠片本身就會看到白點出現，而且不容易經過壓合消失。膠片過硬也可能讓壓合時樹脂流動性變差。如果發現膠片流量偏低，就非常可能在基板生產中觀察到乾涸問題，這種現象很容易在受高熱時產生分層。

調整凡立水 (Varnish) 黏度可以強化纖維布浸潤完整性，有機會改善材料中乾涸的問題，但是如何將其中增加的溶劑完整帶出則需要適當的調整烘乾方法與程序。

膠片製作中烘烤過度，必然會對壓合的塡膠程序產生影響。樹脂的膠化時間過短，也會導致操作範圍過小塡充不良的問題，這種問題尤其在使用低流量膠片時特別嚴重。調整壓合條件對某些輕微乾涸狀況會有幫助，但要徹底解決問題恐怕還要依賴上膠處理的改善。

 問題 4-3　板材內出現白點 (Measling) 或白斑 (Crazing)

圖例

痲點 (Measling)

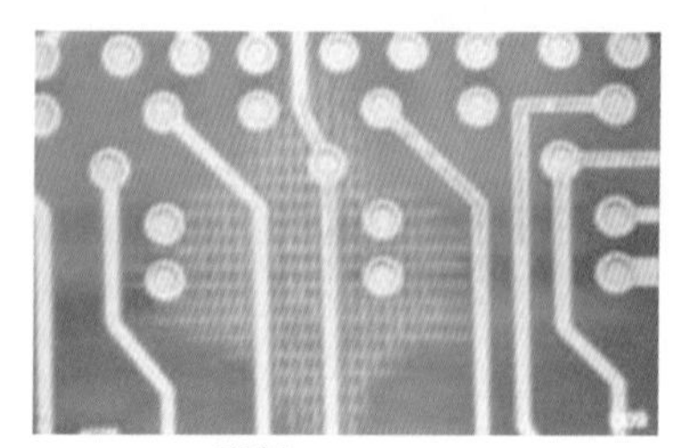
裂紋 (Crazing)

▲ 資料來源：IPC-600G

可能造成的原因

1. 板材受不當機械外力衝擊造成局部樹脂與玻纖的分離而成白斑
2. 板材局部滲入含氟化物、強鹼等，對玻纖、樹脂攻擊形成規律白點
3. 板材受到不當熱應力造成白點白斑
4. 壓合中膠片內的氣泡未能趕出，而顯現不透明的白點
5. 膠含量偏低或玻璃布沾膠不良，在經緯紗節點產生缺膠形成白點
6. 膠片硬化不足或過度產生白點

參考的解決方案

對策 1.

減少受到不當機械外力的可能，降低各種機械加工之過度振動、彎折、碰撞等問題。

對策 2.

這種現象比較容易出現在浸潤剝錫藥水、止焊漆重工退洗等製程，只要處理過度非常容易發生，必需針對使用的藥水、操作參數進行調整，某些幫助處理的介面活性劑可以加速剝除的處理降低材料受攻擊時間或許會有幫助。

對策 3.

減少板材受熱應力的機會，尤其是急遽溫度變化更需要注意，例如：噴錫就是相當容易製造白點白斑的製程。一般而言熱應力有兩個比較重要的來源，其一是熱膨脹、其二是濕氣。熱膨脹是無法避免的材料自然現象，可以降低衝擊的方式是進行預熱減少瞬間溫差變化。

濕氣則是可怕的殺手，瞬間氣化會產生數百倍體積變化，這對材料影響極大，避免的方法當然是管制儲存環境，要進行高溫操作前最好先進行各種可行的除濕程序。

對策 4.

加強玻璃布的潤濕效果，並適當控制膠含量。面對不同的膠流量特性，壓合升溫與壓力應該要作適當調整，適當的溫度壓力控制、膠含量、完整眞空排氣，是壓合作業避免產生空泡白點的不二法門。

對策 5.

膠含量的控制來自於膠片製作及壓合製作兩階段控制，膠片製作中如果涵浸膠量不足或是因為布材相容性不良，在經緯紗節點上會產生缺膠現象而形成白點。另外在壓合過程如果壓力過大或升溫速度過快導致膠的流失，也可能會引起結合力不良局部白點問題。

對策 6.

硬化不足材料強度不足的白點可利用增長硬化時間來解決，如果硬化過度則容易產生材料脆性，對材料耐衝擊性不利也容易產生白點。

問題 4-4　基材銅面上常出現的各種缺失

可能造成的原因

1. 銅箔表面出現凹點與凹陷，係來自壓機之熱盤或鋼板表面的異物
2. 銅面刮痕多因作業或儲存不良所致
3. 板子銅面出現膠點，可能是疊合時膠屑落在鋼板或銅面所致
4. 銅箔疏孔造成壓合流膠向外溢出
5. 薄基材摺痕

參考的解決方案

對策 1.

改善基材壓合與疊合的環境清潔，內層板銅面原有的問題則向供應商反應要求改善。某些廠商將膠片疊合與銅皮疊合分離，在鋼板送入膠片堆疊房前先用銅皮對折將壓合鋼板包覆，這樣也可以改善壓板凹陷。

對策 2.

探討製程設備與作業人員的動作缺失加以改善，對於可以自動化的部分，應該要進行適當自動化以降低人員作業的因素。動線的順暢性也相當重要，如果作業規劃讓材料運動容易碰撞就不是好的規劃。

壓合完成的板材運輸應減少彼此間滑動，接觸上下兩張鋼板的銅皮要適當攤平避免起皺。作業人員的手套也應該要定時清潔或更換，以免沾粘的金屬粉屑傷及板面。

對策 3.

操作環境的空調流向應該要調整向下，可將膠片切割邊緣進行封邊處理，目前已經有雷射切割材料的設備問市，可以減少作業中碎屑的掉落。

對策 4.

加強對供應商銅箔背光檢查的要求，壓合舖放銅箔時要小心攤平避免造成折痕撕破成裂口。

對策 5.

電路板逐年輕薄化，使用 100um 以下的基材也逐漸普及，許多板廠會要求基材供應商先裁切成生產尺寸再交貨。但是各種薄板的操作過程，都可能因爲材料脆弱輕薄而導致永久性摺傷，基材廠要生產這些比較輕薄的材料，除了應該要有適當地自動化，也應該讓人員養成正確持取習慣，對角持取輕取輕放是比較好得方式。

内層製程篇－良率的基礎、地下的通道、電訊的功臣

5-1 多層板的基本架構

多層板中最簡單的結構是四層板，一般電子產品會採用多層板結構的原因，多是因爲阻抗控制需求而來。從傳輸線原理看，典型訊號線結構是由上下兩組微條線 (Microstrip Line) 構成，就是兩組外層訊號線 (Signal Line) 與兩參考層 (Referance Plane) 的組合。在四個金屬層間會有三個介電質層 (Dielectric Layer) 構成的四層板，簡化後成爲兩組背對背微條線，而所謂的微條線就是 " 訊號線 + 介質層 + 接地層 " 這種結構，如圖 5-1 所示。

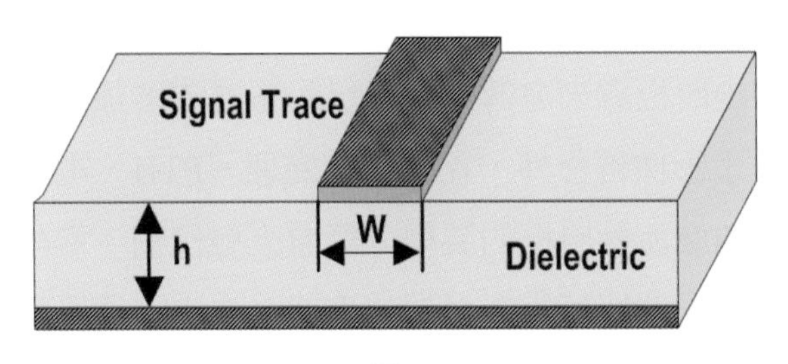

▲ 圖 5-1

由於高線路、銅墊密度的手持式電子產品或系統產品設計，其線路與焊墊數量太多，都必需要相互競爭有限空間。在不得已的狀況下會將焊墊先配置在表面，而將其它訊號線另外增加一個訊號線層，同時訊號層間的關係會以垂直交叉設計，以降低相互間的電性干擾。當然這種設計就必需另外增加一些層間導通，這又增加一些通孔必要的幾何空間，讓電路板相互連接變得較爲複雜。現階段所用的 HDI 製作技術，則將傳統表層通孔設計轉換成盲孔層間連通設計，這樣可以提升整體串接密度。

採用局部層間盲孔串接，可以縮短行進距離並避免破壞參考層的完整性，而讓傳輸線有更好的迴路品質。而路徑縮短也可以降低迴路通過的面積，這可以減少電感。這種結構如果採用傳統技術，可將原先六層壓後再鑽的做法改成先做三個有通孔的雙面板，再壓合成有盲埋孔的六層板，也就是序列式壓合製程，之後才進行最後六層板的鑽孔與電鍍。但不論是面對薄板或是鑽孔處理等問題的限制，都使得愈來愈多設計者思考採用雷射技術製作高密度電路板。這些結構搭配高密度埋入式元件的觀念，就成爲筆者所述的電路板發展大趨勢，其關係示意如圖 5-2 所示。

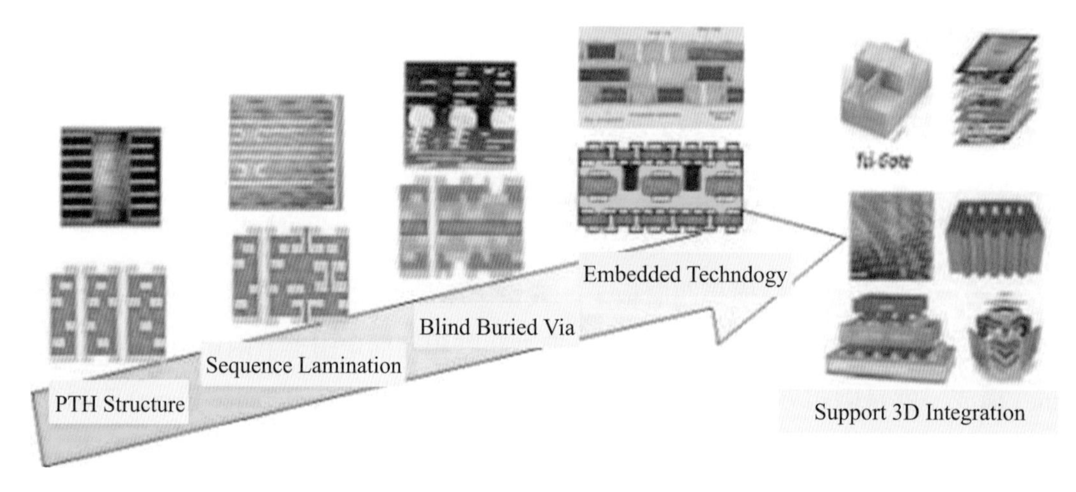

▲圖 5-2

不論如何先壓後鑽內層板愈來愈薄的趨勢已定，薄內層加上大排版的需求都使得傳統水平設備面臨考驗，除了影像轉移外，在壓板前處理、PTH、電鍍等製程也都面對複雜的薄板工程問題，這使得內層與外層板的製程分野愈來愈模糊。傳統內層板流程只要做影像轉移、蝕刻、剝膜與黑化處理即可。在面銅前處理，會先除掉原有防鏽薄鉻層，如此乾膜阻劑與裸銅面間才會有更好附著力。面對新的電路板結構與薄板細密線路配置，新式水平傳送線會要求更多更精密的傳動、噴流、循環、銜接等新式配備，以避免薄板翹起、卡捲、刮損的困擾發生。也因此未來究竟該將某些電路板內部問題歸類爲內層還是外層也會逐漸出現爭議，或許要把它們整合成線路製程會更爲恰當。

5-2 問題研討

問題 5-1　內層板尺寸安定性不良，造成偏環與破環等對位問題

圖例

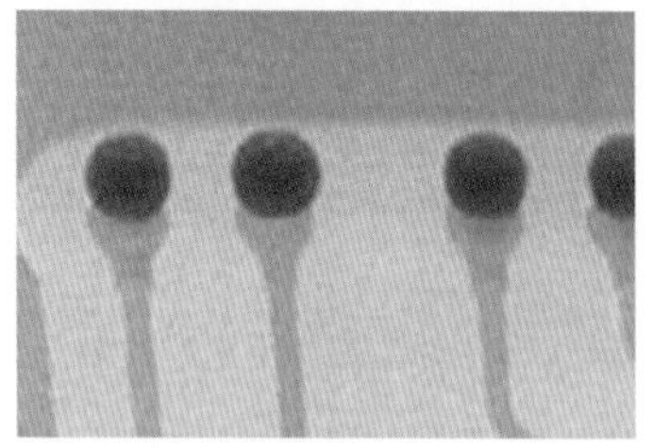

可能造成的原因

1. 內層前處理刷壓過大造成板材拉伸，壓板後應力釋放位置偏移
2. 蝕銅後應力釋放板材收縮
3. 原始薄板聚合尚不完全導致壓合時板材再度收縮
4. 內層板黑化後烘烤過度應力釋放尺寸收縮

參考的解決方案

對策 1.

應該改用應力較小的前處理方式，或降低刷壓、改用噴砂、化學微蝕法等，對於薄板處理這個調整更為重要。

對策 2.

保留可能留下的所有殘銅，降低蝕銅過後所產生的不均勻與大量尺寸變化。發料後可以靠線是否需要進行烘烤，以穩定整體的材料尺寸穩定度。應該選用尺寸穩定度比較高的供應商，這樣可以避免許多不必要的製程問題。

對策 3.

內層板材可以先進行預烘，提高聚合度並消除應力穩定板材尺寸。

對策 4.

以除濕或較短乾燥時間處理板材，對於尺寸安定性極為重要的產品，也有採用眞空脫濕的處理方式，不過這種方式耗用時間較長。目前不少廠商採用棕化製程處理內層板粗化，減少烘烤也有立於穩定性。

問題 5-2　內層薄基板在輸送帶上被捲入滾輪而受損

圖例

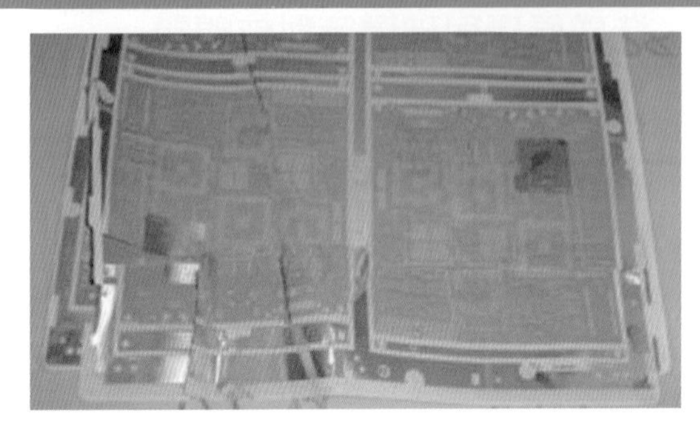

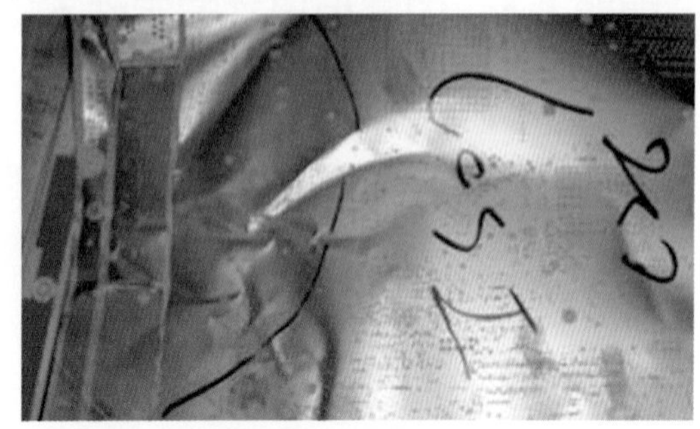

可能造成的原因

1. 內層板強度不足
2. 傳動系統設計不良
3. 放板過密

參考的解決方案

對策 1.

內層板的線路設計，應該儘量在板邊留下恰當寬度的殘銅。如果仍然不足以支撐材料平順的輸送，則應該進行前導板貼附作業，這樣才有機會讓薄板順利傳送通過設備。

對策 2.

一般的薄板傳統設計，應該要注意到滾輪的交錯、噴嘴的設置與背輪設計搭配。儘量減少段與段的連接數量，採取連續銜接的設計會是比較恰當的方法。

某些沒有線路比較可以接受輕微摩擦的產品，設備上可以架接防止滑落的導引架，避開薄板可能滑落或是脫軌的問題。滾輪片的設計，應該儘量避免有沾黏薄板的問題，某些設計採用小滾輪、打洞的設計模式，這種設計對於降低沾黏性確實也有幫助。

對策 3.

爲了保持高產出，板廠一般都會連續放板進行生產。但是薄板對於水平滾輪的傳統是一種考驗，爲了避免傳動濕滑產生的疊板風險，建議將放板間隔略爲放大。

問題 5-3　兩面配合度不良

圖例

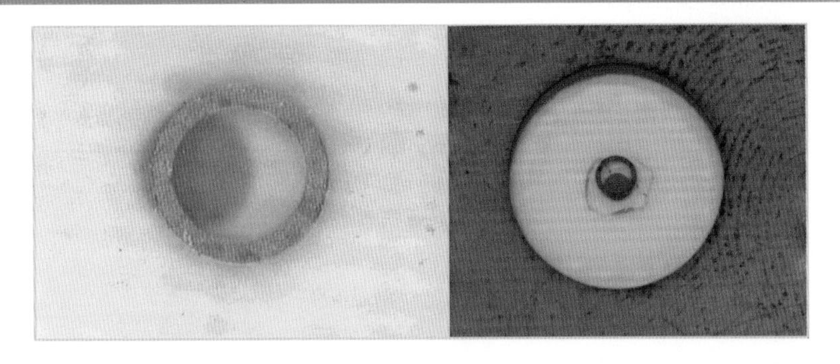

可能造成的原因

1. 來自於曝光機配位不良
2. 底片已產生漲縮根本對不起來

參考的解決方案

對策 1.

底片配位不良如果是手動機製作者，必須要求改善底片對位狀態的檢查，如果是底片本身尺寸搭配的問題，當然必須要從底片製作或保管方面下手。受限於人工眼力的限制，比較高對位需求的產品，不應該以人工方式製作。

如果是曝光機對位問題，應該用 CCD 自動對位設備進行作業。目前這類設備的成本都已經相當低，應該可以滿足多數產品的需求。當需要提昇對位度的時候，在底片工具本身沒有問題的前題下，可以將 CCD 允許偏差值降到比較小的水準，這樣就可以得到比較好的對位度。

對策 2.

底片漲縮造成配合度不良的問題，應該要慎選底片的材質，並加強製作底片的環境控制，使底片尺寸變異降低。如果產品的規格較嚴，降低底片的使用次數即予更新，是另外一個改善的方法。對更嚴的規格，可能玻璃底片才是較安全的方法，當然製作者必須自行考慮製作成本。目前比較新的 DI 系統，也是可以考慮的技術方向。

問題 5-4　底板異物

圖例

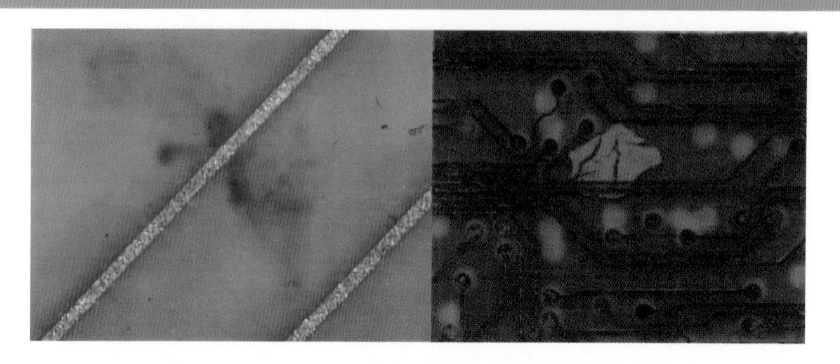

可能造成的原因

1. 底板異物在內層板和外層板的問題來源都相同，是來自於壓板或玻璃布膠片的污物帶入，所不同的只是責任可能來自於基材供應商。
2. 部分的廠商爲了消化將過期的庫存膠片，因此會自行將膠片壓製成基材，因爲環境管制的差異有可能會在壓板時壓入異物。
3. 偶爾纖維布製造商在燒灰的程序中作業不完全或是基材商在膠體塗佈中流入了異物，品管篩檢時如果有沒有發現這樣的問題，也可能會讓產品流入使用者手中。

參考的解決方案

對策 1.

改善基材壓合與廠內壓板作業程序，膠片疊合與人員作業流程要儘量避免產生污染機會，人員著裝及飲食管制必須要徹底。

對策 2.

對於這類將過期的材料處理，可以考慮採用專人專機專區的作業模式，同時在特定時間內進行處理，對於這類問題應該可以有改善的空間。

對策 3.

對於纖維布的處理，必須要確實做到清理潔淨，必要的線上監控是持續要做的管制項目。膠體塗佈必須要作適當的管制，適當的循環過濾持續清潔是必要的維持品質手段。

問題 5-5　底板凹陷

圖例

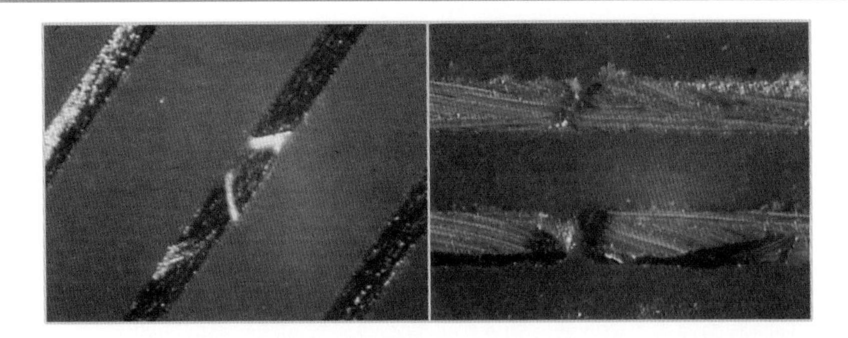

可能造成的原因

內層板凹陷的型式有兩種，一種是銅面凹陷，一種是底材凹陷，主要的原因如後：

1. 銅面凹陷很可能是來自於基材運送操作中的刮撞傷
2. 如果是基材凹陷，則可能來自於基材製造商製程中有異物壓入造成

參考的解決方案

對策 1.

分析括撞傷的方向性，如果是重複性出現的刮痕就代表有可能是機械性刮傷，如果是隨機性刮撞傷，就代表操作性的問題比較多。

機械性問題比較單純，可以就設備設計及可能的刮撞傷問題來源進行改善。至於操作性問題，則可以針對作業習慣、作業動線、搬運工具等等進行檢討改善。

對策 2.

內層基材凹陷的部份，必須要求材料供應商進行改善。

問題 5-6　底板氣泡

圖例

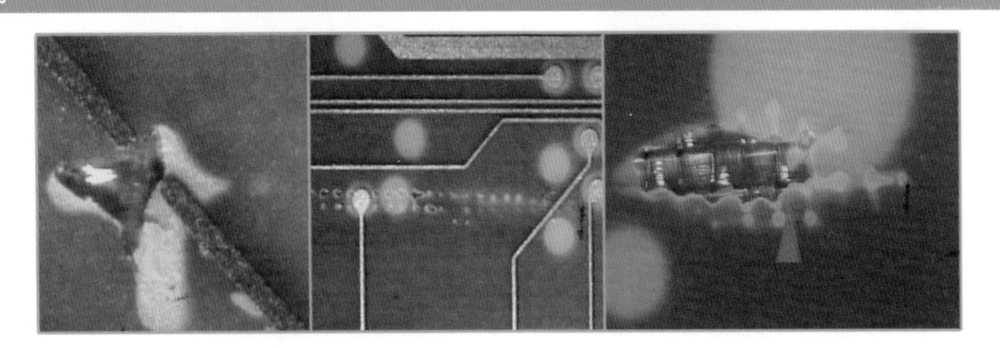

可能造成的原因

底板氣泡的成因主要是壓合時的問題，其形成的原因可能如後：

1. 樹脂並未塡滿空間
2. 揮發物在加熱途中膨脹，佔有空間造成所謂的底板氣泡

參考的解決方案

對策 1.

對於較薄的膠片由於整體膠量較少，比較容易發生區域性樹脂不足的問題，因此使用薄的膠片必須小心操作。目前薄板使用的比例愈來愈高，爲了維持膽厚度的穩定，基材廠的配方都朝向比較低流量的方向調整，而爲了能夠提昇材料的物理特性，又會添加不同的塡料到樹脂配方中，因此基材作業中要儘量避免操作時膠體掉落，造成缺樹脂或奶油層過薄導致的底板氣泡問題。

對策 2.

膠片的揮發物含量會隨膠片種類的不同而有差異，理論上膠含量高的膠片揮發物也相對較多，因此要防止底板起泡就必須注意壓板時如何利用第一段壓儘量排除揮發物，這樣可以降低底板氣泡的可能性。

有某些廠商爲了保證沒有底板氣泡的風險，甚至將膠片放在眞空艙中 24 ～ 48 小時，藉用眞空排除揮發物，這樣底板氣泡的風險就更低了。如果底板氣泡是發生在內層板，那就必須要求供應商改善了。

 問題 5-7　線路刮傷

圖例

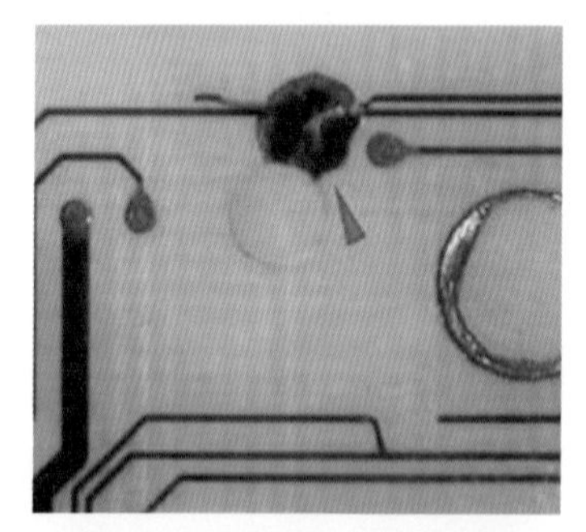

氧化前刮撞傷造成斷短路

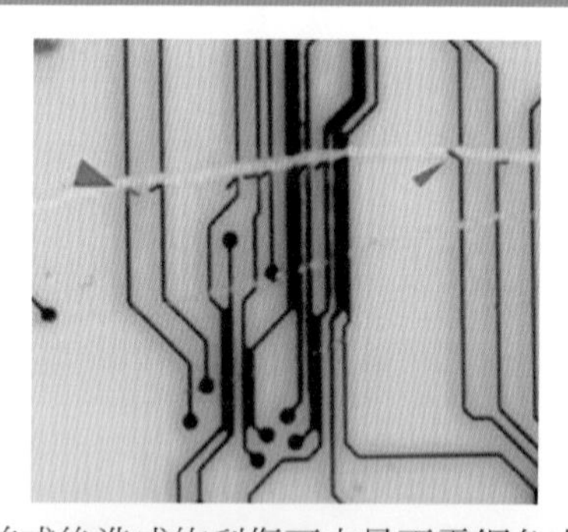

氧化前或後造成的刮傷可由是否露銅色來判斷

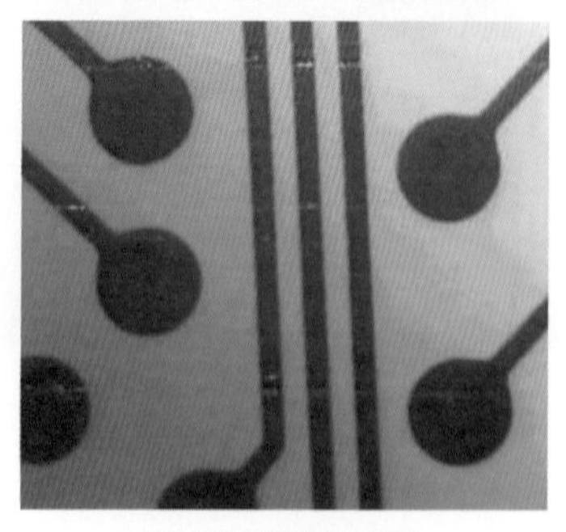

蝕刻後機械刮傷

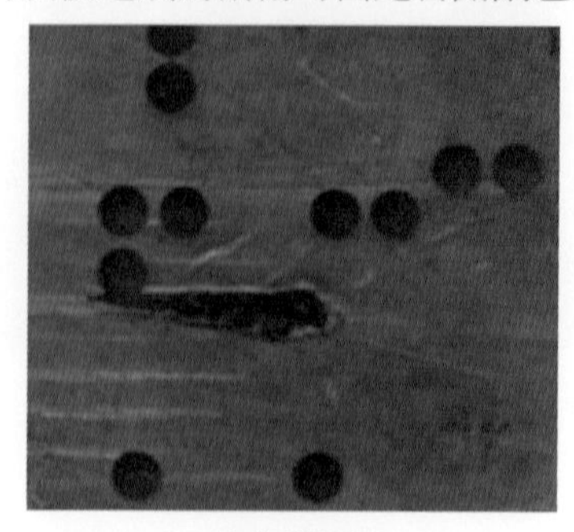

底板損壞

可能造成的原因

內層板處於柔軟輕薄的狀態，不論用手動方式或機械方式操作，都不容易讓電路板得到完整的支撐，因此必須針對不同刮撞傷的狀態，確認問題的來源才可能找出解決方案。刮撞傷基本分爲機械性與操作性兩種，其形成的原因可能如後：

1. 內層板切割邊緣粗糙的影響
2. 放板機構刮撞傷
3. DES 線的後段剝膜段傳動不順或突出物刮傷
4. 烘乾段風刀容易沾東西而造成或滾輪沾污物造成刮傷
5. 收板機及墊紙系統軋傷或刮傷
6. AOI、短斷路測試、沖孔及黑棕化製程操作造成刮撞傷
7. 修補作業造成刮撞傷
8. 疊板製程操作造成刮撞傷

參考的解決方案

機械的設計機構如果發生問題，最容易看到的是重複性問題或規則方向性問題的產生。如果是隨機性的問題，則大半是人工操作搬運過程中所產生的問題。目前多數內層作業程序，並不適合軟性基材的操作，而這又是機械或人工操作所產生的主要問題來源，也是較難解決的部份，因此針對內層板氧化前後刮撞傷的問題提出以下解決對策：

對策 1.

改善材料切割的品質，尤其是薄內層材料無法再作修邊的作業，因此更需要注意切割的品質。

對策 2.

內層前處理一直到 DES 線前，都是全面銅的狀態，就算刮傷，其嚴重性也相對較輕。在放板機方面只要能設計成平起平落少轉動的機構，嚴重的機械刮傷並不容易發生。

如果用手動，良好的操作習慣就必須養成。尤其是整理多片板子時，如整理撲克牌般的剁板動作不可發生，否則極易因強烈的相對摩擦撞擊而使板面受傷。搬運的載具也要注意，不當的載具容易造成滑動與摩擦，會增加刮傷的機會。

對策 3.

DES 線使用鹼性藥水進行顯影及剝膜，多數的傳動滾輪都會因爲藥水的浸潤或長時間的耗損，因而產生表面不良的狀態。滾軸的變形則會使電路板的傳動速度不平順，一旦傳動機構和電路板間產生較大的相對運動，刮傷就非常容易產生，尤其是機械保養不完全，因而沾黏異物，刮撞傷是更容易產生的。

對策 4.

由於多數的設備爲了製作方便及降低成本，多使用鋁擠型風刀製作烘乾段機構。DES 線後段爲鹼性藥液，本來就容易產生蒸氣導入腐蝕風刀的問題，加上濕氣烘乾後會產生結晶鹽類的析出物，這些都會是機械用一段時間之後，在機械內長出突出物的原因。保養若不注意，不論掉落或銹蝕過大都容易產生刮傷。

多數設備為降低板面壓力，同時空出空間讓熱風吹到板面，多使用大平面矽膠滾輪，藉以加強傳動穩定度，但是此類滾輪在熱的環境下一久，自然會產生表面劣化容易沾塵的問題，這也是刮撞傷的重要來源。若要解決，則機械材質的謹慎選用，徹底的定期保養都是必須注意的。

對策 5.

內層電路板由於柔軟輕薄，並不容易操作。一般軟質的材料只有捲軸式操作或者載板式操作較可行，捲軸式做法目前對硬式電路板而言尚不普及，而載板式做法則目前仍只有軟式電路板在使用，因此多數製作者目前是使用淺盆墊間隔紙或塑膠片的方式操作。

收板的機構很多，只要盡量不要產生整面性的強力摩擦，基本上表面傷害並不容易產生。但是間隔材料一般都會多次使用，清潔度的維持會直接影響刮撞傷的比率，改善可從此處著手。

對策 6.

線路產生後必須在壓合前確認品質，因此會進行光學檢查及電氣測試，之後會作黑化的處理以適應壓板製程所需。這些的動作大部份都是使用手工程序，造成刮傷的機率也最高，目前有不少的自動化方案可以幫助改善，但對少量多樣的製作生產廠而言未必實用，因此良好的作業規劃、操作程序的簡化及搬運方式與載具運用，或許是廠商較實際的改善方向。

對策 7.

修補是不得已而為的做法，對多數的高階產品都有可否修補的規定，但如果不能修補則內層良率一般都不易提高。然而修補的人工成本相當高，如果在刮撞傷方面還產生報廢，損失勢必更大。

最佳方案之一，就是想辦法提高第一次良品率 (First Pass Yield)，其次在修補方面，訓練及工具都是不可少的資源。修補的操作規劃及空間配置，常是修補良率的要因，不要為了節約空間而擠壓修補的操作環境，如果因此而使刮撞傷提高，不如都不修補，因為修補成本其實很高，只是許多製造廠沒有仔細計算而已。

對策 8.

疊板多數都是以手動為主，只要是手動就有人的問題，如何讓人能操作穩定不易因疲勞而操作走樣，就是改善的最大課題。目前有一些自動化設備被提出，但是成本比較貴未必被中小廠所接受，因此針對操作性改善仍是目前較有效的方法。

問題 5-8　內層線細

圖例

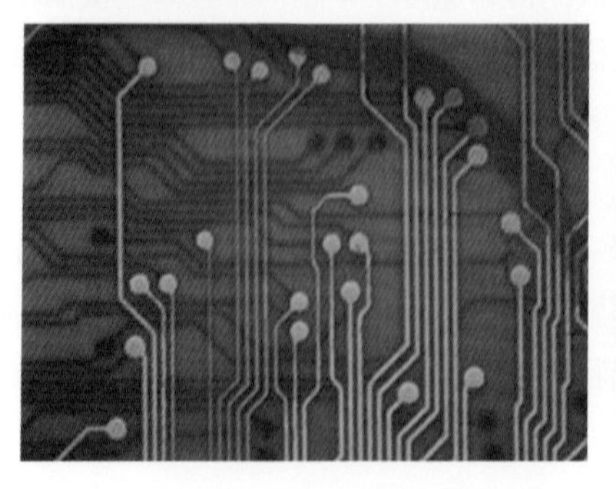

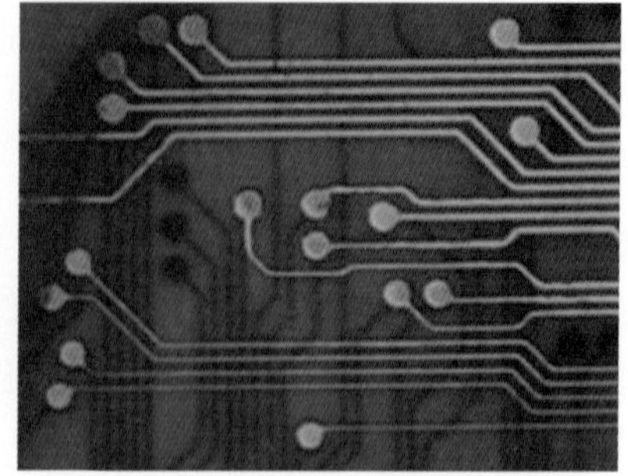

可能造成的原因

電路板目前主要的幾個線路製作方法不外乎是全蝕刻、通孔電鍍後蝕刻、通孔電鍍後線路電鍍蝕刻及全成長線路四種主要的製作法。

由於全蝕刻成本低且製程單純，內層板以此製程最普遍。因此探討此類問題要從此方法著手，才能切題且容易找到方向。它主要可能的幾個造成因素如後：

1. 底片設計補償因子不當
2. 底片製作不良
3. 曝光不當造成影像轉移不良
4. 顯影作業不良
5. 蝕刻因子 (Etch Factor) 不足或過蝕造成細線能力不佳

參考的解決方案

內層線細的探討不外是蝕阻劑的遮蓋不良或者是後續的蝕刻不佳，茲就特定的可能因子，嚐試作解決方案的闡訴：

對策 1.

線路製作首重影像轉移的控制能力，不論是用印刷或影像膜的操作，如果不能控制精度在規格的需求內，就無法做到良好的線路。由於線路製作過程中，線路的尺寸變化是多層面的，包含了影像轉移、線路蝕刻、後續處理等。

因此在影像轉移的第一項工作就是決定影像轉移的工具底片要如何製作，尤其是之前的補償係數設計。一般的廠商都會有一套補償係數設計標準，但是不同的機台和不同的基材都會影響補償係數的設計，如果所作的產品是新的產品或規格水準產生變化，重新製作設計標準是有必要的。

對策 2.

一般使用的底片有不同的分類，如：棕片 (Diazo film) 和黑片 (Emulsion film)、玻璃片塑膠片等分法。電路板生產廠仍然以塑膠片爲主要生產工具，只是所用的是何種廠牌底片以及是由繪圖機繪出或是由曝光機再製出來而已。

一般來說如果是再製片，也就是常用到的棕片，每次重製所產生的偏差量會隨操作狀態及曝光時間而有很大差異。對精度較高的電路板而言，如果要保持良好的製程穩定度，仍以直接繪出的底片公差較小，當然底片成本也會高些。

對策 3.

目前電路板仍以接觸式曝光爲主要製作方法，因此如果接觸的密合度不足或曝光時間控制不當，線路的影像自然會有變異。加上曝光機的投射系統及光線分布均勻度等，也都多少會影響到線路呈現的狀態。又加上不同的光阻，本來就會有不同的操作寬容度，如果操作範圍又很小則要有穩定的線寬就不容易了。

對策 4.

曝光後是顯影作業，一般來說如果曝光及其後的靜置時間都恰當，線路影像並不會有問題。但是有時候如果顯影的條件偏移而未發現，或是影像膜的狀態變異操作寬容度不足，則線路製作就會變寬或變窄。不過一般來說變寬的機會較多，且多數的線路都會變得不整齊。

對策 5.

某些產品必須製作細線路，但是蝕刻製程的能力不足，因此對大尺寸的內層板，會產生邊緣線路乾淨但板中間卻有銅渣，如果板中蝕刻乾淨則板邊有線細的問題。

如果要徹底解決此問題，就必須提昇蝕刻均勻度，同時要強化蝕刻因子的能力，例如：降低水滯效應、降低光阻厚度或者降低平均蝕刻速率，都是可以嚐試的方法。

問題 5-9　間距不足

圖例

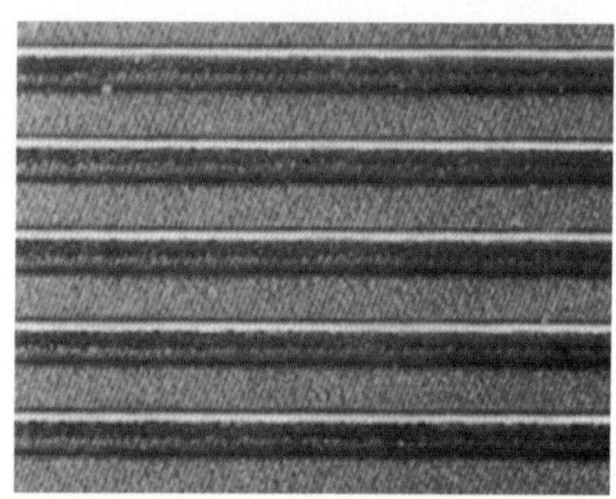

可能造成的原因

其實間距不足與線細主要的造成因素相當接近，只有在蝕刻方面及顯影方面不同。僅針對此三項作探討如后：

1. 曝光漏光或過度造成殘膜覆蓋過多
2. 顯影不良留下殘膠
3. 影像膜回沾造成遮蔽
4. 蝕刻不足 (其他部分可參考內層線細的問題討論)

參考的解決方案

內層間距不足仍需針對蝕阻劑的遮蓋不良與後續的蝕刻不佳來討論，除特定的四項外，其他部分可參考內層線細的解決方案討論內容：

對策 1.

曝光過度或漏光會造成線路變寬，如此可能造成間距不足。如果在作較細的線路時，曝光的能量可以操作在曝光能量的下限，因爲光阻的目的是爲了作蝕刻用，因此作業的寬容度還相當大。

對非平行曝光機的使用者而言，特別需要小心的是燈管外多數有冷卻水套設計，這種冷卻水套如果保養不當或水質較差容易發生水垢現象，即使水質控制良好仍然有水垢發生的機會。這種現象曝光機照度均勻度根本就不會好，線路的寬窄也就無從控制了，必須針對此問題小心對應。

對策 2.

顯影製程一般都會有顯影達成點 (Break Point)，也就是全板線路完全顯現的反應點。但是此點是否就是板面的清潔點，則會是一個極大的問題，是否清潔、多久會清潔主要還是看設備的設計、操作與保養，同時光阻的特性也是重要的考慮點。

如果光阻的操作寬容度夠寬，將達成點設定在整體顯影段全長的 50 ～ 70% 之前，會是比較有把握的操作方式。

對策 3.

顯影設備因爲不斷的使用，都會有殘留物殘存的問題。如果沒有適當的保養以及設備防止的機構設計，就有可能產生殘膜回沾的問題。另外在壓膜或是特定使用內層製作的電路板，應該要避免有大片膜脫落的機會。

理論上顯影是將影像膜溶解，但是如果有大面膜面有機會掉落，在未溶解前就回沾到板面，輕則線路變形或間距不足，重則產生區域性未蝕刻的現象。這些方面的問題，要在保養、操作、線路設計、實際生產等方面同時注意。

對策 4.

蝕刻是否足夠，主要還是看整板面的均勻度表現，全板同時達到蝕刻完整的程度是必要的訴求。因此一般常見的蝕刻不足問題，大部份都是蝕刻不均勻而必須調整蝕刻量，因此不是線細就是間距不足。

有些人說銅厚不均也可能是原因，此話並非無理，只是以目前多數的銅皮供應商水準來看，保持一定的均勻度水準應該不成問題。値得注意的反而是銅皮粗面的深度會是主要問題。

一般銅皮爲了結合力而在銅皮的電鍍面上作出粗化面，但是銅皮的厚度卻沒有包括粗度考慮，一般都只以所謂的平均厚度來表達。如果製作細線，銅皮的平均粗度會是重要因素之一，也是線細或間距不足的干擾因素之一。

 問題 5-10　底片刮軋傷短路銅渣

圖例

可能造成的原因

若是發現電路板表面同位置出現重複性的曝光問題，則必然是底片出現問題。所不同的是如果數量龐大每片都有，就表示底片製作出的問題。如果是部份板面出現重複性問題，則可能是外來異物造成的問題。它的主要問題來源有二：

1. 曝光機內產生的異物造成
2. 外來異物，尤其是來自電路板面造成

參考的解決方案

底片應用有許多方式，以它的表面狀態區分，可分爲有保護膜與沒有保護膜兩種方式。如果有保護膜則底片較不易受傷，但相對的在解析度能力方面就受到考驗，尤其是在 (3 mil) 以下的線路，保護膜的影響就逐漸浮現。

底片受傷是絕對性的問題，每片電路板都會受到影響，但如果是偶發性的外來物質，則影響就小得多。茲就兩個可能造成底片傷害的課題作一探討：

對策 1.

曝光機尤其是自動型的，內部會包含不少的傳動機構，因此自然會產生相對運動，如果此時產生了硬顆粒，不論嵌入底片不掉落或者刮傷藥膜面造成不該曝光的區域見光，則光阻膜就會留下來 (對負型膜而言是如此，正型膜則恰好相反)，內層板蝕刻就會形成短路或是銅渣。

因此要改善此類問題，必須針對曝光機的內部機構作改善，所有的運動機構最好設計在曝光操作平面高度以下，曝光檯面的上方則必須作定期保養，這樣才能防止異物所產生的刮傷。

對策 2.

電路板經過壓膜靜置的過程，會有靜電殘留沾髒或粉塵飄落的可能性，如果這些外來物質進入曝光機，當然最有機會產生傷害底片的問題。這類問題，對油墨型光阻的使用者尤其必須注意。防止的方法除了無塵室的控管外，在電路板送入曝光機前，可以設一至兩道的除塵設施，如此可以大量提昇第一次良品率的水準。

 問題 5-11　靶位不全

圖例

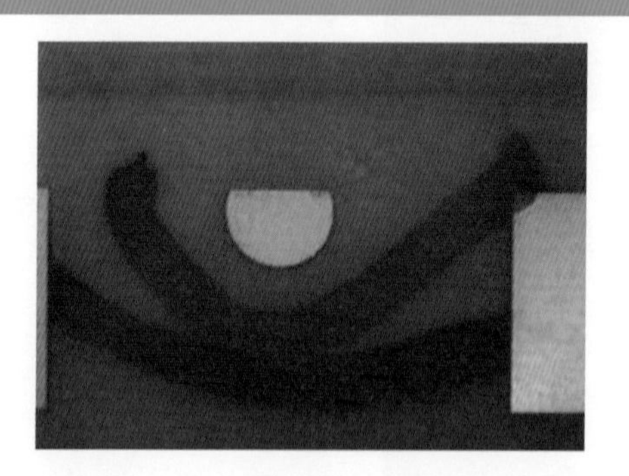

可能造成的原因

電路板製作程序中常會利用工具孔或參考靶位來作爲對位的參考基準，參考基準被破壞則不論自動或手動作業，都會失去對位的準度與依據。因此製作者必須將靶位保留完整，才能順利運作。

靶位一般都設計在電路板的角落區域，因此也是最常出現破壞現象的基準點，其主要的產生原因如後：

1. 感光膜沒有塗佈或覆蓋到，以致於蝕刻造成靶位不全
2. 曝光偏移過大，造成靶位超出感光膜區域。

參考的解決方案

內層曝光一般有靠邊對位、定位孔對位、隨機式三明治夾心對位等方法。靠邊對位是自動曝光機的方法，定位孔法一般用於半自動機，三明治夾心法則用於手動曝光。其中較會發生曝光偏移的是手動曝光，因爲較依賴人力控管。

茲針對靶位不全的解決方案提出如后：

對策 1.

感光膜塗佈一般都會保留板邊的小部份空白，主要是避免操作中過大的感光膜脫落造成回沾、遮蔽、堵塞噴嘴的問題。因爲乾膜單價高且尺寸固定，如果壓膜時偏移或尺寸差異略大都可能會有問題。將設計靶的位置做適度的調節，壓膜時對位準度略作調整，就可以避開此問題。

至於油墨型光阻，基材尺寸變異比較不成問題。但是垂直式塗裝機的上端必然會留下一小段塗裝不滿的部份，而水平式塗裝設備則有機會可以完全塗滿板面。因此使用垂直式塗裝設備的業者，更需要注意這方面可能產生的問題，至少單邊應該要作靶位的調整或適應。

對策 2.

自動與半自動機一般不太容易出此問題，手動機則應考慮操作的訓練及工具的設計改善，尤其是底片設計規則的調整。部分的手動內層曝光機，採用套 Pin 的方式作業，這種方式只要在發料後作出適當的對位孔，就可以避開這種問題了。

 問題 5-12　滲透斷路

圖例

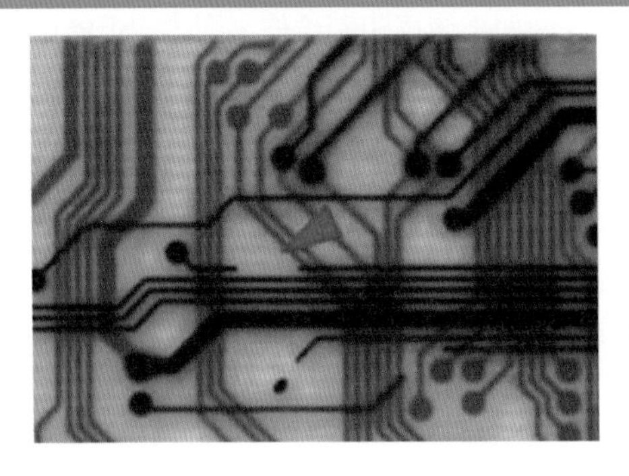

可能造成的原因

不論用何種光阻，如果最後不能達成保護的目的，在內層板蝕刻時，就會發生銅面破損的問題。這種問題主要來自於幾個原因

1. 銅面不潔或光阻結合不良
2. 壓膜不良貼附不全
3. 油墨成膜性不佳破膜
4. 濕膜厚度不足保護性不佳
5. 局部刮碰傷光阻保護不全

參考的解決方案

基本上保護性的好壞，端視抗蝕膜塗佈的好壞以及是否能持續到線路蝕刻工作的完成。因此解決方案也是以此兩課題爲主軸，來作問題的解決，茲就各可能解決方案提出如后看法：

對策 1.

一般內層銅基板表面在入廠時會有一層防氧化層，在進入光阻塗佈前必須清除此防氧化層，同時要形成恰當的表面粗度，這樣才能保持未來光阻的結合力。這樣的訴求，尤其是以乾膜較爲重要，在液態光阻方面問題比較少，因此改善光阻塗佈的前處理是首要工作。

有不少的研究嘗試對銅面的狀態作出最佳化的描述，但是多數都沒有辦法直接指出問題的核心。某些文獻提出，可以用所謂的 Ra、Rz、PC (Peak Count) 的數據資料來作光阻膜表面的描述，這是一個不錯的研究方式，但是對於量產而言只能作爲輔助工具，無法直接在線上採用。

對策 2.

如果使用乾膜，必須針對使用乾膜的特性決定壓膜條件，一般來說愈細的線路，壓膜速度必須降低，貼附力才能提高到足以製作細線路，這是基於同一水準的銅面粗化所提出的看法。

至於壓膜機方面，橡皮壓輪的狀態是否正常，平行度是否良好，新滾輪的表面狀態是否做過完整確認，都會影響到壓膜的品質。對於薄板而言，因爲壓輪提高壓力有彎曲的可能性，只要有輕微的彎曲就有可能會產生局部失壓的問題。因此有些壓膜機會採用冠狀的彎曲外型壓輪，以平衡變形所可能產生的壓力不均問題。

對策 3.

油墨都有成膜性，如果表面不潔，成膜性不會好。如果使用印刷塗佈，則跳印可能會是必須小心的問題。確認選用的塗佈方式是否適合使用的油墨，建立製程中的監控機制會有助於破膜的改善。

目前已有不少的廠商開發出不同型式的滾筒式塗佈機 (Roller Coater)，在內層板的製作方面有相當比例的使用者採用。

對策 4.

業者常用濕膜光阻進行內層板生產，但是滾塗機會隨操作時間損耗而降低塗裝厚度。當塗裝厚度降低到一定的程度，其塡補與保護性就會變差，此時如果通過濕製程就可能會產生保護性不足的問題。

作業中應該要定時進行重量法的觀測，以免發生厚度不足的問題。

對策 5.

各式光阻的強度不一，操作的條件雖然類似但表現卻極爲不同。某些光阻雖然解析度不錯，但吸水性高且柔軟容易破損，加上內層板本身就比較柔軟，傳動輪挾持難免會有相對運動造成折曲，這是局部光阻損傷的可能原因，如果製作中的問題比率過高，改善設備是當務之急。

問題 5-13　壓膜 D/F 下異物

圖例

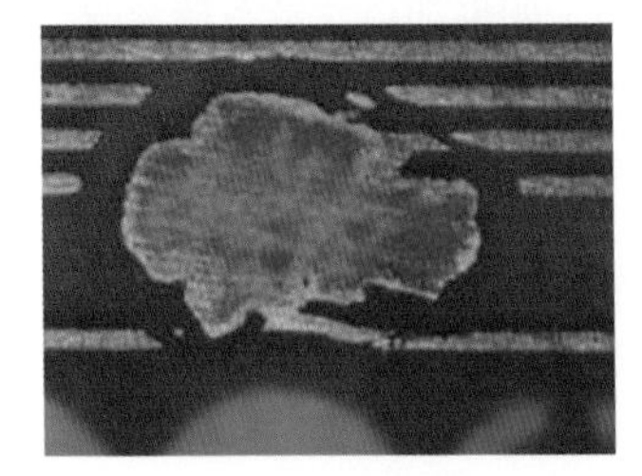

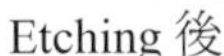

Etching 後

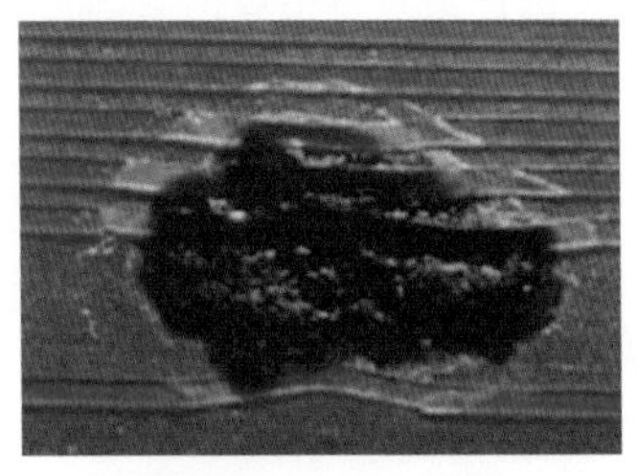

顯影後 D/F 下異物

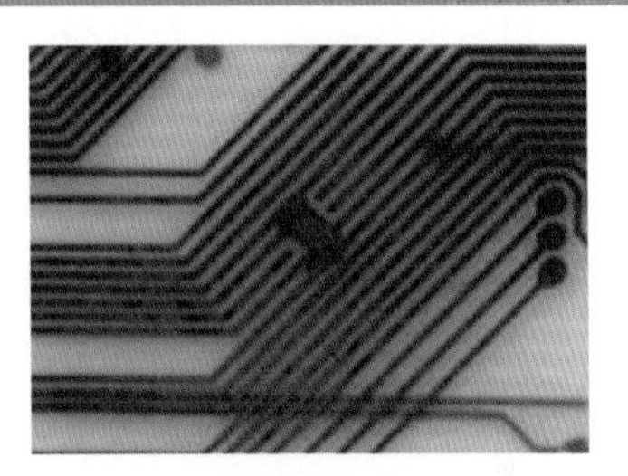

D/F 下黑色黏性異物附著

可能造成的原因

電路板在銅金屬面與感光膜間如果有異物出現，尤其是有機物出現，基本上會發生的現象就是：

- 如果高低差大，則曝光時會有漏光現象
- 污染區光阻附著不良，即使有附著，最後仍影響到蝕刻而造成局部性區域線路不良，異物附著則成短路脫離則成斷路

影響的嚴重性要看污染物的大小，對細線產品而言，最後可能只有報廢而完全沒有修補機會。它的來源主要有幾個可能：

1. 基材的污染，來自供應商
2. 材切後烘烤的污染，來自烤箱
3. 前處理的污染，來自潤滑油或消泡劑
4. 滾輪的污染，(海綿滾輪及烘乾機)

參考的解決方案

一般曝光作業會在曝光前作清理動作，在壓膜或油墨塗布前則已有前處理，因此在壓膜與電路板間的異物可做如下解決方案的探討：

對策 1.

基材供應商一般都會作出廠檢查及品質控管，但是在包裝及運送中仍有機會有異物產生，尤其如果基材供應商被要求作基材烘烤，烤箱及其操作環境的污染可能性相對就提高了，這個部分值得注意。

對策 2.

爲了使電路板作業尺寸的安定性提高，許多薄形的內層板都要求要先預烘再進入製程，但是烤箱的清潔渡一般而言是最不容易維持的，尤其是在迴風的系統中，會因爲操作久遠而長出污垢等異物。

因此如果基材要進行烘烤，不但要用專用的烤箱不要與油墨烤箱混用，同時在保養方面也要留意避免積垢的問題。

對策 3.

多數的電路板水平設備，使用的潤滑系統就是操作的水溶液，但是對於金屬齒輪而言，則潤滑油仍然是主要的潤滑劑。較佳的設備設計是用雙牆的方式將藥液操作區與傳動區分開，但某些設備卻為了省製作費用而採用單牆設計。隔絕效果差，潤滑劑容易進入操作區污染電路板。

另外在某些製程會用一些起泡的藥水，因此在操作中又會使用消泡劑。如果消泡劑是屬於矽膠油系統，則容易在水溶液中產生凝膠體，這也容易發生異物污染的問題，如果加以注意有機會改善污染問題。

對策 4.

前處理乾燥段和烤箱也有類似的問題，不同的只是零件較多，尤其是膠質滾輪。在熱風操作下，久了容易沾黏污物。一般在電路板烘乾前會用吸水滾輪除去大部分的水，這種滾輪特別容易沾髒，刻意定期保養是有必要的。有一種商品名為 Ruby-cell 的材料，是一種較不容易沾髒又可以保濕的 PU 發泡材料，雖然較貴但對防止污染有幫助。

問題 5-14　短路 (漏光)

圖例

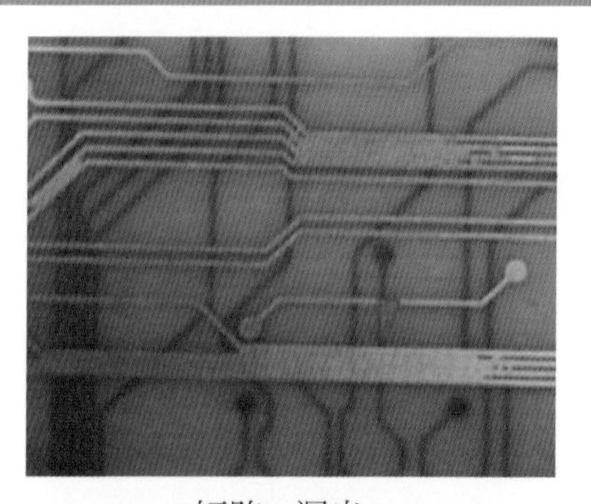

短路 (漏光)

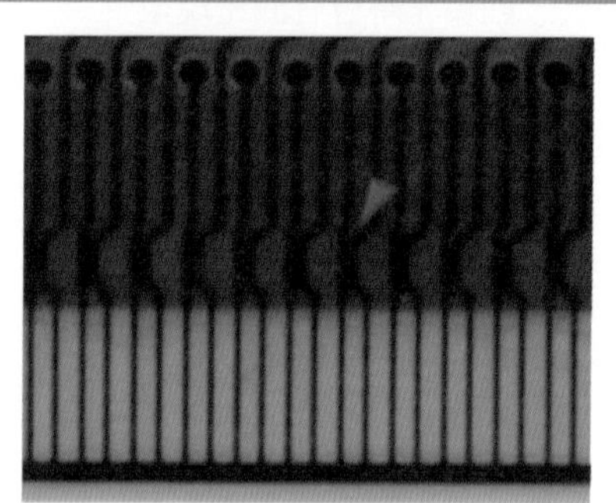

漏光 (蝕銅後)

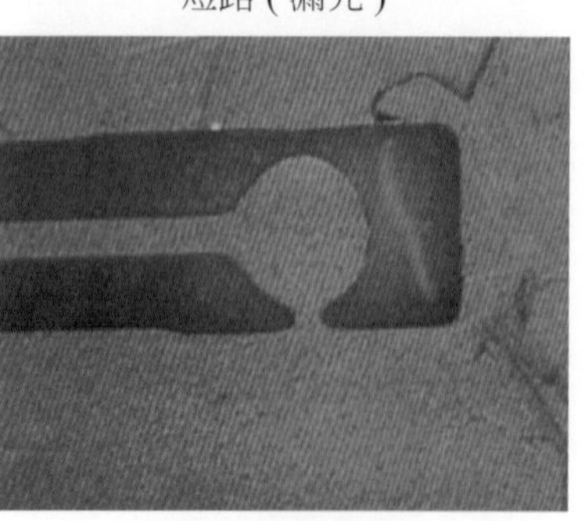

漏光 (蝕銅後)

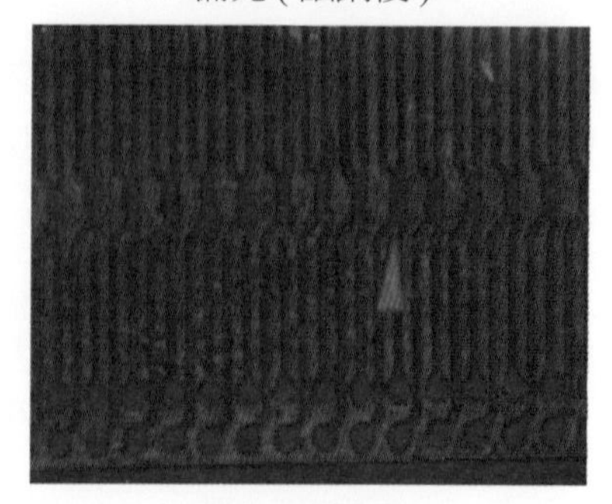

漏光 (顯影後)

可能造成的原因

曝光所形成的短路，漏光是一個重要的因素，而漏光主要又來自於底片與基板間的接觸密合度不良。密合度不良有主要的幾個因素：

1. 底片架設不平
2. 眞空度不足
3. 曝光框壓力不足
4. 排氣條厚度不當
5. 異物阻隔造成接觸不良
6. 曝光框變形

參考的解決方案

一般解析度不需很高的產品會使用非平行曝光機，因爲非平行曝光機對異物的敏感度較低。但是也因爲如此，如果曝光中有少許的底片密接問題，所產生的漏光或者是異物的影像影響就相對較大，針對這些較典型的問題提出一些解決方案

對策 1.

一般電路板曝光製程仍是以塑膠底片爲主要工具，因此底片必須裝在曝光框上才能運作。某些手動機則在機台外貼靶對位後直接投入曝光機內曝光。

問題是在曝光前如果沒有確切整平底片與電路板的接觸狀態，則貼覆不良極易產生底片與電路板的空隙，因此必須注意底片的架設方式與平整度問題。

對策 2.

對手動機而言，在眞空產生將塑膠皮拉緊後，作業者大部分還會用刮刀將未排除的空氣再擠出，以保證底片的密貼度。自動曝光機則是靠曝光框接觸後，利用眞空度將底片密貼。

如果使用塑膠框，一般都可以用較高的眞空度，但是如果用玻璃框底片則壓力都不敢用太高以免破片。因此如何操作在恰當而足夠的眞空度下曝光，是改善漏光的重要手段。

對策 3.

某些曝光機並非用眞空壓力，反而是用機械壓力或者是壓力球的設計，壓力的適當性就成爲主要漏光與否的因素。

對策 4.

對略厚的電路板，爲了避免板邊在眞空操作下發生接觸不良的問題，因此會使用排氣條進行生產。如果使用的厚度不當，也會有接觸不良的問題。參考下面示意圖。

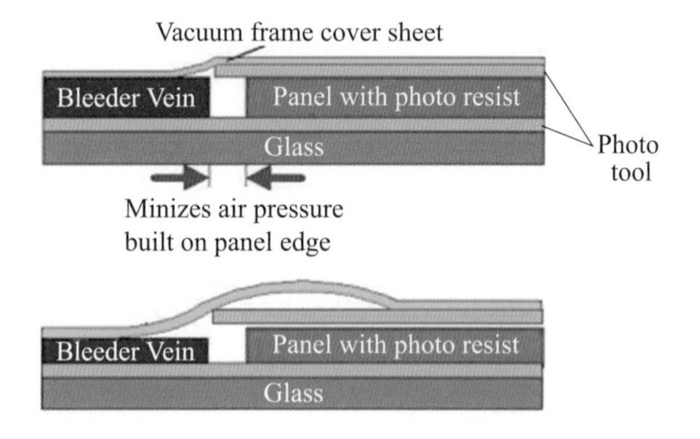

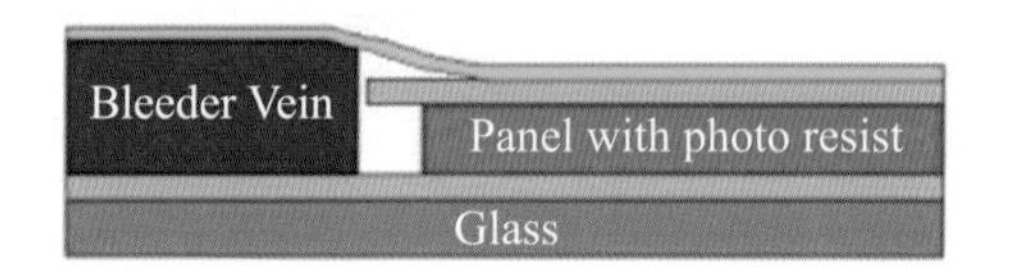

** 排氣條安裝參考圖，一般都會安裝在與電路板間距約 1 ～ 1.5cm 左右的位置，同時四邊都不作封閉的配置，厚度則採取與電路板相當的厚度水準，這樣才有助於排氣同時可以降低底片不平整的問題。

對策 5.

如果底片框內有硬顆粒，不但會傷害底片及機台，也會使底片貼附不良。這方面的問題除了保持貼片程序中的清潔之外，對於整體的曝光作業環境也要做適當的管控。一般而言設備的設計最好是能夠維持作業檯面以上的無塵水準，尤其是運動機構的摩擦問題，這樣才能夠降低硬顆粒產生的影響機會。

對策 6.

曝光框受壓變形是塑膠框使用一段時間後必然會發生的事情，因此對較細線路的電路板，曝光框的平整度維持極為重要。

問題 5-15　曝光異物 / 線路針孔

圖例

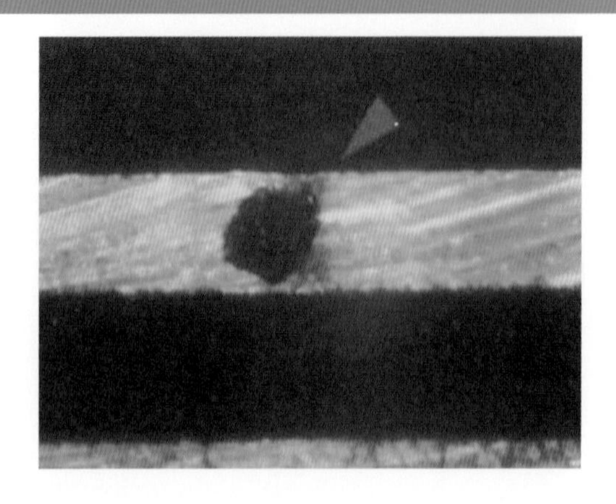

可能造成的原因

曝光範圍內如果有光遮蔽物產生，只要阻斷光的透過，其下的感光膜就會因不感光而不聚合。目前多數的電路板製作，仍以負形膜爲主，未見光區就會在顯影時被去除，露出的底部銅在蝕刻時就會被蝕除，這就是銅線路針孔的原因。

如果有異物殘存在底片與電路板間，所促成的就是底片貼附不良，這會產生漏光的後遺症。如果底片因爲異物局部受到刮傷，則會有銅渣在線路間出現，這些都是異物惹的禍。

參考的解決方案

對策 1.

唯一改善的方法就是針對機台及操作程序中所有的異物來源宣戰，降低異物就是提高良率的最佳方法。

目前廠商都知道作業清潔度的重要性，但對於如何改善卻沒有明確可以遵循的方法。其實根本問題還是污染源的確認及排除程序，這兩項工作如果徹底執行清潔度就有機會改善。

一般的環境清潔度控制，分爲設備與工具影響、人員與物流動線影響、無塵室設計影響、保養與維護的影響等等。

 問題 5-16　短路 (撕膜不全)

圖例

可能造成的原因

可能因爲保護膜邊緣破碎，或是作業人員採用的撕膜工具切破保護膜所導致。

參考的解決方案

對策 1.

注意降低保護膜在剝離前的完整性，撕離應該要採用較不容易產生斷裂的方式進行剝離，以免破碎的保護膜殘留板面。

殘膜如果仍殘存在板面，固然可能影響單片電路板的品質，但是如果脫落造成其它的設備問題，則影響可能更大。

問題 5-17　短路 (乾膜回沾)

圖例

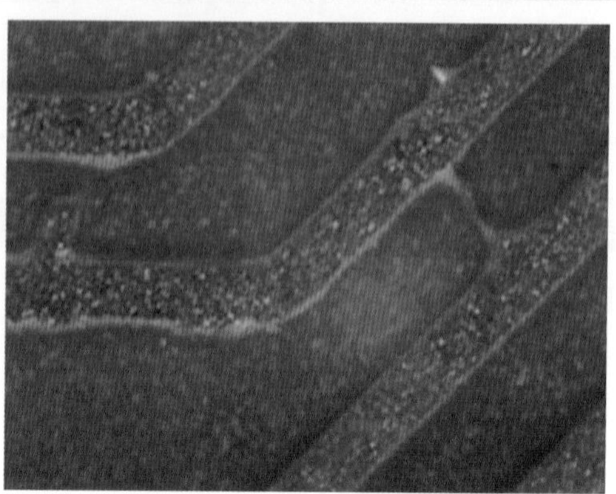

影像膜回沾，可能的原因包括了以下幾種可能性：

1. 乾膜剝落面積過大
2. 滾輪累積或設累積殘渣
3. 蝕刻液酸度過高光阻滲出量過大

參考的解決方案

對策 1.

內層或是外層細路的設計，如果可能應該儘量把銅面留下，既有助於尺寸的穩定性，有能降低光阻在顯影時的負荷量以及避免大面積的光阻無法瞬間溶解的問題。

某些狀況如果曝光過的光阻碎片，或是因爲取樣而破損的電路板區域，有可能因爲沒有足夠的承載而產生剝落，這些都會影響光阻回沾的機會。

對策 2.

顯影或蝕刻設備，難免會有殘渣的累積，尤其是有大量光阻存在的顯影蝕刻去膜段。如果乾膜的殘留物沾黏在滾輪或電路板通過的區域，則很容易就會發生回沾問題，這些問題會直接影響產品的良率，而一般呈現的問題就是線路短路。

要徹底排除這種問題，除了保養的作業要注意之外，做好設備設計也能夠做適度的修正。例如：將溢流口做兩個階層，清潔時能夠確實浸泡到槽體的死角就是一種值得注意的設備機構設計方式。

對策 3.

蝕刻液的氯含量愈高，相對光阻的浸泡析出率就愈大，如果這些析出的光阻殘渣回沾到板面，當然就容易產生短路問題。

氯化鐵溶液的蝕刻速率固然高，但是一般氯含量也比較高，因此要使用這種系統就必需注意高氯含量對於光阻回沾的影響。而其它系統使用者也應該在高蝕刻速率、蝕刻比 (Etching Factor) 以及良率間做出良好抉擇。

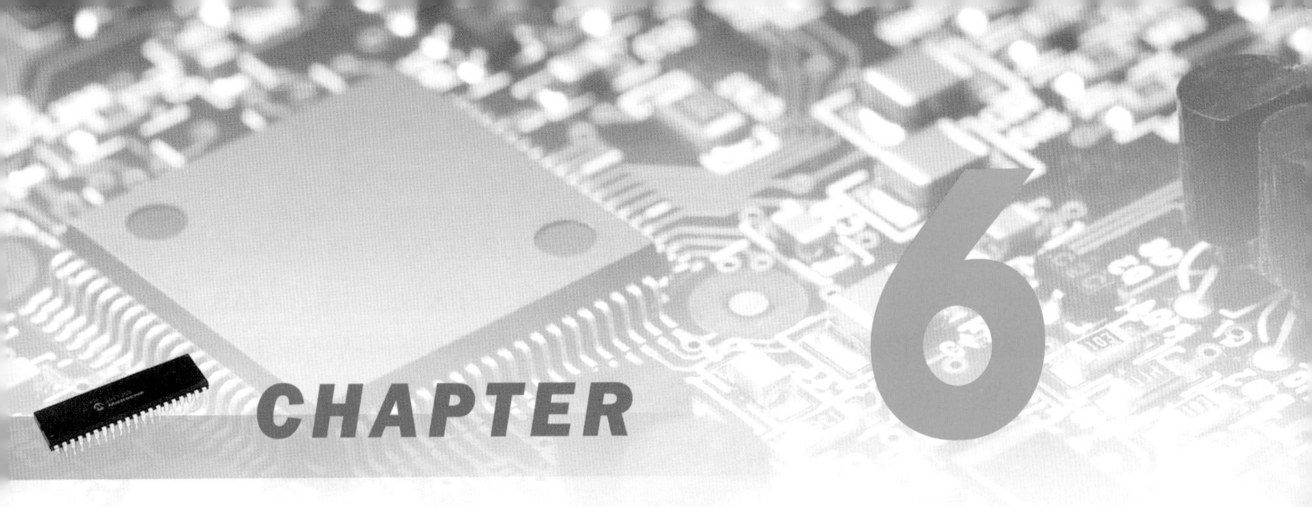

壓板製程篇－前置成果的累積，內部缺陷危機的誕生

6-1 應用的背景

壓板製程的目的是要組合內層或加成製程製作出來的電路板，利用銅面粗化、加膠片固定、熱壓填膠的程序，將各個獨立的內層基材結合成一個整體，並將相互間的關係固定下來。它是內層板的組合程序，也是電路板內部危機的開始。材料的本質、作業的正確性、內層板所有產生的潛在問題，在此處會全部埋入內部無從修正。多層板的價值在此累積，同時它的穩定性考驗也由此開始。

6-2 重要的影響變數

6-2-1 銅面的粗化

銅面粗化會面對兩個主要變化，就是銅厚度控制及表面粗度的表現兩個部分。當內層板黑、棕氧化處理不均勻的時候，多數廠商都會做表面酸洗與整個製程的重工，如果處理過度或重工多次，當然會產生線寬與銅厚度縮減問題，比較嚴重時就會產生後續報廢問題。這些問題可能會導致電路板的 " 持性阻抗 " 變動，一般的短斷路測試無法偵測內層銅太薄的問題，這種問題常要在電性或電阻偏高時才會發現，這種現象必須從製程控制著手解決。這些年來有更多廠商採用水平棕化製程處理內層銅，要解決黑化與棕化製程問題手法並不相同。

至於表面粗度控制的部分，目前業界比較常用的處理方式包括黑化與棕化 (超粗化) 兩類。黑化除了控制蝕刻量及氧化層的成長外，也會用特殊的還原劑 (DMAB) 將氧化膜厚度減薄將結晶削短，以減少後續被濕製程攻擊或者過長絨毛斷裂結合力降低的問題，也可以降低“粉紅圈”(Pink Ring) 出現的機會。棕化的方式目前以超粗化為主流，主要以控制蝕刻量、表面粗度及表面成長結合強化物質為主。當然處理完成的內層板必需做好水洗處理，否則表面殘留物質會影響壓板鍵結能力，而表面乾燥也很重要。

面對高頻應用的需求，藥水業者也逐步推出接近無粗度的壓板表面處理製程。在程序前後的銅面粗度，看不出有太大的變化，但是經過驗證其結合力確實可以達到應有的水準。但是因為屬於化學作用，對於材料會呈現出選擇性作用現象。圖 6-1 所示，為典型的超低粗度銅面處理結果。

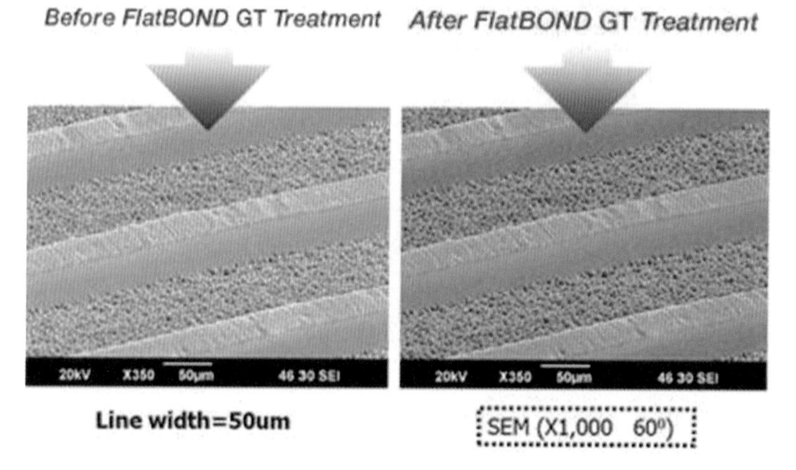

▲ 圖 6-1　來源：uyemura.com/pcb-finishes_MEC.htm

表面粗度以穩定為原則，從趨勢看粗度偏低容易產生結合力偏低的問題，不過就算粗度較高卻未必保證結合力可以變高，主要問題出在過高的粗度有可能降低樹脂填充性。因此一般狀況，筆者會建議調整出適當地粗度水準，可以搭配製程中的標準壓板條件應該是比較好的選擇。

6-2-2　加膠片固定

一般多層板堆疊所選用的膠片，會依據設計需求搭配對稱性配置來選擇。膠片樹脂含量的多少、膠片與內層板的固定方式、壓合所搭配的附屬材料，這些都影響到相互間的固定性及後續壓合表現。如果膠片吸水會造成流膠量增大與附著力降低，這很容易產生局部膠量不足或板邊泛白缺膠問題，這會使材料物理結合力降低，且容易有焊錫爆板的潛在危險。

6-2-3　熱壓填膠

多層板壓合製程，對後續產品品質與可靠度具有成敗責任。一旦完成壓合，因爲採用的材料是熱固型塑膠而完全無法重工，因此如果作業失誤則損失都會相當大，可說是多層板製程中相當關鍵的工序。

由於板材、壓合機及控制系統的進步，現在壓合作業比以前的工法要方便得多。然而也因爲薄板、細線、小孔需求，孔環公差不斷壓縮，使得層間對準度必需要適度提升。爲了防止壓合中內層板間的滑動，會採用一些工具孔系統來進行層間對位。下圖所示，爲一般內層板堆疊時所採用的對位孔工具系統示意圖及沖孔設備。

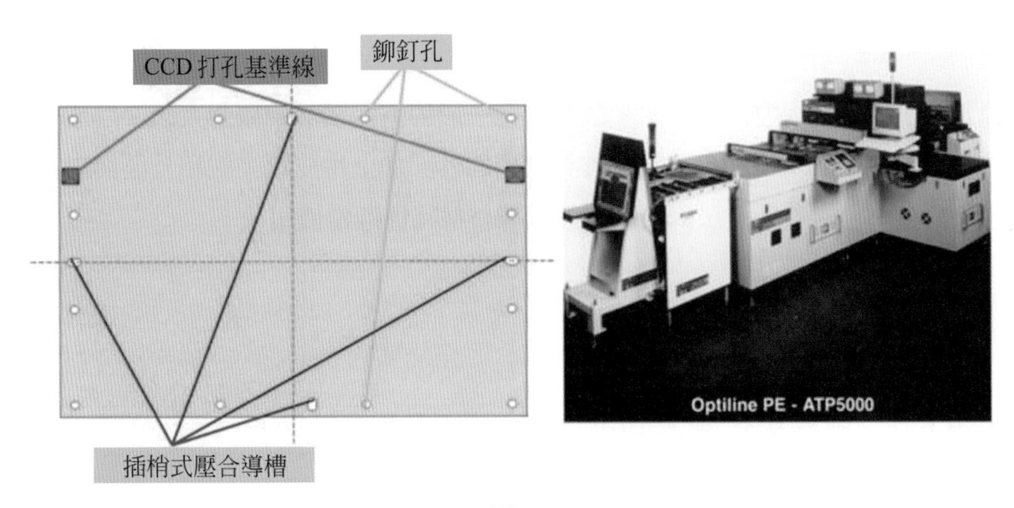

▲圖 6-2

以挫圓梢 (Flated Round Pin) 固定，其中一梢刻意不對稱下做梢合的多層板作法，稱爲“插梢式壓合作業”(Pin Lamination)，在高溫壓合漲縮中有“中心不變”的效果。至於採用板邊圓孔鉚釘固定的方式，則被稱爲“大量壓合法”(Mass Lamination)。目前還有早就已經提出的熱融堆疊法，正在重新設計，回到人力作業愈來愈貴精度需求更高的市場。

傳統加熱眞空油壓設備，會採用多片堆疊多開口壓合的作業模式。這種模式會讓整個樹脂填充過程產生內外差異。圖 6-3 所示爲一般堆疊所產生的升溫與膠黏度差異示意圖。由圖中可看出外部升溫速率會比內部快，而外部所能達到的最低黏度水準也會比內部要低。這種現象當面對一樣的壓力下，會使外部的電路板厚度比內部薄，也因此某些材料商會將樹脂的流動性降低，以減緩流動性差異來平衡電路板厚度變化。但是這種作法所承擔的風險是，作業寬容度會受到壓縮，同時有填充不良的潛在機會。如何搭配適當的升溫曲線及上壓時間等，就變得相當重要。

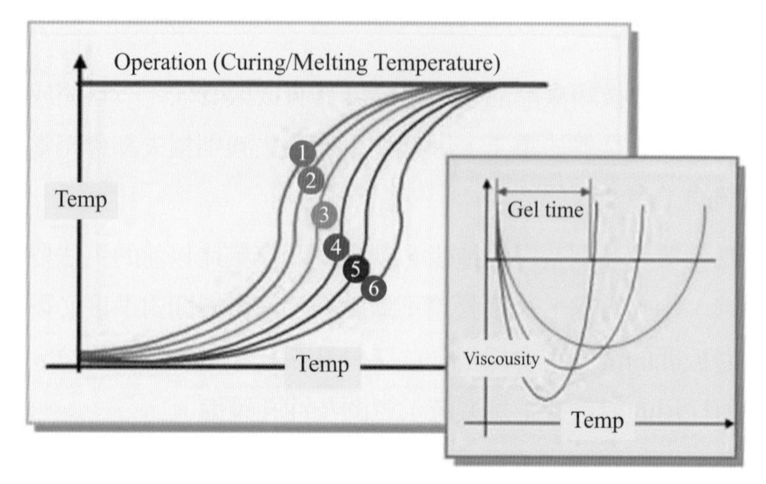

▲ 圖 6-3

黑化完工的內層板還是會吸水，故不可在一般的室內環境中放置太久。為了緩和傳熱速率同時讓壓機壓力均勻化，可以在堆疊結構的外部加上牛皮紙來緩和升溫與均衡壓力。這些手段都是壓合的輔助作法，業者應該依據材料特性適當使用。

6-3 問題研討

問題 6-1　黑棕氧化層表面不均勻

圖例

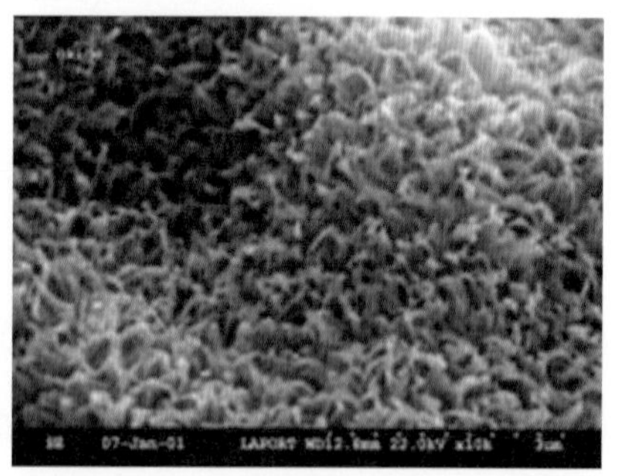

可能造成的原因

1. 銅面光阻未剝除乾淨留有殘膜
2. 銅面局部出現嚴重鈍化情況
3. 可能因為處理中發生兩薄板貼近現象
4. 因高溫槽液內有碳酸鈉粒子累積導致有白斑附著
5. 水洗不良、槽液失控處理能力不足，導致棕化處理膜色澤不均

6. 水平連線設備由於滾輪不潔造成板面線條式色差
7. 乾燥時受到外來酸液攻擊或是液體回噴
8. 製程參數與處理時間不當

參考的解決方案

對策 1.

強化黑化前處理的脫脂功能，內層板完成製作後的停滯時間要縮短，避免停滯時間過長使殘留物不易去除。

對策 2.

可以考慮適度加強酸洗或微蝕處理，一般銅微蝕量應該可以保持在 1 ～ 2.5μm 範圍，不應該將蝕刻量再增加。同時因為是屬於異常狀況，應該要在生產線外進行特別處理，儘量避免影響正常的作業程序。

對策 3.

一般掛籃會採用鐵氟龍線區隔方式作業，發生類似的情況可以進行拉線完整性檢查，如果電路板的厚度偏薄可以考慮採用跳格置放或是另外採用不同設計的掛籃。

對策 4.

避免使用氣體攪拌 (Spargering)，以降低槽液中 Na_2CO_3 的生成，同時應該要加強過濾效果確實去除固體粒子。另外最終的水洗可以提高其作業溫度，尤其在設備的溫控要小心其設計容量，曾經有業者在冬天發生品質問題但是夏天就消失。結果竟然是因為冬天作業時又面對設備常受門禁管制開關的影響，時而發生品質問題時而不會，這種現象值得規劃設備時加以考慮。

對策 5.

新線設置產生的藥水耗用量，可能與大量生產時有差異，這種問題應該與供應商討論進行適當調整。藥水補充目前比較依據作業面積處理，如何讓實際補充與電路板銅面積搭配是必需考慮的事。

黑棕氧化後清洗不足，應該要注意作業溫度、循環量、水質控制、搖擺震盪噴流強度等。出現問題的時候，應該優先確認處理槽液是否仍在規範範圍內，檢討作業條件是否正確是當務之急。最好不要一發生問題就隨意調整條件，回歸正常才是生產製程管制的最重要課題。

對策 6.

目前比較常用水平設備處理的是棕化製程，因為水平傳動設備幾乎都是以片狀滾輪帶動，因此必需要針對藥水的特性進行材料選用。

設備材料應該以不受藥水攻擊、不容易膨潤的材料為主，同時應該要定期進行滾輪更新。因為內層板表面的線路多少都會對滾輪產生損傷，如果受損的滾輪比例高，想要處理面均勻一定相當難。

對策 7.

不論水平設備或是垂直設備，烘乾與輸送中都可能會有液體回沾問題。在垂直設備方面應該要注意電路板的動線設計，儘量避開成品會被污染或回沾的設計方式。

至於水平設備方面，應該要注意熱風吹送的方向與區域性的區隔，避免水滴亂飛導致表面色差。

對策 8.

這方面的問題目前筆者比較不認爲是常態，因爲幾乎所有的設備都已經自動化，除非設備故障否則設備的處理程序幾乎可以說完全會受到控制。

但是在藥水的參數則不然，如前所述應該要定期校正藥水補充與製程搭配狀況。尤其是在產品型態有變化的時候更需要小心。

問題 6-2　多層板黑棕化介面發生爆板分層

圖例

可能造成的原因

1. 清洗不足造成板面殘鹼影響附著力
2. 黑化表面殘留氯酸鹽或其它雜質
3. 棕化配方與樹脂不搭配
4. 黑化絨毛太長或棕化粗度不當
5. 壓合中接面不當藏有揮發或污染物
6. 壓合熱量不足、流動時間太短、膠片品質導致結合不良硬化不足
7. 膠流量不足、過度導致結合力不足
8. 大銅面過多又無排氣孔設計
9. 眞空壓合所施加壓力不足，過度減壓有損膠流量與接著力
10. 奶油層不足

參考的解決方案

對策 1.

銅面殘鹼清洗不易，應該要強化最後洗槽的水取樣，其酸鹼度應該要保持 pH 值不超過 9.0。

對策 2.

確認設備處理能力，提高設計安全係數，可以考慮增加水洗的槽數以及溢流量來改善清潔狀況。

對策 3.

目前業界棕化配方多數都會在銅面上成長一層相當薄的有機膜，面對綠色材料需求現在市面上有不同的樹脂系統不斷推出，這些樹脂是否能夠在壓合時與表面有機膜產生足夠的鍵結力，同時是否能夠承受後續生產的熱衝擊考驗，這些都值得再作確認。如果製程狀況都正常，但是無法讓爆板問題去除，此時就應該考慮更換處理系統。

對策 4.

黑化處理是以長絨毛來增強結合力，但是如果過長會導致樹脂填充不易或結合力弱化。因此業者採用還原作業來降低表面絨毛高度，同時轉化表面為氧化亞銅降低受酸攻擊的機會。但是如果處理後絨毛高度仍然不理想，就有結合力不良的風險，這應該要調整氧化處理的程度。

棕化處理主要的作法是採用表面銅選擇性蝕刻模式來產生粗度，利用這種粗度可以提供樹脂與銅的結合力。但是如果處理的結果讓表面粗度與截面積變得過小，可能反而會讓結合力降低，此時就必需進行粗度控制的最佳化。

對策 5.

壓合中接面藏有揮發或污染物，導致樹脂與處理面間沒有產生結合，這方面應該要改善內層板表面的可能水氣殘留、揮發份過高或污染物問題。

內層板在疊合前須烘烤保持乾燥，停滯一定期間沒有壓板就應該要再次進行除濕處理。在吻壓的時間方面，也可以考慮略微加長以去除揮發物及水氣。

對策 6.

壓合熱量不足會讓膠黏度無法降低到容易流動的狀態，當然不容易產生良好的填充與連接。流動時間太短，可能讓樹脂在還沒有充分潤濕銅面前就已經乾涸。膠片如果事前就已經過期或是過度聚合，則會導致結合不良的問題。針對這些現象進行改進，應該可以解決這類問題。

檢查完工多層板的 Tg 值，監控壓合的溫度紀錄，如果發現有異常現象可以考慮用後烘烤進行再次聚合，但是烘烤後必需要確認結合力確實有提升。

對策 7.

膠流量不足可能來自於壓力不足、黏度過高、上壓太慢、熱量不足、膠片過期、壓力不均等等因素，這些當然會影響結合力的產生。

至於膠流量過度，則會導致介面上幾乎沒有樹脂膠合力的存在，當然也無從產生結合力。流量過度可能源自於膠片吸水、升溫過快、壓力過大、上壓太早等等問題，應該要針對這些現象改進。

對策 8.

一般電路板設計準則，會規定特定面積必需設計排氣孔。同時建議在沒有必要的狀況下，內層板儘量減少大銅面出現，這是因爲樹脂對銅面結合力遠低於樹脂與樹脂的結合力。

對策 9.

較低壓力所生產的電路板殘餘應力比較少，但是如果壓合所施加的壓力不足，過低壓導致的膠流量與接著力不足就會發生。如何適當的使用壓合壓力，與膠片的系統設計有關。

一般而言，日系膠面配方比較偏向低流量，主要著眼點於厚度的均勻性，但是相對就比較需要高的壓合壓力。相對的歐美系統比較偏高流量，因此塡充性相對比較好流動性也高，但是上壓時間與實際作業壓力就必需要調整。

對策 10.

選用略高樹脂含量的膠片，以因應塡充能力不足或銅厚度過高的問題，同時要注意壓合條件的調整避免過度流膠。

問題 6-3　非黑棕化介面分層

圖例

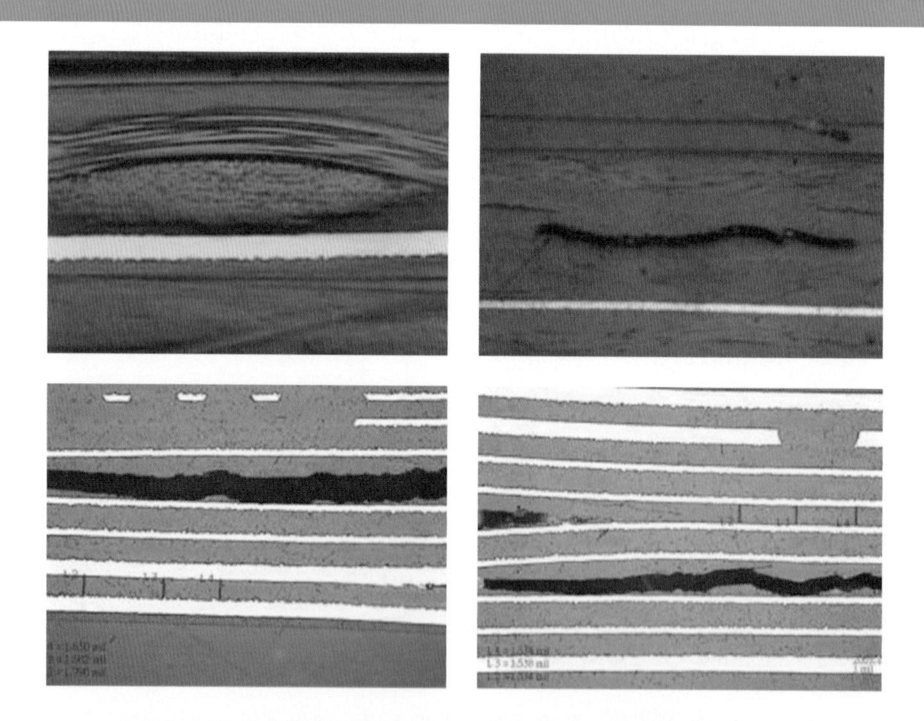

可能造成的原因

1. 膠片因涵浸潤濕不足，玻璃布內有空洞存在
2. 膠片處理或儲存不良，吸收過多水氣或殘留過多揮發物，易產生流膠過大造成含膠偏低降低玻璃布與樹脂結合力

3. 膠片內部有異物、膠片硬化過度流動不足、聚合不足，這些也可能產生介電質材料內分層
4. 材料特性不足或選錯材料

參考的解決方案

對策 1.

膠片涵浸潤濕不足的問題，可以強化膠片塗裝程序。這類問題就算沒有真的出現嚴重分層現象，還是可能在成品產生玻璃紗漏電問題。

輕微的現象或許會在壓合製程中降低而不易觀察到，但是根本問題還是需要由原料端來解決。

對策 2.

壓合用的膠片都有一定的使用效期，儲存在溫濕度控制的環境中可以有三至六個月的壽命。如果吸收過多的水分，就會產生壓合流動過大問題。嚴重的狀況，還有可能會在內部產生氣泡或是潛在分離問題。這些現象當面對熱衝擊的時候，就有可能會嚴重劣化產生層分離。

對策 3.

膠片內部有異物時會形成瑕疵點，在壓合作業中會產生局部瑕疵裂紋等現象。膠片硬化過度流動不足，會讓介電質材料的某些小區域產生空洞問題，這對於產品後續穩定度也會產生影響。聚合不足會讓樹脂強度不足，承受不起各種可能產生的熱應力或機械應力，當面對這些應力的時候就會產生裂紋分離問題，當這些現象延伸就成為層分離。業者可以針對這些點，進行品質改善與環境改善，來降低問題產生的機會。

對策 4.

近年來因為無鹵、無鉛需求，電子組裝製程都必須使用比以往更高的作業溫度進行焊接，但是傳統的電路板配方對高熱的承受能力有限。如果確定產品要用比較嚴苛的條件組裝或者要用在比較差的環境時，應該要使用比較高階的基材來製作電路板。

問題 6-4　壓合後板面出現板彎 (Bow) 與板翹 (Twist)

圖例

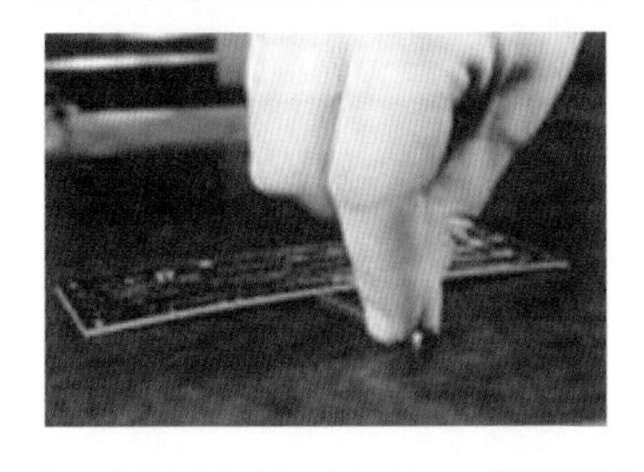

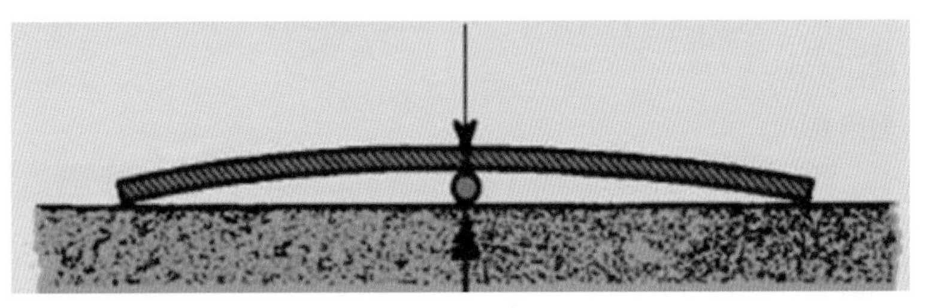

可能造成的原因

1. 內層板材堆放不當造成應力累積 (如：採直立儲存)
2. 板材膠片結構採用不對稱設計
3. 疊合時誤用薄基板或膠片經緯方向
4. 結構中銅層厚度或殘銅量差異過大

5. 噴錫或迴焊後冷卻過快或不均
6. 熱壓後未徹底降溫時即移出高溫熱床，造成收縮太快而留有內應力
7. 壓合完成後機組本身之降溫速率太快
8. 不當壓合製程或不當工具孔會在對準方面造成應力
9. 升溫速率太快或太慢，經常發現最靠近上下熱盤的板子呈現板彎翹
10.內層板邊阻流塊設計不當，流膠不順形成應力造成板面變形

參考的解決方案

對策 1.

應適當採用輔助板架或搬運盒，將各種薄板採水平放置避免產生不必要的變形與累積應力。

對策 2.

電路板設計時就應該要注意疊合對稱性，所謂對稱指的是從電路板的幾何中心向兩外側延伸的對稱性。

對策 3.

應注意內層板、膠片裁切方向控制，玻璃纖維布的經緯管制對於電路板平整性影響很大，對於尺寸穩定性也有非常大的貢獻。如果製作過程中變動了經緯方向，則電路板尺寸是無法符合原始設定補償係數的。

對策 4.

使用不同厚度的銅層，對於特定電路板製作是常態，但是如果沒有考慮稱性就可能發生板面不平整問題。另外電路板各層的殘銅面積，也會讓樹脂聚合產生尺寸變異。這種狀況不只會影響尺寸大小，還有可能會產生尺寸扭曲，這會比尺寸漲縮的影響更負面。

對策 5.

電子組裝迴焊中電路板表面零件分佈不可能均勻，其冷卻速度與均勻性當然也不可能都一致，對於電路板平整性的影響毫無疑問會有負面影響。當彎曲程度過大，而又需要進行第二面組裝時這個問題就更嚴重了。因此觀察彎曲嚴重程度，如果程度不高可以考慮調整組裝迴焊順序。如果完全無法順利組裝則可能必需要修改設計了，單獨進行電路板製作沒有零件配置的修正，恐怕無法完全解決彎翹問題。

對策 6.

壓板製程當溫度低於 50℃時再放掉壓力移出板子有機會將彎翹問題降低，但是一般廠商量產時都力求生產速度，因此會採用冷熱壓兩段的作業模式，此時可能還必需要注意降溫的速度問題。

對策 7.

熱盤降溫速率最好與升溫速率保持相同，即約 8 ～ 12℃ /min，尤其在鄰近 Tg 時要減低降溫速率。

對策 8.

內層板以工具孔套進對位插梢時不可拉扯遷就。以一次沖出多孔的做法代替逐一鑽孔方式製作工具孔，這樣可以減少失準的情形同時可以減少應力。業者在高層電路板生產時，會採用自由伸縮的插

梢壓合 (Pin Lamination) 作業，這種作業方法也可以降低產生彎翹的機會。

對策 9.

檢查鋼板與被壓合板之比例是否合宜，避免鋼板的吸熱太多延緩溫度上升。板面的升溫要全面均勻，以感溫器量測各開口與各位置的溫度是否均勻。

減少每開口中所疊放的層數，尤其是高層數的多層板更要小心，減少堆疊數可以提高升溫速率，同時可以降低片間的溫度差異。如果可能，儘量統一生產電路板的面積，如此可以採用比較接近電路板面積的鋼板來做壓合生產。這種作法不但可以將升溫速度保持再比較穩定的狀態，同時可以減少不必要的能源損失。

對策 10.

選擇適當的板邊設計，改進流膠狀態降低應力產生。

補充說明

板彎 (Bow or Warp) 係指板長方向在平坦上的型形，可在大理石平台上以鋼針插入浮空而測其彎曲度 (%)。目前 SMT 類電路板只允許 0.5 ～ 0.75%。

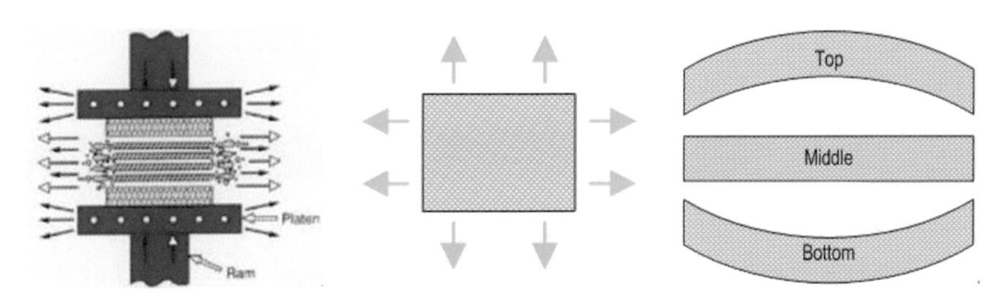

向上頂擠的液壓壓合，其壓力強度與熱壓都向四周散發而流膠也多發生在四周。升溫降溫過猛時，靠近熱盤者容易發生彎翹。

 問題 6-5　多層板壓合後出現位偏對位不良現象

圖例

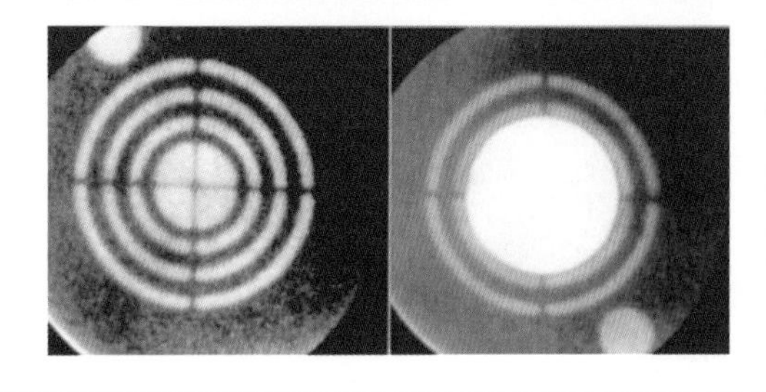
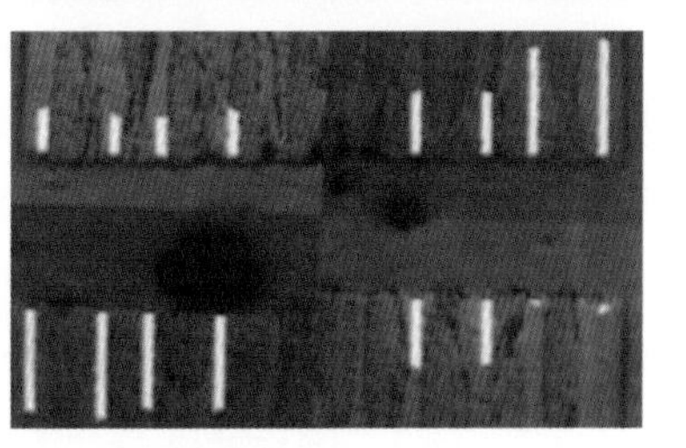

圖可能造成的原因

壓板偏移解讀必須要仔細，否則容易產生誤判。一般層間偏移分爲板內與板間的偏移。如果是板內偏移，應該歸類爲內層板製作問題，不應該怪罪到壓板製程。但是如果發

生內層板間偏移，就有可能是因爲壓板製程產生的後遺症，它的主要成因如下：

1. 定位插梢太短定位不準
2. 定位梢尺寸較小造成定位鬆動
3. 內層板沖孔偏差
4. 內層板尺寸不一
5. 內層板工具孔位置已出現走樣失眞
6. 鉚合造成偏差
7. 內層板工具孔無法以插梢對正穿過搭配對正疊合模板
8. 內層薄板工具孔發生撕破或變形
9. 高溫中所施高壓造成內層薄板走樣變形
10. 壓機每個開口放置太多的基板造成材料漲縮程度大
11. 每開口所放置待壓材料未對正熱盤中心
12. 堆疊中膠片太多造成過多膠量產生滑動
13. 採用過長鉚釘進行固定，導致壓合扭曲產生偏滑
14. 鉚釘固定不徹底導致有偏滑的機會
15. 某單張內層板之尺寸安定性原本就不好
16. 內層薄板上局部銅面太少，造成該處基材強度不足而變形

參考的解決方案

對策 1.

過短的插梢會無法深入模板達成良好固定，可改用較長的插梢進行作業改善固定。

對策 2.

更換較大與定位孔搭配的定位梢，同時應該定期檢查磨損與樹脂沾黏的狀況。

對策 3.

目前大量生產的多層板，多數使用內層板沖孔法進行對位鉚合孔的處理。這種處理當然可以快速產生鉚合孔，但是因爲沖孔機本身有機械間偏差及長時間操作產生的沖頭移動偏差。因此要降低對位偏差度，理論上必須要將同批號產品在同機台作業，同時作業時間要儘量縮短。

另外內層板如果數量龐大，最好將整體片數降低，否則也容易產生沖孔時間拉長，自然位置偏差加大的問題。而同批料號發生報廢短少時，業者都會進行補發內層板來平衡，此時最好是將多出的內層板停留在沖孔前等待，等到補料的基板到達後一起沖孔，這樣才能夠維持內層板間的對位水準。

對策 4.

內層板尺寸不一，可能來自於基材的尺寸安定性不佳，也可能因爲內層板曝光尺吋漲縮的問題，而殘銅面積的影響也是尺寸不一的另外一個可能因素。

基材尺寸安定性的問題，可以在選材、預烘等方向上著力，這樣有助於整體的材料穩定度。殘銅量方面，最佳的選擇就是在可以保留的銅面區域儘量保留銅面。因爲保留銅面不但可以降低材料的應力變化，同時在膠的塡充及材料強度方面也有助益。

對策 5.

更換新插梢、修整定位孔與有問題的定位梢，確認其配合度及定位穩定度都保持在應有水準，如果發現定位梢產生變形就應該進行汰換以改善其固定性。

對策 6.

打孔完成的內層板，會送入鉚合製程進行疊合。如果鉚合過程中鉚釘產生扭曲，就會造成內層板間的層間偏移，如果固定不良也有可能在壓合中產生偏斜問題。

對策 7.

先將各內層底片疊合在一起，以檢查其上下對準情形並更換不準的內層底片。重新製作不準的內層板並確認可以與工具孔搭配，再次進行配對並確認對準度。

對策 8.

工具孔的外圍要預留補強用的額外銅面，以減少孔形變異與撕裂的可能性。目前業者所發展的預貼系統，也是可以考慮採用的方式之一，這類系統對於比較薄的基板有比較好的固定能力。

對策 9.

重新檢討使用的壓力強度，按板面大小與厚薄找出合適的作業參數，小心機械上儀表所呈現的壓力並不等於板面壓力，必需經過油壓缸與電路板面積的換算才能使用。

在不影響膠片流膠下，對薄板應採用較低壓力進行壓合。同時應該要檢查上下熱盤的平行度與平坦度，以降低壓合產生側向力所導致的拉伸與變形。

對策 10.

通常四層板以十套爲宜，必要的時候應該減少每開口的板數，高層板應該以總厚度爲指標，使用插梢式的壓合更要注意工具能承受的壓縮量大小。

對策 11.

壓合的電路板材料應該對正熱盤中心，開口間的位置也應該要適當的搭配對齊，以減少壓力不均所造成的偏滑不均。

對策 12.

壓板的過程中，主要影響偏滑的因子有兩個重點：其一是堆疊過程中的對齊工作不佳，造成施壓時產生側滑現象。其二是疊合結構因爲疊入較多膠片，整體膠流量過大導致滑潤過度產生偏滑問題。

如果眞的需要比較厚的介電質材料，可以採用部分無銅硬板搭配壓合的方式，這樣可以降低膠流動所產生的偏滑風險。

對策 13.

如果是採用鉚釘固定的大量壓合模式生產，則適當的鉚釘長度非常重要。鉚釘過長可能會在壓合時被壓彎，這種變形會導致鉚釘對內層板的推擠，終致產生層間偏移問題。

對策 14.

某些時候因爲電路板的厚度變化，作業人員沒有調整鉚釘的固定作業深度，使得鉚釘沒有完全固定住內層板，這樣在壓合作業中也會非常容易產生偏滑問題。

對策 15.

薄基板在製作前應先行烘烤穩定其尺寸，增多工具插梢或增大插梢直徑並進行工具孔位置最佳化應該可以分散可能的應力。可以嘗試採用中央不移四周定向自由漲縮的 4-Slot 工具孔作業模式，讓疊合壓合自由移動來改善狀況。詢問基材板供應商有關薄基板的詳細情形，在可能情況下增厚內層板以減少變形。

內層薄板大銅面以外殘銅率不足，也容易產生尺寸變形走樣的問題，這方面應該儘量與設計者討論留下最多殘銅以改善穩定度。

對策 16.

改善原始設計或板邊延滯流膠銅面設計，以降低對內層板的拉扯程度，這可以降低變形的機會。

 問題 6-6　壓合後板中出現空氣空洞或水氣空洞

圖例

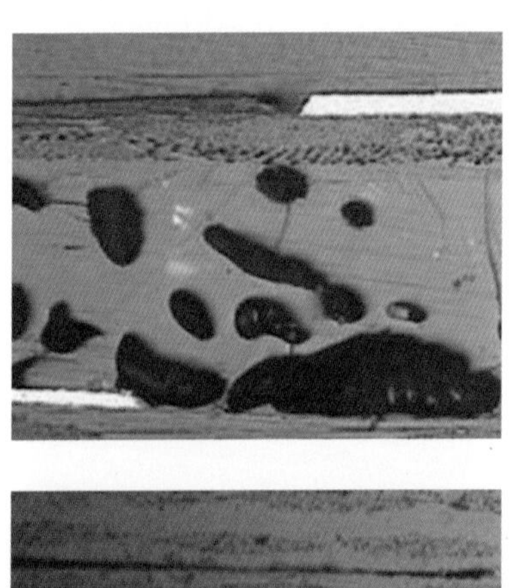

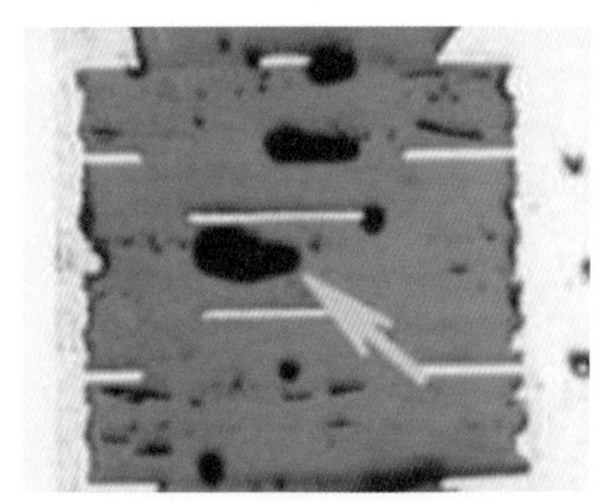

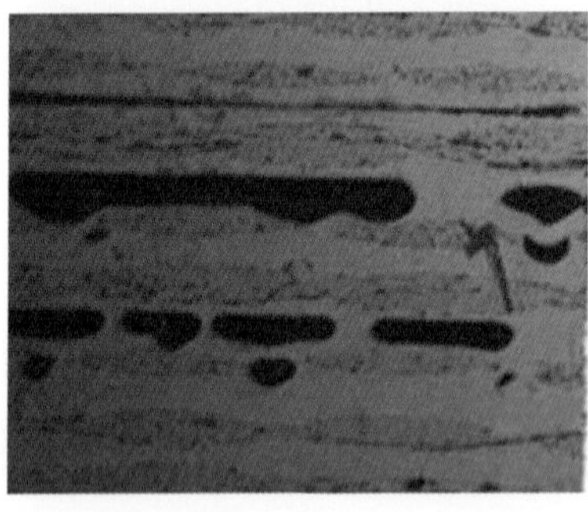

可能造成的原因

1. 材料儲存環境不佳導致吸水壓合成泡
2. 膠片揮發份太多
3. 膠含量或流量不足
4. 內層板銅箔太厚或出現埋孔，消耗膠量太多

參考的解決方案

對策 1.

膠片在 5℃低溫下冷藏多數也不能超過六個月，常溫環控 (21℃ /RH 40 +/- 10%) 下也不要超過三個月。膠片儲存必須保持防水包裝，低溫取用時應該要小心進行回溫處理，以降低凝水問題發生。

對策 2.

更換新批號品質良好的膠片，或加長眞空穩定時間以去除揮發份。對於品質無法維持穩定的膠片供應商，最好進行更換以免產生嚴重的壓合品質問題。

對策 3.

更換膠含量較多的膠片進行作業，改用不同型號或膠量 (如：XXXXH) 的膠片，代表同樣的玻璃布但是有比較高的膠含量。

對策 4.

某些特殊用途的電路板，爲了要強化其導電或散熱能力，而在內部採用厚銅結構的內層板。此時如果要進行良好壓合，除了加大壓合壓力增加膠流量外，也應該減緩升溫速率增長流膠時間來完成塡膠作業，可以用加多牛皮紙來緩和升溫曲線。

檢查內層板阻流設計，更換流量較高或膠性時間較長的膠片。確認眞空壓合機的眞空度良好，排除所有可能造成熱盤不密貼熱傳不足的問題。必要時減少各開口中壓板套數，測試兩段壓合的作業模式來防止空洞出現。

問題 6-7　壓合板厚度不均中央厚四周薄

可能造成的原因

1. 壓合中膠流量太大，四周流失嚴重
2. 鋼板不平整造成板面局部下陷
3. 厚度偏離

參考的解決方案

對策 1.

壓力過大、流膠時間太長、板邊阻流設計不良，這些都可能會影響流動的變動性。可以斟酌降低壓力強度，減少四邊變薄的狀況。要縮短流膠時間，可以加快升溫速率或減少牛皮紙張數。

至於內層板邊檔點或是遮蔽塊的間格太寬鬆，可以更改爲較密的設計，當然改用流量較低或膠性時間較短的膠片也是辦法。

對策 2.

修整或更換鋼板，避免使用過大的鋼板也可以讓升溫速度比較容易提高。

對策 3.

壓合流膠導致的中央厚板邊薄是必然現象，只是程度有差異而已，只要平均厚度在規格內應該就可以接受。厚度偏離常因膠流量大使膠量降低，因而產生厚度偏低。另外膠片組合方式也對厚度有影響，要達到某一期待厚度，膠片組合會有多種不同可用選擇搭配，膠含量當然也有差異，一旦搭配不當就會造成厚度偏離。

流膠調整方法已如上述，如果是組合不當產生的偏離，則可經由實驗修正。

問題 6-8　白角白邊

圖例

可能造成的原因

1. 膠片流量偏高或儲存不良吸收水氣
2. 升溫速度太快，造成內外堆疊溫差大且流膠不均
3. 膠片內有許多微泡，膠流量偏低氣泡僅趕到板邊顯現白角白邊

參考的解決方案

對策 1.

如果膠片流量較高，可藉提高凡立水之膠化時間或降低膠片之膠化時間的方式調整。膠流量大小還可以調整壓合條件，如：降低升溫速率、延後上壓等。這些都有機會可以調節膠流動，但是儲存不良吸收水的問題時有所聞，還是應該要儘量避免。

對策 2.

升溫速度太快很容易產生內外溫度差，尤其是每經過一片鋼板就需要一定時間的熱吸收，過快的升溫速度會讓溫差劣化。這種內外溫差大會導致的流膠不均，壓合會產生輕微滑移且形成白邊。這種狀態可以增加牛皮紙來處理，藉以調整傳熱速度與均衡性。

對策 3.

當膠流量偏低而膠片內又存有許多微小氣泡時，氣泡僅被趕到板邊就停下來沒有順利送出板外，這樣當然會顯現白邊現象。這種問題可以改變處理或壓合條件，如：加大壓力、提前上壓、增大升溫速率等來解決。

問題 6-9　多層板壓合後一邊厚一邊薄

圖例

材料沒有上下對齊居中　　熱盤平行度不良

可能造成的原因

1. 鋼板本身厚度不均
2. 壓機熱盤平行度不良
3. 壓機內材料沒有上下對齊居中

參考的解決方案

對策 1.

重新修整研磨工具鋼板，當長期使用厚度變薄或是不易修整的時候可以進行更換。一般而言如果厚度不均的差異還小，使用牛皮紙應該可以最適度的補償與修正。

對策 2.

壓機如果採用多缸油壓設計，應該要確認各缸間的施力是否平均。另外對於各熱盤的平性度要加以校正，如果無法恢復可能就必需要進行翻修。

對策 3.

一般廠商已經知道在進行電路板堆疊的時候要上下堆疊整齊，同時採用自動送料系統將載盤送到壓機時，也會循軌道送入達到定位準確。但是某些設備設計，因爲沒有考慮好重量設計，在推入載盤時會產生震動拉扯跳動等問題，如果嚴重可能會影響上下的居中對稱，這種狀況就必需要調整或重新製作輸送設備。

問題 6-10　多層板厚度不均太厚或太薄

可能造成的原因

1. 疊合時膠片張數不對
2. 膠流量不正確
3. 內層板厚度不對

參考的解決方案

對策 1.

備妥所用膠片，調整作業動線，避免可能發生的誤疊機會。裁切膠片儘量用單片自動裁切方式，多片裁切容易產生沾黏不易分開的風險。測試組合厚度之差異，儘量讓堆疊壓合的結果落在中值。

目前業界已經有廠商採用雷射切割膠片的設備生產，同時也有自動堆疊的設備問市，這些都可以考慮採用來降低錯誤。

對策 2.

可以調整膠片類型、壓力強度、變更牛皮紙張數、升溫速率等，以調整流量符合期待的壓合厚度。

對策 3.

蝕刻後壓合前，可抽檢其厚度與實際的需求厚度差異。

 問題 6-11　壓合後內層圖案印到外層銅面上

可能造成的原因

1. 壓力強度太大，總壓力太大
2. 膠片可緩衝空間太少
3. 流膠量太多
4. 內層板太厚或內層板之銅箔太厚

參考的解決方案

對策 1.

可降低壓力強度，只要能保持應有膠流量並完成適當填充就是有效的處理方式。

對策 2.

改用膠含量較多的膠片，同時注意膠流量避免超出設計公差。

對策 3.

降低壓合的壓力強度，減短膠片流膠時間 (加快升溫速率或減少牛皮紙張數)，或改用膠流量較少膠化時間較短的膠片。

對策 4.

採用膠流量大膠含量多的膠片並配合兩段式壓力，以減少內部紋路外露的現象。也可以採用其它真空壓合設備，代替直接液壓之傳統壓合機來製作。

問題 6-12　壓合後外層銅面出現凹點、凹陷、膠點

圖例

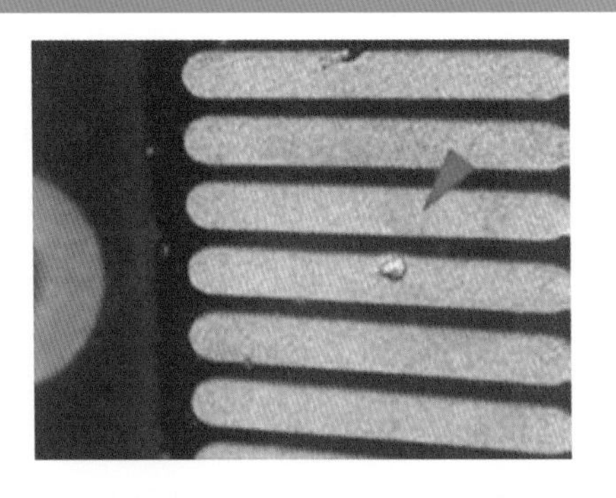

可能造成的原因

電路板業者無法完全根絕的基本問題，任何顆粒如：膠片粉屑、鋼板殘膠、銅箔之殘屑等只要附著於鋼板上，便會產生不同形式、大小的凹點及凹陷。

1. 疊合與壓合環境不佳
2. 鋼板表面出現瑕疵
3. 壓合時膠片鬆散之邊緣發生樹脂落屑，造成銅表面的污染
4. 工具板表面 (指鏡面鋼板或具備梢孔的鋼板) 上有雜物

參考的解決方案

對策 1.

應在潔淨的環境下進行疊合作業，內層板與膠片都要經過抗靜電處理以減少灰塵雜物的吸附。以防靜電除塵布擦拭鋼板表面，降低塵埃沾附的機會。

加裝附有消除靜電之裝置、自動化堆疊與組合系統、輸送線，以及維持工作場所的清潔，減少粉屑、灰塵之措施、進行徹底的銅皮表面清潔等，均爲降低凹點及凹陷的方法。

對策 2.

定時以防靜電的除塵布擦拭鋼板表面，以自動化設備持取鋼板以防表面受損，避免使用表面有較嚴重問題的鋼板。

作業完畢的鋼板應進行檢查，找出產生有問題鋼板的來源並予以改善，使用過的鋼板可以重新研磨、清洗後才再上線使用。

對策 3.

無塵室內只進行疊合工作，將膠片裁切與工具孔的沖製作業分隔執行，傳統方法可用熱風槍將裁切膠片封口，現在已經有相關的雷射切割設備問市可以適度解決這樣的問題。這些方法的目的都是要將膠片四周邊緣處快速熱熔，以防止膠片落屑產生的問題。

對策 4.

壓合前鏡面鋼板須刷磨、吸塵、檢查，目前有部分的廠商將這個區域也與堆疊分開，在包完銅皮之後才移入堆疊區，據說也有改善的貢獻。

問題 6-13　板內異物

圖例

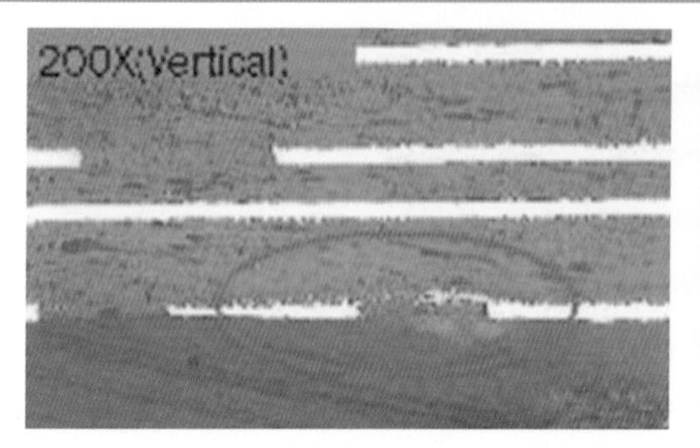

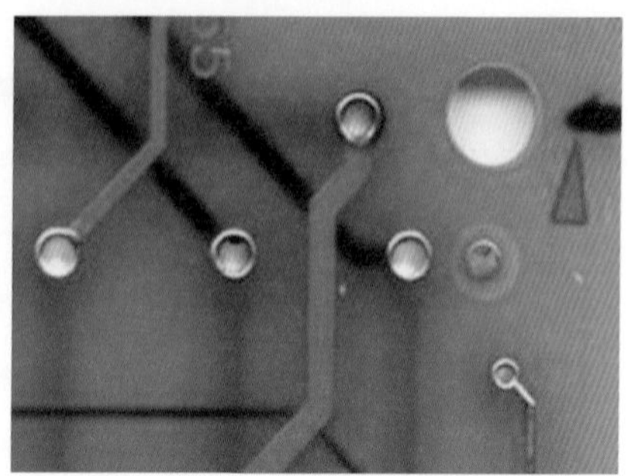

可能造成的原因

外層板所看到的板內異物多數都是從壓板製程中壓入的，如果是非金屬又不影響信賴度，基本上未必是嚴重的問題，但從品質及外觀的角度來看仍算是嚴重問題。它的主要來源有三個：

1. 疊板中異物掉落進入板中
2. 打鉚釘時金屬粉掉入
3. 內層板黑化 (棕化) 表面殘留

參考的解決方案

對於板內異物的改善，必須注意壓板時的環境控制及操作動作，只要環境及操作都有改善，板內異物是可以降低的。可能解決的方案如後：

對策 1.

對疊板作業，要避開容易產生直接掉落灰塵的動作，避免在疊板區的上方作動作。

機械的設計，有摩擦的區域要儘量設計在操作台以下，如果必須設計在操作台以上，必須有包覆的設計。作業人員必須穿戴標準的服裝及手套，環境必須管制嚴謹，否則異物很難改善。

對策 2.

多數的量產型電路板廠，都使用金屬鉚釘作內層板固定作業，但是在打鉚釘時金屬粉削很容易產生回跳的現象且不易察覺，要改善此問題可以考慮改用不同的操作方式或不同的鉚釘材質。

目前也有一些無鉚釘的製作概念在推廣，但是要如何的與現有製作系統相容，又是另外一個採用此技術的難題。

對策 3.

亞太地區氣候溫濕微生物與蚊蟲容易滋生，水質與環境的維持是一個很難克服的問題。經過處理後儲存的軟水，不小心都會有菌體掉落，這種問題在所有製造業的用水中都成爲問題。菌體如果進入藥槽有可能產生菌絲或結塊，這些物質都有機會成爲板內異物的來源。

疊板的空間一般都只是環境管制的空間，與實際的無塵室還是有一定的潔淨度落差，如果有蚊蟲進入落在板上未被查覺，也會在電路板內發現。注意這些枝節問題，也是改善的重要項目。

問題 6-14　片狀氣泡

圖例

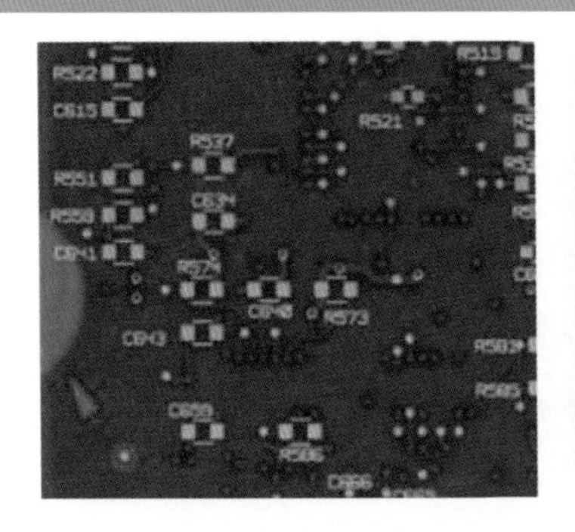

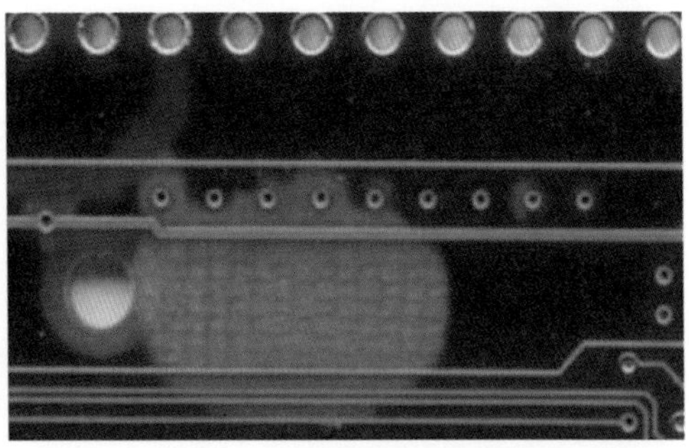

可能造成的原因

所謂的片狀氣泡，不同於織紋式的氣泡，它的區域涵蓋了多個織紋的交叉點，成整片的形狀，因此稱爲片狀氣泡。主要的問題是因爲基材結合力不佳造成材料分離，它的可能成因如後：

1. 內層板粗化處理不良
2. 基材膠片的樹脂塗佈不良
3. 膠片的揮發物過高，造成遇熱膨漲分離

參考的解決方案

對策 1.

粗化處理以往都是用黑化製程，但是品質的控制並不容易。一般的黑化主要是以控制重量的增加量爲參考值，但是這個值受到蝕刻量與成長量的雙重影響，因此只是間接的指標。

另外一個問題是，黑化製程使用強鹼進行反應，所以表面清潔及乾燥的重要性就比較高。同時氧化絨毛的長度與成長控制，也是品質好壞的指標。這些項目在要求嚴苛的產品上，愈來愈難達到應有的水準。

近來有不少的棕化製程出現，製程的概念完全採用微蝕的方式，可以改善內層銅的表面處理狀態值得嘗試。

對策 2.

一般玻璃布都會在織布及燒灰後，在其表面塗佈一層結合力促進劑，再進入樹脂槽含浸樹脂。如果介面處理不良，容易在受熱衝擊時產生材料崩裂，因此對供應商所採用的製作技術，電路板製造者也應關心，是否供應商對品質管理確實掌握，這樣才能改善製作的品質。

對策 3.

一般膠片的揮發物含量都有一定的標準，如果過高就有可能在受熱時產生膨漲分離的現象。小區域的狀態就是片狀氣泡，這種問題一樣也要要求供應商改善。

不過如果是內層材料或是膠片的儲存條件不佳，也有可能因爲水氣的問題而造成潛在性的結合不佳，最終產生了片狀氣泡的問題。

問題 6-15　銅皮皺折

圖例

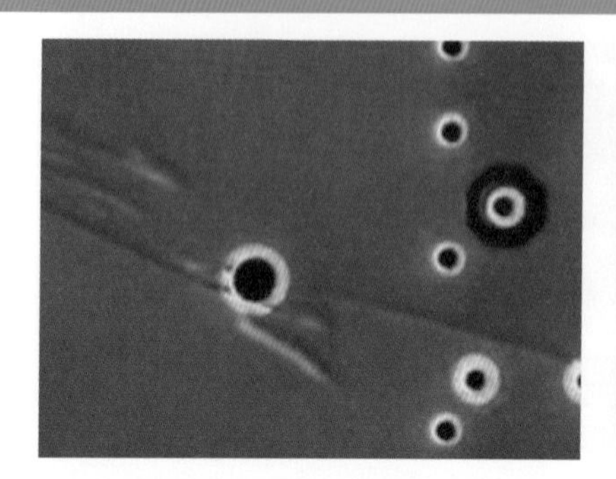

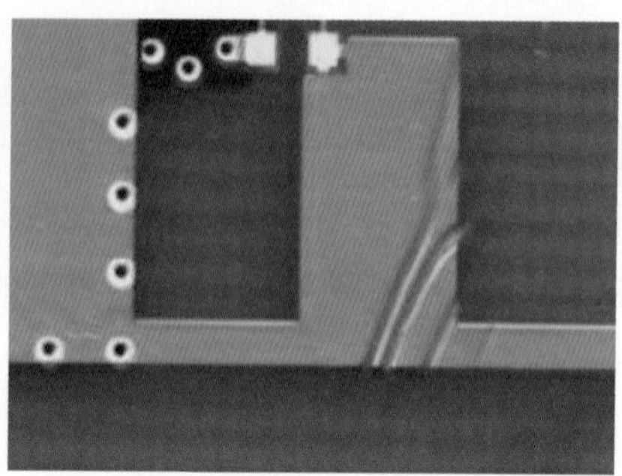

可能造成的原因

壓板銅皮皺折的問題，一般來說有兩個主要的因素：

1. 銅皮疊合不平整造成皺折
2. 樹脂流動不均造成皺折

參考的解決方案

對策 1.

對於銅皮疊合不平的問題，由於現在電路板的線路製作愈來愈細，多數已開始使用二分之一盎司以下的銅皮來製作產品。但是因爲銅皮本身已經相當的薄，如果操作一不小心就會產生皺折，因此在操作上的掌控必須要多下功夫。

近來市面上也有人鼓勵使用超薄銅皮加上載體的產品，但它的成本實在太高，因此在經濟的考量下較少人接受。未來如果有人能夠推出超薄又不會皺折的製作方法，必定可以受到親　，這方面的想法已經有人提出，可以拭目以待。

對策 2.

樹脂流動是壓板必然的行爲，但是如果內層的銅殘留區域分佈不均會使樹脂的流動性必須提高才能填充。這種樹脂流動狀態，會拉扯銅皮造成皺折，較有效的解決辦法是在電路板的空區，在可能的狀態下留下假銅墊，藉以降低樹脂的流動量。同時在可填充完整的狀態下，採用較低流量的樹脂，如此皺折的問題應該也可以降低。

問題 6-16　板面白點 / 織紋顯露 / 缺膠 (Resin Starvation)

圖例

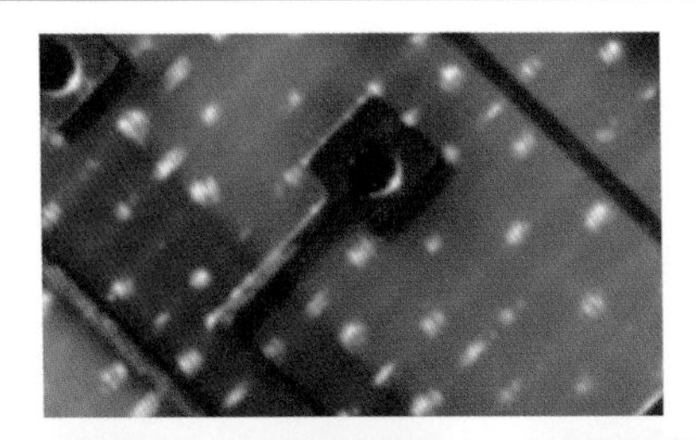

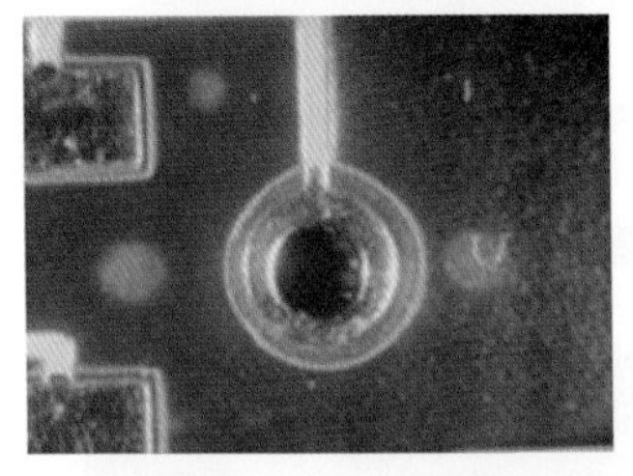
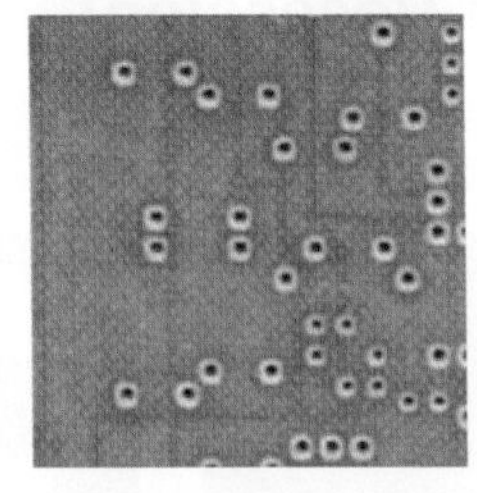
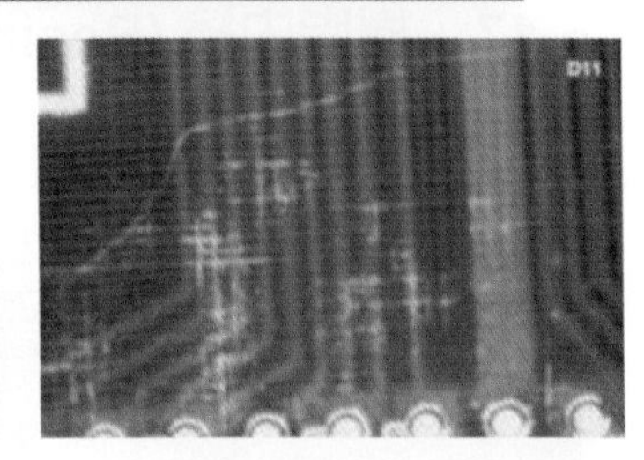

可能造成的原因

玻纖布交織點處之經緯紗束出現上下分離情形時，相較於周圍完整結構的區域，會呈現色澤較淡或白色點狀者，稱為 " 白點 "(Measling) 。 如果是表面纖維樹脂不足或被化學品侵蝕，則會在表面呈現白色十字點，這種現象應該被稱為織紋顯露，其成因不同於板面白點缺陷，主要成因如下：

1. 玻纖表面處理不良造成板內部局部分離。
2. 電路板外層經多次化學製程，表面環氧樹脂被侵蝕造成玻纖外露。

參考的解決方案

對策 1.

基材內的玻纖是由許多根玻璃絲 (Glass Filament) 製成玻纖紗 (Glass Yarn)，在編織玻纖布 (Glass Cloth) 前會做 " 上漿 "(Sizing) 處理，以減少編織的摩擦損傷。織布後用高溫焚化法將有機漿料燒掉，稱為 " 燒潔 "(Fire Cleaning)。清潔後的玻纖布後，會做 " 矽烷偶合處理 "(Silane Coupling Treament)，以增加樹脂與玻纖間的結著力。

玻纖布與樹脂之物性相差很大，常會在高溫處理中因膨脹係數不同而造成分離。矽烷處理即在其間增加化學鍵結 (Chemical Bond)，以改善接著力減少分離風險。但是玻璃布外表容易處理，其內部及交叉處則因矽烷處理劑不易進入，浸泡樹脂時也不易浸潤，較容易出現瑕疵。

這些區域由於容易殘存空隙，一旦板材吸入較多水氣及受到較大的熱應力 (Thermal Stress) 時，即常出現分離而呈現白點。改善的方式是在燒灰時必須確實完整，矽烷處理時必須浸潤確實，玻璃布浸泡樹脂時其參數必須調整，某些時候降低處理速度、降低黏度或作多次處理都會對減少問題發生的機會。

對策 2.

壓板過程中疊板所選用的膠片會隨設計不同而調整， 一般製作者為了使操作簡便且費用低廉，常使用單張膠片作疊合結構。問題是單膠片不但有可能壓合密合度不佳，也有可能膠量不足使電路板表面膠量偏低，這容易產生〝織紋顯露〞(Weave Exposure) 的問題。如果壓板所用的參數較差，昇溫過快或壓力過大也有可能造成樹脂流動過大，表面過薄造成織紋顯露。

多數電路板目前仍以環氧樹脂為主要樹脂系統，雙氧水、剝錫液及液鹼經過長時間浸泡都會侵蝕樹脂。這些都是織紋顯露的主要原因。針對這些因素顯而易見的改善方法是，選擇恰當的膠片組合以提供足夠樹脂，壓板時避免過大的樹脂流動，生產電路板時減少重工機會以免樹脂被侵蝕。

問題 6-17　樹脂內縮 (Resin-Recession)

圖例

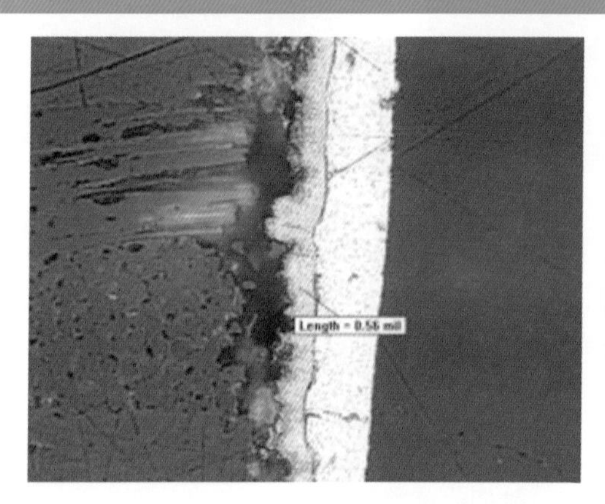

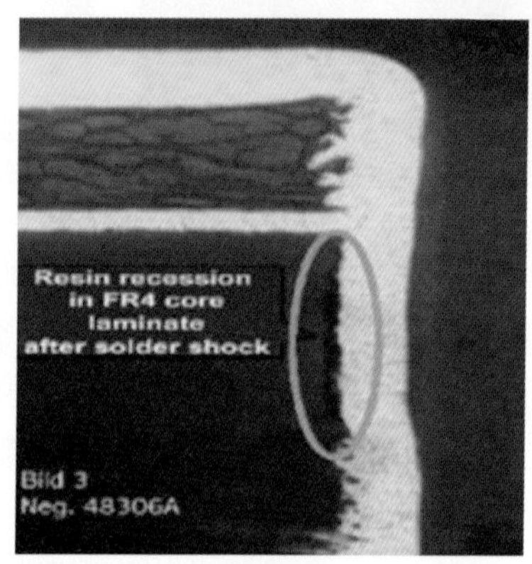

可能造成的原因

樹脂聚合不足，會造成後續熱製程的樹脂再度內縮，其原因可能來自於樹脂性質變異、壓板機溫度異常、壓板機均溫性不佳、疊合變異等問題。

參考的解決方案

對策 1.

對樹脂性質變異的部分，應該與材料商討論分子量分佈可能的變化。高分子材料強度，一般都會跟聚合的分子量產生關係。如果材料內雜質偏高或添加物偏離，容易產生聚合停滯分子量不足的現象。當材料經過電鍍後再度有進一步聚合的作用，內縮現象就會發生。

對策 2.

如果發生壓合過程的問題，調整壓合操作參數或設備是必要的程序。應該確認壓板機處於正常狀態，尤其是壓盤溫度的實際狀態。一般壓板機是用鋼材製作壓盤，使用久了會有生鏽問題。但是壓合溫度的監控都會以熱盤為對象，因此電路板溫度的實際狀態，與監控值未必就相同。

熱盤生鏽不但會影響熱傳送，同時也會影響壓力均勻性，因此適切的關注熱盤表面狀態，也是保證壓合樹脂品質的項目之一。如果是採用標準化壓板程序，發現有異常而電路板尺寸變異仍可接受，可以在壓板後或鑽孔後作適度烘烤來補救。

對策 3.

許多的樹脂變異問題，其實常來自於基材穩定度不佳所導致。如果膠片本身含揮發物過高，即使沒有壓板氣泡也容易有樹脂內縮，因爲揮發物就是熱不穩定性的來源之一。

機械操控性與穩定性都會有一定水準，如果發生異常只要儘快確認機械的整體表現在控制範圍內，就可以認定機械的表現是可接受的。如果仍然有樹脂內縮，除了材料特性需要檢討外，疊合結構對於熱傳送的影響也應該檢討。注意這些問題，樹脂內縮應該會有改善。

問題 6-18　薄板壓合邊緣空泡

可能造成的原因

電子產品的輕薄化，使得電路板使用的膠片與基材也更薄，因此會常見到壓合板邊空泡的問題，其主要原因有二：

1. 膠片的膠量不足或填充不良
2. 鋼板或堆疊不良

参考的解決方案

對策 1.

當材料變得比較薄，相對可容許的厚度變化也比較小。當電路板設計需要比較薄的時候，相對使用的膠片也會比較薄，這時候可以應對的塡充能力當然也比較差。如果設計允許採用比較厚的材料，則建議可以使用比較高樹脂含量的膠片，這樣就可以順利的塡充空間而除氣泡產生。

某些工程師嘗試提升升溫速率，偶爾也會有效降低氣泡問題，但沒有辦法完全解決，主要問題還是因爲操作彈性範圍小。若面對的內層板線路是用線路電鍍製作，這種高低差較大的材料風險會更大，因此採用適當膠量的膠片是比較有效的方法。

對策 2.

除了膠量之外，其實薄板壓合最重要的關鍵還是在壓合緩衝材料的使用。一般壓合的鋼板、壓盤、基材等都有平整度與厚度的差異，如果整疊電路板堆疊在一起，這個差異會累積而可能導致失壓的風險。一般軟板的保護膜壓合都採用緩衝墊進行壓合，這樣才能保證材料完整的貼合，硬板的作業也應該要做同樣的思考，所不同的是硬板表面必須平整光滑，因此緩衝材料應該添加在鋼板外部來平衡壓力。一般常見的壓板空泡，相當比例是來自於失壓所致。

問題 6-19　過蝕導致層分離

圖例

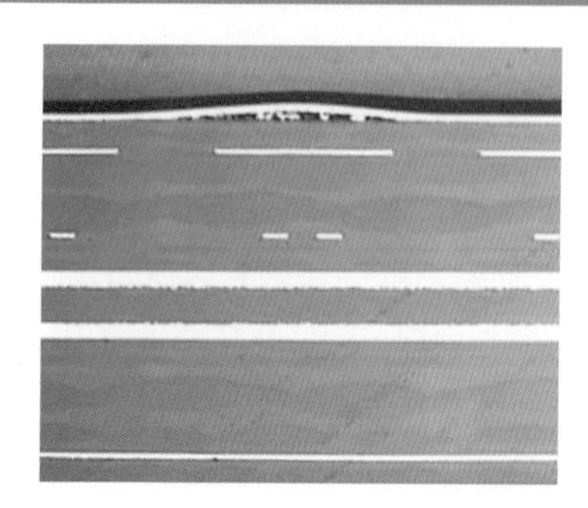
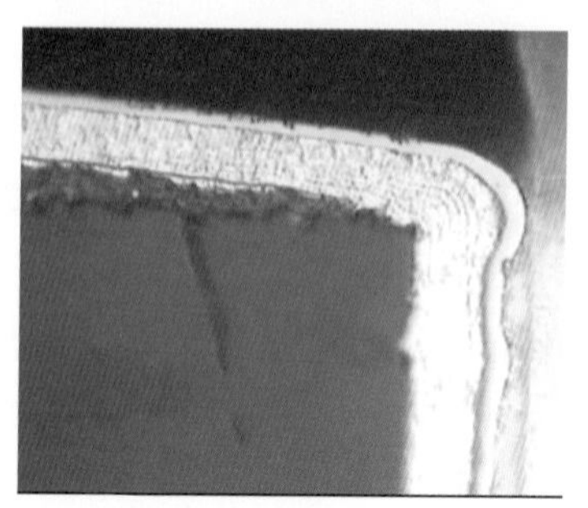

可能造成的原因

這是 HDI 板發展以來才出現的一種特別缺點，主要的原因在於使用了超薄銅皮或者削薄銅皮製程。因爲在鑽孔、電鍍前，電路板表面的銅厚度已經相當薄，只要有刷磨、微蝕等可能穿破底銅的處理，就可能因爲後續的化學銅結合力有限，或者因爲板面出現玻璃纖維而導致結合力不足。這種狀態多數問題並不來自於壓板，而在於微蝕與其他相關影響底銅厚度的製程控制。

參考的解決方案

對策 1.

對於整體產品的製程，必須作適當的底銅厚度變化管控，不應該讓底同有破裂貫穿的風險，尤其是玻璃纖維一旦暴露幾乎會將結合力降到接近零，略大一點的面積就很容易產生這類面銅層分離問題。

問題 6-20　板面黑印

圖例

3.5X

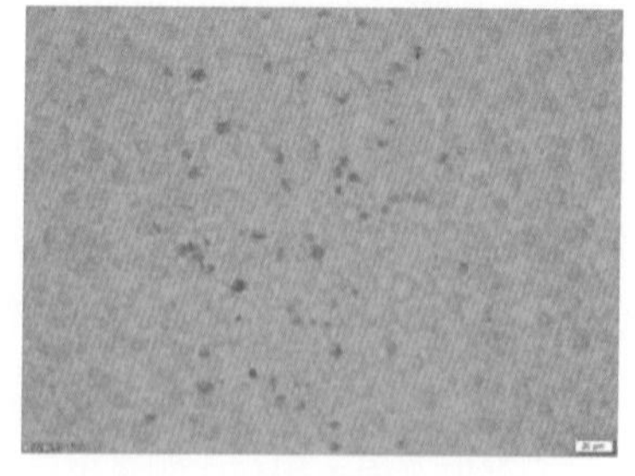

17.5X

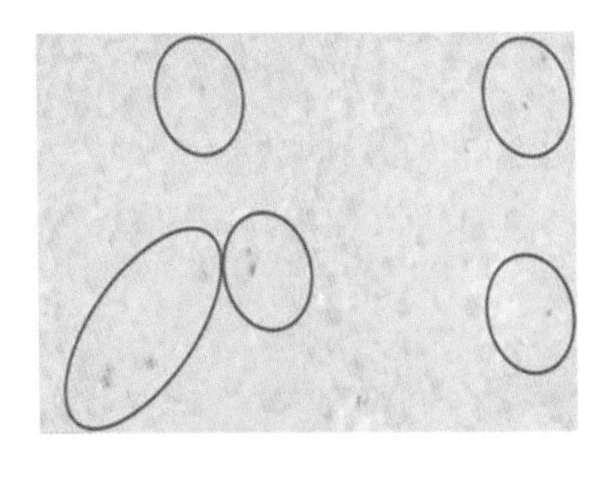

A：500X

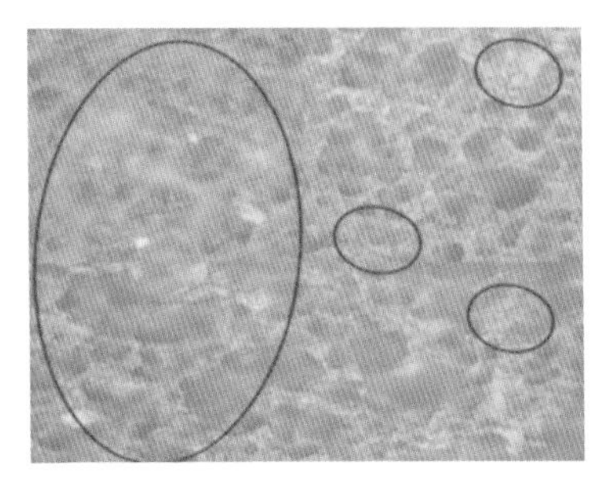

B：1000X

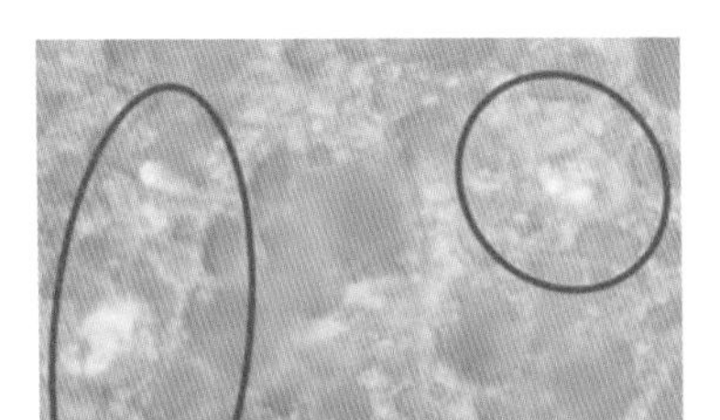

C：1000X

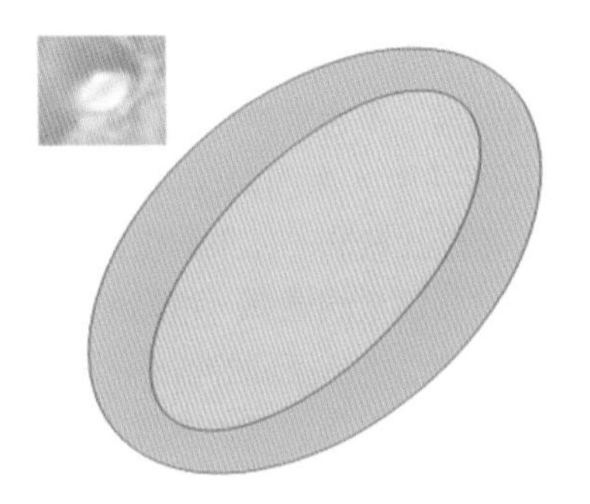

D：銅瘤示意

可能造成的原因

這是廠商提出的殘銅問題解析需求，依據筆者的經驗可以先觀察高倍率顯微鏡的影像來判讀現象。觀察所得，如後：

圖 A	在 500 倍放大下的 A 圖可以看到基材表面呈現兩種典型的殘留色彩，黑點是基材背面的殘留，金黃點是正面的銅殘留。
圖 B	可以看到三種不同色的點，各是淺藍色、灰色與金黃色，他們各是酸銅結晶、銅瘤表面處理、殘銅。
圖 C	銅瘤核殘留及大片表面處理層殘留。
圖 D	是比較幸運找到的銅瘤形狀殘留點，因爲景深太淺顯微鏡很難抓住清晰影像，因此以放大的圖像表達。

金黃色殘銅是應該是脫落的顆粒被樹脂包覆，導致蝕刻藥水無法去除。灰色殘留應該是銅皮耐熱抗氧化處理層被樹脂包覆產生的殘留，即便 3nm 左右的處理放大後也可以呈現。藍色殘留應該是殘銅樹脂包覆不完整，局部受到藥水攻擊產生的現象，呈現銅瘤殘留則應該是銅瘤處理，在銅瘤與生箔間產生斷裂後被樹脂包覆，導致的整顆殘留。

電路板業因爲輕薄短小的整體趨勢，採用的膠片愈來愈薄，且含膠量也因爲介電層控制需求，常見到超薄的奶油層結構。這些結構性改變，會讓壓板製程在壓合過程，容易產生硬碰硬的現象。當然，如果對特定質地較硬的膠片，也可能會在壓合升溫時過早升壓，而產生與未溶解膠片硬接觸的問題。

傳統壓機都是採用多層堆疊生產，多層的內外會有軟化時間差的問題。如果爲了塡充效果或增加產能，嘗試提前升壓，未軟化的部分就可能會產生硬碰撞作用。這些都可能會導致銅瘤處理或銅瘤本體脫落，引起這類銅渣殘留的現象。

因爲業者看到黑點，而稱之爲黑印現象，其實黑點是背面殘留銅渣，底部面向觀察方，所以看到偏黑的點，稱爲「黑印」筆者僅能接受陳述，以往比較少見到這種缺陷。理論上這種缺點，會出現在基材製作與電路板製造過程，不過介電層愈薄，上壓時間愈早，硬接觸機會就可能增加，這樣出現的風險自然會增加。

此外，銅皮業者一般都會做粉塵掉落量管控，理論上就算有機會出現，比例也不會太多。筆者不以判定可能原因做結論，不過常聽說不同廠家會有不同缺點比例這樣的說法，筆者建議要注意檢討缺點對照。如果某廠家採用 A 廠商銅皮做薄板壓合，卻用 B 廠家同等銅皮做較厚或較多樹脂的基材壓合，這樣的狀態是不能比較的。如果銅皮類型不同，理論上也不應該做比較，因爲基礎不同。

業者詢問是否有殘銅量的標準，這點很麻煩，沒有標準！一般檢驗的認知是以線路間的電阻值爲判定的基礎！不同的產品會有不同的需求，這也是 IPC 爲何會將產品分類爲三個等級的原因！信賴度需求愈高的產品，期待的電阻愈高！要零殘銅並不容易，去看很多鍍金出現線路間長金的現象，就知道其實微量殘銅常見！

重點在於電阻該多低才對，但卻沒有絕對標準，且產品需求的電壓不同，溫濕度環境要求也可能不同，這些都會影響驗證的結果。不過本缺點原始狀態，是以探討銅瘤脫落殘留爲主，與一般蝕銅殘留問題並不相同，因此檢討方向也會不一樣！

參考的解決方案

對策 1.

建議基材或電路板的壓合，應該要確認膠片軟化後再增壓，這樣比較能夠避免牙根碰撞產生的銅瘤脫落問題。對於不同的膠片，應該驗證適當的壓合條件，不要因爲想簡化壓合作業，就將特性差異大的材料用相同條件壓合，這樣容易產生這類殘銅後遺症。

對策 2.

面對愈來愈薄，膠量愈來愈少的材料，業者應該要考慮選用適當稜線的銅皮。高大稜線的銅皮，如果直接壓在膠量少又硬的膠片上，要不產生牙根硬碰撞都難，這樣根本就是硬將銅瘤撞下來，那不產生殘留也難。

對策 3.

對於電路板壓合，又比基材壓合麻煩，因爲表面並不平整而會有高低差，此時各處的受力其實並不均勻，有可能在線路區與突出區會受到比較大的壓力，此時銅瘤碰撞脫落的機會將增加。

某些廠商會認爲增加壓力可以保證排除氣泡問題，殊不知這樣的作法也可能會導致銅瘤脫落問題。比較恰當的方法，還是應該適當的採用緩衝材料幫助均壓，一味增加壓力可能幫助克服高低差的障礙，但是增加出來的殘渣風險已可能會導致損失，這方面不可不愼。

低稜線銅皮，在高密度產品上已經大量使用，但是對多數傳統材料，卻因爲單價、習慣、結合力等因素，未必會注意到要做改變，這方面也建議業者應該要調整。

鑽孔製程篇－條條大道通羅馬，層間通路的來源

7-1 應用的背景

內層板堆疊結合後必需在層間建立通路，機械鑽孔就是建立這些通道的直接方法。影響鑽孔的孔位精度與孔壁、電鍍品質因素很多，本章嘗試蒐集相關資訊討論這個部分的品質問題及注意事項。

目前常見的六軸鑽孔機，主要以 16 ～ 20 萬轉爲設計基準，而對特殊小孔需求，也有 30 與 35 萬轉規格。這些速度進步的動力，主要來自於小孔生產需求。目前許多載板製造商，已經生產孔徑低於 100μm 以下的產品。由於產品推陳出新，每段時間就會有更換新機的波段需求，進而裝機量也隨之擴大。目前全球不分規格的統計數量，傳統機械鑽孔機的台數應該已經有數萬台之譜。

由於電路板產品孔密度不斷提高，不但傳統鑽孔機需求持續成長，HDI 用的雷射鑽孔機成長更快。可攜式電子產品的快速發展，促使雷射微盲加工機成爲生產主力，這些發展對產品升級尤其重要。

7-2 鑽針各部位的名稱與功能

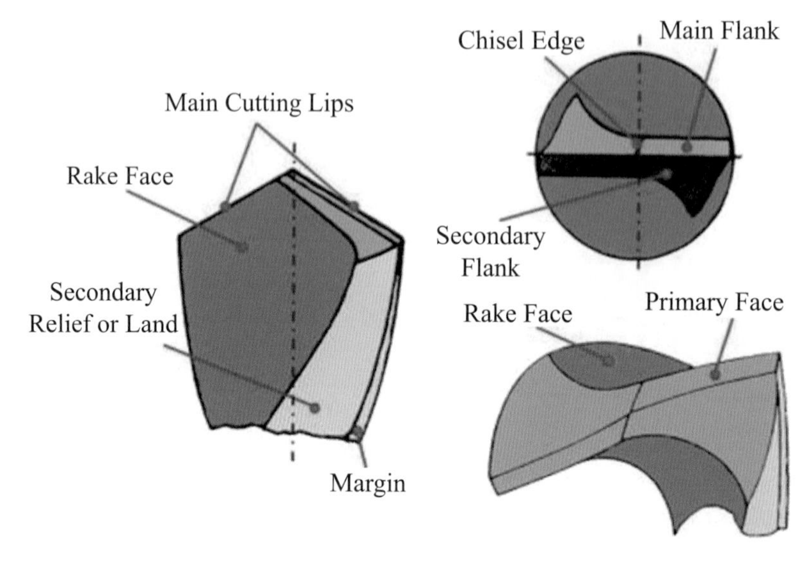

▲ 圖 7-1

Main Cutting Lip (Primary Fac/Main Flank)	第一刀角，是主要切削材料刀面，尖刃度愈高切割能力愈強，但相對強度愈弱必需平衡。
Margin	脈筋，主要用來刮除孔邊碎屑，讓挖除的材料儘快順著排屑溝排出。
Secondary Relief	脈筋退讓區，是爲了讓鑽針與孔壁摩擦降低所設計的結構，可以降低鑽針阻力。
Rack Face(Flute Face)	排屑溝面，與垂直線角度愈大排屑愈省力，但會導致溝長度更長，不利於快速排熱排屑。
Secondary Face	也是一種退讓設計，稱爲第二刀角，主要是避免刀刃過度摩擦產生熱與阻力，也會影響鑽針穩定度與壽命。

7-3 重要的影響變數

一般鑽孔訴求的工程品質，著眼於位置精度、孔壁品質、孔徑正確性等。這些問題多數與鑽針品質、操作參數、使用蓋墊板狀況、機械狀態、材料類型、堆疊板數等有關。

另外壓板成果及選用材料填充物、銅含量等，也都會影響鑽孔品質。而這些多樣化品質狀況，又會對後續電鍍產生絕對影響。面對電路板產品高密度需求，這些重要品質變數也跟著縮減允許公差。

多數業者都會認同，其實刀具管理、研磨品質、管理紀律等，是一般鑽孔作業品質問題的重要事項，而這些也會因爲廠商管理刀具的自動化程度，呈現出不同問題類型。針對各式鑽孔需求與問題，以下嘗試整理相關問題與對策供讀者參考應用。

7-4 問題研討

 問題 7-1　孔位偏移、對位不準

圖例

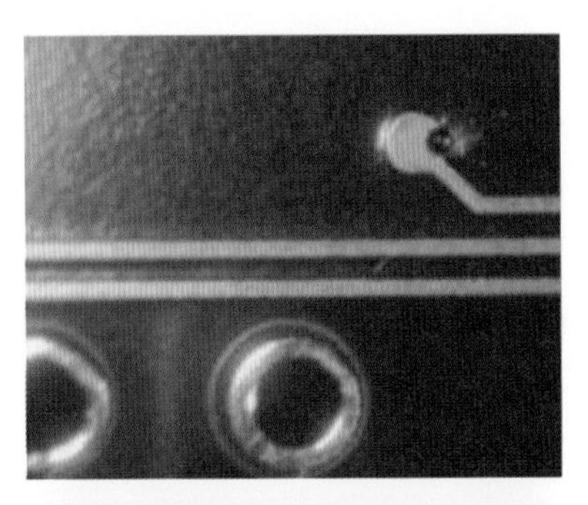

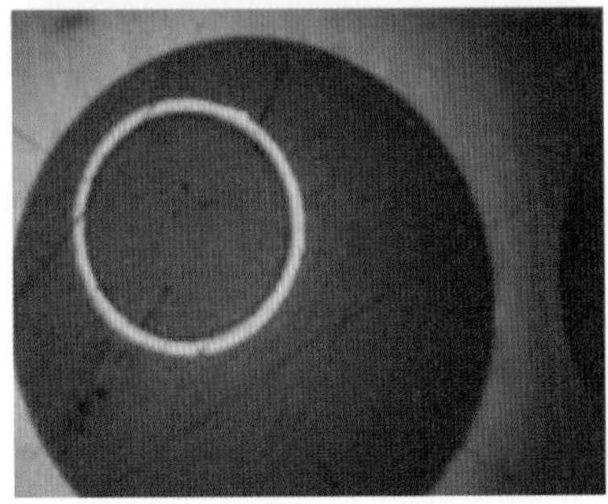

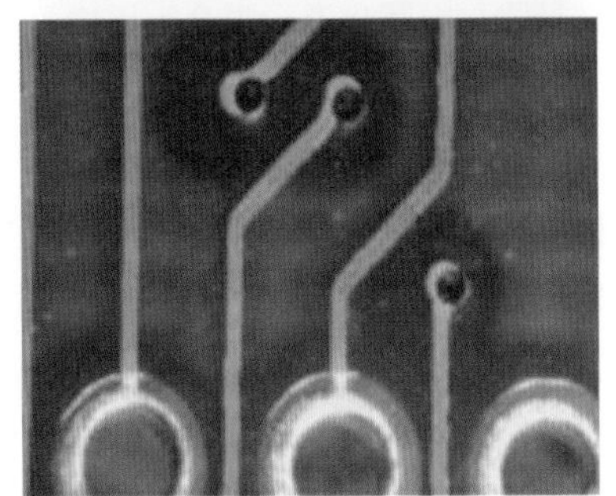

可能造成的原因

1. 鑽孔中鑽針尖端產生晃動偏移
2. 堆疊片數過高
3. 蓋板材料使用不當
4. 板材補強材料之絲徑太粗，導致小孔鑽針偏滑
5. 板材產生漲縮位移或鑽靶採單靶作業
6. 電路板定位工具使用不當
7. 鑽孔程式有問題
8. 鑽孔機產生共振或安裝不良
9. 鑽針夾頭髒或損壞
10. 鑽孔機台面過重

參考的解決方案

對策 1.

檢查鑽軸是否穩定，偏轉 (Run-out) 應該保持在應有水準內。採用設計良好的鑽針，鑽針的強度與本身的截面積有關，如果爲了排屑而將溝深加大，就可能會影響鑽針的穩定性與強度。

增加鑽針轉速 (RPM) 或降低進刀速率 (IPM)，也對鑽孔的阻力降低有幫助，這也會降低震動的問題。

確保鑽針的銳利度，不要因爲成本問題過度增加單針的鑽孔數，同時應該確認作業中的鑽針都具應有的銳利度。採用可以鑽透電路板的最短鑽針長度，可以降低鑽針的撓曲性，這也可以減少鑽針晃動的問題。檢查鑽針的同心圓、與夾頭間的緊密度，同時應該選用恰當排屑溝 (Flute) 長度的鑽針。

對策 2.

減少電路板的疊板數 (Stack Height)，過高的疊板數不但會因爲必須使用較長的鑽針而容易產生晃動。其剛性的降低也會在任何一片電路板中面對較硬的纖維時，產生隨機性的偏轉而導致位置變動。

重新校正鑽孔機台的精度或穩定度，對這個問題有幫助。

對策 3.

改選材質均勻且較平滑的蓋板墊板材料，蓋板的硬度不要太高，以免因爲鑽針下鑽時無法定位而產生位偏。

對策 4.

改用較細絲補強材料膠片進行壓合，這樣可以讓鑽針比較容易切斷強化材料而不致因爲阻力過大偏轉。

對策 5.

對於電路板的尺寸變化，必需要進行漲縮補償控制。電路板在壓合後鑽孔前會進行鑽靶作業，而壓合也必然會對電路板的尺寸產生影響，兩者間的差異也因此必然存在。

如何降低公差的影響，最直接的辦法就是將產生的公差經過均分來達成，因此如果採用單靶鑽靶作業，不如雙靶直接作業來得好，因爲單靶是將孔位定在正中心，但是雙靶作業是將公差均分固定兩孔長度的作業模式，後者會比前者產生的偏移要低。

對策 6.

一般鑽孔時電路板的定位模式，是採用雙插梢作業法。爲了要方便拆換及固定作業，會採用略小於電路板靶位孔的插稍進行固定，但是過小的插梢或是磨損的插梢會讓固定性變差，不利於鑽孔作業的精準度。

對策 7.

一般電路板排版作業，都會採用翻製的方式進行整片板的配置。在翻版作業中如果發生作業疏失，就可能有某些單片的產品產生問題。當然偶爾也會有程式轉換偏差問題，這些都應該在作業前或是問題發生時即刻解決。

對策 8.

某些廠商受限於場地問題，會將鑽孔設備安裝在地基並不穩固的位置，這時候就有可能產生作業震動或是多台機同時運作共震的問題。

另外對安裝方式也有不同的考量，某些設備公司在安裝鑽孔機會採用加裝防震墊的處理來避開困擾。不論如何，安裝的時候注意整體環境與設備本身的影響，對於後續產品的品質一定會有正面幫助。

對策 9.

清理或更換夾頭，留意壓力腳狀況並確認抽風量與靜壓是否正常。

對策 10.

比較重的鑽孔機台面運動，會讓生產運作間的停止動作產生較大震動，這些震動對於某些比較需要高精準度的產品也成爲問題，因此某些廠商會採用兩軸或單軸機進行高經度產品生產。

目前鑽孔機廠商有一些輕質台面與運動平衡的鑽孔機設計，如果必要可以考慮採用。

 問題 7-2 孔徑失真、真圓度不足、孔變形

圖例

可能造成的原因

1. 使用鑽針尺寸錯誤
2. 進刀速率或轉速不當
3. 鑽針過度磨耗
4. 蓋板過硬造成定位問題
5. 鑽針剛性不足
6. 鑽軸過度偏轉
7. 主軸不正造成彎曲
8. 鑽針尖點偏心或兩側刃面寬度不一
9. 電路板堆疊，上下電路板間有鑽針扭曲偏移的問題也會產生孔變形

參考的解決方案

對策 1.

作業前確認鑽針尺寸，根本之道是在鑽針的管理方面下手，目前市面上已經有自動上套環與管理鑽針的設備，應該可以輔助改善這方面的問題。

對策 2.

調整程式控制的參數，進刀速率和轉速可以進行最佳化，這方面的參數與使用的鑽針有關，必要的時候可以與廠商共同進行實驗與修正解決。

對策 3.

更換鑽針，限制每針應有的擊數 (Hit Number)，對於再研磨的鑽針應該要進行管控，必要的時候可以採用新舊針不同的擊數標準。

對策 4.

使用軟硬適當的蓋板，管控蓋板與墊板的品質一致性，最好不要因為成本的問題，任意更換蓋板與墊板。

對策 5.

確認鑽針的剛性良好，避免使用接合不良的鑽針，鑽針的排屑溝應該只能開到刀刃的本體，不應該跨越到刀柄的區域，否則對於鑽針的穩定度就會有傷害。

對策 6.

以動態偏轉測試儀檢查鑽軸狀況，必要時請供應商進行維修與鑽軸更換，以降低不必要的偏轉問題。

對策 7.

更換主軸中的軸承，不處理嚴重時就會有斷針的問題。

對策 8.

鑽針應該進行嚴格管控，並在必要時加嚴檢查規格。

對策 9.

如果第一片電路板在鑽針進入時已有偏斜，則底下的電路板就是在偏心的狀態下進行鑽孔，其真圓度及孔變形量都會變差。因此，鑽孔板數的堆疊及鑽針操作都應保持在最佳狀態，否則孔變形是無法解決的。

 問題 7-3 孔壁膠渣過多

圖例

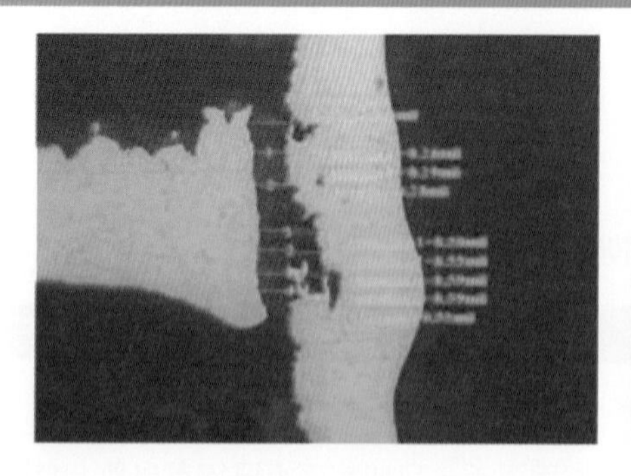

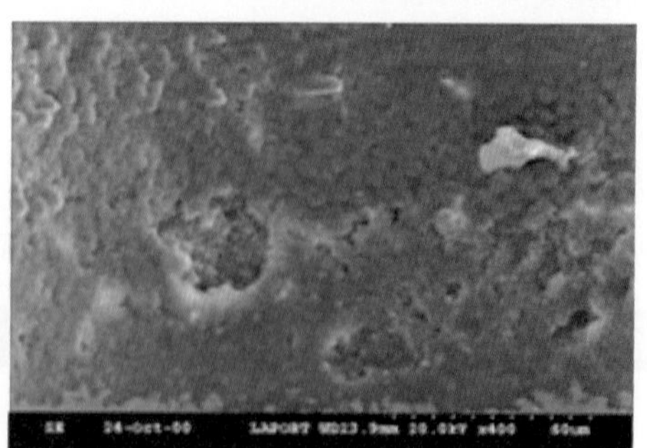

可能造成的原因

1. 進刀速或轉速不恰當
2. 板材樹脂聚合不完全
3. 鑽針的擊數過多磨耗過度
4. 鑽針重磨次數過多
5. 墊板與蓋板材料不良
6. 鑽針幾何外形有問題
7. 鑽孔停留板材內時間太長
8. 集塵風壓不足

參考的解決方案

對策 1.

調整進刀速 (IPM) 和轉速 (RPM) 至最佳狀況，不同的材料、孔徑、銅含量、纖維量都可能會產生差異，當差異過大時應該要訂定不同的作業規範。

對策 2.

強化壓板作業讓這類問題降低，如果鑽孔仍發現有聚合不足的問題，則可以在不過度影響尺寸的狀況下將板材烘烤達到應有聚合程度。

對策 3.

限制每支鑽針的擊數，對於差異較大的材料也應該訂出不同的管制方法。

對策 4.

限制鑽針研磨次數，同時要強化研磨管控與品質監控，否則研磨次數的管制最後也會流於空談。

對策 5.

監控使用板材的品質，不要隨意更換來源。

對策 6.

更換鑽針時應該要進行精密的評估，某些鑽針的設計是爲了特定用途而作，如果使用不恰當反而會有害於鑽孔品質。不要隨意更換供應商，如果必要的話最好確認符合期待的應用範圍。

對策 7.

提高進刀速度、減少堆疊板數、多段式加工等，都是可以嘗試的方法。

對策 8.

機械鑽孔機需要有良好的集塵抽風，否則產出的粉屑與熱都沒有辦法順利排除。因此除了要注意不同位置鑽孔機的抽風靜壓外，也應該要注意鑽孔的壓力腳是否有破損等問題，以保持整體的排屑正常。

問題 7-4　孔內玻纖突出

圖例

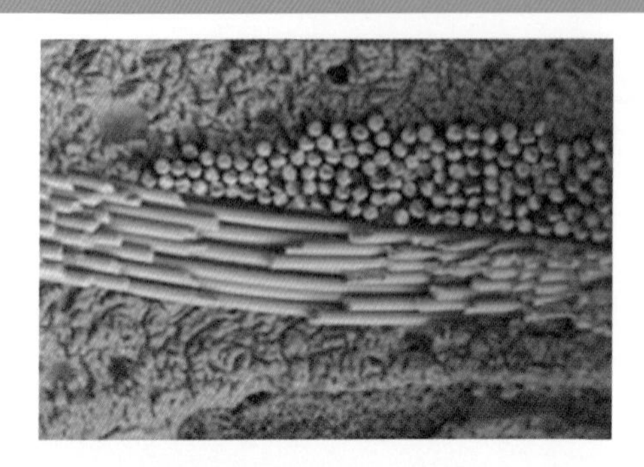

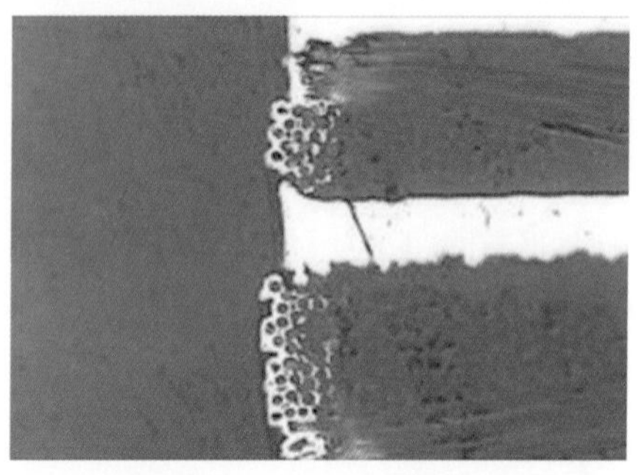

可能造成的原因

1. 針頭過度損耗拉扯所致
2. 主軸轉速低切削力不足
3. 進刀速率過快造成拉扯

參考的解決方案

對策 1.

重新研磨鑽針，限制每支鑽尖的擊數，例如：上限設定爲 2000 次，研磨次數限定在兩次以內。

對策 2.

調整進刀速率和轉速之關係至最佳狀況，孔徑愈小其切線速度愈需要高轉速來維持，因此小孔需要更高轉速的鑽孔機來加工。

對策 3.

降低進刀速率，以降低拉扯的程度減少這類品質問題。

問題 7-5　內層孔環之釘頭 (Nail Heading) 過度

圖例

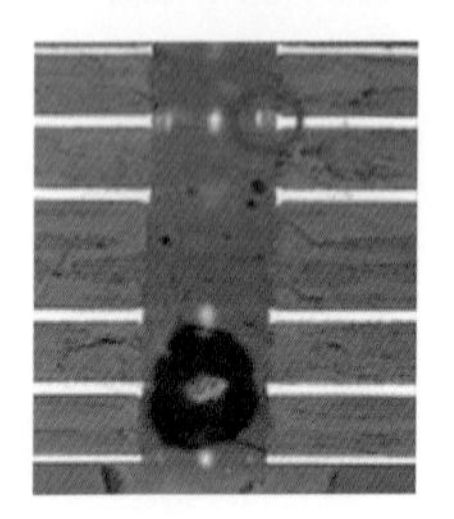

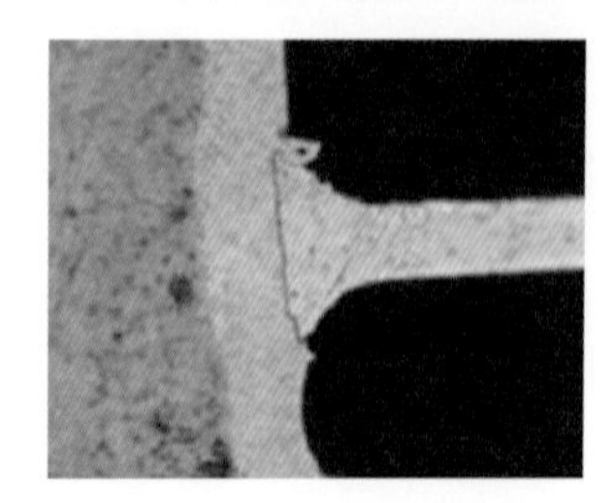

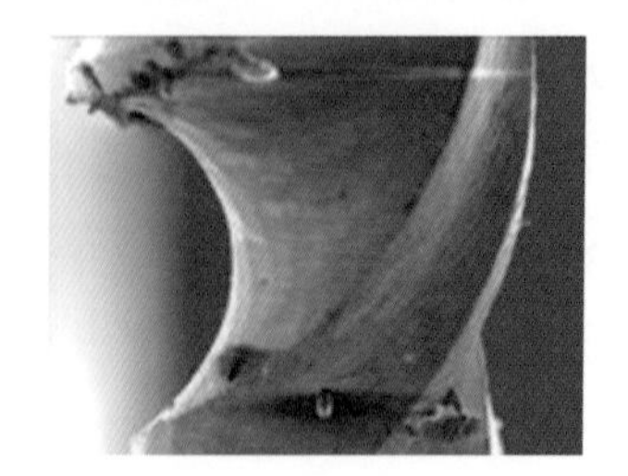

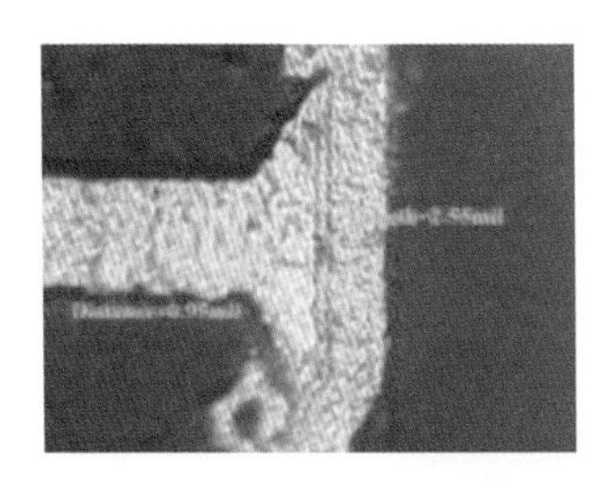
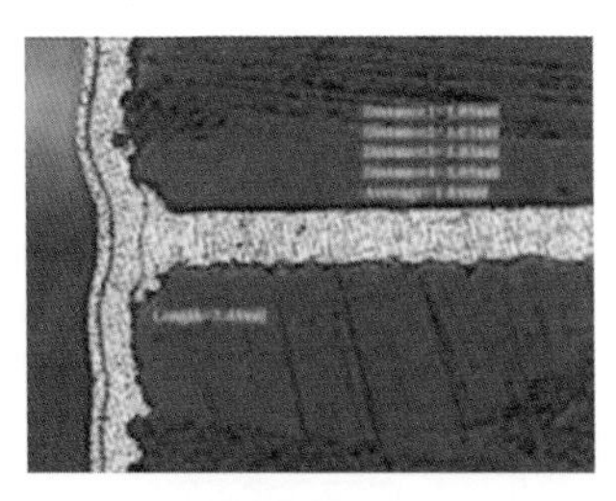
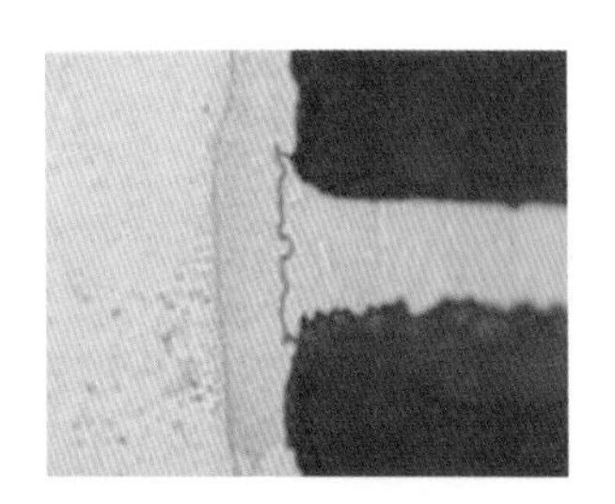

可能造成的原因

釘頭是出於鑽針的過度損耗或鑽孔作業管理不良，使得鑽針未對銅箔做正常切削。內層銅經過強迫切削穿過時，同時也對銅皮產生側向推擠，致使孔環側壁瞬間產生高溫及強壓，內層銅因而被擠扁變寬而成爲釘頭。多層板內環之釘頭寬度不可超過該銅箔厚度的 1.5 倍，這是一般的規格要求。因爲內層銅有愈來愈薄的趨勢，因此釘頭的規格理論上也會變嚴。依據其缺點來源分析以下成因

1. 鑽針退刀過慢造成擠壓
2. 進刀量設定不正確導致排屑不及
3. 鑽針過度磨耗或使用不適當的鑽針
4. 主軸轉速 / 進刀速率不當
5. 基板內空泡 (Voids)
6. 表面切線速度太快
7. 疊板層數過多
8. 鑽針破口檢查不確實

參考的解決方案

對策 1.

增快退刀速度，降低對內層銅擠壓的機會。

對策 2.

將進刀量應執行最佳化，以降低排屑所造成的側向擠壓力。

對策 3.

更換鑽頭，限制每支鑽頭的擊數，變更使用不同設計的鑽針。

對策 4.

調整進刀速率和鑽針轉速至最佳狀況，檢查主軸轉速 / 進刀速率的變異情況，針對差異較大的材料應該要選用不同的條件進行加工。

如果孔壁同時被挖破，Wedge Void 也可能發生。除關心鑽針的管理與維護外，在鑽針選用及鑽孔條件上也有改善空間，例如：用鑽針頭略大於鑽針體直徑的 Under-Cut 形鑽針就是一種可以考慮的作法，多段鑽孔也是一種可以考慮的策略，雖然費用略高效率略差。後圖所示，爲多段鑽的作業示意。

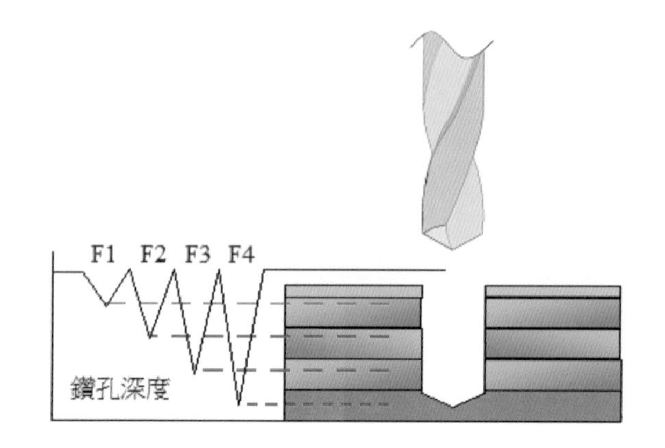

對策 5.

更換基板，調整壓合條件，要求基板供應商進行改善。

對策 6.

不同的鑽針直徑，在同樣轉速下會有不同的切線速度。確認鑽針的尺寸狀況，並檢查修正表面切線速度。

對策 7.

減少堆疊板的層數，降低鑽孔的負荷，應該可以改善釘頭的問題。

對策 8.

當鑽針刀刃處有破口的現象就應該要檢出處理，沒有檢出進入生產線中會導致嚴重的切削力不良問題，釘頭與過多的殘渣都可能會發生。

釘頭的改善，幾乎完全集中在鑽孔製程管理的改進上。尤其是鑽頭的管理及耗損的控制，當鑽針狀況良好時孔環側緣並未受到不當的擠壓，但當鑽針的偏轉 (Run Out) 變大時，孔內就容易受到高溫推擠變形而造成釘頭。

 問題 7-6　孔口孔緣白圈、孔緣銅屑、基材分離

圖例

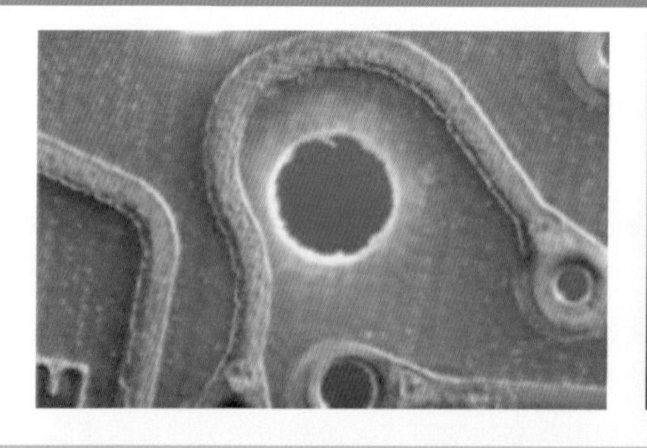

可能造成的原因

1. 鑽孔時產生熱應力與機械應力，造成局部板材碎裂
2. 玻纖布中的紗徑尺寸粗大所致

3. 基板品質不良結合力弱
4. 進刀量過大導致拉扯
5. 疊板層數過多

參考的解決方案

對策 1.

更換新或研磨過的鑽針，減少鑽針孔內停留時間以減少發熱，避免相鄰孔連續生產以降低熱的影響。

對策 2.

電路板設計時要考慮孔徑、使用布種、堆疊結構間的影響，一般業者都會採用最少張的膠片進行生產，但是過厚的膠片對於鑽小孔不利，必需要改用比較薄的材料才能順利加工。

對策 3.

更換基板，要求基板供應商改進

對策 4.

調整進刀速率的參數，避免過度的拉扯所產生的問題。

對策 5.

降低堆疊板數，完全配合孔徑的需求來規劃生產的程序。

問題 7-7　孔壁粗糙、殘屑殘渣

圖例

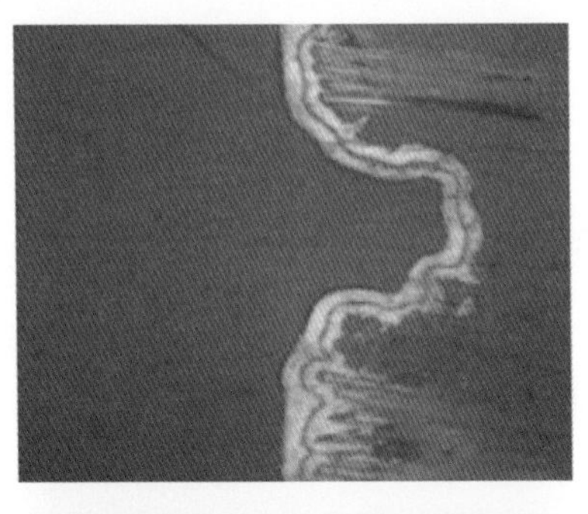
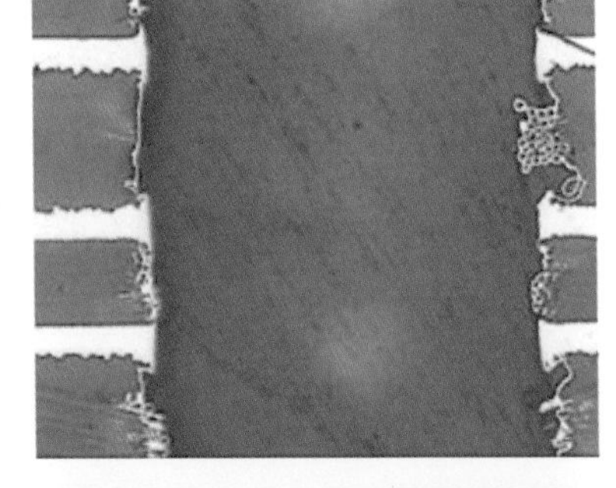
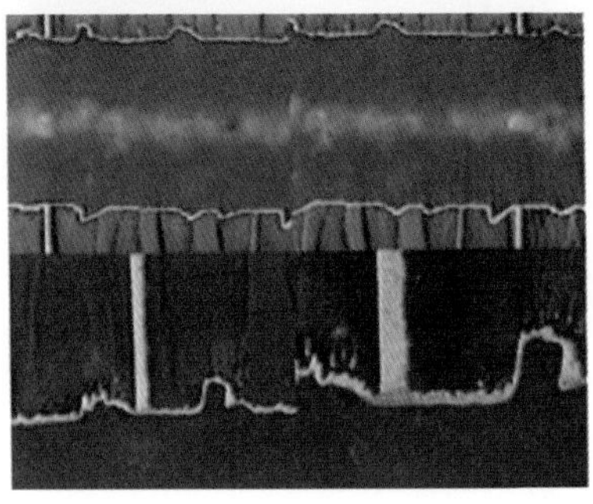
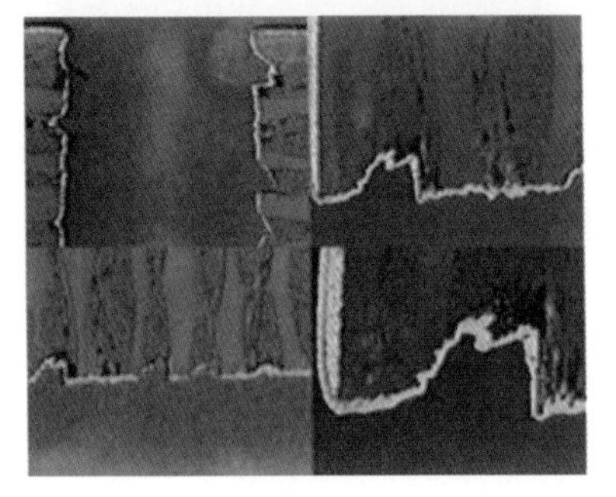

可能造成的原因

1. 進退刀速率不當
2. 蓋板材料過薄 (上板面孔口出現毛邊)
3. 尖針之切削前緣出現破口或損壞
4. 主軸之偏轉太大
5. 疊板間出現異物導致不夠緊密
6. 壓力腳錯誤或壓力過低 (上板面孔口出現毛邊)
7. 墊板板材品質不良 (下板面孔口出現毛邊)
8. 基板樹脂聚合不完全或硬度不足
9. 鑽孔偏邊導致殘銅不足拉扯脫離，形成嚴重孔壁劣化

參考的解決方案

對策 1.

遵循規範作業，維持穩定的作業進退刀量，面對新材料或結構必要時可以進行實驗訂定新的參數，但是不要隨意變動參數。

對策 2.

使用略厚的蓋板，避免退刀過快導致上板面出現毛邊。

對策 3.

選用恰當的刀具，同時嚴格管控使用的刀具品質，避免不良破口的鑽針進入製程是品質保證的重要課題。

對策 4.

主軸偏轉必需要進行校正，如果無法校正只好進行更換。針對主軸、鑽針夾頭等進行檢查與清潔，同樣對偏轉的問題有幫助。

對策 5.

保持堆疊時的清潔狀況，避免產生堆疊鬆散的問題發生。

對策 6.

進行壓力腳的調節或是更換壓力腳，以保持應有的穩固下壓水準。

對策 7.

更換與管控墊板的材質，務求使用到的墊板是穩定的材質。

對策 8.

監控壓板的品質，以改善進入鑽孔製程電路板的品質。如果發現材料仍然聚合不足，可以在不影響加工尺寸精度的狀況下進行烘烤。

對策 9.

對於尺寸變化比較大的壓板產出半成品，時常會發生尺寸還在公差內，但是鑽孔卻發生嚴重的孔壁品質問題。這樣的狀況其實常被誤判，這種問題不完全可以用改善鑽孔的方式解決，而必需要從電路板生產尺寸控制或是設計方面著手。

使用雙靶打靶的方式生產電路板，可以分擔公差降低鑽孔偏單邊的問題，在設計的時候加大部分銅墊尺寸，也對這類的產品孔壁粗糙有幫助，這樣的想法對於尺寸變化大的電路板都十分重要。

問題 7-8　燈芯效應 (Wicking)

圖例

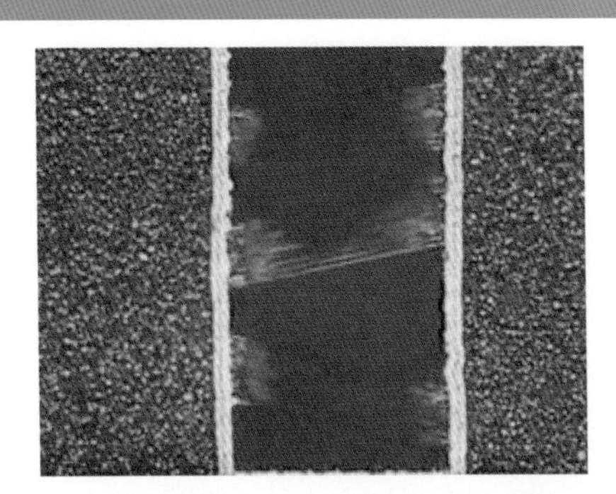

可能造成的原因

通孔孔壁上，玻纖束斷面有單絲間化學銅滲鍍的現象稱之爲燈芯效應。其成因爲：

1. 鑽孔及除膠渣所形成的毛細空間，經化學銅處理被填入析出的銅
2. 板材本身不良所產生的問題

參考的解決方案

對策 1.

燈芯效應多半是出自鑽孔狀態不佳，與孔壁粗糙的問題類似。只是有時它的成因也會來自於基材的狀況不佳或聚合不足，加上除膠渣製程去除了纖維間的膠質，使銅滲入其中。

改善之道當然是控制鑽孔的最佳參數，同時讓除膠渣的製程穩定下來。

對策 2.

近年來印刷電路板的設計密度不斷提高，其孔的間距也逐步拉近。爲了要達成降低〝玻纖束陽極性漏電〞(CAF： Conductive Anodic Filament) 的情況發生，已經有所謂的“CAF free”材料出現。

要改善這類燈芯效應的問題，應從基材的狀態控制、鑽孔的管理及除膠渣量的控制整體搭配著手改善。

問題 7-9　鑽針容易斷裂

可能造成的原因

1. 主軸之偏轉過度
2. 鑽孔機操作不當
3. 鑽針選用不當
4. 鑽針轉速不足，進刀速率太大
5. 疊板層數太高

參考的解決方案

對策 1.

設法降低主軸偏轉情況，包括清潔、主軸穩定度、設備震動情況等等。目前有一些新的主軸設計，採用較短的軸心設計也可以降低偏轉的問題。

對策 2.

檢查壓力腳是否有阻塞，可以依據鑽針尖端情況調整壓力腳之壓力。檢查主軸轉速之變異，鑽孔操作進行時檢查主軸的穩定性。

對策 3.

檢查鑽針幾何外型，檢驗鑽針缺陷，採用具有適當退屑槽長度之鑽頭。在可能情況下儘量避免使用過長的鑽針，過長的結果會讓剛性降低同時比較容易產生偏轉與彎折。

對策 4.

在轉速無法加快的狀況下，只好減低進刀速率來因應。當然如果有比較高速的加工機，也可以改用高速機加工。

對策 5.

降低堆疊板數，同時也可以使用比較短的鑽針，這樣的作法可以產生相乘的效果，同時也對加工的精準度有幫助。

 問題 7-10　粉紅圈

圖例

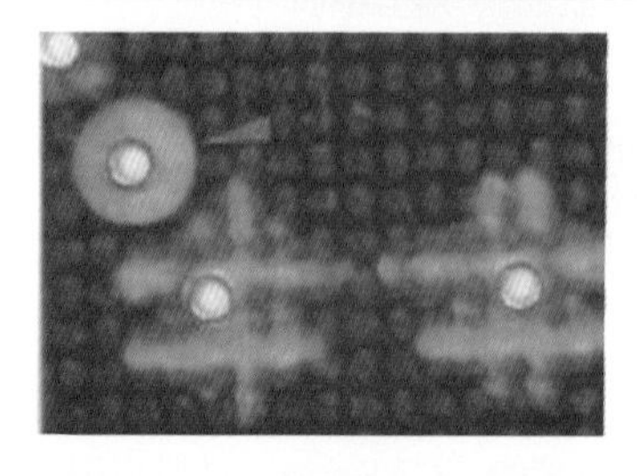 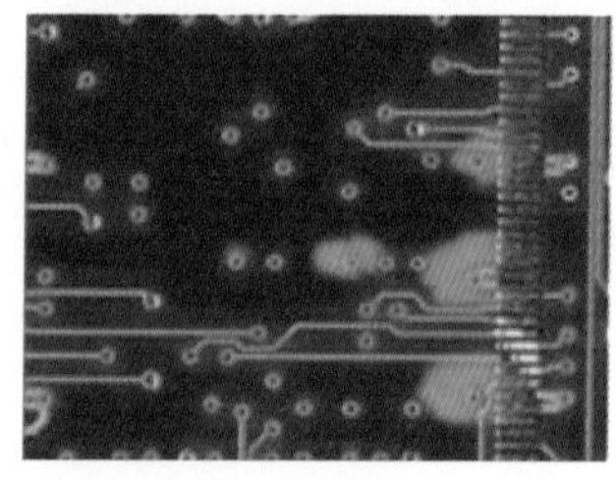 

可能造成的原因

粉紅圈的問題在業界爭執很久，而且常是偶發性的發生，因此要說此問題容易解決其實並不盡然，它發生的主要可能性如下：

1. 壓板前的黑化處理不良
2. 壓合時樹脂未壓入絨毛
3. 鑽孔時基材被拉開，結合被破壞
4. 後續的電鍍製程侵蝕

參考的解決方案

粉紅圈的由來是由於電路板內層經過化學處理本來是黑色的表面，但是因爲製程中銅面曝露在侵蝕性液體中，造成了黑色的氧化銅被攻擊，其後新鮮的銅面呈現出來。由於經過半透明的樹脂遮掩，

因此呈現出粉紅色。又由於攻擊的方向是延著孔圈向外延伸，因此被稱爲粉紅圈。針對發生的可能性，提出一些可能的解決方案

對策 1.

黑化的目的是爲了加強樹脂與電路板金屬間的結合力，以往都是以在銅面形成一層氧化銅絨毛，來達成此功能目標。但是因爲氧化銅容易被酸液攻擊，因此有人嚐試用部分還原的方法將表面形成氧化亞銅，藉以降低被攻擊性。

問題是絨毛長度必須控制適當，因此有所謂的重量獲得 (Weight Gain) 控制法，用以控制絨毛長度。但此法有兩個主要影響因子，第一個是前處理的微蝕，第二個是氧化製程的重量增加，其間差異才是重量獲得值。一個指標有兩個因子，其間的總變化量就不能完全代表絨毛狀態控制良好，而只能說是相對呈現趨勢。

如果其中一個因子變了，另一個因子恰巧也跟著變，最後可能會得到相同的重量獲得，但卻不代表相同的絨毛量或長度。如果絨毛量不穩定，很難保證結合力與樹脂塡充能力。更何況製程中還有可能有清洗不潔殘留污物等問題，因此首先把微蝕量控制穩定會是十分重要的課題。其次才是氧化成長量控制以及清潔度控制。

近來有不少公司推出所謂的 XX-Bond，大體來說主要成分分爲兩個大的化學系統，其一是有機酸系統，其二是硫酸雙氧水系統，主要的觀念是以化學藥液的遮蔽性，對銅面形成選擇性蝕刻，因而產生微觀的粗度，這樣就可以達成拉力的改善。後圖所示，爲一般性氧化銅黑化處理與 XX-Bond 間的幾何示意比較。

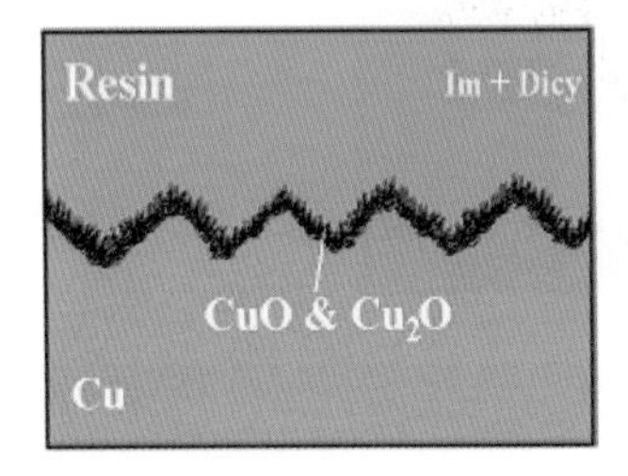

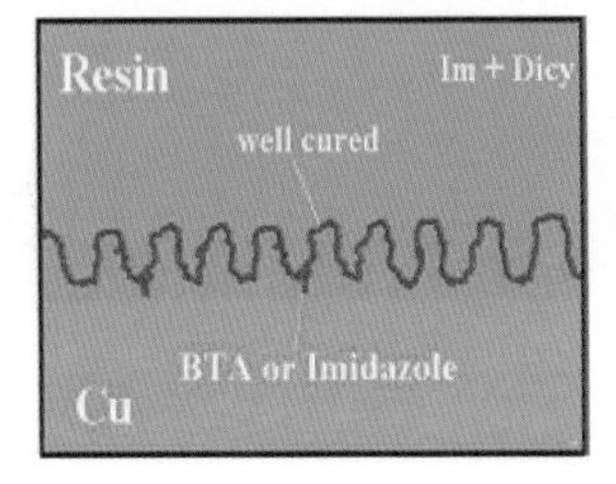

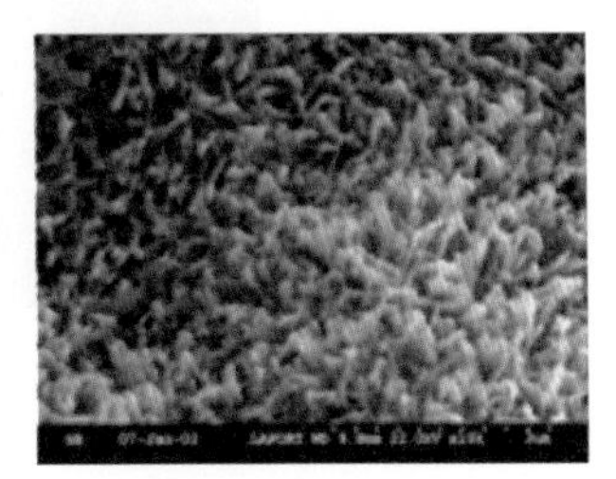

目前市場價格以硫酸雙氧水的系統較低，而其中重要的控制因子是雙氧水的安定性與穩定度，這方面在選擇使用時應該以有較多雙氧水安定劑操作經驗的公司可能品質較可靠。

十多年前美商 EC 公司在微蝕液及剝掛架液方面就已推出產品，並在內層前處理方面推出 W3-Cobra etch 微蝕劑。目前的美商 OMG、美商麥特、法商阿托科技、美商羅門哈斯，也有這方面的產品可供選擇。

這些產品都可以作爲壓板前處理的改善方案，同時由於此種製程所做出的銅面顏色偏深棕色且不易被酸攻擊，因此粉紅圈並不容易出現。

對策 2.

電路板的結合，在金屬與非金屬間主要靠的是機械的結合力，而樹脂要塡入粗化面深處才有結合力產生。絨毛若過長，可能會有折斷而失去結合力的問題。絨毛恰當而樹脂流動不足，一樣會產生結合力不足的問題。因此必須注意膠片儲存狀態及有效期，同時在壓合的條件配合方面也必須確認樹脂黏度夠低，足以塡充入粗化面，如此才能產生足夠的結合力，防止層間分離產生粉紅圈。

對策 3.

鑽孔如果排屑不良，會產生擠壓而造成內層剝離，如果鑽針銳利度不足或是參數不良，都會有孔壁拉裂的危險。當然鑽孔的條件配合，每支鑽針的鑽孔數及研磨狀態都會直接影響鑽孔的品質。可能的結果是如果層間被拉開，藥水很容易就會滲入攻擊銅面，接著就產生粉紅圈。因此為避免此問題，鑽孔狀態控制至為重要，降低鑽孔的拉扯程度對於降低粉紅圈產生有正面助益。

對策 4.

如果前面的製程已經產生些微分離，其實要防止粉紅圈就比較難了。但是如果能夠降低浸泡時間，同時在製程的選擇上採用酸度較低的藥水，可以使粉紅圈的問題不至於加重。所以許多化學銅以及除膠渣製程，都會強調減少使用鹽酸的機會，因為它對於攻擊銅的能力較強。

 問題 7-11　孔大

圖例

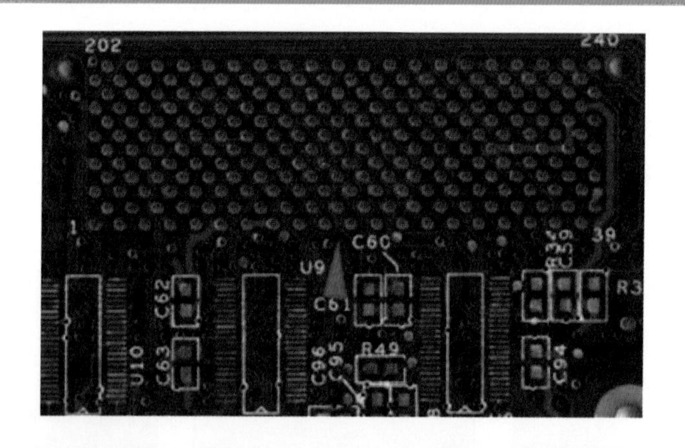

可能造成的原因

1. 是鑽孔太大
2. 電鍍或噴錫太薄

參考的解決方案

對策 1.

與孔小相同，必須注意鑽孔的管制。一般的電路板在設計時就已經會考慮到所有製程中的整體公差貢獻，如果預估的值在電鍍及噴錫上都有高估而事後實際的製作結果卻沒有預期的狀態，就有可能產生孔過大的問題。

對策 2.

如果設計時已推估電鍍的產出值，但是在製作中由於板面區域性的變異造成局部的區域電鍍及噴錫都偏下限，則仍有可能發生孔大，必須針對此部分作適度改進。

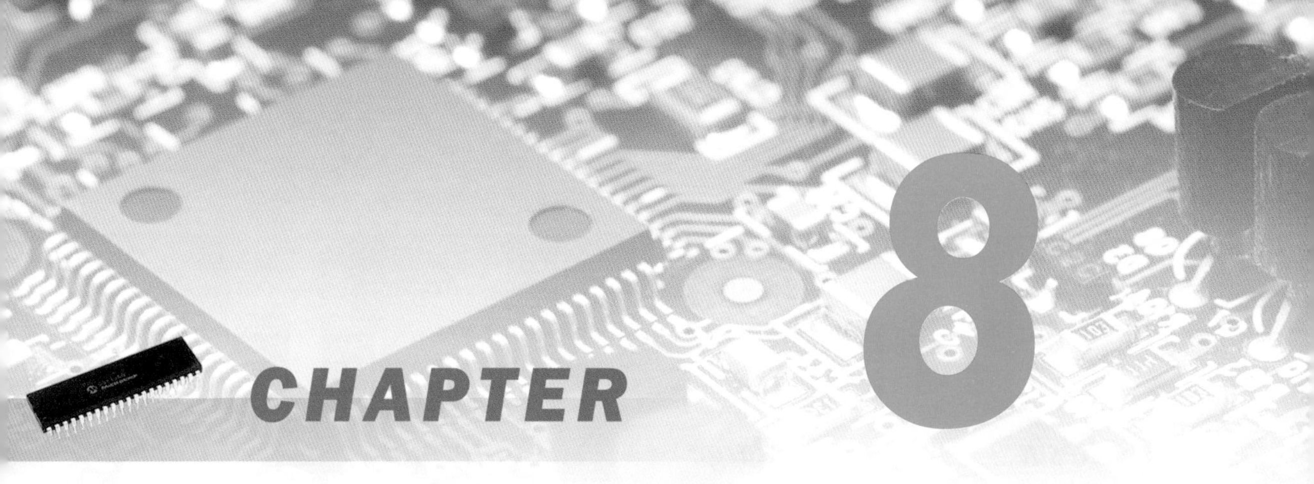

雷射鑽孔篇－層間的捷徑、小孔的未來

8-1 應用的背景

目前市面上的雷射加工機，主分 UV 雷射機與 CO_2 雷射機兩類，現有日立、三菱爲主力的供應系統，還有各個不同的供應商嘗試加入，如：奧寶科技、大族數控，但是目前仍呈現兩雄爭霸的局面。經過多年演進，雷射加工機設計已經走向多元化模式。多頭、雷射直接加工銅面、UV 搭配 CO_2 等設計，在市面上都可以看到。加工速度，與雷射加工機開發初期根本不可同日而語。筆者近年來對於皮秒雷射加工也多所期待，在孔加工與切割方面有不錯的潛力，不過效率問題會因爲不同產品特性而有適用性的問題，這些需要業者自行評估判斷。

8-2 加工的模式

由於雷射成孔採用的原理與加工模式與傳統鑽孔非常不同，因此在探討這類技術時必需要分開討論。圖 8-1 所示，爲幾種較典型的雷射加工模式。

這類鑽孔加工技術，以製作 3 ～ 6mil 微盲孔最爲適合，平均量產每分鐘單面可燒出數萬孔，依據材料及加工模式的不同而有差異，對於多頭設計的設備則產出量會更高。雷射成孔原理是利用對材料集中投射能量，當材料承受超過其破化強度能量時，就會產生融熔或分解，最終脫離原始基板產生孔洞。細節作用機構及說明，請參閱拙作 " 電路板機械加工技術 " 一書，在此不作太多贅述。

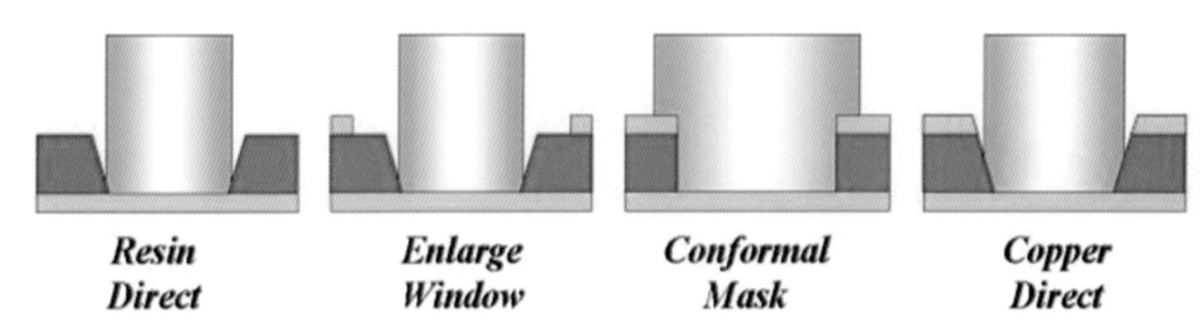

▲ 圖 8-1

8-3 雷射加工的設備

目前雷射加工成孔的設備仍然以 CO_2 雷射爲主力，主要因素當然是因爲加工效率及成本因素所致。典型加工設備結構示意圖與設備相片，如圖 8-2 所示。

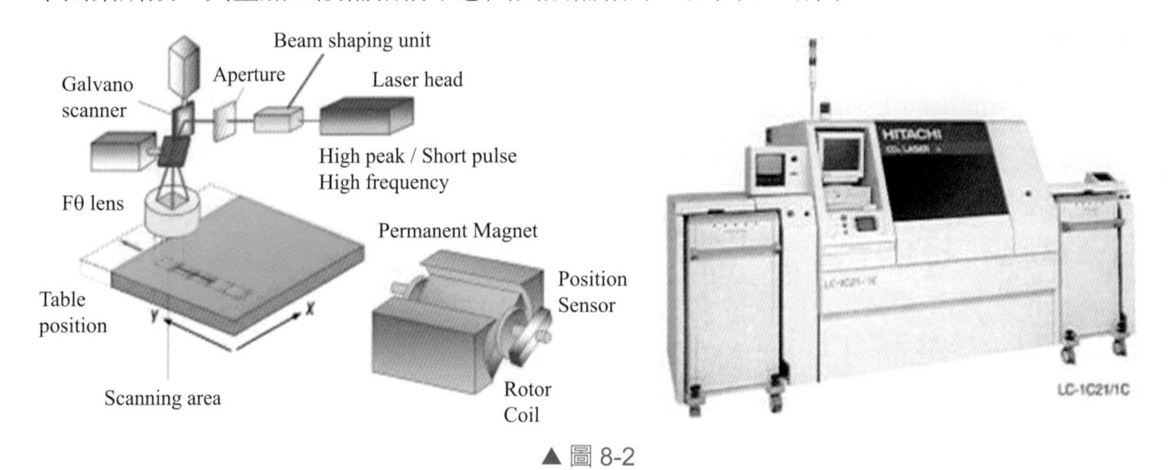

▲ 圖 8-2

CO_2 雷射所挾帶的熱能，透過光學系統投射到材料上，讓材料吸收並產生熔融、氣化分解物。這種作業的副作用，會在孔邊產生焦黑顏色，當然孔內也會產生一定量的炭化殘渣。這些產出物質，都必需在後續 De- smear 製程清除，才能做後續盲孔電鍍。目前所有雷射加工機，都是採用脈衝能量斷續加工模式加工，讓每段光束以其脈衝能量打擊板材去除材料。因爲雷射光是以電磁波傳播能量，其波形具有“高斯分佈”立體錐狀特性，經過光學處理再經過反射鏡及聚焦鏡投射，可將單束光點能量輕易聚集，這就是目前主要雷射系統的設計與工作模式。現有各家設備商都提供轉換與最佳化路徑軟體，可幫助板廠做最有效加工。加工設計多數採用小區域步進模式，如示意圖所示，每加工完一個小區域就轉換區域繼續下一個加工區作業。

因爲是採用投射式加工，免不了會有光學設備限制出現。光點在聚焦投射到電路板前，必需經過聚焦光鏡，但光鏡邊緣一定會有投射扭曲現象出現，這會產生光斑變形眞圓度不足的問題，因此也限制了每次加工的有效範圍。目前廠商建議的每次加工範圍，因爲機種與聚光鏡能力的不同而有差異，一般常見的加工建議範圍從 30mm 到 70mm 見方都有。如果品質要求較寬，則朝向較大加工範圍推，但是較嚴謹規格就會朝較小範圍走。光束反射設計是採用電磁式驅動裝置，因此可以精確而高速操作。

8-4 問題研討

問題 8-1　開銅窗加工法孔位與底墊對位不佳

圖例

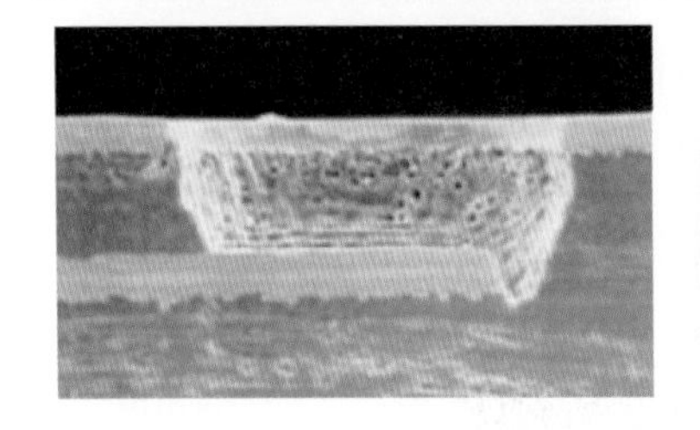
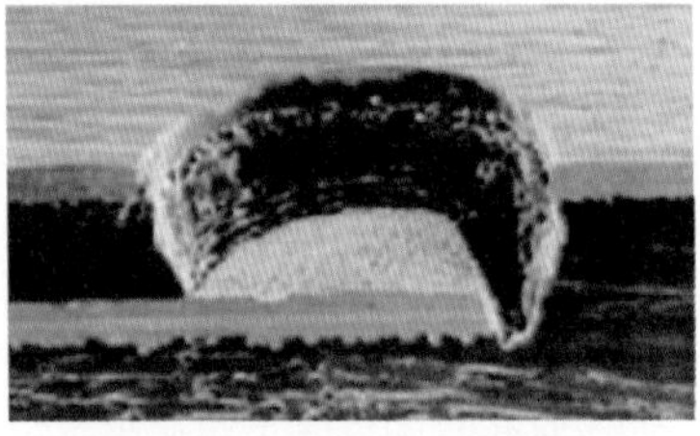

可能造成的原因

1. 內層核線路底片與增層後開銅窗底片兩者都會有漲縮的潛在可能
2. 核心板本身就有漲縮，高溫壓合後又出現漲縮超出允許範圍
3. 蝕刻所開銅窗之大小與位置產生偏差
4. 雷射機檯本身的光點與檯面位移之間的誤差
5. 使用不同座標系統累積公差超出範圍
6. 電路板雷射加工時固定不良

參考的解決方案

對策 1.

縮小排版尺寸或縮小工作範圍，傳統多層板排板可達 21"X24" 之譜。但是對於高密度電路板而言，其盲孔孔圈允許公差多數都只有 3mil 以內，如果漲縮過大就會讓加工偏離底墊。

比較直接的方式當然是減少材料的尺寸變化，但是較爲實際的作法則是將工作尺寸縮小或是採用局部對位處理方式。當工作範圍變得比較小時，相對對位偏差也可以降低。將實際電路板製造尺寸縮小，對於材料利用率、工作效率不利，萬幸現在已經有相當多的局部加工設備問世，必要的時候可以採用。

對策 2.

調整補償係數，採用尺寸變異量比較小的材料進行產品製作。只要尺寸變異範圍小，有較大的漲縮並不可怕。

對策 3.

如果是雷射對位差異，可以加大雷射光束之直徑以增多銅窗被覆蓋的機會。若因此降低了能量密度，則可以增多加工打擊發數來完成雷射成孔作業。

如果開窗的範圍根本與底墊產生偏差，則加大光束直徑也無法滿足正對加工的需求。此時可以考慮採用開大銅窗法，銅窗變大時孔徑直接由雷射決定，定位可以直接讀取內層的座標進行加工，當然就沒有漏接的機會。

當然這種假設也未必正確，因爲如果漲縮仍然過大，連原始程式都無法完全正對，則可能必須要考慮補償尺寸或是報廢。之所以會有報廢的可能性，主要還是因爲補償尺寸之後所有後續製程都必須要進行補償。如果與通孔的座標又不搭配，外層底片也無法直接配合，則報廢就是唯一的選擇了。

對策 4.

位置偏移的問題，必須尋求設備供應商的協助，將各個影響位移精度的因素排除。依據經驗發現，不同的介電質材料對於 CCD 對位系統的光源反應有差距，因此在直接讀取內層靶位時應該要選用恰當的光源系統。

對策 5.

面對多次鑽孔或對位曝光加工，在彼此間都會產生偏差量，這些偏差量會產生累積。在高密度電路板製作中最明顯的就是通孔與盲孔的差距，當機械鑽孔作業後一般都會再產生工具孔作爲雷射銅窗開孔基準，但是銅窗製作所用的曝光程序卻又會累積出一次誤差。

兩次誤差總量，如果已經超出盲孔孔圈設計範圍，則毫無疑問的會有雷射加工偏離底墊問題。如果採用開大窗加工，當然可以修正銅窗可能產生的偏移，但是又可能與機械鑽孔間產生差距。

一般對於多次對位加工的作業方式，筆者會建議採用同一個基準座標加工，則所有加工都會圍繞著基準點偏離，其最大偏離製程就是設計時必須要考慮的允許公差，只要這個值保持在合理範圍，應該就可以順利生產多數產品。

對策 6.

由於高密度電路板多數設計是通盲孔共生，不少製作者會先做通孔再做盲孔，因此雷射加工機的吸著機構可能會因漏氣而固定不良，如此容易發生鑽偏問題。

問題 8-2　盲孔孔型不良

圖例

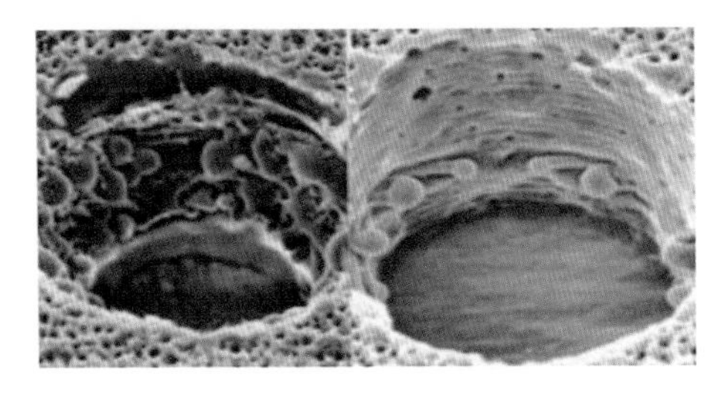

材料質地差異

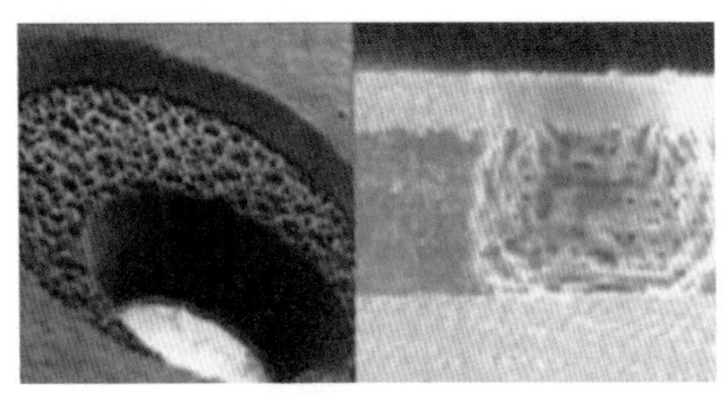

加工模式能量控制差異

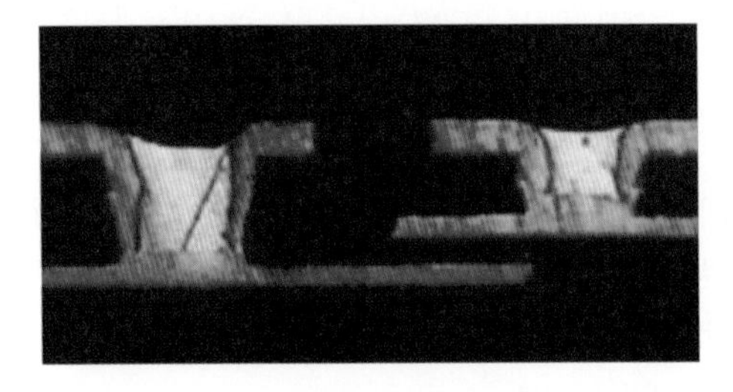

介質層厚度差異

對位偏移

可能造成的原因

1. 介質層厚度差異
2. 加工模式能量控制差異
3. 對位偏移
4. 材料質地差異

參考的解決方案

對策 1.

在相同打孔能量下，不同介質厚度當然會產生不同孔型。較薄者底墊會開出比較大的範圍，或者會在側面產生葫蘆孔。

比較薄的介電質側壁會受到較多反射能量，因而將孔壁打成向外擴張的壺形。面對跨越不同層的盲孔加工，多數廠商都知道要採用兩個不同組能量來加工。但是同層內的加工，其介電質材料厚度的變化就無法直接控制。

這方面的改善還是需要由壓板作業進行，應該盡量降低線路厚度與介電質厚度的差異來減少孔形過大變化。

對策 2.

電路板雷射孔加工模式，可概分爲：銅窗、直接樹脂、直接銅面、加大窗加工法。銅窗加工法能量散逸較爲困難，因此容易產生葫蘆孔。如果採用直接樹脂加工，因爲沒有能量拘束而可以保持適當的喇叭孔形。

為了搭配開銅窗作業模式，一般的雷射操作又分為連續打擊模式 (Burst Mode)、循環模式 (Cycle Mode)、階段能量模式 (Step Pulse Mode)，這些作法都是為改善效率或孔形而設的加工操作參數。對不同的產品，可以考慮採用不同作業模式搭配參數來製作，但是到目前為止對樹脂直接加工還是孔形最好的模式。

對策 3.

因為雷射加工機設計與操作模式不同，其光束能量分佈會非常的不同。基本上雷射光波的原始狀態是屬於高斯分佈，呈現紡錘狀立體型態，這種能量分佈中央高邊緣低，如果對位偏移就會讓加工孔形呈現偏斜現象。

如果偏斜過度產生孔徑較小，有可能導致電鍍困難破孔，或是底面積過小接觸面積不足而產生斷路問題。修正方式當然是循著改善對位方向改進。這包括控制電路板尺寸、改善對位、直接加工等方法。

對策 4.

目前為了電路板強度及成本問題，多數一般的電路板都採用有纖維強化材料進行加工。面對這種需求，不但雷射加工機有長足進步，材料方面也有大幅改進。

目前加工材料有專用的雷射加工膠片與板材，同時還有專用的加工模式來應對這些材料需求。適當選用雷射加工材料，可以讓加工出來的雷射孔品質與孔形都更好。

問題 8-3　孔底膠渣與孔壁碳渣的清除不足

圖例

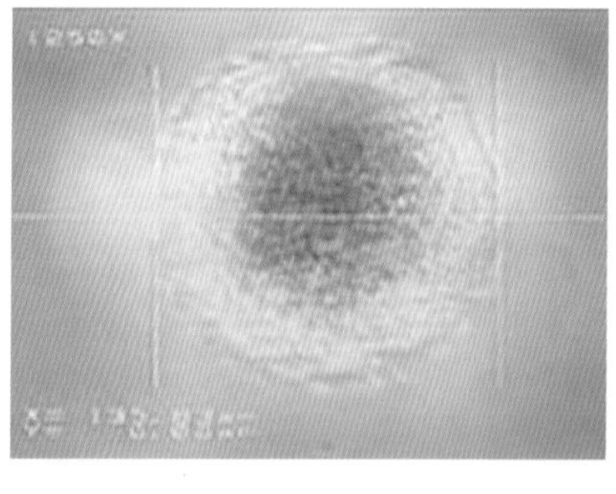

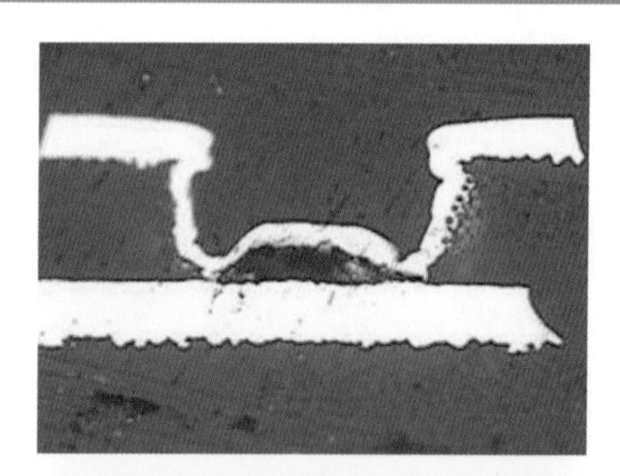

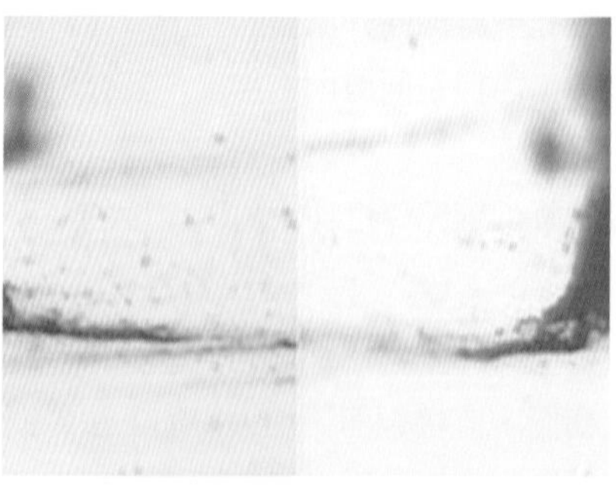

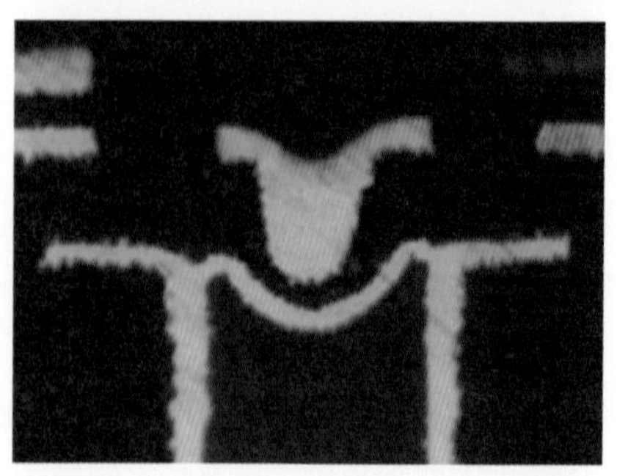

可能造成的原因

1. 介質厚度差異太大
2. 加工中光束受到異物遮蔽
3. 雷射與除膠渣操作參數搭配不當導致殘留
4. 能量不當導致燒焦殘渣不易清除

參考的解決方案

對策 1.

改善材料的均勻度，降低差異造成的不潔問題。

對策 2.

改善作業環境，某些廠商將環境區隔，讓雷射加工的環境變得比較接近潔淨室，同時將送入加工的材料都經過清潔處理，這樣確實可以降低這類問題的發生。

對策 3.

二氧化碳雷射並不能完全去除樹脂，一般都會留下 1 ～ 3 微米的殘留樹脂，因此除膠渣時必須確實去除。某些廠商爲了控制孔型，也會修正雷射加工參數，將除膠渣的參數列入整體考量。因此如果除膠渣狀態發生變化，千萬不可只將問題歸給雷射。

CO_2 雷射加工，孔底多少都會殘留膠渣，如果後續除膠渣製程與前段雷射參數搭配不當，會有殘膠風險而必須要調整兩者的搭配關係。

另外因爲盲孔本身不容易進行濕製程處理，如果作業設備沒有比較寬的作業範圍，則可能會因爲處理不良而導致殘膠問題，目前這方面以提供噴流機構的設備處理能力較強。

某些廠商爲了保證品質，還會在雷射或除膠渣後進行 AOI 檢查，這種作法雖然成本比較高，但算是買了一個保險。

對策 4.

盲孔除膠渣與板面乾燥後，試著採用立體視覺工具進行抽樣掃描檢查。雷射加工參數應該要適度調整，以免過度燒焦產生除膠渣不易的問題。

 問題 8-4　雷射孔底斷路分離

圖例

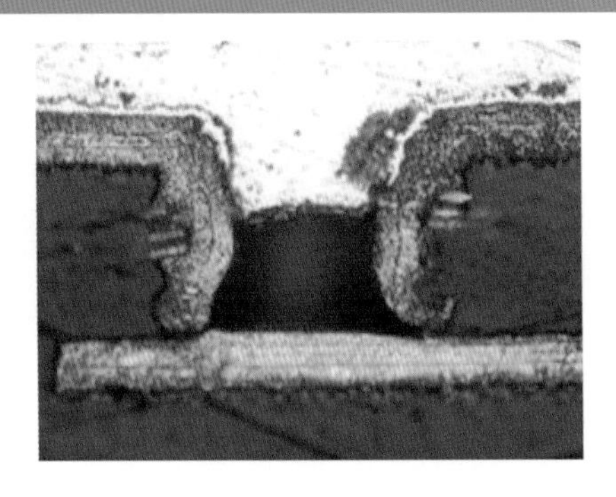
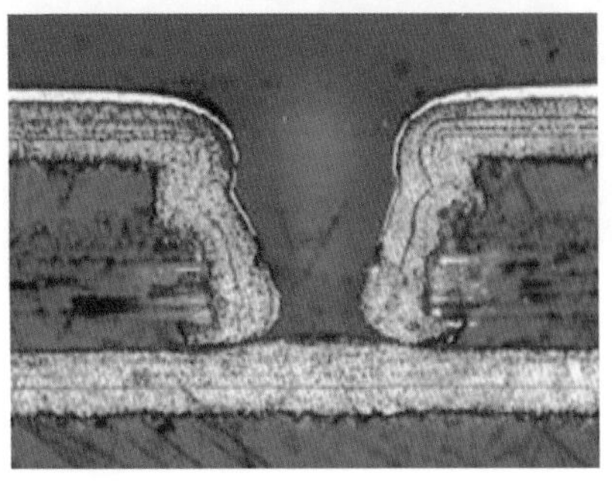

可能造成的原因

1. 雷射加工參數不當
2. 黑棕化結合力不佳
3. 材料奶油層不足
4. 樹脂聚合不佳

參考的解決方案

對策 1.

雷射加工過度導致樹脂脆化，經除膠渣掏空孔底導致金屬化出現問題。這方面應該要調整雷數加工參數與介電材料均勻度，否則相當容易出現加工過度的問題。

對策 2.

膠片與金屬結合力不佳，孔底容易受到雷射加工攻擊開裂，一旦有開裂跡象就會加速濕製程的攻擊與處理困難度，輕者折鍍、重者就會發生斷路的問題。因此要穩定黑棕化處理的狀態，才能改善這類問題。

對策 3.

奶油層不足，孔底會有比較多的玻璃纖維束出現，這些纖維受雷射攻擊後容易產生燈蕊效應，讓金屬化處理、水洗、藥水置換困難度增加，比較容易出現這種缺點。因此選用適當的膠片材料與壓合條件，比就有機會可以改善這類問題。

對策 4.

這些年來為了應對綠色生產訴求，業者推出多樣的介電質材料。而業者為了擴大生產面，也會導入各種不同的材料。此時壓合條件的多樣化就成為必然，如何管理壓合或後烘烤讓樹脂性穩定相當重要。

問題 8-5　雷射孔形異常

圖例

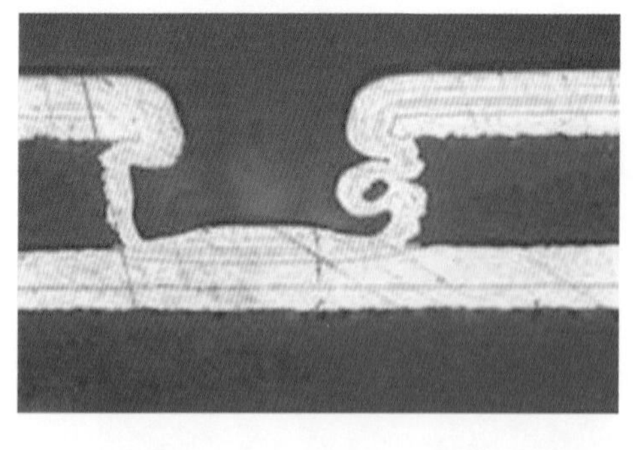

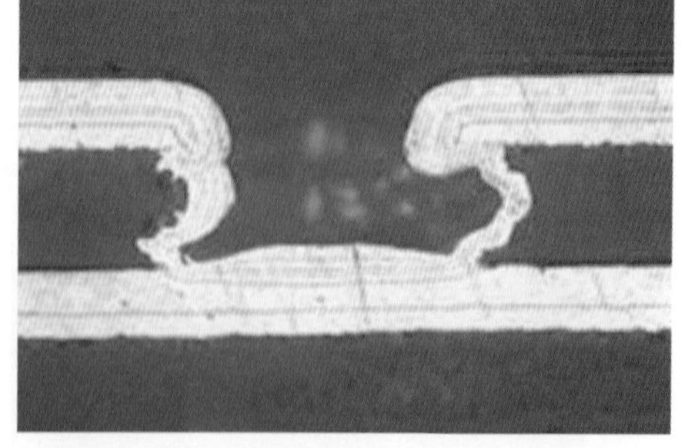

可能造成的原因

這類問題多數源自於膠面材料沒有使用雷射專用的纖維，導致加工發生困難。有些廠商為了降低成本，選用比較廉價的膠片纖維製作電路板，但是卻在品質與雷射加工上付出了更多的代價。

參考的解決方案

對策 1.

改用適當地雷射加工纖維，必然可以大幅改善這種問題

問題 8-6　雷射孔層偏

圖例

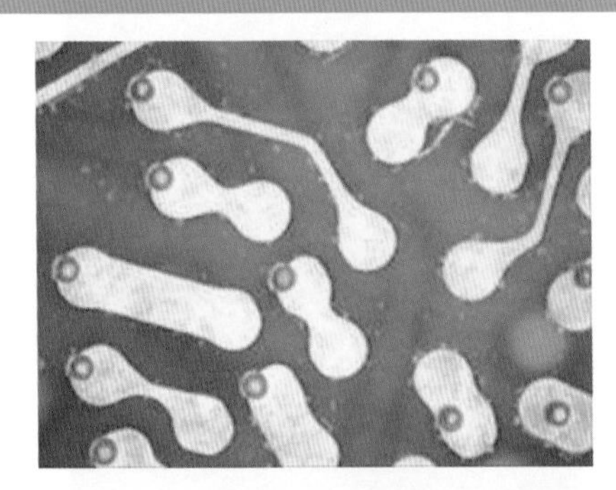

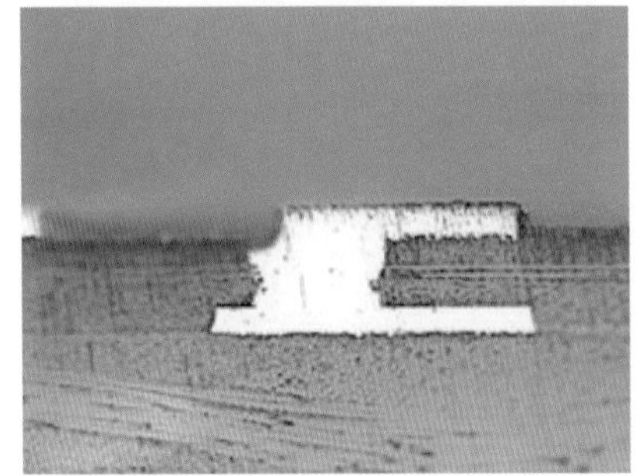

可能造成的原因

這類問題必須分析雷射偏還是曝光偏，其實根本的問題既不是雷射，也可能不是曝光，而是 CAM 系統設計出了問題。一般比較常見的現象有三大類：

1. 靶位設計與製程公差導致層偏
2. 加工中光學讀取系統出現問題導致偏差
3. 漲縮扭曲變化的公差

參考的解決方案

對策 1.

各個外型加工製程，業者都會利用工具系統進行對位設計，如果規劃的對位程序產生累積公差超過允許的範圍，就會出現切破、對偏等等問題。這方面必須要檢討工具系統進行修正。

對策 2.

HDI 類產品常為了降低對為公差，而採用雷射製作新靶、跨層對靶等不同手段進行加工，但是如果發生靶位製作不良或設備辨識能力不足，就有可能會產生這種問題。

對策 3.

電路板材料本身就是一種不穩定的材料，當出現過度的形變、扭曲等問題，再進行對位加工就可能發生對位問題。此時可能比較好得方式是：1. 降低漲縮變化提昇尺寸穩定度或 2. 分區加工分攤漲縮扭曲的影響。

 問題 8-7　其他二氧化碳雷射與銅窗的成孔問題

圖例

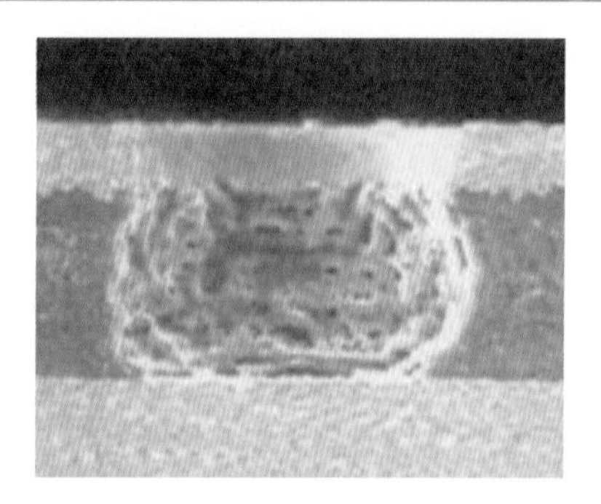

銅窗封閉能量無法宣洩

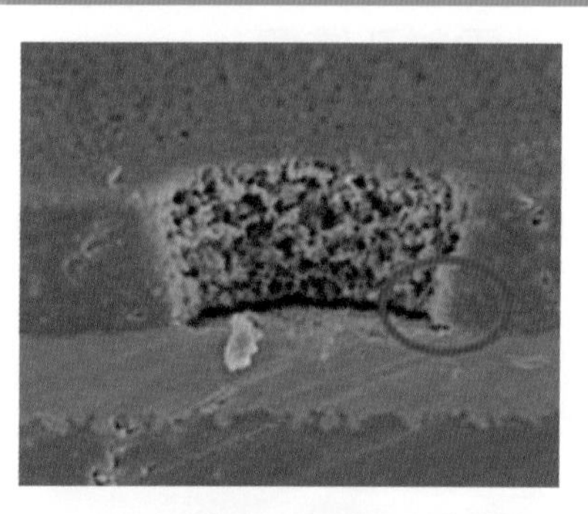

銅層輕微分離

孔壁玻纖突出

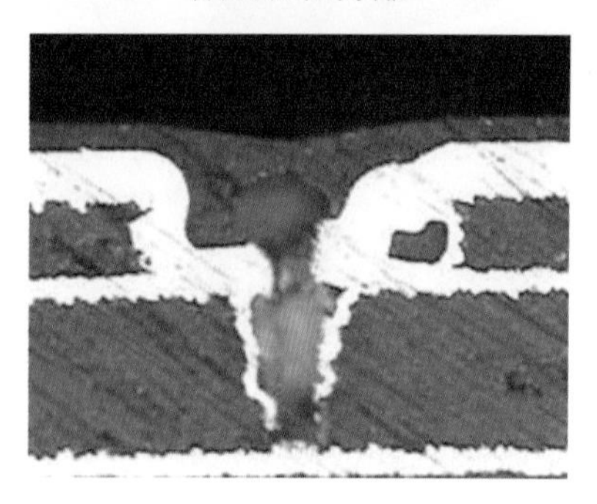

銅箔背面產生微劣

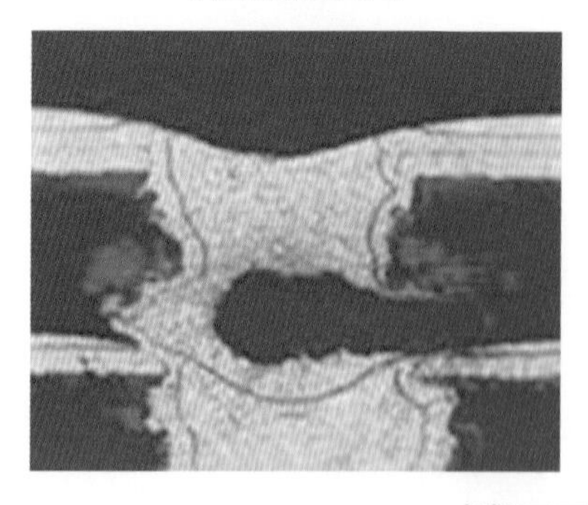

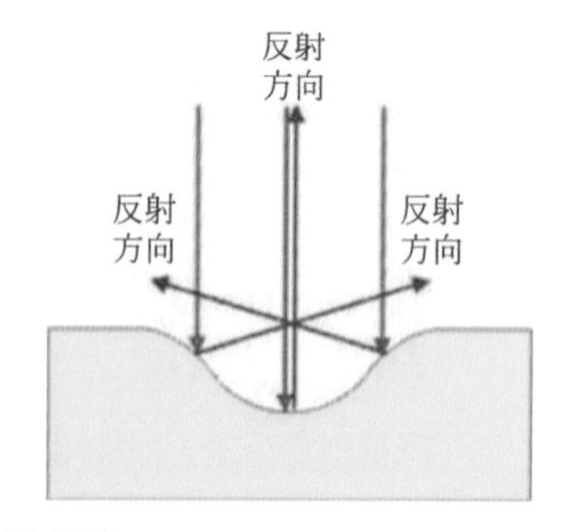

底墊不平產生反射

可能造成的原因

1. 孔壁側蝕 - 因爲銅窗封閉能量無法宣洩導致底銅反射傷及孔壁
2. 材料分層 - 雷射光束能量太大造成與介電質與銅層輕微分離
3. 孔壁玻纖突出底墊殘膠 - 二氧化碳雷射峰值能量不足或是操作參數不當、材料不對等因素
4. 樹脂未盡除 - 雷射光束能量不穩，板彎翹造成聚焦不良，光束能量太集中
5. 下底墊銅箔之表面受傷或銅箔背面產生微劣
6. 底墊不平產生反射

參考的解決方案

對策 1.

過度能量的原因可能是因爲連續加工或是單槍能量過大，適當的調整每個脈衝強度或採用開大窗、循環加工模式，會對孔形的控制有所幫助。除此之外，每台雷射加工機都在出廠時會進行能量調整，裝機後也應該要確認壓克力加工的校正狀況保持在應有水準，否則加工成果會不穩定。

對策 2.

可以調整加工參數，或者強化樹脂與底銅的結合力，某些時候底銅的表面粗化處理也對微劣有貢獻，可以從這些方面進行改善。

對策 3.

目前這類問題幾乎都必需要採用特定機械設計才能解決，主要的設計差異是將脈衝邊緣能量提升，這種處理可以幫助玻璃纖維切斷。

另外適當的採用雷射切割專用材料，也可以改善玻璃纖維的切割能力，主要的玻璃布材料類型是以開纖布材爲基礎。

對策 4.

如果雷射槍屬於封閉系統，則產生能量的不穩定多數是來自於系統衰減或系統故障，這類問題必需要進行雷射源更換。如果是來自於持續供氣的雷射系統，則要調節供氣系統穩定度，或者檢查系統零件使用狀況，必要時應該進行零件更新。

至於電路板平整度方面，加工缺點無法從雷射本身調整，而應該想辦法改善電路板平整度或是強化設備壓平電路板機構來改善。

對策 5.

持續擊發過度加工，有可能會產生這類問題。如果是獨立的銅墊，也可能因爲熱量無法宣洩而產生能量向下傳遞問題，最終導致底部材料破壞，比較實際的作法是調整能量密度及採用循環加工方式。雖然可能效率會有損失，但品質上比較不容易有問題。

對策 6.

這方面基本上沒有辦法完全靠雷射加工來改善，從雷射加工的角度看，只能降低能量多加工幾槍來降低側蝕問題。但是從實際技術角度看，如何改善填孔電鍍提供平整銅墊才是治本之道。

除膠渣與 PTH 製程篇
－整地建屋重在基礎

9-1 應用的背景

雙面與多層電路板在完成鑽孔後即會做鍍通孔製程，目的是要對孔壁非導體樹脂及玻纖金屬化，以備後續的電鍍銅製程處理，完成足夠導電及焊接的金屬孔壁。導通前應去除孔毛邊並將孔內洗淨去除膠渣，除毛頭的製程被稱爲除毛頭 (De-burr)，而除膠渣的製程則稱爲 De-Smear。

多層板層間是絕緣的，線路要連通必須靠通、盲孔連接達成，完成的電路板才能裝載及連接電子元件。電路板使用電鍍 (Plating) 技術建立銅金屬連通管道，在處理孔導通時，同時可對板面線路、銅墊等線型增加厚度及建立保護層。常見用於電路板的電鍍技術應用，如下表所示。

通孔電鍍	最終金屬表面處理
通孔電鍍、層間連接	線路保護、焊接性維持
化學銅	鍍錫
電鍍銅	鍍錫鉛
線路電鍍	化學鎳 / 金
蝕阻金屬電鍍	電鍍鎳 / 金
純錫電鍍	浸金
錫鉛電鍍	浸銀、浸錫

用於多層電路板的銅電鍍，主要目的是做線路及通孔電鍍，除了無銅皮 (SAP) 外層線路製作法，電鍍仍以孔內析出較爲重要。電路板介電質層材料是以樹脂爲主，因此必須藉化學銅或其它導通製程作導通處理，之後再用較有效率的電析鍍完成增厚作業。

導電層處理後就可以做電鍍銅增厚，孔銅的信賴度與鍍層物性有絕對關係，即使是樹脂粗度也都十分重要。目前電路板製作的兩種主要方法，是以所謂全板電鍍與線路電鍍法製作。

9-2 重要的處理技術

9-2-1 除膠渣及樹脂粗化處理

通孔電鍍的孔壁狀態，對電鍍長遠信賴度會產生深遠影響，而板面狀態也直接影響未來金屬間的鍵結力，因此做好電鍍前處理至爲重要。鑽孔膠渣去除、銅皮表面處理、板邊修整、異物清除等，都是製作良好電鍍反應的基本動作。鑽孔因鑽針摩擦產生熱使孔內壁形成樹脂膠渣，雖然藉著修正操作參數可獲得適度改善，但仍難免有一定殘留量。因此在鑽孔後電鍍前必須除去膠渣，使後續鍍銅能有恰當接著力。如果樹脂表面是平坦一片，就算銅電鍍良好其最終信賴度仍會發生問題。因此除膠渣過程，本身兼具粗化樹脂表面的功能，這種功能產生出來的粗度希望是緻密均勻的，因此稱爲微粗度 (Micro Rough)，其狀態變化如圖 9-1 所示的除膠渣前後孔內狀態。

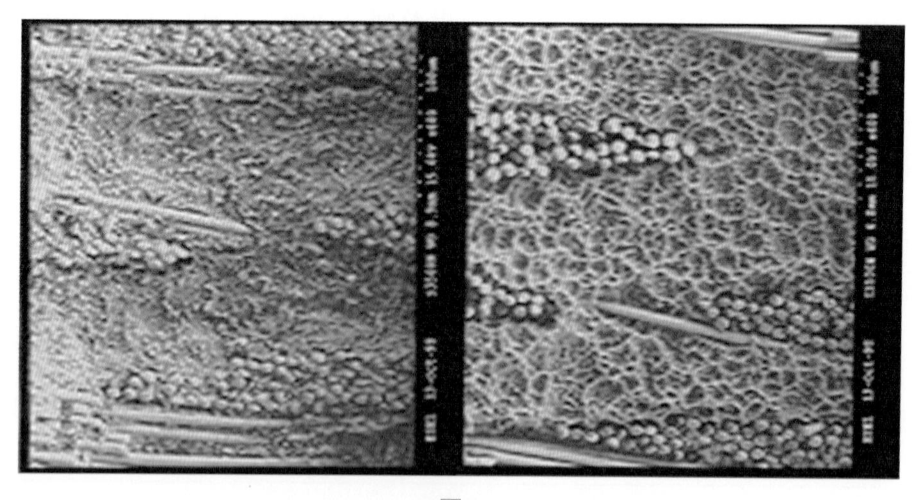

▲圖 9-1

目前業界最常用的除膠渣製程，是以鹼性高錳酸鹽溶液製程爲主。由於製程簡單環境相容性高，又能產生適度樹脂表面粗度，因此是業界目前使用最廣的技術。其主要製程如圖 9-2 所示。

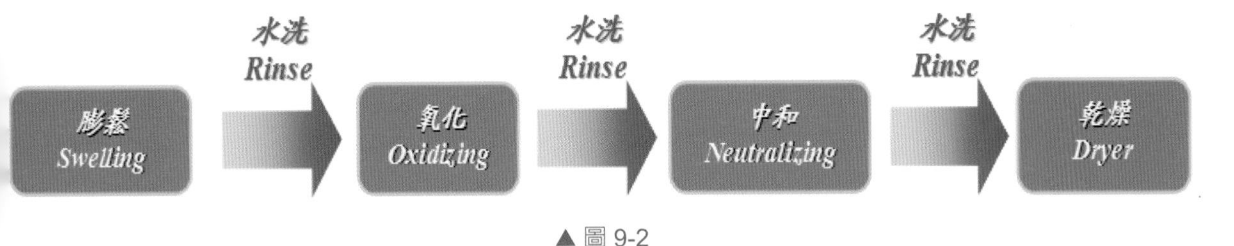

▲ 圖 9-2

除膠渣處理的流程配置，部分廠商與化學銅連線，部分則獨立自成一線，將化學銅與全板電鍍連線，這類設備不論垂直或水平都已經有良好的自動化。目前市面上的除膠渣系統雖然有多種配方販售，但基本是以半溶劑型膨鬆劑先將膠渣及表面樹脂膨潤，膨鬆劑浸透進入樹脂層後會將樹脂鍵結較弱的部分破壞，這樣可以幫助除膠渣時選擇性挖出細微粗度。

除膠渣的處理效果，主要影響因子包括：介電質材料種類、硬化程度、聚合度、膨鬆劑種類、膨鬆劑及高錳酸鉀液濃度、溫度、處理時間等。由於自動化及特殊板作業需求，水平化除膠渣設備的比例也逐年攀升。至於無銅皮增層法，由於處理面積大量增加，加上介電質材料的設計加入不少塡充料以增加表面粗度，因此溶解度及溶出量都產生了很大變化，處理的條件當然不同。

中和劑 (Neutralizer) 主要的功能在於清除殘餘的高錳酸鹽，典型中和劑如 $NaHSO_3$ 就是可用藥劑之一，其原理皆類似。Mn^{+7}、Mn^{+6}、Mn^{+4} 加入中和劑後會產生可溶的 Mn^{+2}，爲免於粉紅圈 (Pink-Ring) 風險，在選擇中和劑時必須考慮酸度，一般業者供應的 HCl 及 H_2SO_4 系列都有，但 Cl 容易攻擊氧化層，因此以使用 H_2SO_4 系統較佳。

9-2-2　金屬 (通孔) 化製程

電鍍製程設備並非在無塵環境下作業，外在環境的落塵、操作的指紋等污染在所難免。這些外在因子是電鍍品質的致命傷，必須確實去除。部分製程規劃是將刷磨設在除膠渣後化學銅前，就是爲了讓銅面在進電鍍前能有一個完整的清潔程序。

電鍍前的銅面處理會做脫脂、酸洗兩步驟，一般脫脂會用有機溶劑、水溶性脫脂劑、電解脫脂等方法，爲了環保因素，目前多數使用水溶性或半水溶性藥液。酸洗功能是去除金屬面氧化物，使新鮮銅面露出做電鍍。部分製程規劃，由於怕電路板氧化程度不一，因此規劃了微蝕程序，希望用大蝕刻量多清除些銅，以保障電鍍面的新鮮度。

目前整體孔金屬化技術，以化學銅處理應用最廣，化學銅的還原作用是利用孔壁吸附觸媒啓動反應，再藉甲醛等還原劑氧化放出的電子，將金屬離子還原析出成爲金屬。化學銅析出後觸媒被覆蓋，析出的銅本身再次成爲觸媒使還原反應繼續進行，這種現象被稱爲〝自我觸媒性〞。若沒有〝自我觸媒性〞，化學銅反應會即刻停止，因此維持析出銅適當的活性是必要的。

多層板層間連結主要依靠金屬鍍層，製程是由化學銅或導電處理及電鍍銅達成。由於銅電鍍同時對孔與線路做析鍍，因此兩者間關係密不可分。爲了做多層板垂直連結，必須使絕緣的介電質層孔面形成電氣導通。爲了達成目的，多年來都採行化學銅製程處理通孔導通。化學銅導通孔壁及無銅皮製程樹脂面金屬化的程序圖示，如圖 9-3 所示。

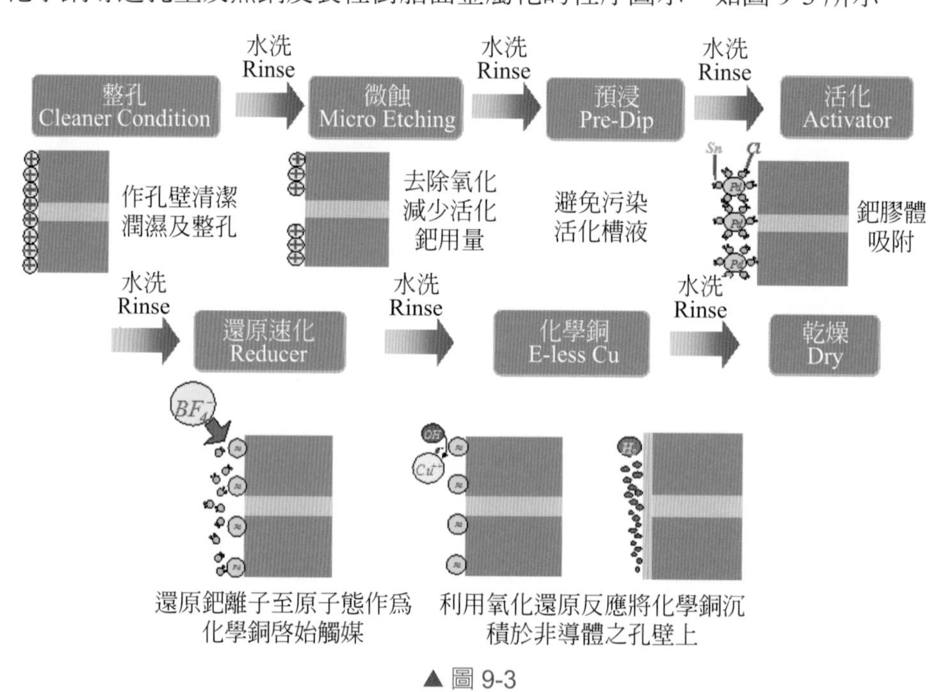

▲ 圖 9-3

9-2-3 整孔與微蝕

De-smear 後孔內呈現雙極性現象，其中 Cu 呈現高電位正電，玻纖及樹脂呈負電。化學銅處理先從排除氣體潤濕活化樹脂面開始，處理設備會對電路板施加機械振盪或藥液噴灑，進行脫泡作業。孔內濕潤了，後續化學處理才有機會進行。爲了達到樹脂玻纖表面清潔活化並能使觸媒吸附良好，而必須作改變表面電性，這被稱爲整孔 (Conditioning)。整孔劑一般都具有雙向性，就是親水性和疏水性，在活化作用中幫助鈀金屬吸附。

整孔處理是全面的，但若是銅皮上有整孔劑吸附，會造成觸媒吸附使後續的化學銅結合鬆散。所以接著的微蝕、酸洗，要將銅皮及電路板面銅略微溶解，以除去整孔劑吸附使銅皮淨化。多數微蝕採用過硫酸鹽或硫酸雙氧水系統，一般蝕刻量約爲 1 μm。溶液管理及操作條件，依所要蝕刻的量及處理板量控制。

9-2-4　活化及速化

催化的目的是要做觸媒吸附，爲了觸媒液鈀槽的安定，在電路板送進鈀槽前要做預浸，之後不經水洗直接送進鈀槽。預浸槽內的配置，除了鈀膠體外其他組成都與鈀槽相同。觸媒液中的鈀金屬被製成錫 - 鈀或胺 - 鈀膠體，電路板浸漬在觸媒液中，膠體會吸附在孔內及板面，電路板必須做搖動以加高藥液置換率，鈀濃度及吸附量對銅析出速率及狀態都極相關。

水洗後電路板再度浸漬在速化劑溶液中，目的是使錫 - 鈀膠體上的錫剝除。鈀膠體吸附後必須去除錫，當鈀金屬暴露出來著陸於樹脂表面，才能發揮觸媒能力使化學銅順利析出。目前速化劑也有與化學銅合一的系統，這種系統必需注意避免觸媒進入化學銅槽，造成槽液不穩定。

Pd 吸附本身就不易均勻，故速化所能發揮的效果就極受限制。除去不足時會產生孔內連接品質不良，而處理時間過長時則可能因爲過份去除產生孔洞，這也是何以背光 (Back-Light) 觀察時會有缺點的原因，圖 9-4 所示爲一般的背光觀察狀況影像。活化後水洗不足或浸泡太久會形成 $Sn^{+2} \rightarrow Sn(OH)_2$ 或 $Sn(OH)_4$，這些物質容易形成膠體膜。而 Sn^{+4} 過高也會形成 $Sn(OH)_4$，尤其在 Pd 吸過多時容易呈 PTH 粗糙的現象，液中懸浮粒子多也一樣。

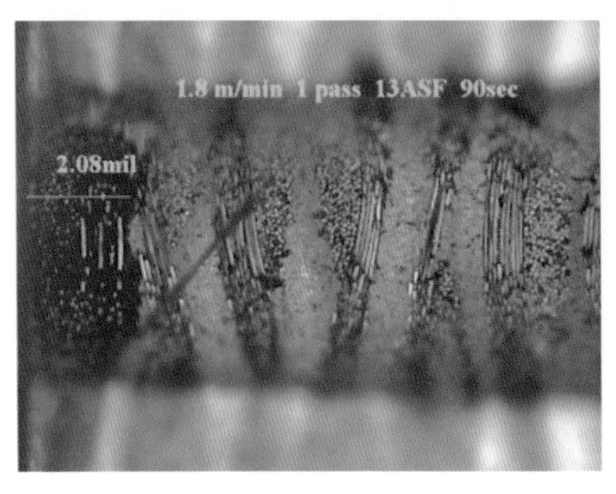

▲圖 9-4

9-2-5 化學銅

利用孔內沈積的 Pd 催化化學銅與 HCHO 作用，電路板浸漬在化學銅槽中，就會全面析出銅產生通孔化。常見的化學銅液，是以吸附在孔壁上的鈀爲核心，藉甲醛使銅還原析出。在銅金屬區由於整孔劑多數已被微蝕去除，因此大幅降低該處析出量。在製程設計時，必須考慮採用的作業法及處理量問題。如果片數較少則應使用活性較強的配方，若片數較多則應採用較低活性的組合，這主要是考慮藥液穩定性及電路板品質。一般製程設計選用藥液組成時，會設定槽液負荷量 (Bath Loading)，以每公升藥液可處理的面積爲表達單位。

Cu_2O 會在溶液中沈澱並促進金屬銅反應，因而會造成異常析出溶液分解。因此做緩和的空氣攪拌，控制 Cu 的配位離子對鍍浴安定都有助益。由於槽液在操作開始時缺少 H_2 含量，故其活性可能不夠，且改變溫度也易使槽液不穩定。故在操作前一般會先以假鍍板 (Dummy boards) 先行提升活性再作生產，才能達到操作要求。槽液負荷量也因上述要求而有極大影響，太高的槽液負荷量會造成過度活化而使槽液不安定，相反若太低則會因 H_2 流失而形成沈積速率過低。

化學銅反應的進行，甲醛消耗及揮發會持續發生，使槽液組成發生變動，爲了保持良好操作狀態，常態槽液管理必須確實執行。一般做法是根據化學銅消耗做分析補充，通常化銅採用的是 $CuSO_4$ 溶液，而其它的製劑則搭配添加。爲使化學銅生產線產能提高，多數廠商是使用垂直吊車 (Hoist Line) 掛籃 (Basket) 的生產，薄板作業則有不少廠商採用水平設備處理。典型的化學銅生產設備如圖 9-5 所示。

▲ 圖 9-5

當然目前也有不少業者爲了連線自動化，採用水平傳動設備。不論使用何者，都必須充分達到高孔內藥液置換率、氣體排除等目標，至於成品品質、藥液管理及機器維護的簡便性也是重點。

9-2-6　直接電鍍製程

由於化學銅採用甲醛還原劑對環保不利，因此替代性通孔化製程應運而生，因爲並不使用化學銅析出程序，而有直接電鍍的稱呼。這些方法較常見的有以下幾種：

(1) 使用鈀金屬方法 (例如：Crimson Process(屬於硫鈀系統))

(2) 使用碳、石墨的方法 (例如：Shadow(屬於石墨系統)、Black hole(屬於碳粉系統))

(3) 使用導電高分子的方法 (DMS-E)

鈀系統種類很多，在建立良好的硫化鈀膜後，通孔已可導通並做電鍍製程，目前有部分廠商使用此類技術。石墨及碳系列是在樹脂玻纖面上建立石墨或碳粉膠體，因爲導電膜具有安定廉價的好處頗受好評，而石墨因爲有較佳導電性表現似乎更佳。導電高分子，也採取類似方式做高分子析出。除鈀系統外，這些製程都會在所有表面吸附導電物，因此都必須在吸附後以微蝕溶解銅皮，同時去除銅金屬區的析出物。

直接電鍍由於電阻過大，並不適合無銅皮製程，主要應用仍以傳統電路板或有銅皮高密度增層板使用。此類製程所用的製程設備，多爲水平傳動設備，又由於價格低、維護簡單、容易自動化等優勢，在不少應用領域成長快速。

9-3　問題研討

9-3-1　除膠渣製程（高錳酸鉀法 -Potassium Permanganate）

問題 9-1　膠渣 (Smear) 殘留

圖例

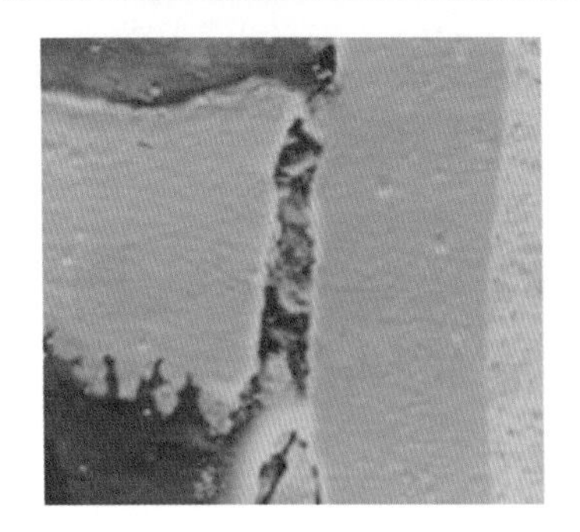

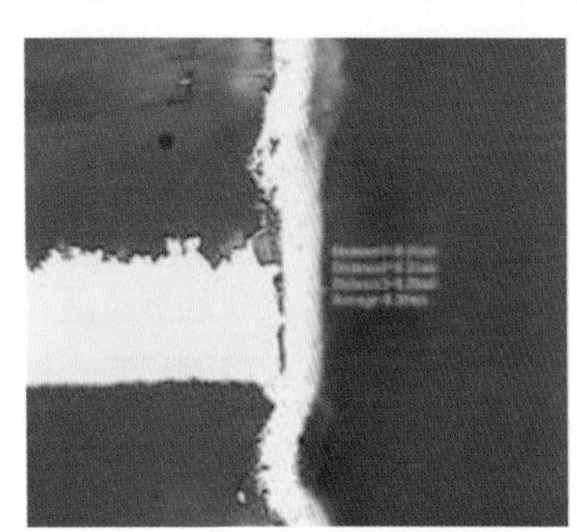

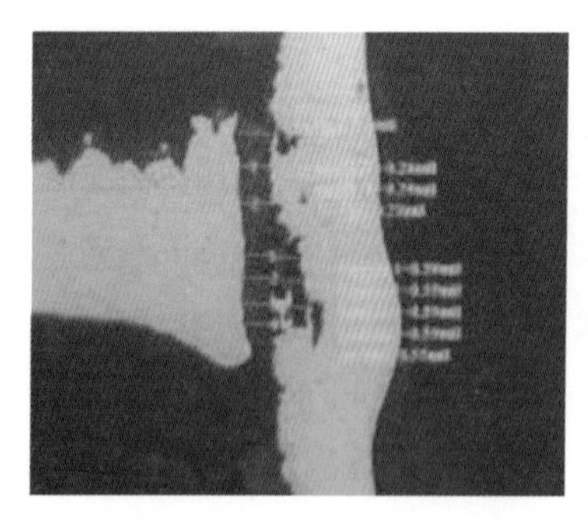
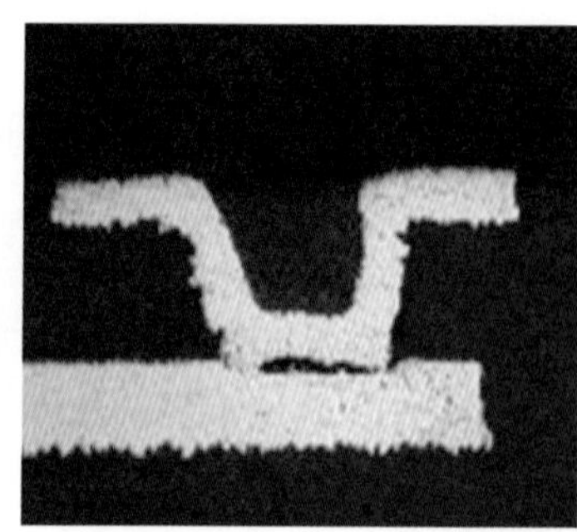
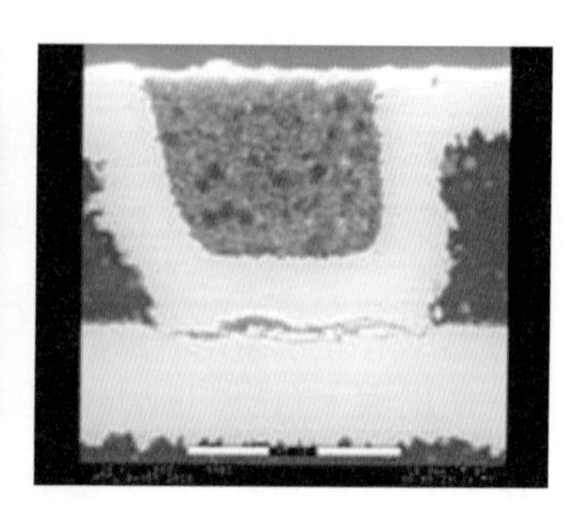

可能造成的原因

孔內斷裂必須看斷裂面在何處，才能判斷原因。以圖片所示，斷裂面在內層銅與電鍍銅間都有殘餘物或是明顯的平整斷裂，代表的是介面結合力弱，可能發生的原因如后：

1. 鑽針停留孔中太久累積過多熱量，導致膠渣太厚超過處理範圍
2. 除膠渣前之膨鬆劑失效
3. 除膠渣槽液溫度不足或時間太短
4. 除膠渣槽液成份含量不足
5. 高錳酸鉀槽中副產物 (Mn^{+6}、Mn^{+4} 等) 太多
6. 去膠渣不全殘留量低，受熱製程影響才產生介面斷裂

參考的解決方案

不論盲孔或通孔，在電鍍前都必須有良好的前處理，這樣才能產生良好的結合力。因此必須注意電鍍前的每一步驟，才能獲得恰當的表面。針對孔內斷裂的主因作一些解決方案的建議：

對策 1.

調整鑽孔參數尤其是雷射鑽孔的參數，因爲一般的二氧化碳雷射是屬於熱熔式的分解模式，在接近銅面的位置多少都會殘留樹脂。如果採用較少次的雷射光束加工，不容易產生恰當的孔型及控制殘膠量，如果參數過差還可能產生碳化不易去除的殘膠。

通孔也是一樣的考慮，如果能夠調節恰當的加工條件，對殘膠量的減低一定會有幫助。檢查鑽針磨損情形、鑽孔參數是否有否問題，回歸正常的作業方式找出最佳參數，檢討基材中樹脂的聚合硬化情形。

目前業者常用的無鉛材料屬於比較耐高溫的類型，在鑽孔方面產生的膠渣相對會比較少一點，但是在除膠渣方面則困難度也相對比較高，同時要留意這類材料比較不容易在孔壁產生粗度。

對策 2.

確認供應商出貨品質及進料狀況，檢討樹脂系統與膨鬆劑是否相容，注意其槽液溫度及相關設備狀況是否異常。對於耐高溫的材料，作業參數必須要重新抓，這方面在導入新材料時也要注意。

對策 3.

目前這類的製程幾乎都已經自動化，因此要確認設備運作狀態是否符合設定標準且儀表都維持正常，這是處理問題首先可以進行的部份。

對策 4.

增加分析與添加頻率，加強統計製程管制的全程管理，確認材料沒有變動，如果有變動可能必需要調整製程的處理溫度及時間，必要時可以請供應商協助改進。

對策 5.

檢查氧化再生系統是否異常，按孔壁與板邊的處理面積做爲添加換槽管控的依據必要時更換新槽液。留意循環系統是否正常，同時注意是否槽內產生過多的副產品，這些都可以對這類問題的減緩有幫助。

目前使用水平類設備的廠商愈來愈多，在循環死角方面的問題相對也比較容易克服，不過爲了避免溶解度低可能造成的管路與管件堵塞，可以考慮採用比較貴一點的高錳酸鈉，這對於製程的維持應該有幫助。

對策 6.

對除膠渣不全而言，盲孔主要的重點是如何保證孔底去除完整。尤其盲孔屬於單向孔，藥液置換力十分不足，若想使用傳統的垂直式處理線進行處理，就必須小心循環控制及電路板的排列密度。

如果縱橫比較高的孔則應該考慮水平設備，因爲水平式設計會有強制對流的噴嘴配置，可以獲得較好的藥水置換率，當然就有可能產生較完整的清潔度。除膠渣一般都會遵循最少清除量的驗證標準，因此在作業上必須要定期作除膠量測試，以免發生除膠不足的問題。

 問題 9-2　過度除膠渣，造成孔壁過粗

圖例

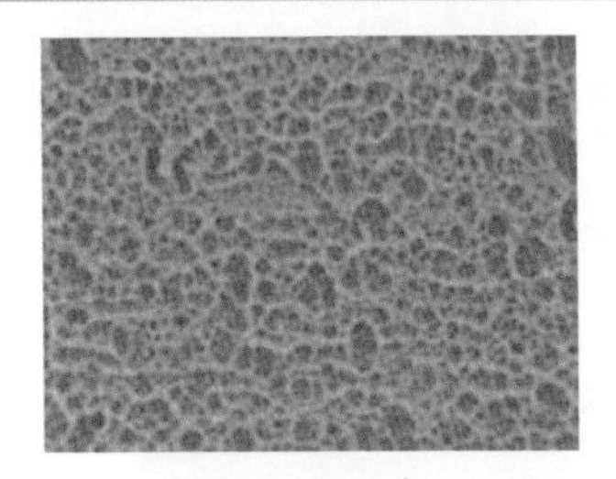
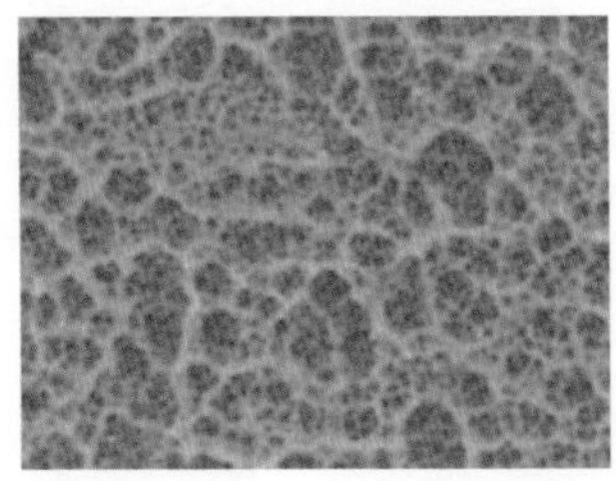
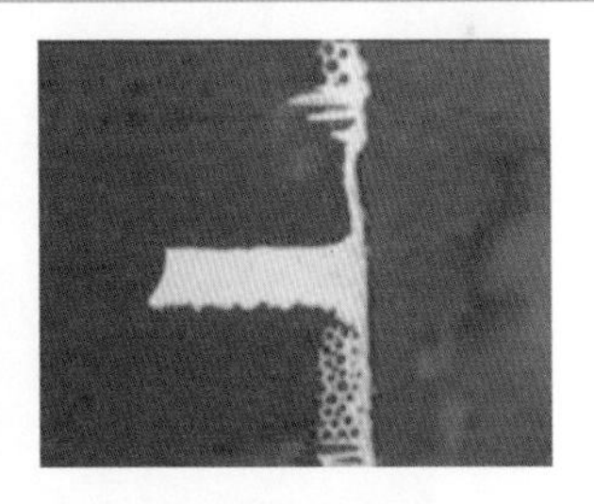

可能造成的原因

1. 內層板與膠片的樹脂系統不同，形成被蝕速率有差異
2. 樹脂硬化不足造成蝕刻太快
3. 除膠渣槽的鹼、氧化劑濃度高或液面控制不當、補給水等有問題
4. 除膠渣液溫太高、處理不均

參考的解決方案

對策 1.

儘量以同供應商同批號板材進行壓合，避免混料問題發生。如果採用新的材料，應該要進行完整的測試。現在的電子產品變化愈來愈多，混用材料的現象時有所聞，如何平衡樹脂系統間差異是必需業者小心面對的課題。

另外許多產品要經過多次壓合程序，每壓合一次電路板層間的聚合度就會產生一次差異，這些方面對除膠渣製程的影響也應該要業者進行研究，這些都是改善問題必需要作的工作。

對策 2.

對於基材供應商的進料品質應該要定期檢討，壓合過程的穩定度也應該注意。設法檢查內層板或完工多層板中膠片的 Tg 值，鑽孔後再加做烘烤，這些都可使樹脂硬化到應有的程度，也可以讓多數樹脂都達到接近一致的聚合狀況。

對策 3.

檢查供水及添加系統，加強分析與必要之稀釋，依據經驗、材料特性等資料確實調整槽液，同時必須建立穩定生產量與添加量的管控，這樣才能解決這些製程導致的問題。

對策 4.

注意控溫器是否失效，尤其是在同一條線上處理不同的材料系統，必需要再度確認操作條件是否符合。如果生產規劃允許，最好不要同一條線處理差異過大的產品，這樣至少可以降低因為作業錯誤產生的問題。

在處理不均的部分，則可以強化攪拌及循環，同時也要注意電路板的配置讓藥水可以順利補充與流動，這樣可以降低處理不均勻的問題。

問題 9-3　刷磨銅瘤

圖例

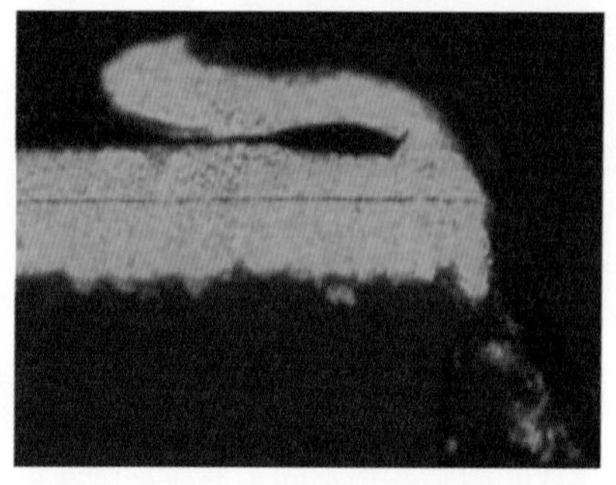

可能造成的原因

鑽孔後會以機械刷磨去除孔口銅屑，然而不當作業時常只將毛頭壓入孔中並未眞正去除。此種位於高電流區的毛頭，會經電鍍銅作業而快速成長，形成孔口的塞孔銅瘤。

參考的解決方案

對策 1.

改善鑽孔管理降低毛頭突出量，一般而言如果表面銅厚度較低，可以降低毛頭產生量。至於鑽孔工作本身，則可以強化參數控制及蓋板與面板材質選用，這些做法都可以降低毛頭的產生。

對策 2.

加強刷磨控管，尤其是放板機亂列作業必須徹底執行，以降低刷輪不均勻消耗。對於刷輪平行度的維持，要在換刷及保養後做確認。整刷必須依據使用的刷輪材質與形式作不同處理，要確認整刷後刷輪切削力及均勻度確實恢復，因此應該確實執行刷壓測試。如果能做到以上項目大致應能解決孔邊毛頭問題，後圖爲典型刷磨處理前後的孔緣品質變化狀況。

9-3-2　PTH 製程

問題 9-4　整孔清潔劑帶出泡沫太多帶入下游槽液

可能造成的原因

1. 藥液先天特性
2. 整孔液被板子帶出太多
3. 後站清洗不夠
4. 槽液配製不正確

參考的解決方案

對策 1.

介面活性劑有不同的特質，某些配方本身就非常容易起泡，如果需要大量起泡效果才好可能也無法使用。尤其是在水平設備上攪拌比較強烈問題會更大，一般用在垂直線的配方不一定能用在水平設備上。

如果過度起泡，應該與藥水供應商討論是否有替代配方，或是修正設備加裝清潔或消泡設計，但切忌不要添加消泡劑以免影響藥水正常作用。

對策 2.

在垂直設備方面可以增加板子在槽上方停置的時間，使更多藥液滴回槽中降低帶出。在水平設備方面，則可以在整孔槽加長其無藥水段或用檔水滾輪阻隔。

切忌使用風刀刮除設計，這種設計很容易使帶出藥水起泡。許多介面活性劑實際上有起泡功能，如果用空氣噴流反而會使問題劣化。

對策 3.

檢查水量，可使用自來水清洗而不宜使用純水作業，新線設計時要小心設備的水洗效果。對於水平設備則比較單純，可以強化水洗噴流量來去除帶出的藥水。

對策 4.

藥水配置不正確是工廠管理大忌，單一藥水如果添加量小或者單線添加藥水種類多，必需要注意購買小包裝藥水，同時應該要注意藥水放置與標示。

曾經看過某廠商作業人員，利用廢棄藥水桶臨時盛裝硫酸，結果交接班後忘交待成爲另外一桶問題添加劑，經過連續八天都沒有用完這桶問題添加劑，結果整個處理槽產生稀釋造成公司嚴重損失。

一般製程問題處理，基本上應該先將設備及藥水狀況回復到正常水準，並將可能問題藥水限制使用靜待確認。如果平時是正常的製程，千萬不要一出問題就自己改製程狀況或調整配方。

 問題 9-5 微蝕液 (Micro-Etch) 速率太慢

可能造成的原因

1. 如用過硫酸鈉 (SPS) 時可能藥水已經溶銅太多了
2. 如爲硫酸 / 雙氧水系統時，可能二者中有不足情形
3. 作業溫度太低
4. 槽液受整孔液污染

參考的解決方案

對策 1.

一般 SPS 的作用狀況，必需要保持在某一個含銅量範圍內，如果過高或過低都可能會產生問題。依據經驗如果重新配置槽液，則其咬蝕速率並不高反而可能產生蝕刻量過低的現象，因此比較常見的作法是更換半槽添加新液。

如果是屬於水平式設備，處理槽體積比較小的設計，也可以考慮採用補充控制方式來進行管控。目前有一些比較先進的管控設備，使用自動線上分析來管制藥水濃度，如果預算允許也可以考慮使用。不過只要適當管理好這些線上作業參數，其實製程應該可以維持在應有的穩定度。

對策 2.

硫酸雙氧水微蝕系統受到銅含量牽制較小，而且目前只要是使用這類製程的公司當發現咬蝕量比較大時，都會在線邊設置硫酸銅回收機來調節銅含量，因此這種問題比較不容易發生。

一般這類處理槽多採用 10% 重量比硫酸含量進行作業，如果容易偏低也可以將硫酸含量略微提高。雙氧水會自行分解，因此其含量必需要適當控制同時注意選用的配方。如果發現太容易濃度偏離，應該要與供應商討論，這種問題多數都是藥水安定劑效用不理想所致。雙氧水對一些如：鐵離子等金屬污染物比較敏感，如果發生這類離子污染則雙氧水會加速分解，這也可能是藥水偏離的原因之一。

對策 3.

檢查加熱系統運作狀況是否有局部損壞現象，如果處理量變動或是外加硫酸銅回收機，則更要注意兩者間的熱能平衡。硫酸銅回收機是利用藥水降溫硫酸銅產生過飽和析出後回收。藥水必須重新打回槽中，這當然就必需要回到操作溫度。此時如果設計不良沒有回收餘熱，或是加熱效果不佳沒有控制好溫度，都可能會對槽體溫度產生影響。

對策 4.

降低帶出強化清洗。

問題 9-6　硫酸 / 雙氧水系之蝕速太快及液溫上升

可能造成的原因

1. 雙氧水含量太高或分解太快
2. 處理板量太多
3. PTH 板重工帶入鈀成份導致雙氧水分解

參考的解決方案

對策 1.

分析調整藥水含量，改進補充方式與溫度控制，與廠商確認其雙氧水安定劑的狀態，避免異物污染產生的雙氧水異常分解。

對策 2.

減少板量或增加槽體積，降溫作業等等都有機會可以改善這樣的狀況。

對策 3.

PTH 板重工時，應該要先進行化學銅層剝除處理，以免產生過度槽液污染產生這類後遺症。

問題 9-7　微蝕後板面發生條紋或微蝕不足

可能造成的原因

1. 整孔後水洗不足
2. 整孔液中之潤濕劑與微蝕液不相容
3. 清潔劑除污之效果不夠
4. 使用 SPS 微蝕，表面留下雙鹽 (Double Salt) 難以清除
5. 微蝕不足，蝕後板面仍呈現光亮

參考的解決方案

對策 1.

強化清洗或改善掛架，以減少整孔液帶出量並降低水洗負荷。

對策 2.

目前這類問題比較少了，因爲多數廠商都已經是採用同一個供應商的藥水系統，不相容的問題不太容易發生。不建議電路板生產業者隨意更換或調整化藥液強度，這樣的處理都有可能會產生銅面不均產生花紋表面的現象。

對策 3.

調整清潔劑溫度、濃度及處理時間，對於進入生產線前已經有比較重氧化或污染的電路板，建議另外進行離線處理，之後再進入生產線生產會比較不會讓電路板表面產生花紋。

對策 4.

SPS 類微蝕處理，在處理完成後板面容易產生鹽類殘留，因此爲了要保證鹽類不會殘留，多數製程都會在使用這類微蝕處理時，在其後直接加一道稀硫酸操作才進行水洗處理。

對於這些處理槽的作業及化學品組成狀況，必需要定時進行檢驗並予以調整更換，這樣應該可以降低這類花紋問題的出現。

對策 5.

對大多數電路板生產前平均狀況應該要適切掌握，這樣可以將生產線處理量調整到應有平均水準。至於偶發的異常板，建議在進入生產線前先另行個別處理，不要期待生產線符合所有產品狀況。當平均處理量確實偏離時，當然應該要將處理程度調回到平均水準。

9-3-3 活化與 (Activating、Catalyze) 及速化 (Acceleration)

問題 9-8 鈀槽液變成透明澄清，在槽底形成黑色沈澱

可能造成的原因

由於槽液中鈀濃度太低、二價錫太低、氯離子太低、吹入空氣等，使鈀膠體凝聚成一團而沈澱

參考的解決方案

對策 1.

空氣吹入所產生的問題，主要是在談酸鈀系統的製程問題。因爲空氣導入藥水中，會讓藥水中的錫產生氧化作用成爲四價錫。四價錫會在藥水中產生沈澱，當然對於鈀膠體的懸浮行爲也會有傷害。

至於構成鈀膠體的其它元素 Sn^{++}、Pd^{++} 及 Cl^{-} 濃度，當然也會對槽液穩定性產生影響，如果濃度偏離則也容易產生結構變動。這些變動都可能會讓鈀膠體不平衡降低懸浮力，當鈀凝聚成一團就會產生沈澱發生黑色槽底沈積。

問題 9-9 由於活化不良造成孔壁破洞

圖例

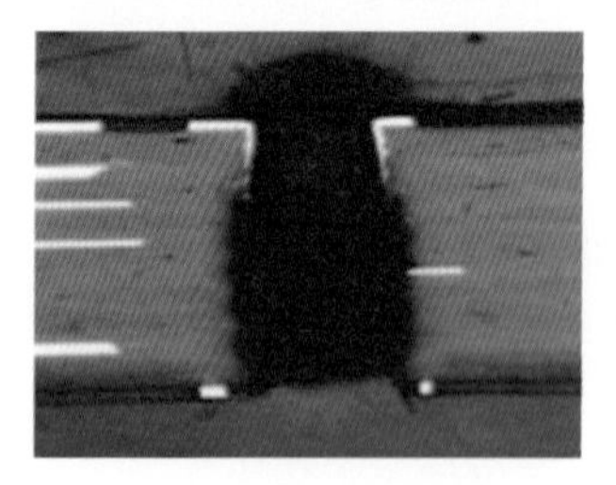

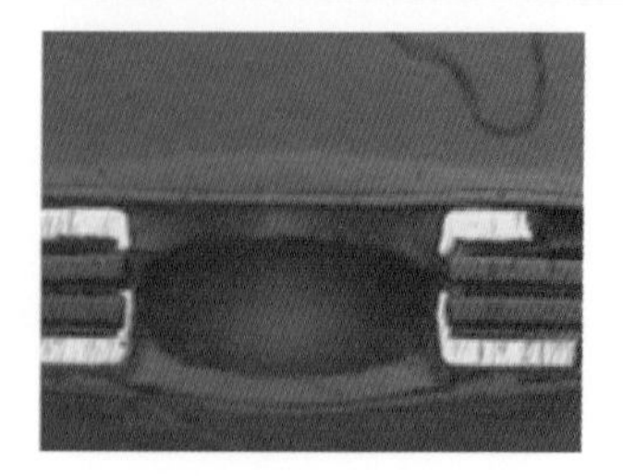

可能造成的原因

1. 活化液中濃度太低
2. 活化槽液溫度太低
3. 槽液中酸之濃度太低
4. 槽液受到除膠渣之六價鉻污染
5. 整孔槽液有問題
6. 材料相溶性不佳或整孔處理不良

參考的解決方案

對策 1.

分析及添加，將濃度調整到應有的水準。

對策 2.

改善溫控系統，將控制的上下限訂定出來，定期進行控制系統的校驗工作，避免發生操作溫度偏離的問題。

對策 3.

分析調整到應有範圍內，檢討濃度偏離的原因，有時候是因為前槽水洗所帶入的水太多，導致整個藥液濃度偏低。當然相反的如果抽風過大或溫度偏高也可能導致濃度逐步升高。這些都應該要在設計控制的時候，涵蓋在考慮範圍內。

對策 4.

注意除膠渣製程的中和液作業狀況，一般如果濃度太低或是老化等，都有可能讓孔壁產生錳殘留。當印刷電路板進入 PTH 製程的微蝕處理時，這些殘留物會再次溶除同時將表面整孔處理破壞，那麼活化當然就不會順利作用。

因此這類問題多數都出現在樹脂區域，在判讀缺點的時候要與玻璃纖維破孔的問題作切割。

對策 5.

整孔槽液如果發生問題，孔壁的整孔效果就會打折扣，此時孔壁本身無法順利的吸附活化觸媒，當然就不能順利的活化了。

對策 6.

某些產品如：軟硬複合板會採用不同的材料進行生產，此時不同的材料可能需要不同的整孔藥品進行整孔處理。如果使用的藥品與材料相容性不佳，則對於部分的材料可能就會活化不足，那麼後續的化學銅作用也就會發生問題。市面上業者使用的軟板材料五花八門，如何應對相容性的問題，仍然必須要找到適當的化學銅配方才行。

問題 9-10　孔壁分離或拉離附著力不佳 /(Pull Away)

圖例

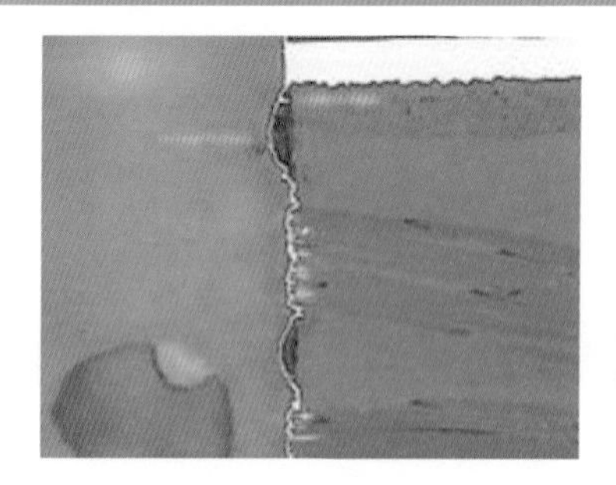

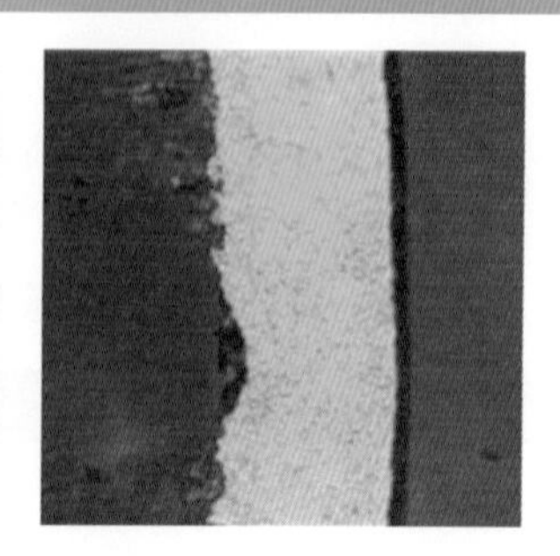

可能造成的原因

1. 活化液濃度太高使附著上的鈀膜不易被速化
2. 活化時間太長
3. 速化液濃度或溫度太低
4. 速化溫度太高或時間太久造成過度速化，造成局部鈀層被剝掉
5. 結合介面有異物或清潔度不足
6. 介面粗度不足因此機械力也就不足，受機械應力拉扯自然會分離

參考的解決方案

對策 1.

調整處理的濃度，同時注意槽體負荷比 (Bath Loading)，避免過度作用產生的問題。

對策 2.

目前一般處理設備都已經自動化，但是爲了不同產品需求有些時候還會在同一條生產線上設定兩種以上的不同參數，此時應該要確認使用的控制程式是否正確，如果產能需求夠大還是建議將不同處理設置在不同的生產線上。

對策 3.

濃度偏低必需要分析其來源，是因爲添加系統的添加量不足還是因爲受到帶入液體稀釋。一般化學反應槽設計多數都有預浸，其道理就在這裡，而速化的處理也一樣。

酸鈀速化過程，會產生四價錫剝落，因此在藥水中會有懸浮膠體出現，如果沒有適當添加更新，有可能因爲濃度過高而產生老化。這些可能的問題，都應該與藥水供應商進行完整討論。

至於溫度的控制，如前所述應該要注意調整與校驗。目前有部分廠商已經將速化處理併入化學銅槽，這種方式其操控應該如何調整必須與供應商作密切討論與配合。

對策 4.

回歸正常狀況，注意速化操作及其濃度是否在建議範圍內。

對策 5.

對於介面現象，尤其是樹脂與金屬介面間所發生的問題，最不容易察覺實際的發生因素。因此很多時候都必須注意一些間接證據，才能偵測出問題出處，這當然是因爲介面區域小而薄，不易檢出細微的原因。

僅針對主要的可能問題作一解決方案的陳述：

電路板在鑽孔後就會進入去膠渣及化學銅製程，如果去膠渣不全則鬆弛膠渣不會有良好的結合力，當然容易孔壁分離。對化學銅而言，因爲活化機構都是使用膠體，而孔內本來也較不易清洗，因此膠體後水洗如果不能將多餘物質清除，孔壁分離也就理所當然了。

在直接電鍍剛上市時，不少供應者都強調它的好處，但是如何保證塗佈完整單層薄膜困擾了業界許久，一直到水平 " Shadow " 製程正式推出所謂清孔程序 (Fixer) 後，才算是明顯改善直接電鍍 " 破孔 "、清洗不易與 " 孔壁分離 " 的三難問題。但即便是如此，如果不能在機械保養與製程維持保持警戒心，讓成長厚度過高後仍然會有孔壁剝離的危險。

對策 6.

除膠渣兩個功能中，對孔壁銅信賴度影響較大的是孔壁內細微粗度 (Micro rough)。以往雖有不同除膠渣法，但目前多已改用高錳酸鉀系統。除膠渣製程需注意的重點是，電路板材質、材料聚合程度控制、第一道溶劑選用、蓬鬆段與高錳酸鉀段反應時間比、蝕刻量穩定控制等。確認孔壁粗度有助於孔銅拉力的維持。後圖所示，爲除膠渣後樹脂面所呈現的粗化現象，這有助於結合力建立。

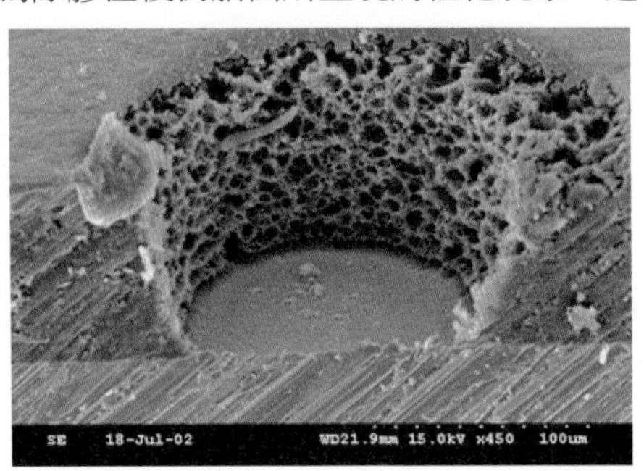

9-3-4　化學銅槽的操作與維護

問題 9-11　槽液不安定容易在板子以外區域沈積

可能造成的原因

1. 槽液配製不對
2. 補充添加有問題
3. 工作量不對 (因反應過猛，可能引起槽液的分解)
4. 槽液受到污染

5. 藥液維護太差
6. 溫度太高
7. 槽體使用材料不理想
8. 維護作業疏失

參考的解決方案

對策 1.

按原廠建議作業方式進行藥水配置，並依據生產量即時添加必要補充量。新建生產線必需要進行一定期間的補充量調整，過量添加不但浪費藥水，還不利於藥水的穩定性。

注意槽體負荷比的保持，比較長時間的停線建議添加一些專用的安定劑以降低不必要的異常沈積。

對策 2.

各個單一藥水消耗量，都應該要經過統計與調整，否則添加劑的不平衡，很容易產生槽液不穩定問題。添加藥水的位置應該要適當選擇，應該儘量選擇能夠快速混勻的位置，幫浦回流的位置就是不錯的選擇。應該避免單次過多的添加量，添加頻率與添加量應該要最佳化。

對策 3.

設線初期對於這些化學銅處理設備，應該有一定的預設槽體負荷量，超過建議工作量很容易產生藥水不穩定問題。板子在槽液中要均勻放置，局部板量太多也會引起局部猛烈反應而產生問題。

對策 4.

板子入槽前要洗淨並減少水洗水帶入，這樣可以減少鈀液帶入所可能導致的急速分解反應。注意有無板子落入槽底，定時過濾除去落入槽中的鈀膠團。鍍槽使用前要徹底清潔 不使用時槽液加蓋減少灰塵落入。清洗濾心或濾布，直到其洗水不再有泡沫為止。

目前新一代化學銅藥水調整了其中配方，同時將速化功能併入其中，雖說這類藥水號稱可以對鈀濃度不敏感。但是要讓藥水穩定，還是需要讓進出量保持穩定，過高濃度應該還是會對穩定性產生影響。

對策 5.

應該將藥水過濾頻率保持在一定循環數以上，大量生產時應連續過濾並注意清除過濾系統中的積銅。一般銅含量控制都是採用比色控制機進行調控，注意濃度恆定會有助於槽體的穩定性。

定時消除槽壁的積銅，遵循清潔規則進行調槽及清理工作，這些都會降低異常析出的問題。

對策 6.

液溫太高可能導致槽液分解，注意保持適當的槽體負荷量，過高的負荷也會產生惡性循環。

對策 7.

依據經驗化學銅的處理槽體及接觸材料，應該採用天然的 PP 材質，如果採用其它材料製作，比較容易產生異常析出問題。

對策 8.

某些作業人員為了要讓槽體清潔速度加快且潔淨徹底，會在清洗槽體時採用切削力比較大的菜瓜布或比較粗的清潔工具進行槽壁污物清潔。這種處理時常會產生槽壁刮傷，進而使後續生產更容易產生析出的問題，這種作法應該要儘量避免。

 問題 9-12　沈積速率緩慢有暗色銅出現

可能造成的原因

1. 鍍液不平衡
2. 工作量太低活性不足
3. 藥液靜置不當
4. 溫度太低
5. 有機物或油類污染
6. 吹氣太強

參考的解決方案

對策 1.

分析及補充必要的槽液，按廠商建議的作業狀況進行調整。

對策 2.

槽液有其適當工作負荷比，如果太接近下限或是停滯太久無法帶出應有活性，就會因此產生暗紅色表面 (鹼性環境容易讓銅面產生氧化)。改善這些狀況，就應該可以避開問題。

對策 3.

一般槽液在長時間無工作時，應該要降低溫度與濃度同時添加適當量的安定劑來維持穩定，如果沒有維持藥液穩定性而產生偏離，很容易發生不可預期的變異。如何維持這些狀態穩定性，要與供應商密切配合。

對策 4.

按廠商建議的方法操作，在冬天更要小心溫度的維持。

對策 5.

關掉攪拌檢查液面有無油污，如果發現油污應該要儘快去除並找出來源。如無法徹底排除，則應該將鍍槽洗乾淨更換藥水。

對策 6.

一般化學銅槽都會採取空氣攪拌的作業方式，空氣中的氧氣會抑制銅的析出讓活性降低，如果過量攪拌就可能產生表面顏色偏暗的現象。降低或暫時停止空氣攪拌，應該可以幫助排出色澤問題。

問題 9-13　玻璃束上出現破洞

圖例

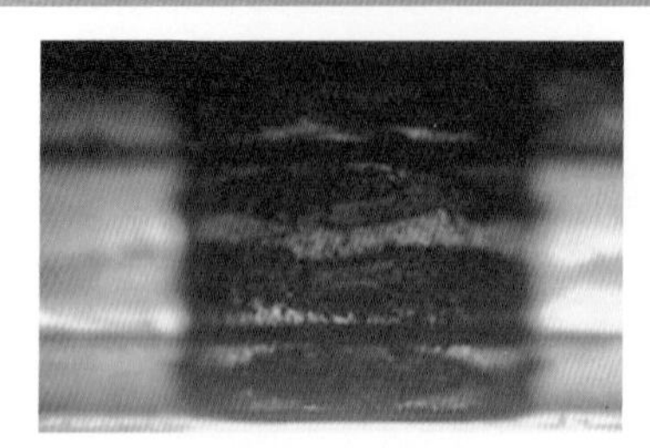

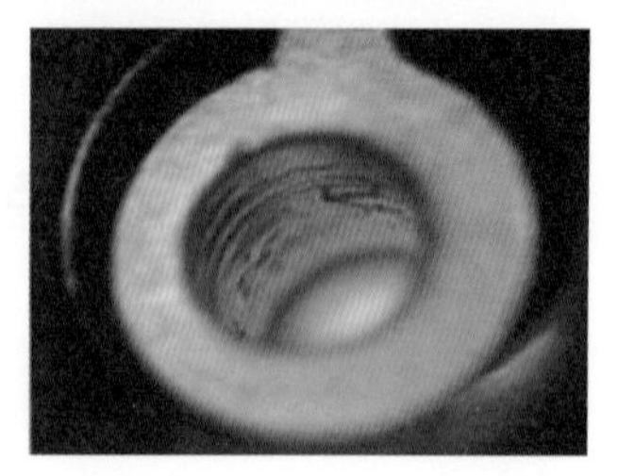

可能造成的原因

1. 整孔程度不足
2. 除溶渣後玻璃之蝕刻不當 (特定產品製程)
3. 樹脂過度蝕回殘留藥水

參考的解決方案

對策 1.

分析及測試整孔液與其它溶液的相容性，對於不同供應商及不同結構的基材應該要進行相容性評估。

對策 2.

目前這種處理除了高層板及軍事航太用板外，比較少見到使用者。使用的玻璃蝕刻處理，應該與供應商進行協商進行最佳化的調整。

對策 3.

玻璃束中的空洞如果產生，在濕製程中必然會留下一些殘留的藥水在其中。一旦這些藥水進入化學銅或是活化槽中，析出表層可能會因爲沒有著地而流失，結果就產生孔壁玻璃束上破洞的問題。

問題 9-14　反回蝕楔型缺口 (Wedge Void)

圖例

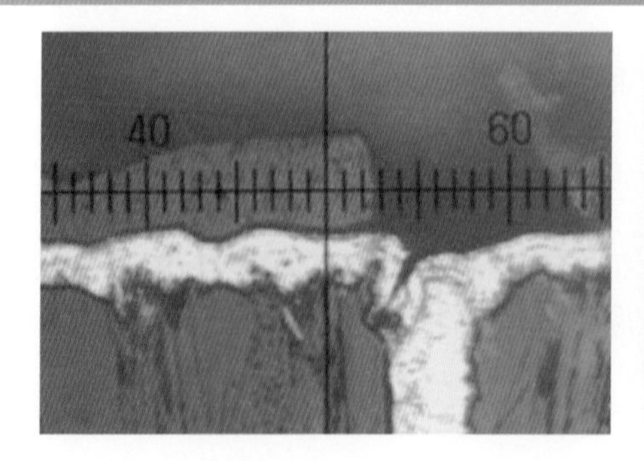

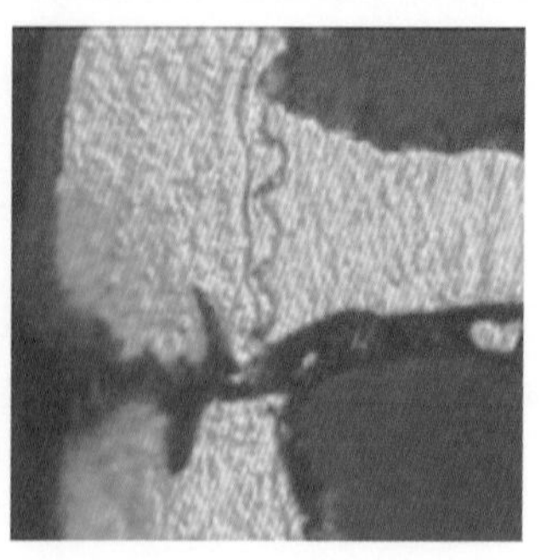

可能造成的原因

電路板在鑽孔後會經過去膠渣及化學銅或導電物塗佈，其後再作電鍍。在內層銅被電鍍前，如果有過分蝕刻現象，就被稱爲反回蝕。其主要的可能原因有：

1. 鑽孔拉裂內層，造成微蝕過快
2. 微蝕藥液失控，造成過蝕
3. 直接電鍍後續蝕刻量過大
4. 微蝕後水洗不良蝕刻過量

參考的解決方案

粉紅圈和反回蝕有類似之處，但問題程度卻不同。以鑽孔的拉扯而言其實有類似現象，因此若在製程中又有微蝕的控制不良，自然會產生此問題。針對這些問題，作一概括性的討論：

對策 1.

如果鑽孔拉扯造成內層裂傷，微蝕液處理蝕銅時的方向是三面而不是單面，因此蝕刻量會不同於一般正常的孔。如果又發生過蝕的現象，則它的嚴重性會遠大於正常孔，因此改善鑽孔可以改善回蝕。

對策 2.

正常微蝕其實操作範圍不小，但如果超溫或濃度變異，又或者機械故障造成浸泡時間加長，則回蝕必然發生，必須適度防止並作應變作業。

對策 3.

已有不少廠商開始使用直接電鍍製程，爲了避免銅結合力不良，所有銅的區域都會用微蝕方式將導體排除。如果蝕刻量必須較大或者有重工，則較嚴重的回蝕就會發生。

因此選用直接電鍍製程，如何保有較高的導電度和最低的蝕刻量，應該是製程的重要指標，這些參數的良好孔製都可以降低回蝕的風險。

對策 4.

本來製程設計對蝕刻量已有一定水準的控制，但因爲後續水洗不足或者水流通性不夠，造成殘液繼續蝕刻也可能是回蝕問題的來源。改善各作業的水洗效果，確實達成徹底的清洗，有助於預防回蝕。

問題 9-15　鍍銅空心瘤

圖例

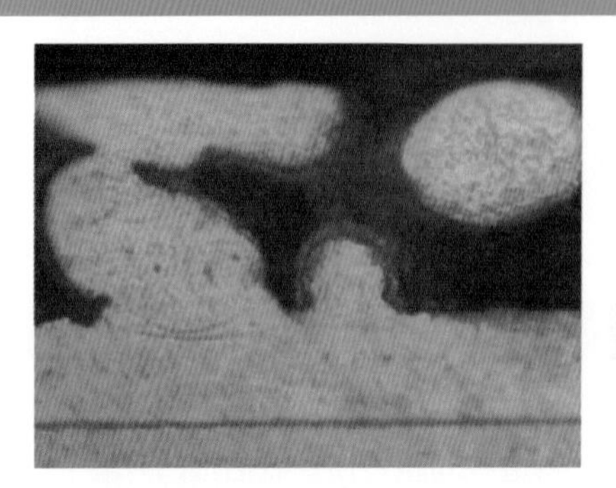

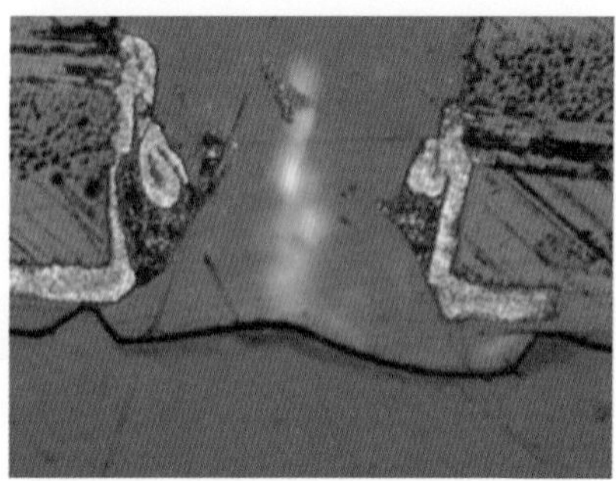

可能造成的原因

整孔劑浮游顆粒或極性高分子，在電鍍過程中吸附在孔邊，其造成的空洞若繼續在後續電鍍成長中被包覆，就會造成鍍銅空心瘤。

参考的解決方案

對策 1.

介面活性劑在化學銅及電鍍藥液中被大量使用，而介面活性劑多具有極性，容易吸附或者共生。尤其某些物質會表現出類似膠體的行爲，結合成離子團吸附在高電流區，電鍍過程中逐漸被銅包覆而形成空心瘤。

電鍍添加物在添加時是有效的物質，但是經過一定期間就會因爲電鍍程序分解效應而變成雜質。此時不但無法發揮原有的效用，還可能產生不良的副作用。

這些問題的解決方法，可以用強水洗的方式減少攜入量、選擇旋浮物較少的藥水、在線上加裝活性碳濾心防止膠體成長、定期作藥水活性碳處理等方式來預防。而清理電鍍槽的細節必須要徹底執行，尤其是刷洗槽壁的工作。只要漂浮物不累積，空心瘤就不易生成。

問題 9-16　內環銅箔微裂

圖例

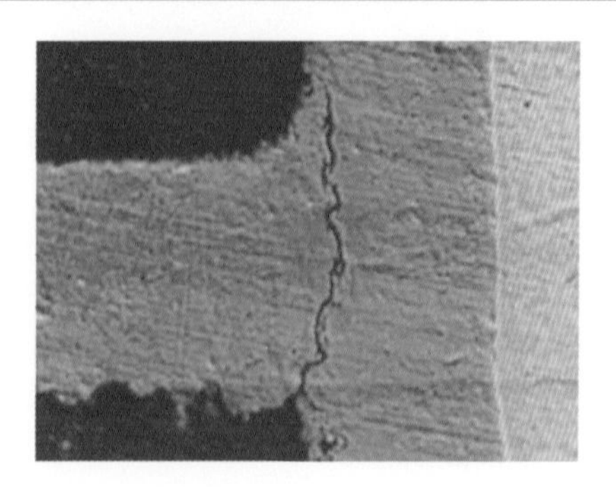

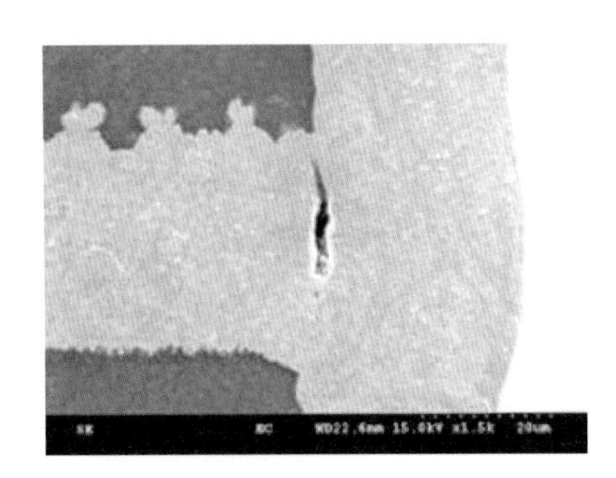

可能造成的原因

1. 由 Z 軸膨脹引起的內環銅皮的微裂，這主要還是因爲銅皮強度不足所致
2. 化學銅處理方面，如果整孔劑與微蝕劑的搭配不佳，內環銅也可能會因爲化學銅處理不良而產生介面斷裂問題

參考的解決方案

對策 1.

發生的原因是由於該內層銅箔 (Grade 1 電鍍銅箔) 不耐高溫熱應力，若改用 Grade 3 “高溫延伸率” (180℃，2% 以上) 的 HTE(High Temp. Elongation) Foil 即可能防止此問題，這類問題主要發生在高層數電路板。

對策 2.

對於化學銅處理要留意蝕刻量控制，由問題切片中可以看出孔環的介面平整度頗高，這代表了蝕刻量還可以再提高一點，適度的微蝕粗化將有助於銅介面的結合強度。

 問題 9-17　吹孔 (Blow Hole)

圖例

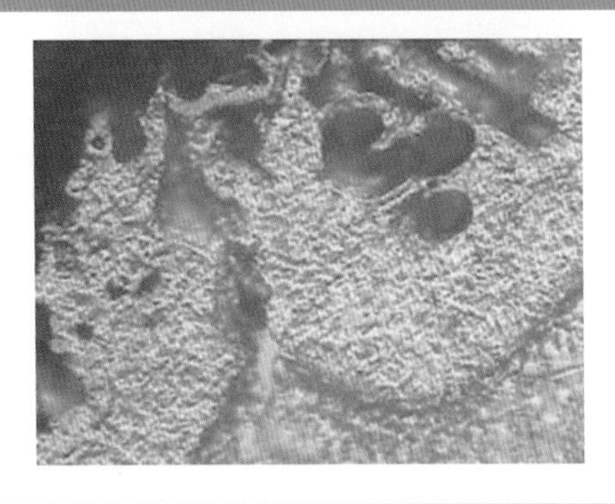

可能造成的原因

電路板通孔孔壁存在破洞處容易貯藏濕氣，即使經過高溫烘烤去除，還是有可能會重新聚積濕氣。當濕氣受到瞬間高溫衝擊氣化，體積就會成長兩百倍以上。這種體積變化會將該區域漲大吹出，在焊錫時把尙未固化的液體錫趕開而形成空洞，此種品質不良的通孔特徵被稱爲吹孔。

參考的解決方案

對策 1.

改善鑽孔、去膠渣、化學銅的製程，儘量讓孔壁與銅的接觸面完整無間隙。同時確認採用的基材性質良好，壓板的條件確實把樹脂聚合完全，如此有助於吹孔問題的防止。當然如果在組裝前作一下烘烤，也有助於防止問題發生，只是多數電路板組裝使用者並不接受此作業程序。其實某些特定產品，尤其是軟性電路板，如果要防止爆裂問題，基本上都有除水程序，只是在一般電路板使用方面比較沒有硬性規定。

問題 9-18　化學銅或電鍍銅後鍍層表面粗糙

圖例

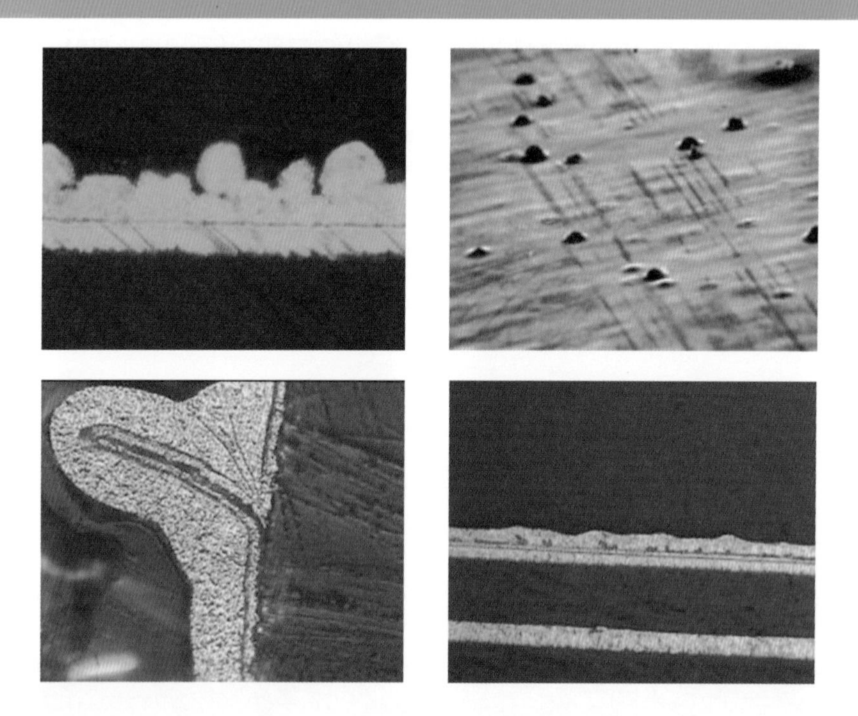

可能造成的原因

實心銅瘤在板面或孔壁上都會長出，可能的原因有：

1. 化學銅槽控管不當
2. 槽液中的顆粒可能自共析在化學銅層中，導致電鍍後表面粗糙
3. 板子經鈀活化槽後水洗不良，而導致錫鈀膠體殘留在板面上
4. 可能因爲懸浮固體粒子帶有微正電荷被吸附所致。
5. 可能因爲局部電流密度太大，超過〝極限電流密度〞(Limited Current Density) 而結瘤。

參考的解決方案

這些可能造成的原因，基本上都有改善的可能性，但是要徹底解決卻必須痛下決心，否則不容易見到效果，它們的可能解決方案如後：

對策 1.

化學鍍液必須加設過濾，鍍液中的顆粒會造成共析。在化學平衡不良的槽液中操作，會導致瘤狀氧化銅的共析。

對策 2.

必要時對各製程槽液加以過濾 (如顯像液中即經常含有許多會卡在孔內的顆粒)。

對策 3.

鈀膠體本來就容易懸浮在液體中，不論水洗不良或過濾不掉都容易再度停留在電路板上。另外值得提醒的是，某些廠商爲了節省空間及設備成本，將剝掛架液與微蝕液共用，這很容易產生相互污染。

除此之外，要讓所有清洗槽體都淹沒掛架到應有高度，否則很容易產生清洗不良導致粗糙的後遺症。

對策 4.

懸浮固體粒子多來自外在飄落物或自我產生的固體粒子，例如：陽極袋破損導致陽極黑膜 (一價銅粒子) 脫落、電路板邊緣高電流區燒焦銅粉等等。

解決的方法除了將產生源去除，加強過濾效果是另一個可行的辦法。但由於傳統垂直式電鍍槽體都較大，循環數提高操作成本也高，過高的循環量又會使槽液升溫，爲了保持操作溫度而必須進行冷卻處理，這是雙重耗電做法，因此使用較小槽體或許是不錯的選擇。

近來有不少 VCP 電鍍使用者，就是面對類似問題採用了不溶性陽極小槽體的操作模式，因此懸浮顆粒問題相對減少。使用不溶性陽極系統，不但能易於保持槽體清潔度，同時也對電鍍槽的保養方便性有極大幫助，而槽體銅濃度也較容易保持。

對策 5.

一般電鍍光澤劑系統都會有電流密度限制尤其是線路電鍍，因爲線路分布不可能均勻，因此會有局部性高電流出現，這是從平均電流計算無法預知的，因此許多光澤劑在改善貫通孔能力後，卻時常發現特定光澤劑系統容易發生粗糙現象，主要原因就是來自極限電流密度問題。

近來有不少的脈衝電鍍配方上市，號稱能改善通孔電鍍能力及電鍍效率，但是時常發生線路或全銅面電鍍粗糙及顆粒問題。基本上操作環境的外來顆粒與細線路電流密度不均問題很難一切爲二，時常會共生在同一個電鍍系統中，因此切片判斷只是輔助，針對產品決定對策才是好辦法。

問題 9-19　背光不良 / 點狀孔破 / 環形孔破 (Ring Void)

圖例

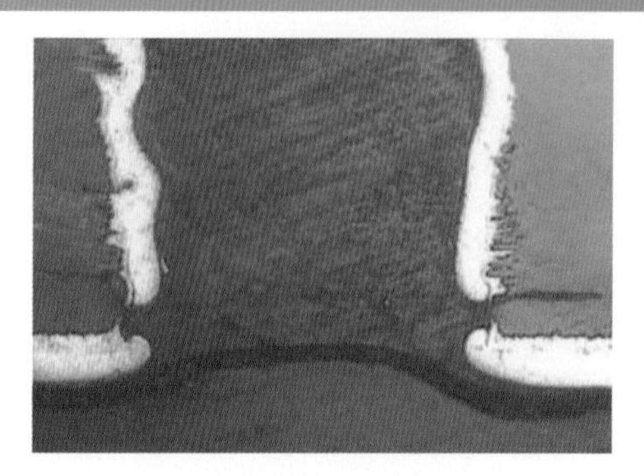

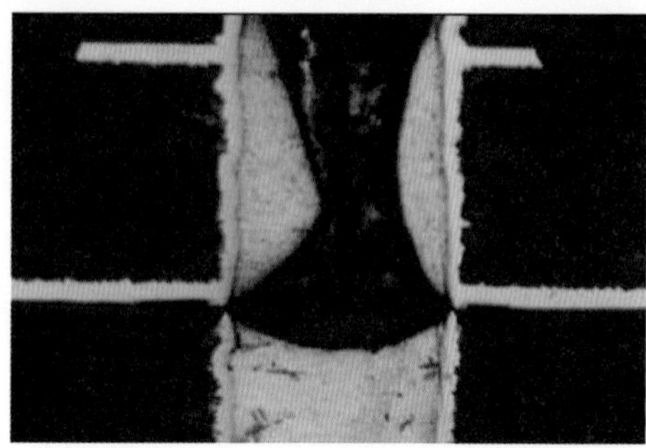

可能造成的原因

孔破基本上就是孔內要被銅覆蓋的區域未覆蓋完全，造成所謂的〝孔破〞。它可分為事先覆蓋不全及事後被破壞兩者，此處以事先覆蓋是否良好為目標討論問題所在：

1. 基礎導電層化學銅或直接電鍍的導電媒體塗佈不良
2. 孔內粗度過大電鍍接續困難

參考的解決方案

針對主要兩個孔破銅覆蓋不良問題作探討，由背光不良的切片可以發現大部分區域都出現在玻纖的部分，其實這是典型化學銅處理不良現象。

由另一張圖片則可看出，如果斷裂的孔壁實在不容易做出連續的電鍍面，嚴重的斷裂甚至會產生環狀孔破。在此針對這兩種現象作解決方案探討：

對策 1.

導電體塗佈不良，主要問題出在材質的特異性，如：FR-4 和 PTFE 材料在活化方面就有極大的不同，軟板材料又有不同的問題，加上玻纖隨各家供應來源也有不同，因此如何活化表面就是個大問題。

如果化學銅活化確實，則後續的觸媒成長就容易多了。目前一般電路板仍以使用傳統化學銅系統為主要製程，但此類做法對其他材料或特異纖維都有某種程度能力限制。因此如果產品特異或發現材料相容性弱，除了要求藥水商搭配調整藥水特性外，也可以考慮一些直接電鍍系統，例如：軟板業就有不少是採用碳粉系統類的“黑孔”或石墨系統類的 “Shadow” ，作為金屬化選擇，對軟板商而言值得參考。

對策 2.

過大的裂縫，很難強求電鍍將缺口補平，因此會產生破孔的問題，仍應針對鑽孔做改善，可以參考孔壁粗糙的解決方案。

問題 9-20　雷射孔底分離

圖例

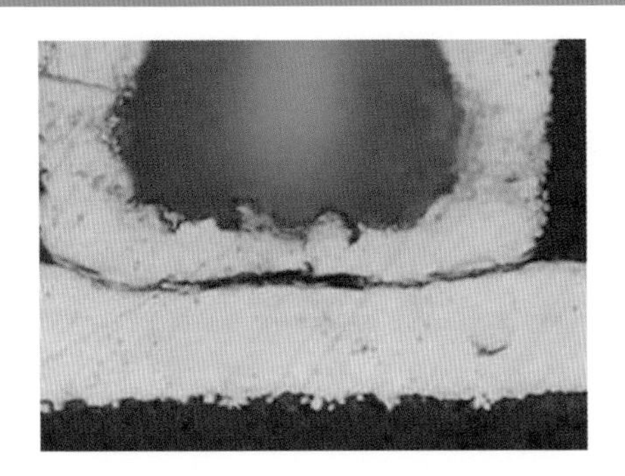

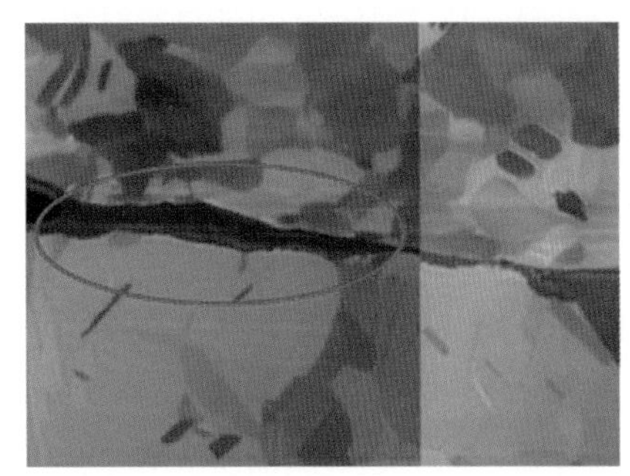

孔底殘留膠渣 (OM、FIB ＋ SEM) 影像

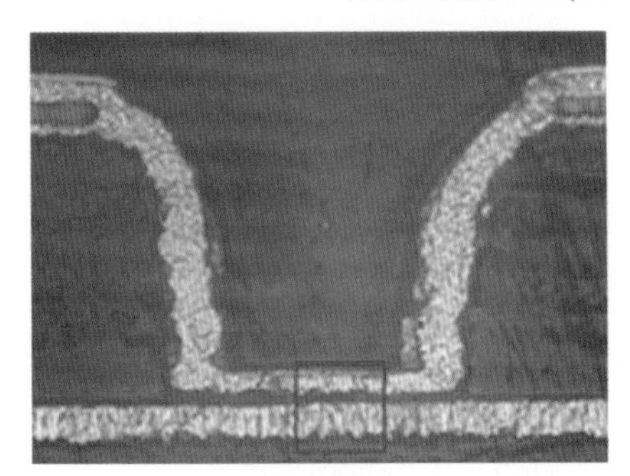

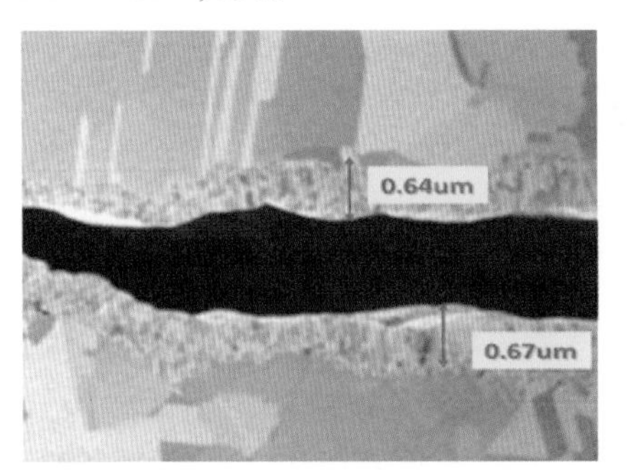

化學銅重工孔底受熱分離 (OM、FIB ＋ SEM) 影像

可能造成的原因

盲孔孔底分離是一種相當難分析的缺點，如果在沒有經過熱衝擊的狀態下就已經看到明顯的切片黑線，常判定爲殘膠、雷射加工不良、金屬化處理不良是比較合邏輯的。

如果出現問題是在熱衝擊後，切片看到孔底分離就比較複雜了。一般直觀判定會先看孔底銅是否已經有蝕刻下陷的曲線，如果有出現也只能說雷射加工嫌疑降低，但無法完全排除雷射打不乾淨的風險。某些比較仔細的業者在無塵室中進行雷射加工，加工前還先進行板面清潔，比較可以降低外在顆粒產生的遮蔽效應與孔底殘留機率。

如果屬於化學銅或其它金屬處理的問題，最好進行斷裂介面的 FIB 觀察，斷裂面乾淨完整偏向單邊或分在兩面各有不同的故障模式。

A. 化學銅留電鍍銅邊表示與底銅結合不良，要檢討化學銅前處理等步驟的狀態是否正常。

B. 化學銅留在底銅邊表示製程應該正常，但是處理後進行電鍍前可能出現了問題，如；鈍化、氧化過度、不潤濕、停滯過久、污染等。

C. 如果斷面整齊有兩面都有化學銅，最好分析一下厚度，有可能是有意或無意的重工、再處理等因素，導致兩次處理層間分離。

簡單整理孔底分離的判定分類與可能的因應對策：

未受熱衝擊前出現黑線：

1. 若有明顯兩側楔形樹脂殘留，應該是雷射加工不良所致
2. 若看到底銅未被蝕刻下凹，可能是殘膠或蝕刻、清潔不足
3. 若有不連續殘膠或異物殘留，可能是雷射加工受到遮蔽所致

   設熱衝擊後出現黑線或分離：

4. 若底銅面保持平整，表示有殘膠、蝕刻不足嫌疑
5. 若底銅已經蝕刻下陷，必須偵測整個孔底是否有異物殘留，一般斷面切片可能無法確實判定是否有殘留物。如果找不到異物，只好判定可能是介面污染了。
6. 電路板製程間停滯過久嚴重氧化無法完全去除，導致金屬化處理間結合力不足
7. 盲孔縱橫比過深超過製程設備處理能力，導致化學反應不全結合力不佳
8. 熱應力超過結構強度，堆疊結構無法承受熱應力的挑戰
9. 重工處理不良導致化學銅層間分離

參考的解決方案

對策 1.

調整雷射加工條件，進行最參數的佳化，有時候還必須依據產品與材料特性獨立設定參數。

對策 2.

提昇加工環境管控降低可能的異物干擾，最佳化雷射參數並調整搭配的除膠渣條件。製程間的儲存條件與時間都要管控，避免過度的污染、氧化、酸化等問題。目前 HDI 類產品的操作空間逐步壓縮，可重工或加重蝕刻的機會相對被剝奪，因此前後製程的搭配性要特別留意。

對策 3.

改善加工環境，加入必要的清潔步驟。目前爲了加工成本問題，廠商都會儘量降低雷射加工的槍數，但這樣也就會對微小的異物遮蔽敏感性提高，如何在兩者間取得平衡，各家廠商無法用相同的規則規範。

對策 4.

適度控制微蝕量，尤其是一些使用表面薄銅的產品，可調整的銅微蝕量相當有限，因此更必須保證在進入金屬化處理前表面除了比較輕的氧化，都不應該有任何額外的異物負擔來增加金屬化低結合力風險。

對策 5.

這種缺陷最難判定眞因，一般的切片也時常可能產生誤判。如果缺點樣品足夠多，應該考慮平切與縱切都做，如果能夠輔助搭配高解析度的 3D-X-ray 可能會更理想。如果要做微觀區域的異物分析，建議採用 FIB 切割的方式進行 EDX 檢測，一搬傳統切片搭配超音波洗淨，還是可能會有雜物干擾的誤判風險。

如果有幸可以找到突起的異物，這種缺點就必須歸咎於雷射加工的異物遮蔽問題，否則只好如前所述歸咎於介面問題了。當確認是雷射問題，可以對雷射加工方面進行改善。

對策 6.

這種問題相當常見，但是一般化學銅沈積厚度都偏薄，要用一般的切片以 SEM 觀察都還是有困難，很難判定是斷裂在化學銅前或後，因此比較安的作法就是銅面清潔後儘快進行製程，如果電路板停滯過久還允許微蝕或重工處理就進行補救，否則恐怕只有報廢一途了。

也因此長面對這類問題的廠商，比較常見的作法是將電路板的 WIP 停留在除膠渣或化學銅前，一旦進入就必須直接做到電鍍完成爲止，這種方式是目前比較有效管理的方法。

對策 7.

盲孔縱橫比低的產品，許多廠商仍然爲了成本與無接觸 (Contact Free) 問題而採用垂直設備製作，但是這種設備的孔縱橫比處理能力相對比較低，因此如果需要處理高縱橫比盲孔，還是要注意電路板處理設備的實際能力。例如：提昇震盪、攪拌等功能。

對策 8.

這種狀況出現，電路板的缺點率不可能低，此時就必須與產品商進行討論如何改變堆疊結構或材料來降低應力風險。

對策 9.

如果眞的必要重工，應該要檢討產品是否適合這種處理。最好能夠將第一次的處理清除，並進行良好的次活化與化學銅處理。化學銅的處理空間相當有限，非必要儘量不要有重工處理，尤其是一些高階產品。

一般業者常見的製程參數，是析鍍大約 0.5um 左右的化學銅 (厚化學銅例外)，之後就進行電鍍處理，因此也可以用厚度狀況來判定可能的故障原因，之後就可以回到生產線上進行問題改善。

9-3-5　黑影製程 (SHADOW® Process)

問題 9-21　鍍通孔－銅孔破 (Voids)

圖例

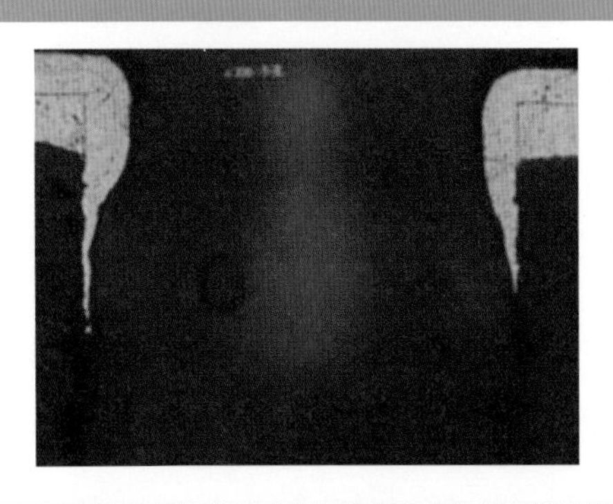

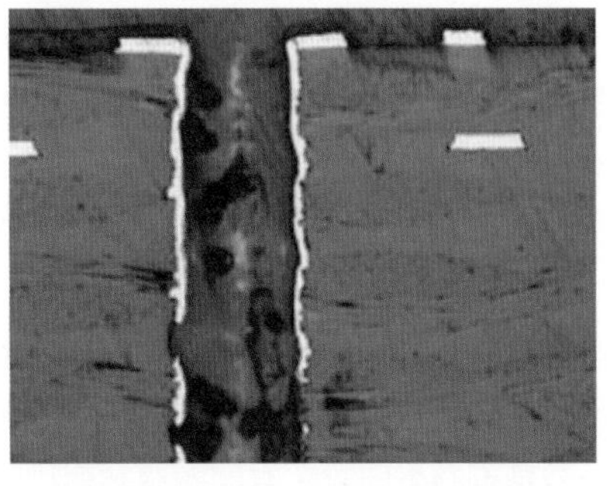

可能造成的原因

1. Desmear 中和劑濃度偏低、溫度不足、超過規定 Bath Life
2. 清潔整孔段 (Cleaner/Conditioner) 狀況不良

3. 黑影段膠體方面發生問題
4. 定影段 (Fixer) 處理不當
5. 烘乾段 (Dryer) 狀況不良

參考的解決方案

對策 1.

分析清潔整孔藥液並進行調整，定期分析添加。修正添加頻率或數量，監控濃度變化。確認作業溫度範圍，定期檢點加熱設備與循環系統維持製程穩定。確認生產面積保持應有更槽建浴標準，並監控生產面積。

對策 2.

對於濃度不足的部分，分析清潔整孔藥液並進行調整補充定期分析添加。修正添加頻率或數量，監控濃度變化。溫度不足的部分，應確認溫度控制系統與加熱系統，維持溫度的恆定性。

如果槽液遭受污染，應分析確認污染來源，並監控槽液品質按時更槽。當板面侵蝕過多 Cu^{2+} 過高，槽液中銅污染量就會升高，一般應該控制其含量在 1 g/L 以下，同時要定期分析避免異常。

如果板面有錳鹽殘留，應確認中和槽後之水洗狀況。確認廢氣塔廢液回流狀況並定期點檢，長時間高溫狀態作業，應該要確認作業時數，過長則須更槽建浴。如果原因來自於噴壓不足，則應檢查液位、噴嘴阻塞、濾心阻塞、等因素，清理後應該要注意裝回定位的狀態。

水平設備有些時候會有超音波的機構設計，這方面應該要注意檢查設備機能保持正常。對於作業超過規定 Bath Life 的方面，要確認生產面積並及時更換或重建槽。

對策 3.

應該要保持槽液中的固含量，當過低時就可能發生反應不良。可以分析槽液進行添加，必要時可以監控濃度變化並修正添加頻率或數量。另外必須要注意液位是否持續增加，這方面應該要留意水的來源並排除之。

如果問題來自於噴壓不足、低流量、低液位，則應該要檢查水刀或噴嘴阻塞、噴嘴或管路裂縫、Pump 是否效率不足、濾心是否阻塞等。發生這些問題應該要進行清潔、更換、調整、修補，以達成應有的製程功能。膠體基本上不能在超溫下長時間運作，如果發生應該即刻檢查溫度控制系統以及冰水機效率等重點問題。

對於槽液遭污染方面，應該要檢查 Cu^{2+} 是否過高 (銅污染量控制在 700 ppm 以下)。檢查黑影槽液是否有起泡現象，確認清潔整孔後的水洗槽運作有無異常，檢查是否 PVA 滾輪不良導致帶入污染等。

對於定影槽 (Fixer) 的影響而言，應該確認抽氣量不足或設備異常的問題。另外也應該要注意確認有無因卡板造成 Fixer 回流的現象，如果發現應該要即時處理並將有問題疑問的電路板分開處理。確認廢氣塔廢液是否發生回流，有問題應該要排除。

冰水管滲漏是另外一個可能產生問題的項目，應該隨機與定期檢查冰水管是否滲出冷卻水。如果發生液位持續上升，可能管路就已經發生問題。

如果滾輪含水太多，可能也會產生問題。使用前可以將多餘水分用手擠出，再將滾輪置於槽液中吸收至飽和。之後在生產前試跑 15-20 片 Dummy，確認後就可以進行生產。

對策 4.

應該要檢查槽液的噴壓、濃度，偏離時應該要調整到適當的範圍。如果發生卡板的問題，最好進行分離處理。

對策 5.

當發生烘乾溫度過低時，應該要確認烘乾機是否啓動、確認烘乾溫度 (>140 ℉ ,60℃)、檢查送風管路及鼓風機、確認烘乾機外蓋在定位、檢查鼓風機加熱組件等項目狀況。

問題 9-22　黑影的 Wedge Voids

圖例

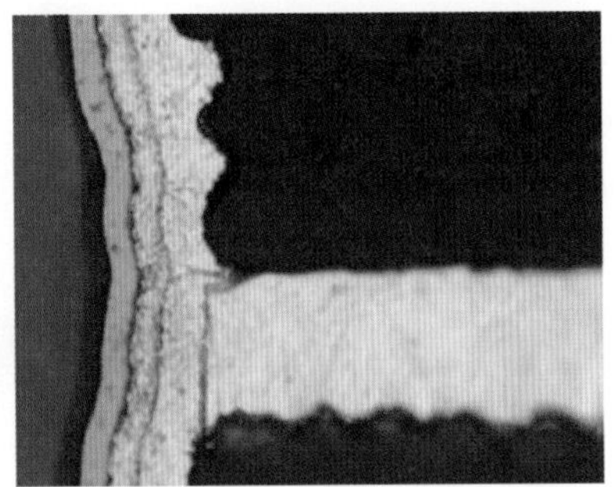

可能造成的原因

1. 黑棕化、氧化 / 後浸 (Oxide/ Post-dip) 問題
2. 壓合 / 硬化參數不理想
3. 去膠渣不理想
4. 鑽孔狀況不理想
5. 黑影微蝕量太大

參考的解決方案

對策 1.

與黑棕化藥液供應商討論，降低氧化或雙倍處理的需求。依據測試結果修正。

對策 2.

調整壓合製程參數以符合供應商提供之規格。

對策 3.

去膠渣太強時可以調整反應時間 / 溫度 / 濃度以降低其量，依據測試結果修正參數。

對策 4.

鑽孔釘頭 (Nail-heading) 方面的問題，可以調整鑽頭轉速與進刀速度，依據測試結果修正參數。同時可以降低鑽頭之鑽孔數上限或降低疊板數來改善。

對策 5.

維持建議之微蝕量範圍並定期點檢。

問題 9-23　內部連接不良

圖例

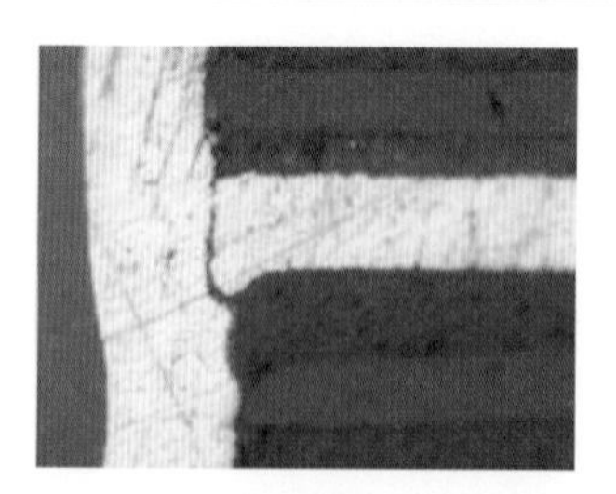

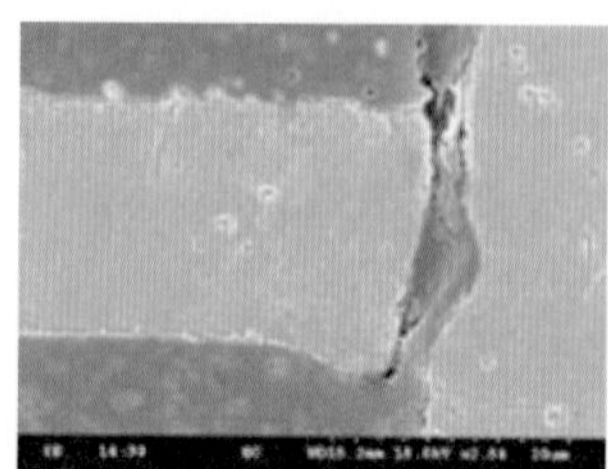

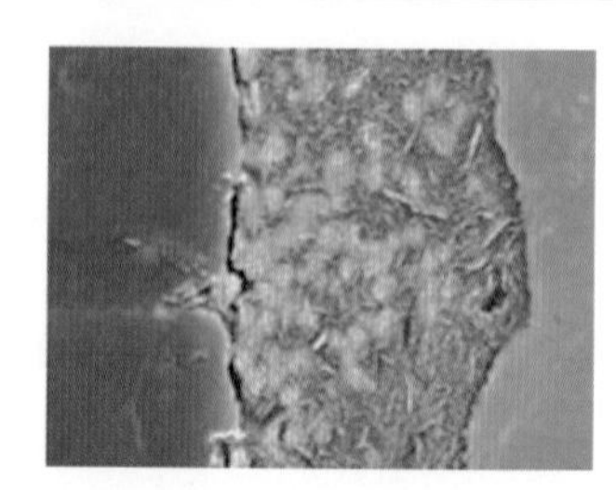

可能造成的原因

1. 鑽孔 /Desmear 鑽孔 Smear 殘留
2. 黑影段 Shadow 黑影槽滾輪殘留凝結石墨 。
3. 定影段 Fixer 定影段浸泡建浴液位未開啓

參考的解決方案

對策 1.

改善鑽孔參數，加強 Desmear/Plasma 清孔能力

對策 2.

清潔滾輪定期點檢 / 保養。

對策 3.

確認 Fixer 設備是否正常定期點檢 / 保養。

問題 9-24　軟板、軟硬板孔壁嚴重凹陷 / 孔壁剝離

圖例

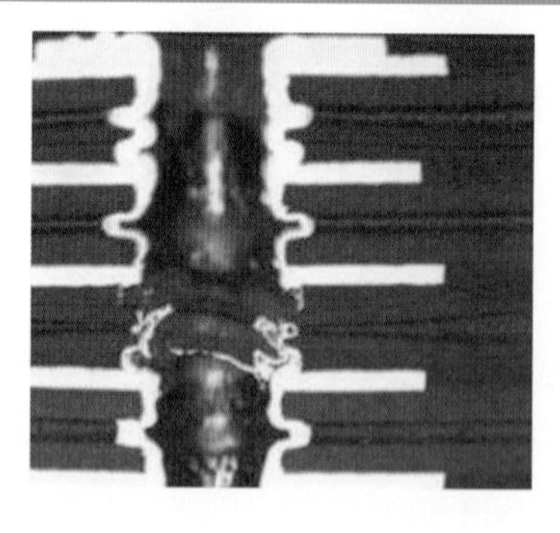

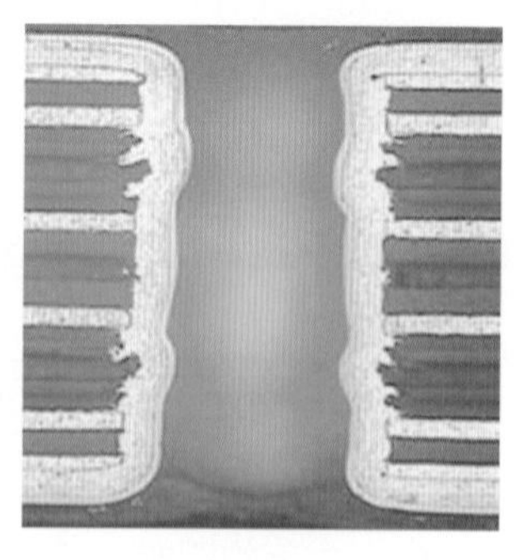

可能造成的原因

這種現象多數源自於材料的貢獻，因爲軟板採用的有膠基材或者結合層 (Bond sheet)，都會讓除膠渣製程浸泡到壓克力樹脂、結合層等比較容易浸潤攻擊的區域。如果鑽孔條件不佳，這類材料也比較容易軟化流動，導致這種結構的通孔凹凸嚴重。

而 PI 材料本來就比較不容易沈積穩定結合力的銅金屬，製作過程中當然比較容易產生剝離的問題，且這類問題會因爲孔壁品質較差，而讓程度變得更嚴重。

參考的解決方案

軟板鑽孔，採用的刀具依據供應商測試，比較適合選用 ST 鑽針，這樣有利於孔壁的膠渣刮除排出。

謹慎選用軟板材料，且讓非 PI 材料的比例降低，同時想辦法讓這類容易攻擊的材料降低暴露。這些作法，都會對軟板、軟硬板孔壁凹陷降低。

依據經驗這類材料對於鹼度比較敏感，因此某些藥水商會針對特定材料進行藥水的鹼度調整，以平衡不同材料間的蝕刻平衡問題。對於化學銅處理，也要選用比較適合軟板銅金屬沈積的藥水。

對策 1.

應該儘量用無膠基材製作軟板或軟硬板，雖然單價可能高一點但是有利於孔壁品質的維持。電路板設計過程，儘量降低接合膠的暴露，必要時可以考慮刻意調整藥水，以降低材料蝕刻差異的問題。

對策 2.

某些廠商嘗試採用非傳統化學銅的方式做通盲孔導電處理，這樣可以改善傳統藥水與材料親和性不良的問題。

 問題 9-25　軟硬板孔壁毛邊

圖例

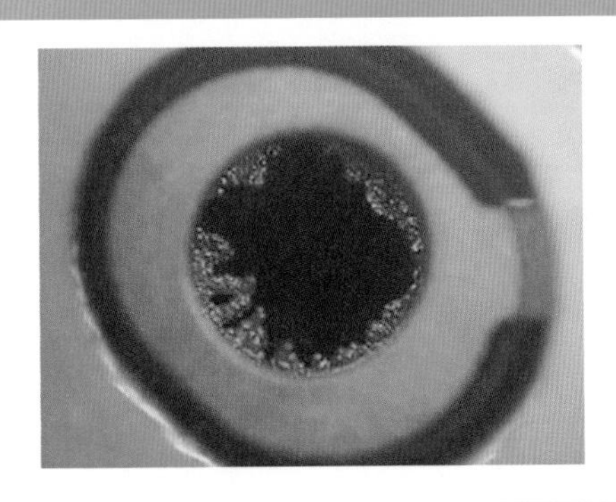

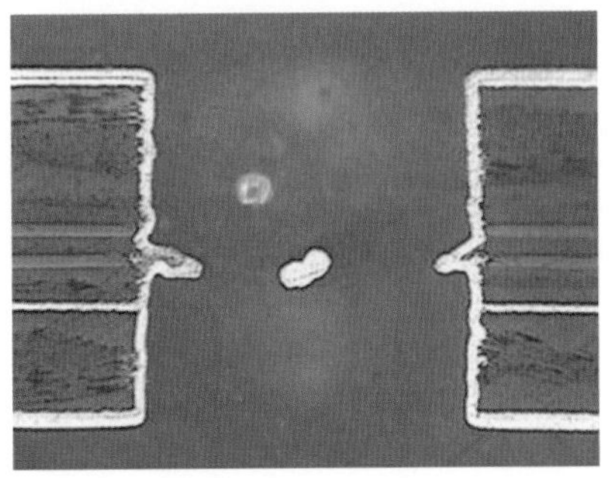

可能造成的原因

這種的原始肇因，還是來自於材料的特性問題。因爲結合膠材 Tg 偏低，鑽孔高熱讓材料流動並產生嚴重毛邊。在除膠渣能力有限的狀態下，後續處理就出現了這種嚴重的孔壁瑕疵。

參考的解決方案

更換材料當然是處理這類缺點的最有效辦法，改用無膠基材必然可以大幅改善這種問題。

此外鑽針選用、強化除膠渣，也都應該要搭配進行，同時鑽孔條件也要最佳化，完全遵循硬板的作業方式，必然會讓這類問題揮之不去。

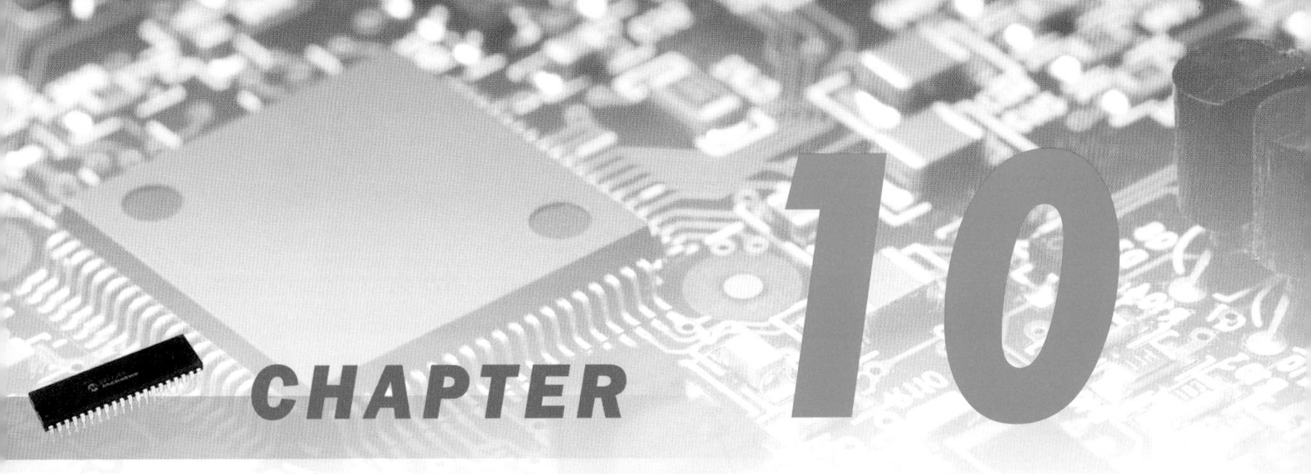

鍍通盲孔製程篇－穩定導通的基礎、電性表現的根本

10-1 應用的背景

所謂電鍍，是指以電化學法將金屬析出，在材料表面形成金屬膜的技術。至於是否用電能輔助化學反應，又將電鍍分爲電鍍、化學鍍兩種領域，日本稱爲電解、無電解，而英文則稱 Electro 及 Electro-less。基本差異是如果通電來達成金屬離子氧化還原，就可稱爲電鍍，如果是靠藥液來置換或自我氧化還原則稱爲化學鍍，這是最簡單的分法。

10-2 電鍍的原理

圖 10-1 所示，爲電鍍槽的基本架構。在電鍍液中插入電極，電流流動時會往陰極 (Cathode) 析出金屬，而陽極金屬則會融入鍍液。目前電路板用的鍍銅液以硫酸銅爲主成分。

硫酸銅槽的電鍍液會有以下的電化學反應：

硫酸銅解離　$CuSO_4 \rightarrow Cu^{+2} + SO_4^{-2}$

陰極銅析出　$Cu^{+2} + 2e^- \rightarrow Cu^0$

陽極銅解離　$Cu^{0-} \rightarrow Cu^{+2} + 2e^-$

依據法拉第定律，每 96500 庫侖可以析出一克當量的金屬，因此理論上一莫爾的銅金屬需要 96500 X 2 庫侖的電量才能析出 63.5 克的銅。而 96500 庫侖相當於約 26.8 安培小時，就是說供電 26.8 安培小時可以鍍出 63.5 克的銅。若將析出銅重量除以比重就可以得到析出體積，將析出體積除以表面積就可以獲得平均析出厚度值。

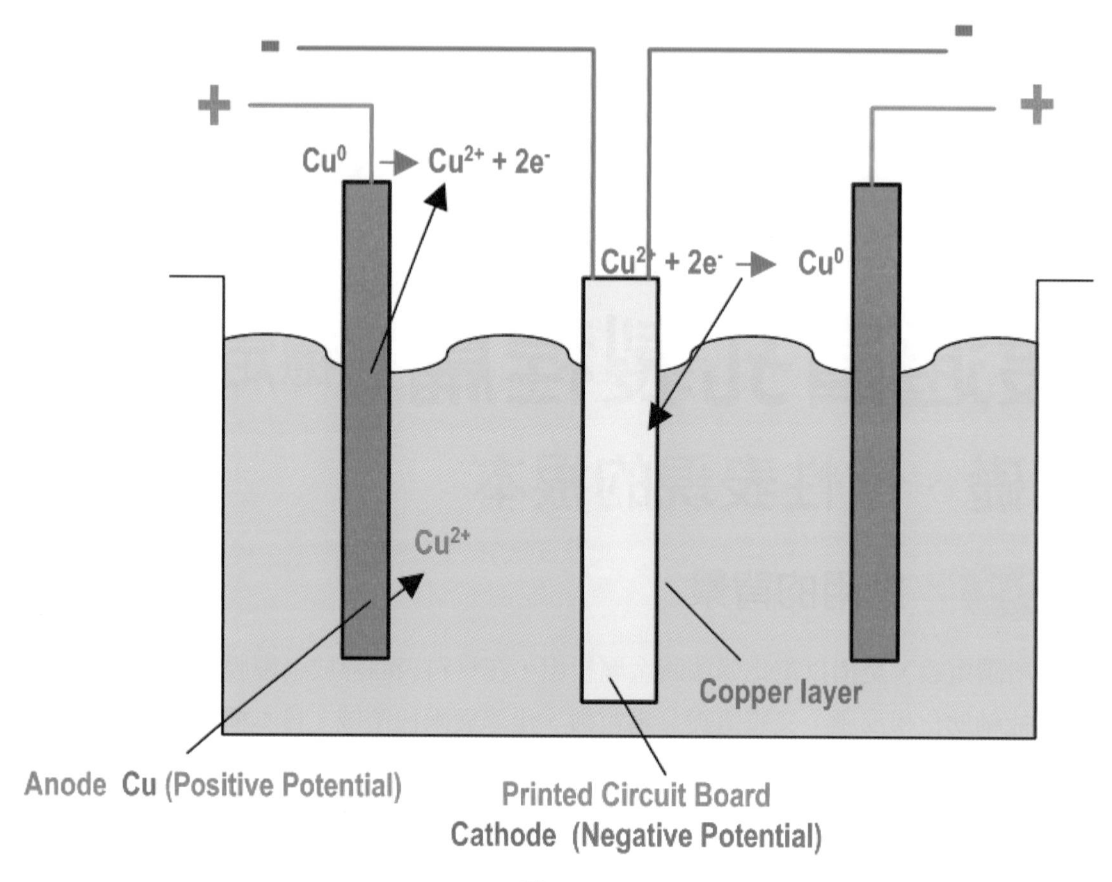

▲ 圖 10-1

至於電流效率的定義，是依據電能利用率換算。當電能用於電鍍而析出的金屬量恰爲應析出量，則電流效率爲 100%。金屬離子由於在水溶液中，電鍍時會和水產生副反應而產生電解水作用，因此電流效率幾乎都做不到 100%。也因此如何提高電流效率，就是值得探討的課題。一般而言選擇恰當電鍍液系統及藥液配方，對提高效率會有一定幫助。

銅金屬析出的機構，如圖 10-2 所示。銅的水合離子由大的電鍍液環境電力驅動推向擴散層，擴散層水合離子通過電雙層開始脫水，接著金屬離子由陰極取得電子、放電並以金屬原子狀態吸附在被鍍物上，進而移位結晶。過程中各程序都需要電能量提供動力，而這些都要由電極間的電位差驅動，距離愈長則所需電壓愈高。

置換型的化學電鍍，主要是利用不同金屬氧化電位的不同，所進行的一種氧化還原電鍍。電鍍操作是利用活性金屬比貴金屬更容易氧化的化學性質，做金屬間的交換動作。較易氧化的金屬會融入藥液，而將藥液中較不易氧化的金屬離子置換析出至表面。

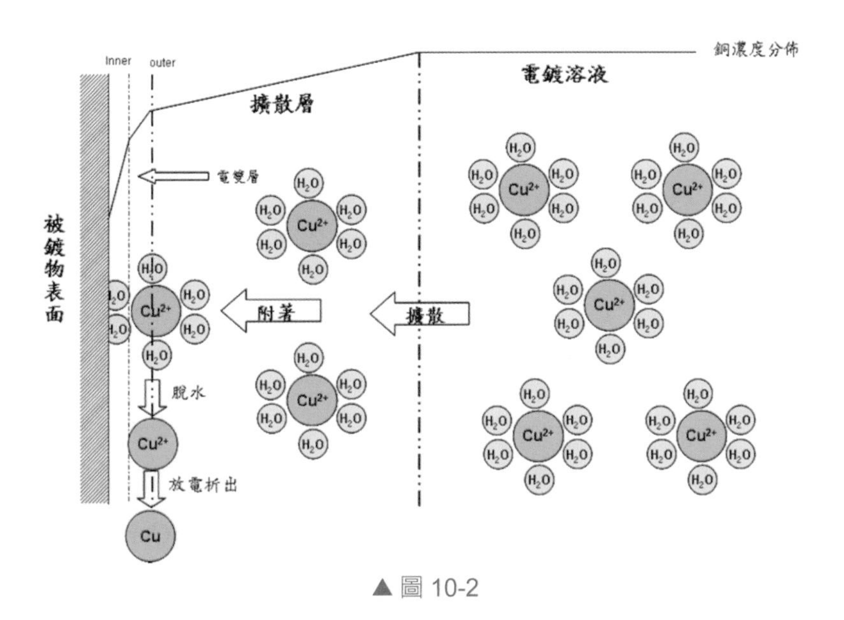

▲ 圖 10-2

雙面與多層電路板的層間連結，主要是依賴電鍍。製程是由：化學銅或其他導通處理及電鍍銅程序所達成。由於電鍍同時會對孔連結與線路位置產生析出作用，因此兩者間關係密不可分。僅用化學銅不容易建立足夠孔銅厚度，爲了獲得足夠孔銅，全板電鍍法會在化學銅後做電鍍以加厚孔銅。至於線路電鍍法及半加成法 (SAP-Semi Additive Process) 則以光阻形成線形後，做線路電鍍銅製程。鍍銅信賴度表現，則決定於銅鍍層的物性及密著性。

電鍍銅層的必要特性，應有良好的抗拉力、伸長率、均勻厚度、細緻結晶等，而在物性及品質可允許狀況下，析出速率希望愈大愈好。鍍浴控管必須簡易，而對線路電鍍的評估，光阻在藥液中的滲出量也是評估項目之一。硫酸銅鍍浴雖然開發較晚，但由於添加劑快速改善，現在電路板廠幾乎都使用這類鍍液。

電鍍銅製程示意如圖 10-3 所示，經過化學銅處理的電路板或外層光阻處理完的電路板，會送進電鍍製程做電鍍。一般第一道處理會是脫脂，要將銅面有機物去除。之後開始去除表面氧化物，以硫酸做酸洗再開始電鍍。達到指定鍍層厚度後，移出鍍槽經水洗及防銹處理，再水洗及乾燥。

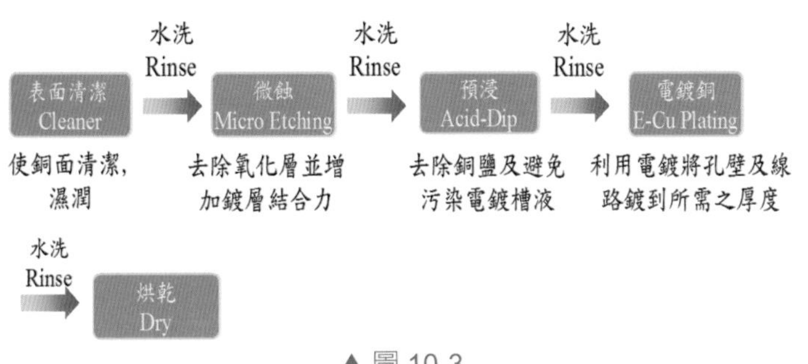

▲ 圖 10-3

電鍍液添加品是以達成鍍層均勻性、速度快、物性佳爲最大訴求，典型電鍍液組成如表 10-1 所示。

▼ 表 10-1

化學品	Sample A	Sample B
硫酸銅	60 ～ 70 g/l	80 ～ 120 g/l
硫酸	160 ～ 230 g/l	180 ～ 250 g/l
氯離子	40 ～ 60 ppm	40 ～ 80 ppm
光澤劑	10 cc/l	15 cc/l

使用時充分掌握各藥劑特性才能發揮綜合效果。硫酸銅鍍液的銅離子與硫酸、鹽酸的濃度比，對通孔貫孔性 (Throwing Power) 有直接影響。電流密度 (Current Density) 增大時，貫孔性及電鍍均勻度都會降低，某些添加劑就針對這些問題提出改善方案，不過高縱橫比的孔一般仍以降低電流密度對應。

10-3 電鍍銅的設備

電鍍銅設備目前除少數手動外，主要以垂直吊車式及水平垂直傳動式 (VCP) 兩種大類來描述。垂直吊車設備仍然是目前最普遍的電鍍設備，電路板被固定在電鍍掛架 (Rack) 上，藉吊車移動到各個指定處理槽及鍍槽做電鍍處理。典型垂直吊車式電鍍設備，如圖 10-4 所示。

▲圖 10-4

電鍍則以固定在槽邊的固定座爲陰極，在槽內兩側放置陽極各接上所屬電源。框架一運送到鍍槽，整流器就會接通電鍍電流做電鍍直到指定厚度。設備大小是依據產能需求而設計，一般爲了電路板兩面鍍層都能個別控制均勻，因此配電採取單面分離控制的電源設計，避免採用共極。陽極長度及配置必須依據電鍍範圍決定，一般稱電鍍範圍為電鍍窗 (Plating Window)，陽極配置在兩側及底部都會小於電鍍窗兩吋距離。至於陽極籃上方浮出水面的部分，因為必須填滿銅球而無法內縮，因此多數會做遮板 (Shielding) 設計，幫助電鍍電流重新分配改善電鍍均勻度。

水平、垂直傳動設備主要差異，在於垂直運動機構採用連續設計，導電以可運動保持導電的摩擦電鍍法製作。連續作業一片片送入電路板，因此不作深槽設計，藥液少自動化高而利於生產操作。但是因為設備成本相對較貴，發展歷史也較短，發展空間相對較大。高密度電路板產品，業者幾乎都已採用這種設計的設備生產。圖 10-5 所示，為典型垂直傳動電鍍設備。

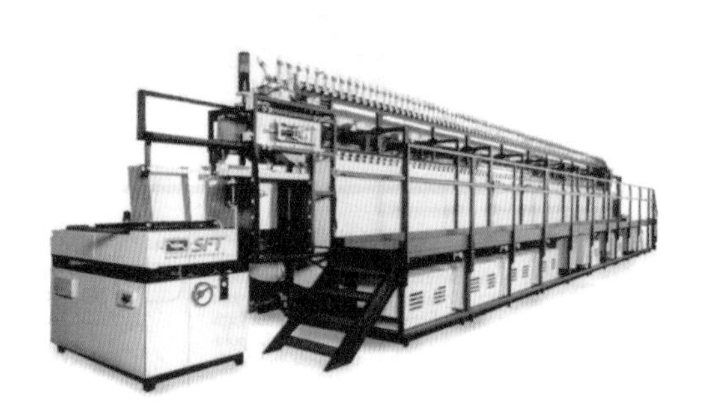

▲ 圖 10-5

10-4 電鍍掛架及電極配置

電路板鍍銅是將板固定在可通電掛架上，做全平面電鍍。為了導通會採取螺絲固定、夾具、彈簧夾等設計，其中仍以螺絲固定導通性最佳。在裝置電路板時為避免邊緣有電流過高現象，會採用犧牲板法夾上廢板做電鍍。框架上下方則用遮板 (shielding) 來重分配電流，得到較均勻化鍍層。典型傳統電鍍掛架及遮板設計，如圖 10-6 所示。

▲ 圖 10-6

銅電鍍陽極一般是以溶解性含磷銅球裝入鈦籃所構成，通電後銅離子自然溶出，必須定期依耗用量補充銅球，陽極配置會影響陰極鍍層分布。另外業者也用不溶性陽極設計，其銅離子來源靠銅鹽補充。典型溶解性陽極及不溶性陽極，如圖 10-7 所示。

▲ 圖 10-7

電鍍的電流密度影響析出速率，電流分布則影響鍍層均勻性。由於電流尖端聚電特性，電流會集中在板邊或獨立線路區，因此會有遮板設計及限定操作電流的規定。藉電鍍液的配方、操作條件、添加劑等搭配及電流密度調節，僅能使鍍層均勻鍍改善卻無法期待完全均勻。

10-5 槽液的管理

不論是何種鍍槽，鍍液的各種組成濃度、溫度、PH 值，都要依據指定方式設定操作，同時在一定期間做測定、調節、維護。化學銅槽由於會產生大量副反應衍生物，因此必須要有一定溢流量並做溶液補充，操作一定期間後就要做槽液更新。化學銅設備一般都會設置預備槽，讓化學銅能在短期內更換操作槽體。因為化學銅會自我析出金屬銅，為免槽液快速劣化必須作調槽操作、硝槽、清潔保養，這些都屬於例行工作。

電鍍系統則需要設調整槽，作為濃度、PH 值調整等的緩衝槽。電鍍液在循環時會做持續性過濾，以去除固態不純物。因為電鍍銅溶液是長時間使用，難免混入外來異物，而常態的添加劑分解物，也成為電鍍品質破壞者，必須定期進行活性碳處理清除之。

對電鍍添加劑管理，常見的檢測工具有 CVS(Cyclic Voltammetric Stripping) 法、哈氏槽 (Halling Cell)、賀氏槽 (Hull Cell) 等。各藥水商對於如何訂定標準，會提供一套恰當的藥水管制做法給使用者。

10-6 不同的電鍍方法

除最常用的直流電鍍外，業界還針對高層電路板採用脈衝電鍍作業。爲了產生堆疊孔結構，也嘗試利用填孔電鍍將盲孔填成半滿或全滿狀態。這些電鍍方法，都因爲各種電子產品的發展，受到業者重視。圖 10-8 所示，爲典型深孔與盲孔電鍍範例。

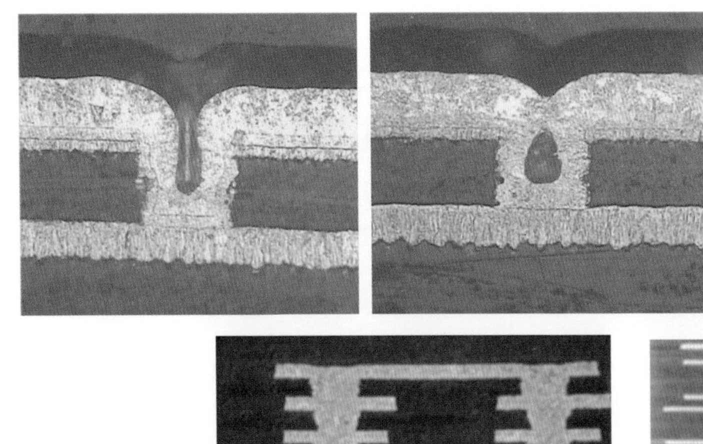
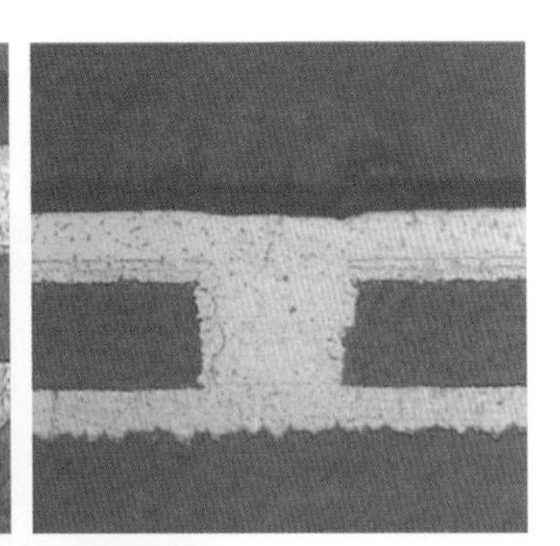
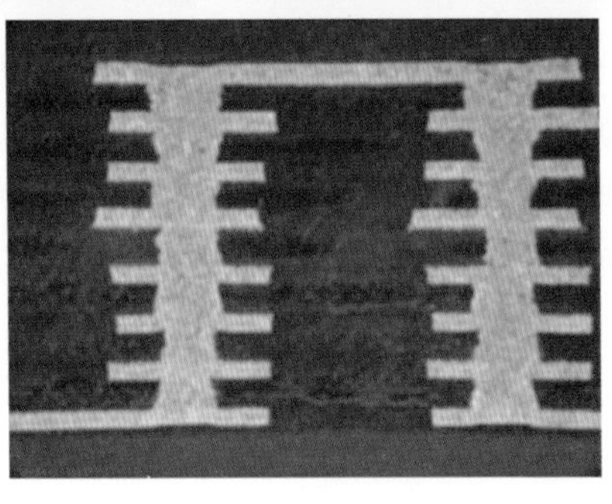
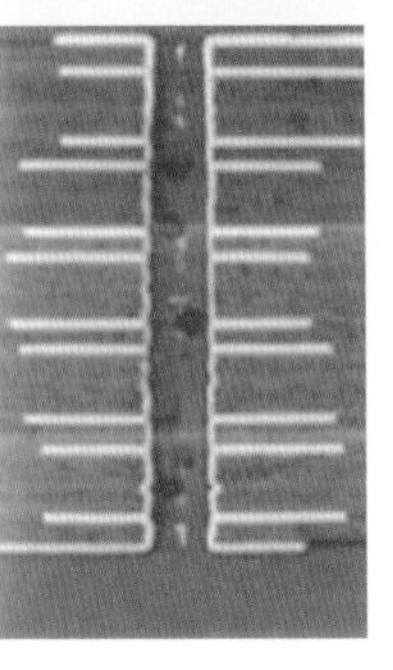

▲ 圖 10-8

10-7 問題研討

問題 10-1　各鍍銅層間附著力不良

圖例

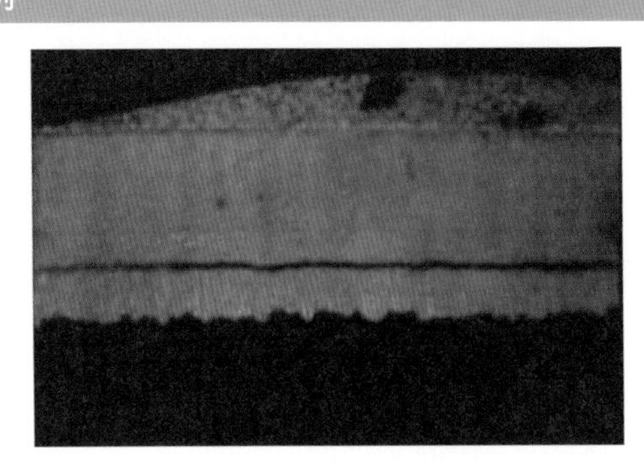
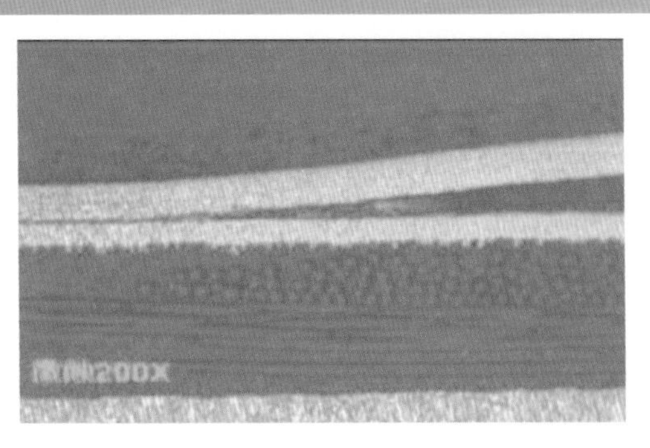

可能造成的原因

銅層分離可以確定的是，兩層金屬間的介面出了問題，針對可能的產生因素整理如下：

1. 電鍍前清潔處理不當，底銅表面的氧化或鈍化皮膜未盡除
2. 清潔槽液中的濕潤劑被帶出或水洗不足造成底銅的鈍化
3. 板子進入鍍槽後電源並未立即開啓
4. 電流密度過大
5. 過硫酸根殘餘物污染
6. 光阻顯影後水洗不足

參考的解決方案

對電路板製作者而言，不論用全板電鍍或者線路電鍍都會面對銅金屬間的結合力問題。偶發性的金屬層間分離，常來自於介面處理不佳，因此必須針對此類原因做出解決方案，茲針對這些可能問題提出做法如下：

對策 1.

電路板製作難免會有儲存等待的時間，而製作過程中也會使用一些材料作暫時性的遮蔽處理，例如：全板電鍍後如果影像轉移必須等待，就有等待時間的變化，如果電路板使用線路電鍍處理，則此區域就會被光阻覆蓋過。如果這些儲存及暫時性材料的使用，在事前沒有被適當的處理，介面的問題勢必產生。如果氧化過重沒有確實去除，可能就會產生氧化物的介面，有線路分離的危險。如果是光阻去除不全，更會有線路分離的危機。

因此如果發現操作狀態有變異，或者是儲存期間環境等發生變化，特別需要注意。當然，如果確認操作及儲存都沒有變異，不要直接判定是異物事先存在。

提高清潔槽液的溫度以利去除油污和指紋，使用微蝕劑去除底鍍層表面的污染物檢查清潔槽和微蝕槽液的活性並改善之。

對策 2.

檢查水洗程序，增加水洗量並在出槽時採用噴洗，使孔內清潔效果更好。提高水洗水溫度，噴洗後方可另採用多段式溢流水洗。

對策 3.

檢查整流器之自動程序，某些特定的設備還採用進槽前就以導電刷給電的作法。

對策 4.

檢查電鍍程序，降低電流密度，當然同時必需要搭配適當的電鍍時間調整才能達到應有的電鍍厚度。

對策 5.

使用過硫酸鹽微蝕後，容易在銅面上產生殘留的鹽類，必須要以 5 ～ 10%的硫酸浸洗，以除去表面的銅鹽。

對策 6.

提高噴射冰洗壓力，檢查噴嘴是否有阻塞，並採用適當的噴嘴配置增加水洗溫度。

問題 10-2　線路電鍍出現局部漏鍍與階梯鍍

可能造成的原因

1. 光阻顯像不潔殘留
2. 板面上已有指紋印及油漬的污染
3. 鍍液中有機物含量過多
4. 修補油墨污染待鍍區
5. 鍍液中添加劑成份有問題
6. 清潔槽中的潤濕劑被帶出，並自小孔內逐漸流出而影響鍍銅之外觀

參考的解決方案

對策 1.

重新檢討光阻劑之顯像作業，檢查底片的佈線密度，凡是線路又長又密的時候應該特別小心顯影之作業，檢查顯影線的噴嘴是否發生堵塞或是噴壓是否有變化。

另外比較需要注意的是，顯影完成之後應該要儘快將電路板表面的水除去並完成乾燥，否則容易溶出乾膜影像待鍍區的清潔度。

對策 2.

提高電鍍前處理清潔槽的溫度，改善板子持取的方法。目前市面上有不錯的工作手套可以採用，確實的穿戴可以防止這種問題發生。

對策 3.

使用哈氏槽或是 CVS 分析光澤劑，遵照供應商的建議進行活性碳過濾處理，控制添加劑的含量。

對策 4.

這種處理目前已經不多見，業者必須檢討修補用的油墨及作業方法，同時管制好所有的操作程序。

對策 5.

檢驗原裝化學品的品質，同時遵循先進先出的管理模式，如果是過期化學品最好不要使用。適當的進行分析與調整，應該可以保持槽液的穩定。

對策 6.

增加水洗浸泡時間，在板子出槽時可以採取強力噴射水洗的方式來強化清潔效果。

問題 10-3　全板面鍍銅之厚度分佈不均

可能造成的原因

1. 陽極籃與陰極板面的相對位置不當
2. 電鍍周邊遮板使用不當
3. 陽極接點導電不良

4. 鍍液中硫酸、鹽酸濃度不足，導電不良
5. 銅金屬含量過高
6. 攪拌過度激烈影響分佈
7. 循環過濾之攪拌方式不良影響過濾

參考的解決方案

對策 1.

量測整片電路板的厚度分佈，瞭解其全面厚度的差異程度，根據鍍層厚度量測的結果重新安排陽極的位置與數量。一般的電鍍分佈是以電鍍窗口 (Plating Window) 作爲基礎，如果是單面高度 (One Up) 的電鍍方式則其上下邊的電鍍厚度就是電鍍窗的分佈狀況。

對策 2.

調節周邊遮板，一般比較有效的周邊遮板用法都是對大面積的電鍍，小面積的部分並不容易操控。多數遮板的使用專家會建議遮到板邊的 50mm 左右，過低或是過高都對邊緣電鍍均勻度不利。

遮板與印刷電路板的距離也會影響遮蔽的效果，這些因素都應該在設置電鍍設備的時候就進行最佳化的測試。調整這些因素，可以讓電鍍槽內的電力線分佈能夠均勻，應該就可以改善部分不均勻的問題。

對策 3.

操作時使用伏特計檢查每一支陽極與陽極桿是否接觸良好，清潔所有接點以確保陽極桿所有接點的電位降落 (Voltage Drop) 都保持在應有的水準。

對策 4.

檢查硫酸濃度，並增加至供應商的建議值。鹽酸不只是影響導電度，也會影響到陽極銅球的溶出速度，這些也或多或少會影響電力線的分佈。氯離子會因爲攪拌、加溫等因素而損耗，適度的維持對於電鍍的均勻性也會有影響應該要進行分析維護。

對策 5.

分析檢查銅金屬含量，稀釋槽液或改用不溶性陽極直到銅濃度降至規格範圍內。如果電鍍槽閒置期間較長，再重新啓用時應該要進行假鍍 (Dummy Plating) 及調整銅含量。

對策 6.

降低攪拌程度，適度修改氣體攪拌的狀態，各氣管應該要獨立控制使得單獨調整氣體流量成爲可能。

對策 6.

一般垂直式的電鍍槽，其抽取位置應該儘可能離開掛板區，避免流動過快產生電力線的偏轉影響。

 問題 10-4　線路電鍍正反兩板面厚度不均

可能造成的原因

1. 用單一整流器控制電路板的兩面
2. 板子兩面電鍍面積差異太大，獨立控制仍然困難
3. 電鍍設備單邊導電不良
4. 電路板導線設計不良

參考的解決方案

對策 1.

將電鍍設備改爲單面單整流器控制，以降低兩面間隨面積差異產生的電阻差產生的厚度不均。

對策 2.

可以調整排版方式，以整反交錯的排列來製作。也可以考慮先加一些假墊 (Dummy Pad)，在電鍍完成後再用蝕刻的方式將這些區域去除。

對策 3.

調整電鍍設備的狀況，將整體的導電與銜接狀態都保持在最佳的狀態。銅接點容易氧化腐蝕，應該要適度的進行保養清潔以維持正常的導電。

對策 4.

不論是接地、大銅面、導電線路等等，這些都會影響電路板的電力線分佈，當然也就會影響均勻度，這些線路的分佈狀況比較無法爲電鍍而修改，但是可以在設計時在允許下於其周邊加假墊設計來改善。

 問題 10-5　通孔銅壁出現破洞

圖例

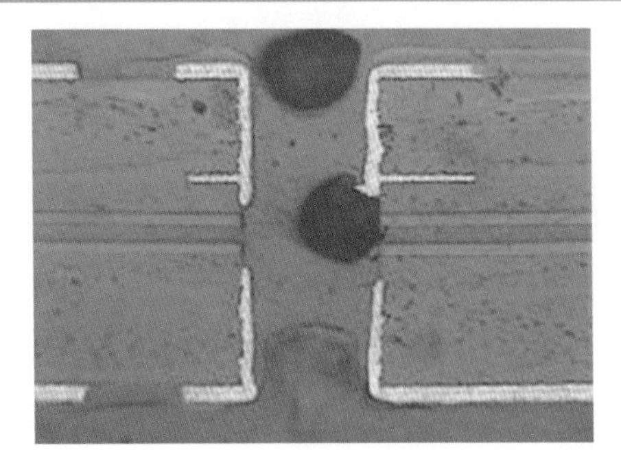

可能造成的原因

1. 化學銅厚度不足或未能將孔壁全部蓋滿
2. 鍍液中有顆粒物浮游
3. 化學銅層遭到溶解
4. 電鍍前酸浸時間過長

參考的解決方案

對策 1.

調整化學銅槽液成份，增加化學銅槽之浸鍍時間。若化學銅層厚度不足，在板子進入鍍銅槽時須採用較低電流去鍍銅，電鍍銅時孔內有氣泡存在 (增加槽液或板子移功率，務使鍍液能流過孔內)。

一般電路板發生化學銅厚度不足的問題，其實整孔劑處理不良或是材料不相容的機會，比起化學銅出問題的機會要大，在進行問題解析的時候要小心這方面的特性。

對策 2.

徹底過濾槽液，電鍍前噴洗板面確保帶入的異物最低，檢查電鍍前之槽液是否有懸浮物。如果這些異物讓電鍍孔堵塞，則孔破的風險就會相對加大。

這方面的問題，在結構中如果有軟質材料出現時特別容易發生，主要是因爲軟材料不容易完整切斷，這樣會隨時掉落污染到處理製程。

對策 3.

檢查電鍍前處理微蝕或浸酸液之濃度，儘量控制蝕刻量在較低的水準。如果化學銅處理過的電路板停滯時間過長，破孔的風險也可能會加大。

必要時可以進行化學銅重工，但是應該要更小心控制微蝕量，以免產生其它的後遺症。

對策 4.

目前一般的濕製程都已經採用自動控制系統，因此多數都沒有浸泡時間過長產生問題的疑慮。但是如果使用的藥水系統變動，或是生產的其它參數變動，則是否需要減少酸浸時間就必需要重新考量。

 問題 10-6　鍍銅層燒焦

可能造成的原因

所謂燒焦指的是超過極限電流密度 (Limited Current Density) 時，鍍銅層結晶變得極端粗糙、粉化、瘤化，無法均勻分佈的現象。這樣的現象多數是因爲離子供應不及，陰極反應大量走向分解水而產生氫氣，當這樣的現象發生時氣體容易共析並使結晶粗大顏色暗沈。主要的可能產生因素如後：

1. 電流密度過高或電鍍面積不均導致局部電流密度超過極限電流
2. 鍍液攪拌不當或板架往復攪拌不足
3. 在操作電流密度下的銅離子濃度過低
4. 硫酸濃度過高

5. 槽液溫度過低
6. 各添加劑含量已失去平衡
7. 陽極過長或數量過多
8. 槽液攪拌太弱

參考的解決方案

對策 1.

降低所設定的電流量，按添加劑系統的規則設定操作電流密度。控制板子的配置與攪拌程度，在高電流密度區增加輔助電流分擔板，以吸收多餘的電流降低有效區的燒焦機會。

一般電路板的電鍍設備，還會在電鍍區的邊緣，加裝遮板 (Shielding) 來降低這樣的燒焦現象。

對策 2.

利用循環過濾及低低壓空氣進行攪拌，配合陰極桿往復擺動 (與板面垂直) 攪拌及循環攪拌來改善。對於傳統的電鍍設備，一般的電流密度都會維持在 30ASF(～ 3ASD) 的狀況下，而距離則至少保持在 15 公分以上。

但是目前已經有一些新的電鍍設備設計，採用的是傳動式的作業模式，其陰陽極距離可以保持的比較近，同時會採用噴流或是強制橫向運動，這樣的設計可以讓電鍍的電流密度操作在比較高的值下生產。

對策 3.

遵照供應商的建議維持的銅離子濃度或降低電流密度。

對策 4.

稀釋槽液，依供應商指示維持一定的酸濃度，同時找出酸度變動的原因並避開它。

對策 5.

依據藥水系統的特性加熱槽液，最佳的操作溫度通常會介於 21 ～ 26℃之間，但是目前一些傳動式電鍍有部分採用較高操作溫度。

對策 6.

一般電鍍添加劑會有消耗量不相同的特性，因此市面產品會有單劑、兩劑、三劑型的差異。某些廠商會將兩種消耗量較接近的添加劑混合，而讓藥水添加變得比較單純，但是假設實際的操作卻會產生偏離時，就必需要進行適當的添加調整。在實際引用新添加劑時，應該要實際測試以降低問題發生機會。

對策 7.

陽極長度應比陰極略短 50 ～ 70mm，自槽液中移走部分陽極棒，兩側的陽極也應該要比電鍍範圍略偏內，與長度的概念相同。陽極上方一般都會填滿銅球，因此這樣的陽極區域應該要適當的加上遮板，以降低電流過度集中的問題。

對策 8.

強化攪拌強度與均勻度，目前新設計的電鍍設備採用液體噴流的模式，可以降低空氣攪拌可能的灰塵污染是不錯的想法。

問題 10-7 鍍銅層表面長瘤 (尤以孔口最易出現銅瘤)

圖例

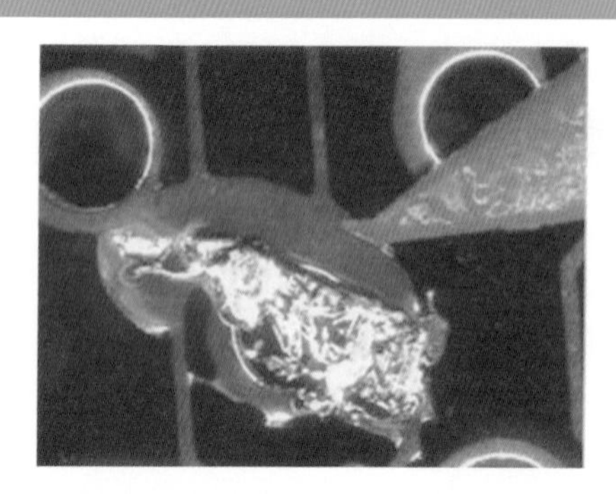

可能造成的原因

1. 槽液中有顆粒物出現
2. 陽極未裝陽極袋或陽極袋已破裂
3. 鍍液遭外來固體粒子所污染
4. 陽極含磷量過低
5. 鍍銅槽內的陽極型式有問題
6. 由於陽極析出污染物所致

參考的解決方案

對策 1.

槽液應採取連續過濾，每小時至少要翻槽 3 次以上，濾心要定期或是依據壓力值來進行更換，濾心的粗細應該要依據需求規格選用。

對策 2.

陽極應該要裝設陽極袋，並定時檢查陽極袋是否有破裂的情況。陽極袋的車線要選用耐酸鹼材料，否則很容易產生破損的問題。陽極袋要定期更換清洗，否則表面長出微生物或是污泥物反而成爲污染源。

對策 3.

檢查鍍槽內是否有外物掉落 (例如：板子、鉗子、掛架、工具)，檢討孔壁是否有泡到其它槽液所帶入的懸浮物質，氣體攪拌的系統要適當的採用過濾設計。

電鍍用的電流輔助分散板，不要一再地使用不更新，因爲邊緣長出的粗糙顆粒很容易掉落產生污染。某些廠商還會進行電路板刨邊處理，以降低板邊顆粒污染的風險。

對策 4.

確認陽極的磷含量介於 0.04 ～ 0.06％之間。

對策 5.

對所用的陽極進行功能性試驗，結晶結構的細緻與均勻度會影響到電鍍的品質以及溶解的均勻性，如果溶解不均也會產生顆粒掉落等問題。不慎進入電鍍槽，就會有成長顆粒的風險。

對策 6.

陽極袋的開口務必要超出鍍液面，定期更換陽極袋。檢查陽極袋是否有破洞，某些型式的陽極會導致鍍瘤的產生，使用前應該要進行適當的評估。

問題 10-8 鍍銅層出現凹點

圖例

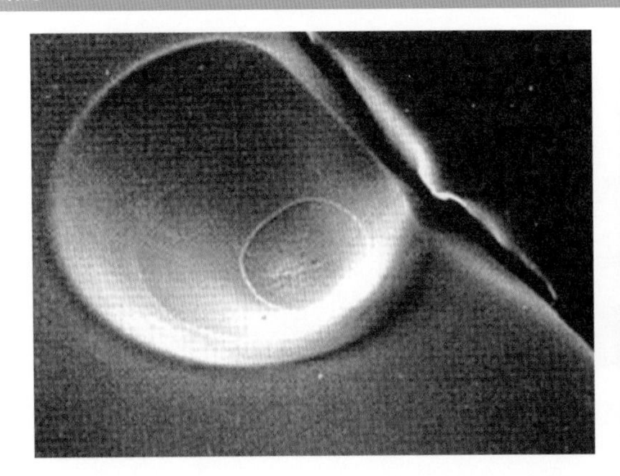

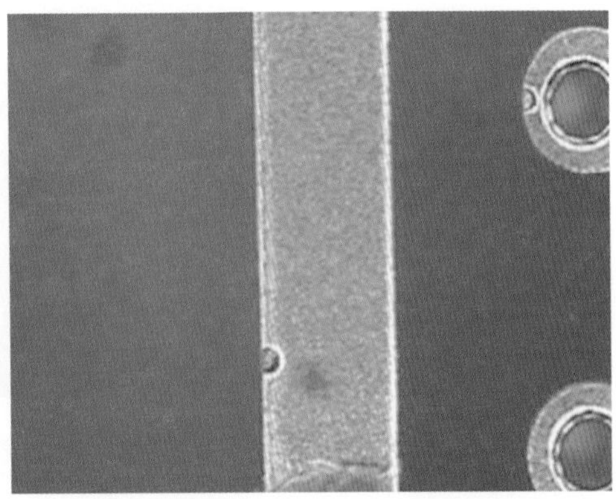

可能造成的原因

1. 鍍銅槽中空氣攪拌不足或不均勻
2. 槽液遭到油漬污染
3. 過濾不當
4. 鍍槽內特定位置出現微小氣泡
5. 鍍銅前板面清潔不良

參考的解決方案

對策 1.

增加空氣攪拌並確保均勻分佈，針對使用的添加劑系統使用攪拌的強度，某些系統本身並不適合使用過強的空氣攪拌。對於目前較新的垂直傳動電鍍設備，其噴流的配置對於電鍍的效果也有影響，必需要綜合判斷來決定調整的方向。

對策 2.

採用活性炭處理及過濾，同時應該確認污染源並加以排除。

對策 3.

持續過濾槽液以去除任何可能的污染物，如果採用的過濾材料不理想或是循環流路有死角，則應該要進行設計或施工改善。

對策 4.

可能是幫浦內有空氣殘存，或是空氣攪拌的粒度過細應該要設法改善。

對策 5.

檢討清潔與微蝕製程以及相關的水洗動作，微蝕如果採用 SPS 類的鹽類溶液，則應該要在其後加一道酸洗以強化清潔度。對於線路電鍍的處理，脫脂處理也相當重要，因爲這與殘留光阻可能發生關係。

 問題 10-9　鍍層出現條紋狀

圖例

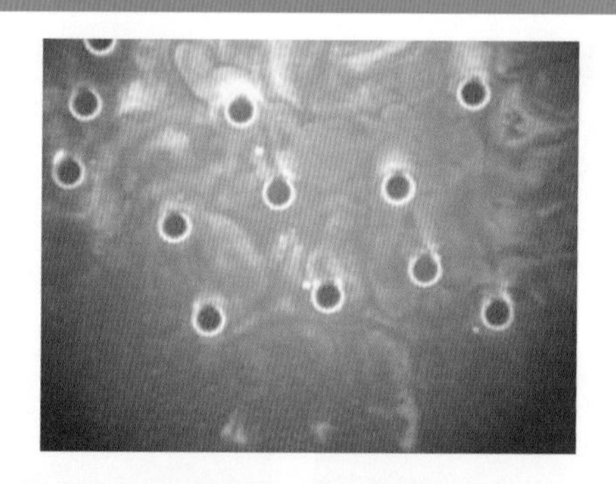

可能造成的原因

1. 添加劑含量失控 (通常添加過量時會出現條紋)
2. 所用光阻劑與硫酸銅鍍液不相容導致有機物溶入鍍液中
3. 水洗不潔導致清潔劑被帶入鍍液中
4. 乾膜阻劑中的附著力促進劑未能完全去除

參考的解決方案

對策 1.

試用少量活性碳將多餘添加劑移除，補充量應該與消耗量搭配，注意補充系統作業的情況。

對策 2.

確認所用光阻劑與鍍銅液之相容性，採用的新光阻應該要進行電鍍系統相容性驗證。

對策 3.

檢查水洗水流量及水洗時間是否足夠，改用噴射方式水洗。如果生產較小孔徑的印刷電路板產品，可能必需要考慮修正時間參數或是修改設備。

對策 4.

檢討清潔製程，前製程的處理狀況也應該要進行監控，避免產生惡性循環。

問題 10-10　鍍層脆裂 (Brittle Copper Plating)

圖例

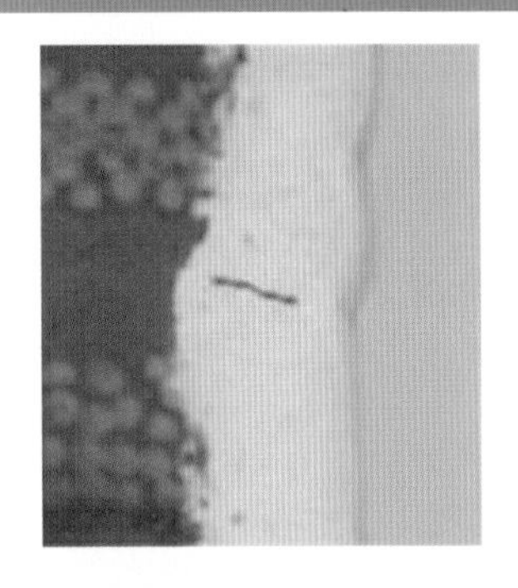

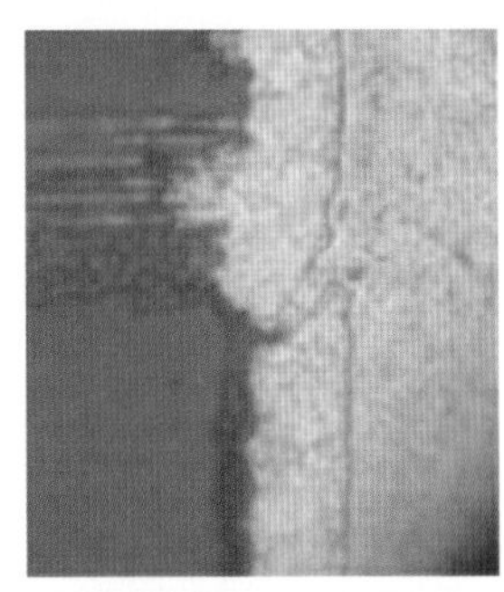

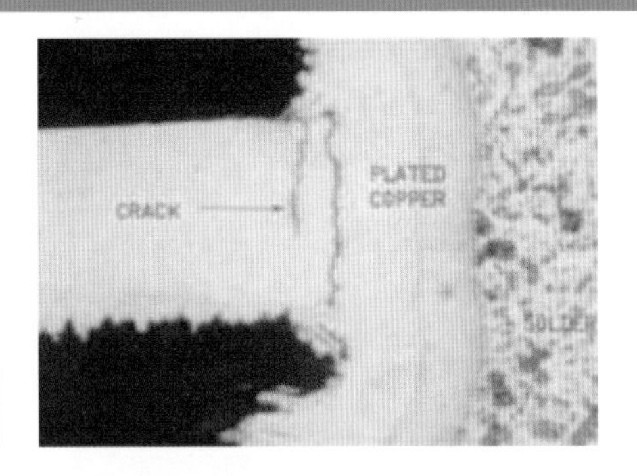

可能造成的原因

1. 因光澤劑裂解或光阻劑、清潔劑所造成槽液的有機物污染
2. 光澤劑添加過量
3. 電流密度超出操作範圍
4. 鍍液溫度超出正常範圍，正常爲 21 ～ 26℃
5. 添加劑含量不足
6. 銅離子含量偏低
7. 孔內銅厚不足而容易斷裂
8. 多層板之板厚 Z 方向膨脹過度

參考的解決方案

對策 1.

依據指示定期做活性炭過濾處理，處理完成時應該要驗證處理的效果，檢驗藥水的 TOC 值是否已經夠低以確認處理成效。

對策 2.

以稀釋或是移除的方式降低其光澤劑含量，調整補充量與以搭配實際的消耗量，一般的新電鍍設備會吸收添加劑，必需要養槽一段時間才會逐漸穩定下來。

對策 3.

遵守供應商建議的電流密度，如果需要變更應該與供應商討論其可行性，必要時可以更換系統但不要在原系統範圍外操作。

對策 4.

檢查鍍液溫度，以確保操作是在正確的溫度範圍下進行作業。溫度的均勻性要恰當維持，加熱的系統單位面積發熱量要儘量的低，以免產生破化添加劑的問題。

對策 5.

以哈氏槽或電化學法進行分析，必要時可調整加添加劑的量並校正添加系統。

對策 6.

調整銅離子的含量到應有的水準，留意是否有外來稀釋電鍍液的因子存在。

對策 7.

通常孔銅至少要有 0.8mil 的厚度，必要時降低電流密度並增加深孔的電鍍時間以達到起碼的銅厚度。

對策 8.

檢討電路板特性需求，客戶要求之規格以及壓板製程，選用適當的介電質材料降低其 CTE 來減緩這樣的問題。

問題 10-11　轉角斷裂 / 墊圈浮離

圖例

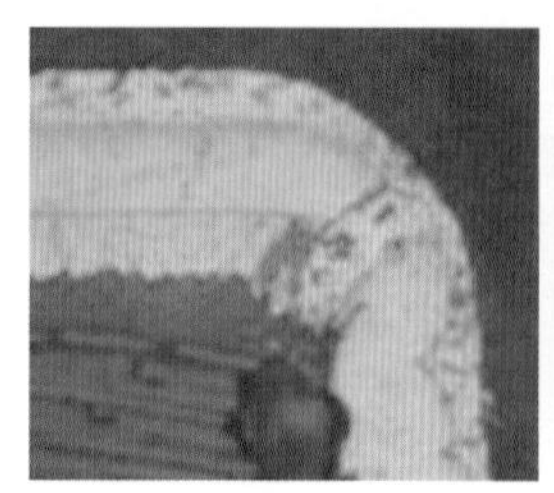

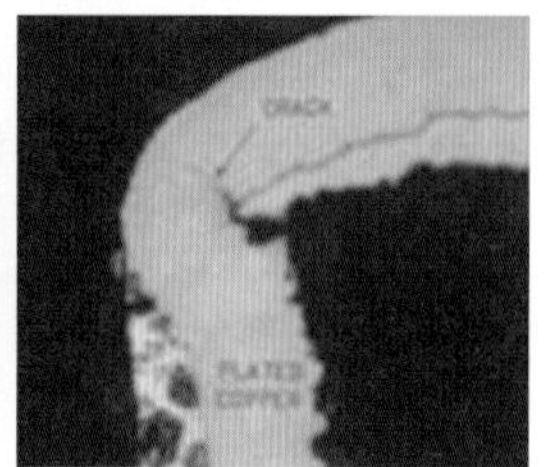

轉角斷裂 (Corner Cracking)

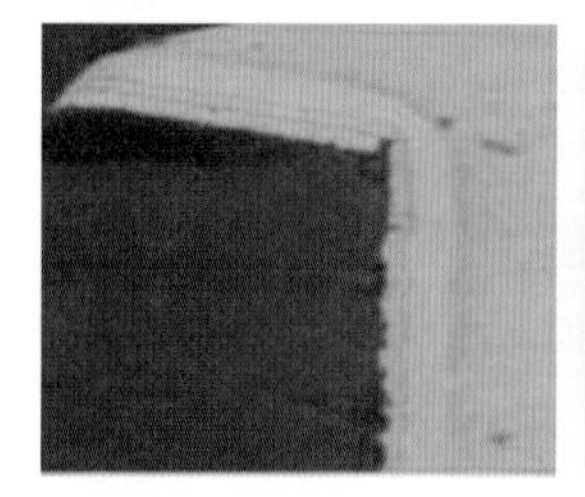

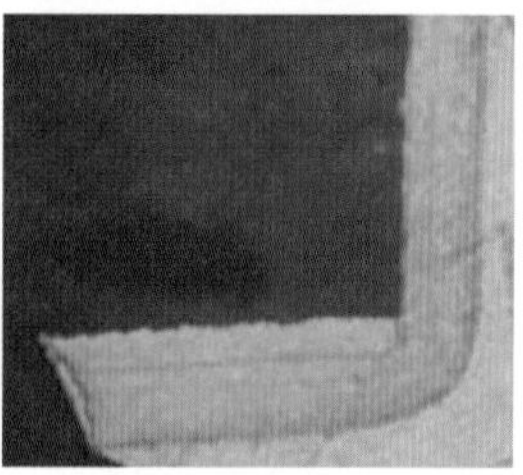

墊圈浮離 (Annular-ring lifting)

可能造成的原因

電路板的製作，除了銅之外還有纖維和樹脂，因此總體的行爲是三者的組合。其中尤其是以樹脂的行爲較特異，因爲銅是結晶物且熔點高，纖維多數用的是玻璃纖維，軟化溫度也不低，但是樹脂軟化溫度在焊錫的操作溫度下，大多數都已經超出其範圍。因此在物性強度方面，電路板的信賴度就受到較大的考驗。

三種材料中，樹脂的漲縮係數又是三者之冠，而在軟化點 (Tg) 之下漲縮係數是一個值，軟化點以上漲縮值會倍增。電路板的垂直方向因爲沒有玻璃纖維支撐，因此幾乎漲縮完全看樹脂的漲縮值而定，如果電路板的厚度高，整體總漲縮量就會大，鍍通孔的轉角所承受的機械應力既集中又大。

如果此時銅皮的結合力不足，則孔圈就會剝離；有時候若鍍銅前處理銅皮表面微蝕不良或受污染不清潔，也有可能造成墊環和基材銅的分離。如果漲縮值過大，則電鍍銅的孔轉角區域就會產生斷裂。

參考的解決方案

對策 1.

選用低漲縮係數的樹脂材料，其中尤其以聚亞醯胺樹脂的漲縮係數較低，因此早期高層電路板的製作者不少是使用改質的聚亞醯胺樹脂製作產品。但是因爲單價昂貴供應量少，同時該樹脂的吸水性偏高也是一種問題，因此目前許多的其他樹脂也被嘗試採用，尤其是一些高 Tg 的替代材料。但是問題在於 Tg 不等於漲縮值的保證，因此某些材料公司會對材料改質，添加一些填充物來改善物料的性質。

對策 2.

降低層數設計改用高密度結構設計，這也是一個產品設計者可以嘗試的做法。因爲總厚度如果降低，整體的漲縮變異量就會降低，相對的轉角所承受的應力也就會降低，這對於銅導體的考驗就可以舒緩。

對策 3.

加厚電鍍層強化強度也是一個可以嘗試的辦法，但是這樣的做法對於製作較穩定的線路寬度就產生一定的考驗。一般而言傳統的電路板規定孔銅的厚度要在 1 mil 以上，但是如果針對較高層次的電路板就會要求更高的銅厚。部分的廠商甚至爲了要方便管制，還對於電路板廠商設定製程的限制，規定金屬化的製程選用，但是增強轉角強度卻是共同的目標。

對策 4.

用低應力細結晶的電鍍藥水強化銅的韌性，由於一般的電鍍銅所要求的延展性只要 8% 就可以了，但是正常的電鍍銅槽所鍍出來的銅進行拉伸測試多數都可以高於 12%。不過如果槽液老化之後，這個測試值都會降低。對於一些轉角拉伸強度要求較高的產品而言，如果採用恰當的專用藥水，會有機會大幅提升拉伸強度，某些廠家號稱特定的產品有 20% 左右的拉伸承受能力。

對策 5.

傳統的電路板最終金屬表面處理，常採用噴錫製程，但是它所產生的熱衝擊卻十分的大，尤其是一些厚度較高的電路板。如果能夠改採非噴錫的製程處理金屬表面，當然有助於降低這樣的問題發生。

對策 6.

改變組裝的程序，降低熱衝擊。

對策 7.

注意化銅前處理的微蝕清潔條件，避免銅與樹脂間產生任何的可能間隙。任何不預期的間隙發生，都將加速轉角的斷裂。

問題 10-12　鍍層晶格結構過大

可能造成的原因

1. 添加劑含量過低
2. 鍍液溫度過高
3. 電流密度過高

參考的解決方案

對策 1.

以哈氏槽或電化學法進行分析，將添加劑調整到應有的水準，同時應該要找出偏離的因素並排除它。

對策 2.

確認所用添加劑系統之需求液溫，尤其在夏天應考慮加裝冷卻管降溫，因為循環過濾及電鍍都會讓藥水增溫。

對策 3.

確認電流密度值與所用的添加劑系統是否相符，如果過份接近邊界值就應該要適度調整。

 問題 10-13　無機物污染

可能造成的原因

鍍液砷含量達 7 ～ 8ppm 時將導致鍍層粗糙，7 ～ 8ppm 的銻會造成鍍層脆化，150 ～ 200ppm 的氯離子會使得鍍層平整性不佳，並使得陽極產生極化。

鐵離子到達 7500ppm 會促使陽極極化，鍍液中含有鉛離子會使得鍍層出現顆粒，含鎳會使得分佈力變差，含銀會使得線路鍍層變脆，含錫會使得鍍層變黑變粗，含鋅會降低分佈力。問題可能來源包括：

1. 水質不良導致無機污染。
2. 外在的金屬污染所產生的影響

參考的解決方案

對策 1.

控制水質，包括電鍍藥水配置時的水質以及水洗水質，一般都會以 DI 水進行配槽作業，這樣至少不會有一般性無機物的困擾。

對策 2.

此處所列出的無機物中，屬於金屬的部分大多數都可以使用低電流密度假鍍方式或化學沈降法加以去除。

 問題 10-14　添加劑消耗過快

可能造成的原因

1. 添加劑濃度過低、過期導致強度不足
2. 光澤劑在陽極表面遭到氧化
3. 新線配置設備吸收

參考的解決方案

對策 1.

可以要求供應商提供較高濃度的添加劑包裝，遵守先進先出原則並在進貨時確認製造日期。

對策 2.

檢查陽極是否有銅點裸露 (正常陽極表面應有一層均勻黑膜)，另外如果使用不溶性陽極會讓消

耗量大幅增加，這些都是必需要瞭解的部分。某些廠商號稱可以利用不溶性陽極的表面塗裝降低消耗量，這方面業者最好進行驗證再使用，以免與使用的系統不相容達不到預期的效果。

特定的配方可以用在不溶性陽極系統以及脈衝電鍍系統，這兩種電鍍系統對於添加劑的消耗量都會比較大，在採用前可以進行評比來判定其效益。

對策 3.

新設的電鍍線一般都會對有機添加劑有吸附的作用，在達到滿足點之後消耗量就會逐漸降低，這方面的現象必需要瞭解。如果持續發生這樣的情況沒有改善，可能就有其它的因素干擾，必需要進行仔細的研究排除它。

問題 10-15　孔銅與內層銅分離

圖例

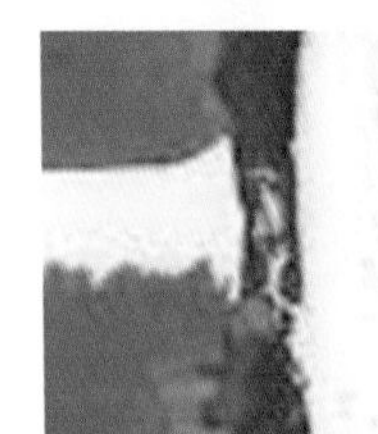

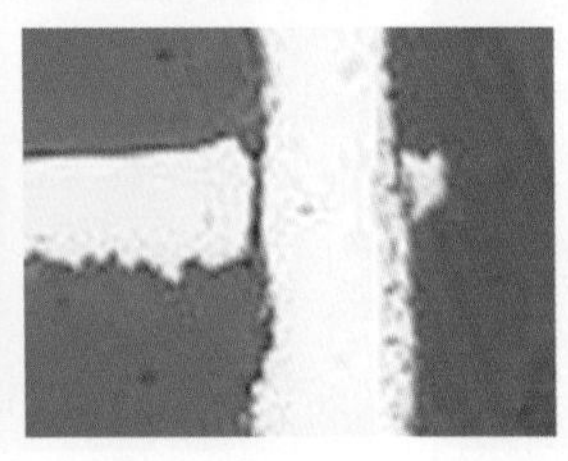

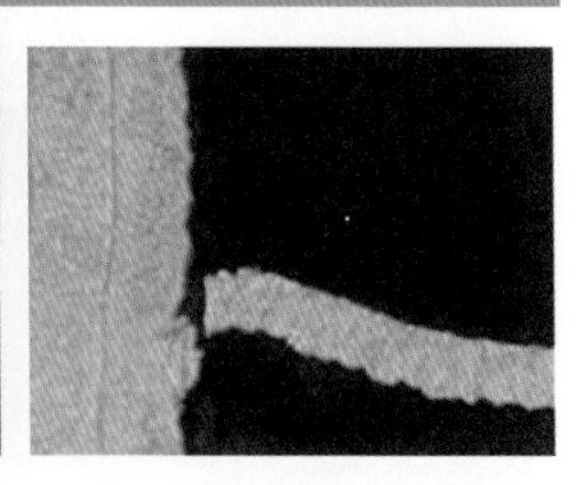

可能造成的原因

對於斷面的切片，必須要適當的加以蝕刻，否則容易產生誤判的可能性。因爲斷面發生在介面間還是銅皮或電鍍銅內，是判斷問題的基本依據，因此作業時必須要恰當處理，其中尤其是切片後粉屑清除格外重要，否則物判的可能性就會提高。

孔銅與內層銅分離的問題，基本上與孔銅自孔壁上脫離極不同。這所呈現出來的有兩種現象：

1. 銅與銅之間結合力不足
2. 銅本身強度不足的問題。

參考的解決方案

針對孔銅與內層銅分離的問題而言，必須先看斷裂面是出現在內層銅，還是出現在鍍銅與內層銅介面間。

對非高層板而言，基本上不太容易發生內層銅斷裂的問題，因爲整體的厚度並不高，在冷熱過程中所產生的應力相對也較小，因此不易發生這樣的問題模式。針對兩種可能的問題現象做一個對策的探討：

對策 1.

但是對於高層板而言，選用較耐應力的銅皮會是其中一個應有的動作。其次在基材方面，也應該考慮用較低膨脹係數的材料，這才能降低熱應力造成的傷害。一般而言如果出現在銅皮內，多數的位置恰好在該區域會發生凹陷的現象，當漲縮發生時就會以向外拉扯的力量。要避免這樣的問題，較好的處理方式就是在鑽孔中將低切割的凹陷量。

對策 2.

至於介面間斷裂的部分，只要孔壁還算整齊，多半問題就會發生在清潔度不足或者電鍍銅的伸長係數過低，導致斷裂。調整電鍍製程中的酸洗和微蝕處理，選用恰當的電鍍光澤劑系統是必要的工作。

當然在作業之前還是必須要注意問題的判斷正確性，因爲這樣的現象時常與除膠渣不潔扯在一起。

問題 10-16　孔內蝕刻斷路

圖例

可能造成的原因

孔內斷路分爲鍍不上和鍍後保護不良又被攻擊兩種，圖面顯示的是保護不良的範例。

參考的解決方案

對策 1.

由切片斷面可以發現，斷路的斷面較直，顯示出是被蝕刻所產生的，並不同於一般電鍍不良的案例，因此是鍍錫不良所造成。因爲是發生在通孔中央，因此不是鍍錫太薄就是根本沒鍍到。

尤其碰到小孔電鍍容易殘存空氣，鍍錫不小心就會產生問題。因此可以做以下幾件事：可以加強電鍍掛架的震動，可以調節藥水內的表面張力，可以加強設備的擺動等等。這些動作，應該會對孔內斷路的問題有幫助。

問題 10-17　銅狗骨頭 (Dog Bone)

圖例

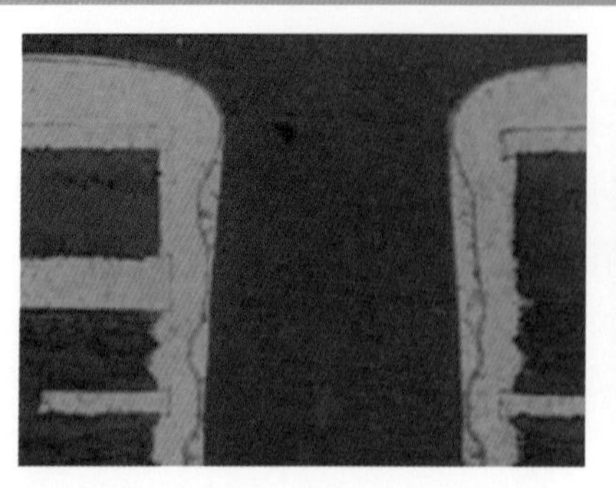

可能造成的原因

1. 電鍍條件不佳使孔邊比孔內析出快，惡性循環的結果孔內更不容易析出，於是產生了狗骨頭。
2. 光澤劑系統配置不佳或比例偏移造成析出控制不良，因而產生狗骨頭。

參考的解決方案

對策 1.

電鍍藥液的流動，直接影響銅離子的供應。如果孔內的藥液更換率低，加上電流密度高所造成的孔邊快速析出，會使藥液更換率更低，於是狗骨頭的現象必然發生。這也是爲何多數的深孔電鍍會使用較低的電流密度，其目的之一就是要降低析出速率差異。

對策 2.

光澤劑系統本身所具有的功能是可調整的，各家的配方不一。光澤劑本身是一個泛稱，它可以包含多個不同功能的藥水配方，例如：潤濕劑可以改善表面張力，使電路板的死角容易潤濕，同時若電鍍會產生氣體，它也有防止針孔的功能。平整劑可以改善填充能力，使凹陷處得以經過電鍍而平整化。光澤劑則可以調節電鍍的表面電阻，使電鍍的分布因爲光澤劑的濃度變化而產生不同的析出效果。這些功能性的藥液混合體，被統稱爲光澤劑系統。如果要改善狗骨頭現象，改善光澤劑系統也是一個方法。

 問題 10-18　孔邊銅結 / 毛邊銅結

圖例

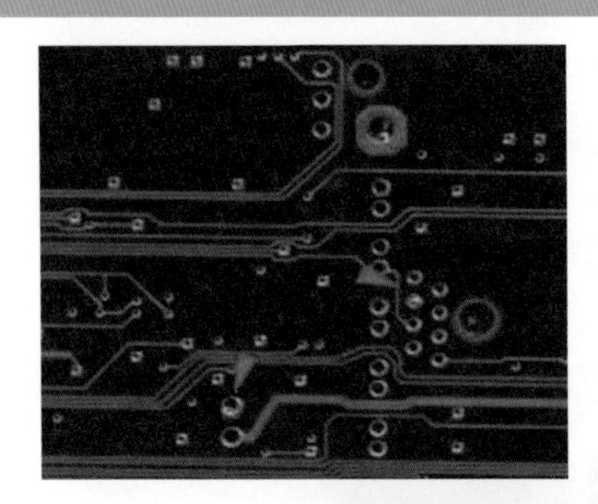

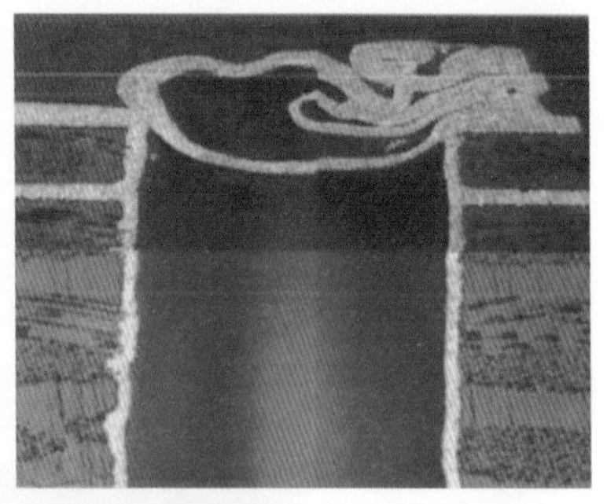

可能造成的原因

孔邊銅結是在電路板電鍍的過程中產生，但卻未必是眞正的來源，它的主要原因如後：

1. 孔邊若有毛邊則會發生孔邊的銅瘤，這就是孔邊銅結的一種
2. 如果由外來的物質沾黏，再由電鍍包裹而成之銅瘤也可以是孔邊銅結的一種

參考的解決方案

由於孔邊屬於高電流區容易產生極性體聚集，因此銅結發生率略高電路板孔邊本來就是高電流區，因此只要有誘電體的環境，很容易就會發生孔邊銅結的現象。由電路板的表面很難判斷問題之所在，必須借重切片才能判定是毛邊所產生的問題還是異物所產生的問題，因此提出解決方案如後：

對策 1.

鑽孔後毛邊的產生是來自於金屬的延展性，對毛邊而言在鑽針進入銅皮時會產生拉扯，其所造成的銅毛頭會成爲電鍍時的電荷集中區，當然金屬離子的還原速度會比其他地方快，也就產生銅的析出突起。因而防止產生毛邊銅結較直接的方法就是改善除膠渣以後的刷磨，只要去毛頭的動作確實，這樣的問題並不容易發生。

對策 2.

至於物質沾黏的問題，由於電路板的製作過製中使用了許多的有機藥液，諸如界面活性劑、活化劑、清潔劑、光澤劑等。這些藥液在作業過程中或多或少都會有分解老化的現象，如果這些副產物具有極性，就容易被吸附在孔緣，產生孔邊銅結。且從切片中可以看出如果銅結是中空的現象，就是有機物作怪。

解決這樣問題的方式，除了設備的定期保養必須確實，對於槽體設計死角的減少及異物的排出，也都要特別注意。某些製程使用者，近來也考慮使用活性碳濾心在電鍍線操作中直接將有機物濾除，以防止類似問題的發生，這樣的做法或許對異物的排除有幫助，但是在藥水操作成本方面，勢必費用會增加。

問題 10-19 雙打雷射包孔

圖例

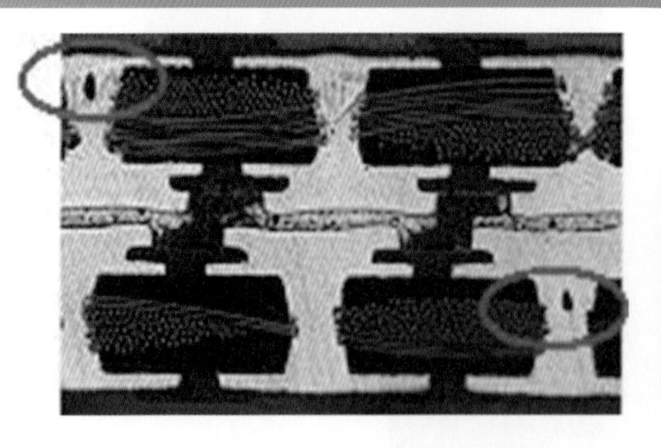

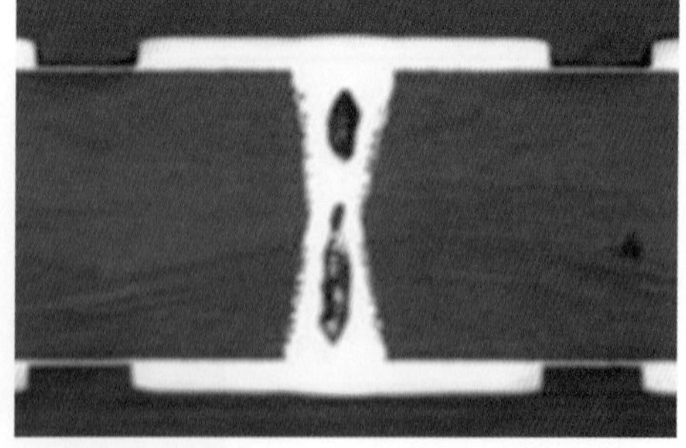

可能造成的原因

雙打雷射是爲了克服較厚電路板全填孔需求採用的方法，這種加工法在電鍍面對比較深的孔時，從中心先完成連結形成雙面盲孔，在靠填孔配方將兩面完全填滿。但是大量取樣，很難完全避免這類問題的發生。它的主要原因爲：

1. 縱橫比偏高、噴流不足，導致無法順利置換藥水。
2. 電流密度偏高，導致包孔現象發生。
3. 鑽孔控制不良，導致孔形不佳電鍍困難。

參考的解決方案

雖然有藥水商宣稱可以利用提供的藥水完整填充縱橫比高達 4.0 的孔，但是目前業者就算保證不發生包孔現象，其實還是難免偶爾會發現雙打雷射孔出現包孔問題。雖然信賴度未必有問題，但是客戶不會喜歡有這類現象存在他的電路板上。

有藥水業者提供先脈衝後盲孔電鍍的作法，展示資料顯示效果還不錯，不過成本與控制能力讓業者不易接受這種製程。面對需求強勁又不易達成，確實令人苦惱，僅將常被業者提及的解決方案整理如後：

對策 1.

雙打雷射的基材應該要審愼選用，如果纖維細緻容易加工，孔形穩定度就會比較好，這有利於孔的處理與電鍍加工。儘量將孔的腰身保持在幾何對稱中心，這樣會比較有利於及早形成雙面對稱盲孔。一旦順利形成並未包孔，就會有利於後續的孔填充。

對策 2.

藥水置換不易，可能源自於噴流不足、孔面 Over Hang 過大等因素，有效調整藥水置換並降低孔口品質，必然有利於包孔的降低。電流密度大小會影響面與孔的成長對比，適度降低電流密度，對某些藥水確實可幫助填孔。噴流是否強化一定好，這必須要看藥水的特性而定。一般填孔藥水都偏向使用平整劑遮蔽孔的轉角，以提升孔底向上成長的對比。如果噴流加大，對於這些藥水的作用會產生干擾，因此使用者必須與藥水商討論藥水特性，給予最佳的攪拌噴流條件。

避免採用有膠軟板基材，降低結合片使用與厚度降低都有助於降低流膠的程度。鑽孔條件適度調整，某些廠商還採用冷卻手法來降低產生的膠量。

問題 10-20　包銅與斷銅的差異

圖例

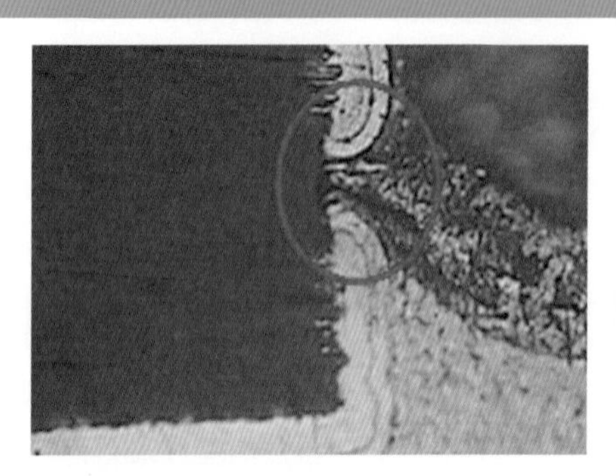

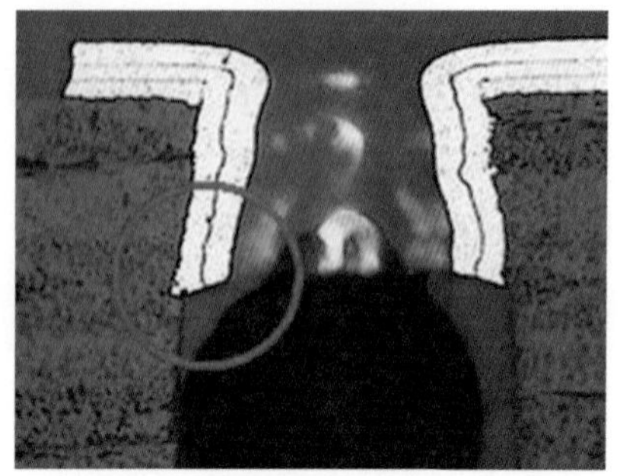

可能造成的原因

兩種孔破現象的肇因並不相同，左邊的缺點可以明顯看到，孔壁的銅完全被表面層銅包覆。這表示在電鍍過程中缺銅的斷裂區已經分開而被後來的電鍍包覆。另外上下位置都還保持與面銅導通，所以電鍍過程也還能順利成長出最表面的銅。

對照右邊的缺點，就明顯看到內層次的銅並沒有被表面的銅包覆，因此可以確定這個斷面是沒有完整保護，受到外來蝕刻藥水攻擊所見的斷面現象。如果業者採用線路電鍍搭配純錫電鍍，則可能是純錫覆蓋不良所致。如果是採用全板電鍍＋ ED 製程，則有可能是光阻沈積不完整所致。不過後者目前使用者已經非常少見。

參考的解決方案

如果是線路電鍍製程，建議改善純錫電鍍的槽體保養，同時考量通孔深度改善純錫的灌孔性。

純錫覆蓋不良，也有可能是乾膜殘渣、孔內氣泡造成的沈積障礙，這方面應該要改善外層顯影管理，同時降低停留時間、提升線路電鍍前脫脂處理。

對策 1.

由於電路板的設計高密度化更加明顯，製程間的管制格外需要留意。特別是電鍍前的停滯時間，板廠為了強化稼動率，時常造成電鍍前的 WIP 累積等待，這對於品質維持的穩定度非常不利，應該要明確改善。線路電鍍的影像轉移製程，要謹慎控制操作狀態，以免產生殘屑問題。製程間停滯時間及電鍍前的拖脂處理，也要進行管控與最佳化！

對策 2.

純錫電鍍除了藥水的添加劑維護問題，四價錫的量也是問題。當大量空氣進入電鍍槽，會導致懸浮的四價錫膠羽大量產生，這對於電鍍層的完整覆蓋會有負面影響，應該要留意防止。電鍍設備應該要定期檢查循環系統的完整性，同時對過濾系統做完善的維護。

對策 3.

當面對深孔又使用這類線路電鍍製程時，可以考慮是否將標準純錫電鍍厚度拉高一點，以確認各處的抗蝕刻保護夠完整。比較深的通孔，可能必須加大搖擺幅度及強化框架固定，以免產生氣泡殘留阻礙問題。

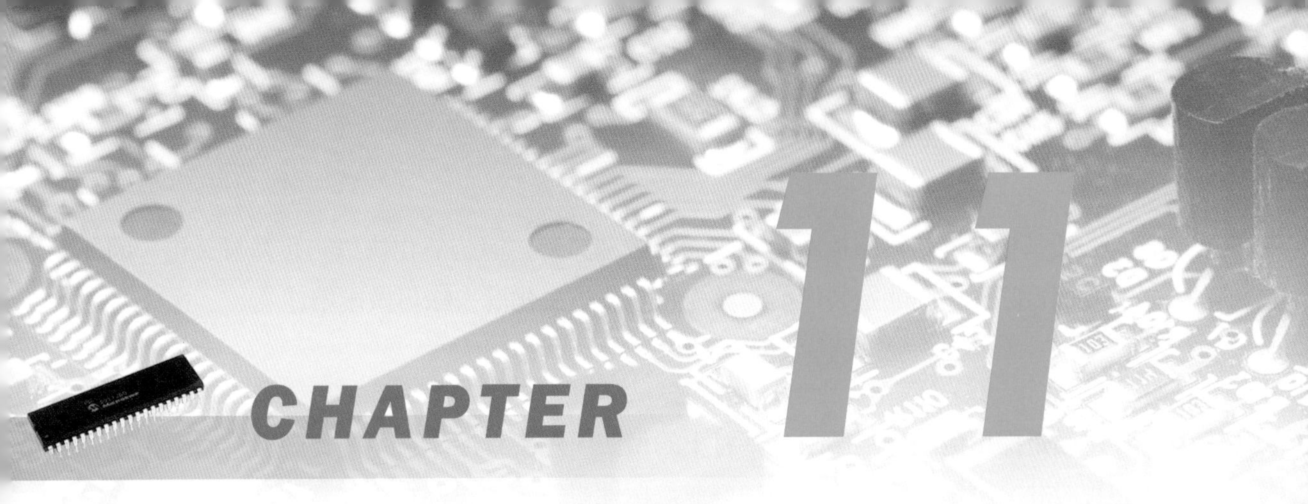

乾膜光阻製程篇－精細外型、線路圖像的主導者

11-1 應用的背景

電路板經過鑽孔電鍍，就必須開始製作外部線路，這個製程主要使用的影像轉移材料是以乾膜光阻爲主，因爲電路板已經完成了孔結構，此時所使用的光阻必需能跨越孔洞懸空支撐在孔面上。某些外層線路製程會採用線路電鍍法製作，但也有些廠商爲了簡化製程或求取線路厚度均勻，而採用直接影像轉移、蝕刻的製作方式生產，這些都是探討這類技術要考慮的部分。

11-2 製程的考慮

銅面前處理

爲了提高光阻與基材銅金屬的結合力，在塗佈光阻前必須進行銅面前處理來獲得恰當表面狀態。前處理一般有機械刷磨、化學微蝕、噴砂等方式，通常使用的是水平傳動設備。銅皮表面防鏽層、污物、鏽斑、凸塊、氧化膜、油性膜、指紋等，都希望藉由此程序排除。

機械刷磨表面處理，會留下刷輪刮出的粗度，其深度及密度依使用的刷輪而不同。機械刷磨的方式有濕式滾輪刷磨 (Buff-Roll)、砂帶研磨 (Belt- Sander)、浮石 (Pumice) 研磨等，可依據污染程度及製程需求作適度選擇或組合。

一般基材在交給電路板廠時，表面多數都會有一層防氧化物以防止基材氧化。因此如果是雙面電路板，在開始製作前應該先將這些防氧化層去除再做後續作業。

壓膜

壓膜是採用乾膜光阻貼附到基材上的做法，壓膜程序是爲了使乾膜與銅面產生黏著力的製程設計，壓後乾膜會用於抗蝕刻或選擇性電鍍。乾膜接著是依靠薄膜本身的變形量，經過適度流動產生的塡充作用達成。而流動產生的方法，是將乾膜黏度降低，同時提供足夠壓力及充裕作用時間來完成。乾膜光阻的基本結構，如圖 11-1 所示。

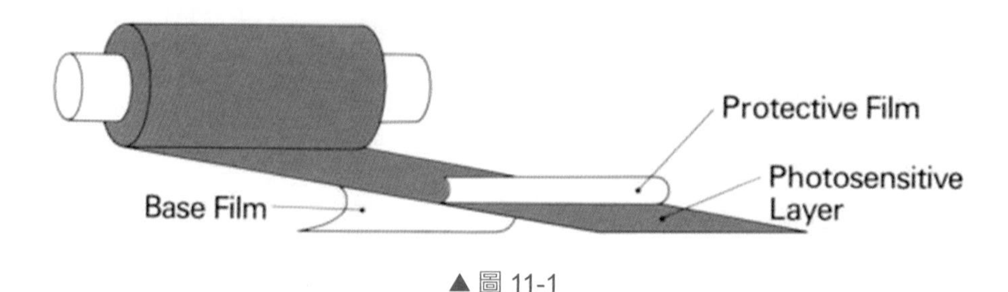

▲ 圖 11-1

對乾膜加熱可以降低其黏度，壓力差則可以依賴滾動、油壓或機械壓力提供，必要時還可以加上適當眞空處理。手動處理設備必須人工上料、乾膜切割及下料，但目前大量生產設備這些工作都已經自動化。圖 11-2 所示，爲典型的自動切割壓膜機。

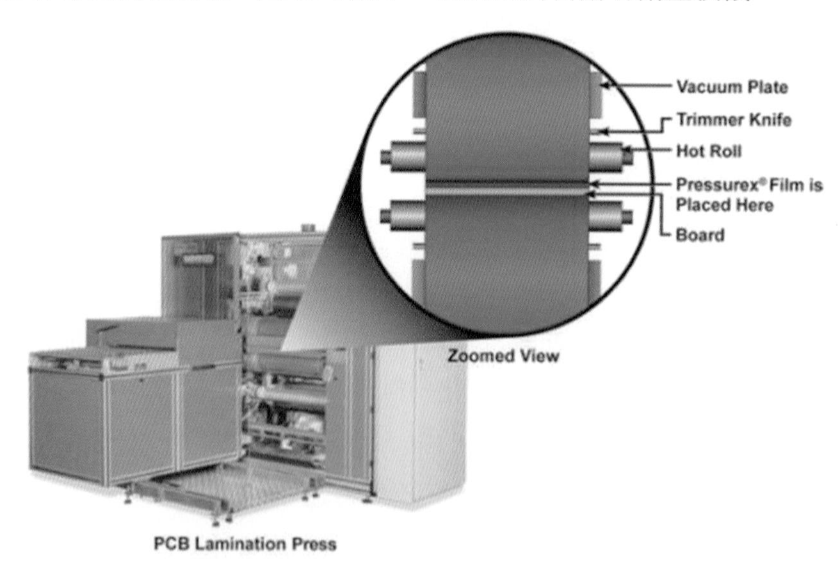

▲ 圖 11-2

乾膜可進行雙面壓合，壓合前必須先將聚乙烯膜剝下以熱滾輪進行壓著，壓合進行中必須將空氣排除並均勻地貼膜。爲應對不同的電路板結構及厚度，壓合前的電路板面溫度控制與預溫、壓合溫度、送板速度、熱滾輪壓力等都是重要製程條件，日常管理必須注意。

熱滾輪壓膜法，是同時在電路板兩面貼上乾膜，當乾膜由機械供應輪拉下來會先去除承載膜，同時會被拉到壓輪上進行電路板壓膜作業，作業完成時表面保護膜仍然保留在乾膜上並未去除。

自動壓膜機有幾個操作變數，如：切刀速度、壓膜輪的下壓力、溫度及時間等。這些變數項目及控制方式，是這類設備的重要能力規格，設備商都會有一些建議值作爲設定標準。

壓膜製程與液態光阻最大的不同，就是具有壓膜及蓋孔製程，基於這種不同特性而必須有一套特定設備，具有良好滾輪品質、固定滾輪尺寸、抓取膜機構、分離承載 PE 膜等功能。將保護膜與乾膜移轉到電路板上，需要許多控制機構與捲曲設計，這使得壓膜機作業與設計有點複雜，但其基本目的卻十分簡單，只是要產生適當的銅與乾膜間結合力。

壓膜的缺點

因爲壓膜產生的短斷路缺點，多數都來自於髒點殘留在乾膜與銅面間，或是存在於壓輪與保護膜間。斷路常是因爲壓輪上有孔所造成或因爲膠面有顆粒嵌入，皺折來自於多種不同的壓膜機問題，凹陷、缺口、斷路可能是因爲有空氣殘留在乾膜底部。

作業者必須儘可能避免所有可能引起的皺折與其它前述缺點，尤其是一些操作應力不均與溫度不當所造成的皺折問題。

曝光製程

良好光阻膜形成後，電路板會與依據原始資料做出的底片組合，進行定能量紫外線曝光。藉由底片區域選別，紫外線曝露區會產生光學反應，因而形成反應區與非反應區。對負型膜而言反應區是不溶性的，對正型膜而言則反應區是可溶性的。

曝光光源可分平行與非平行光源，配合不同光阻而有不同的選擇性。例如：乾膜有保護膜、底片有保護膜都會使曝光厚度加多，而其間所產生的間隙更會使影像失眞。因此非平行光對細線路製作較不利，細密線路應以平行曝光表現較佳。

顯影製程

顯影製程的目的，是將曝光形成的選別影像，經過顯影液的處理而顯現出影像。顯影製程多數使用水平裝置，顯影液以噴嘴噴射至板面與光阻反應，利用化學溶解力與機械衝擊力將光阻移除。作業中顯影液的濃度、溫度、噴壓、板面溶液置換率等，都會對顯影品質造成影響。

由於電路板上方有水滯效應，因此一般上方噴壓要比下方略大以排除水滯的影響，以平衡上下板面的反應速度達成一致。又由於整板的顯影均勻度未必完全一致，同時顯影時會有殘膜回沾的問題，因此顯影完成點一般都會設定在顯影槽的 60 ～ 80% 間，設在何處和光阻的特性及機械設計有關。

顯影噴嘴要左右擺動，使板面均勻接觸顯影液並加高置換率。一般內層顯影都會和蝕刻及去膜連線，因此如何平衡其間的反應速度達成連線需求就成為製程順利運作的重點。

11-3 問題研討

問題 11-1　顯影後銅面上留有殘膜 (Scum)

圖例

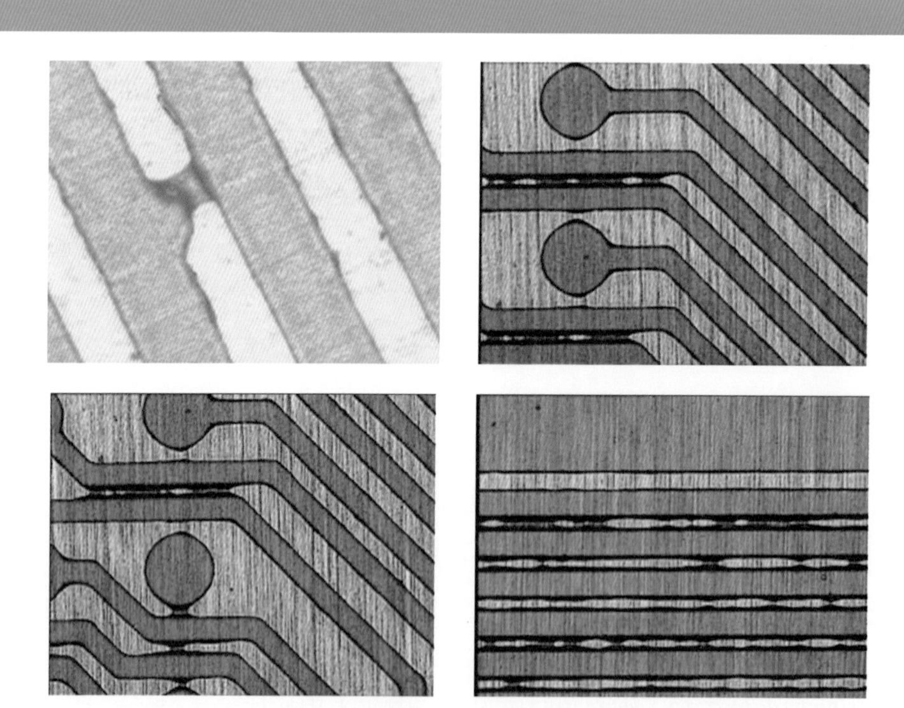

可能造成的原因

1. 顯影不足或後沖洗不足
2. 棕色底片上暗區遮光不夠
3. 脫落阻劑再被打回附著板面

4. 顯影液老化
5. 顯影液噴嘴被堵
6. 壓膜溫度太高，造成阻劑中之高分子發生聚合反應
7. 曝光漏光 (單點塵埃)
8. 顯影後乾燥不足再度溶出
9. 曝光過度，致使未感光區也受到感染
10. 曝光時底片與乾膜未密合使邊緣感光不敏銳
11. 已壓膜之板面曾曝露於白色光源

參考的解決方案

對策 1.

增加顯影時間加強後水洗，確認反應完成點保持在應有位置。

對策 2.

檢查棕片暗區遮光密度及線路邊緣之清晰度，一旦不足則更換棕片。

對策 3.

改善設備噴灑搖擺狀況，讓脫落的光阻能夠順利排出。設備內儘量減少可能會噴的結構，讓回沾的機會降到最低。

作業中儘量避免進行過多的取樣切片，這些切片區可能會因爲支撐力不足而破膜，破裂的膜不論是否曝光都不容易溶解，而可能產生回沾的問題。

對策 4.

每種光阻都有槽體負荷的問題，每單位體積所能承受的光阻量有一定的上限。作業時應該要確定其應有的操作量，不要將作業範圍過度接近其上限，同時應該要定時更新避免失效。

對策 5.

各個壓力表都應該要標示壓力上下限，壓力偏大就可能是噴嘴堵塞。壓力過小會更可怕，有可能是噴嘴脫落或是濾心沒有正確安裝，這些問題都要小心管控。

對策 6.

檢查壓膜滾輪之溫度，一般會以壓膜後出口的溫度爲基準，如果過高就應該要進行調整。調整的方式包括預熱以及壓膜機溫度兩個部分。

對策 7.

當底片與電路板間有小顆粒的異物墊高了底片，則可能會產生曝光漏光的問題，此時有可能產生單點或是小區域的殘膜問題。這類的問題應該要改善清潔的問題，而未必是曝光本身而已。

對策 8.

乾膜光阻本來就是有水溶性的材料，當顯影後沒有將表面的水清乾淨並烘乾，則水分會繼續對光阻產生溶出的作用，最後就會產生間距縮減的問題。

這種缺點與殘膜相當類似，容易發生在比較細的間距區域，在解決這類問題時應該要小心解讀再作改善，某些廠商把這樣的問題判定爲曝光的問題未必是對的想法，最好確認問題根源再做改善。

對策 9.

利用曝光格數表，針對所有的有效區域進行曝光均勻度以及格數的檢定，務必要讓各區域的曝光程度維持在一定的水準下。

另外也要檢查光路的平行度，如果平行度偏離則應該要請原廠進行校正。兩者都有恰當的管控，才能獲得好的解析度。

對策 10.

務必使底面與乾膜間的空隙壓到最小，可以靠眞空度、曝光框壓力、刮板 (Mylar 框) 等輔助密貼性的達成。

對策 11.

檢查黃光室，排除具有 UV 光源與白光的器材。所有已壓膜或已曝光之板面皆，應處於環境良好的黃光室中，不可露於白光環境下。

問題 11-2　蓋孔 (Tenting) 效果不良

圖例

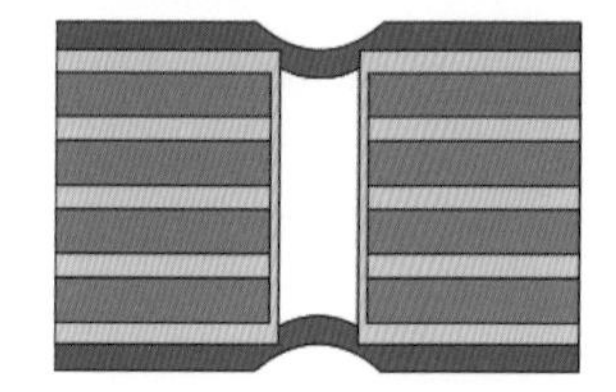

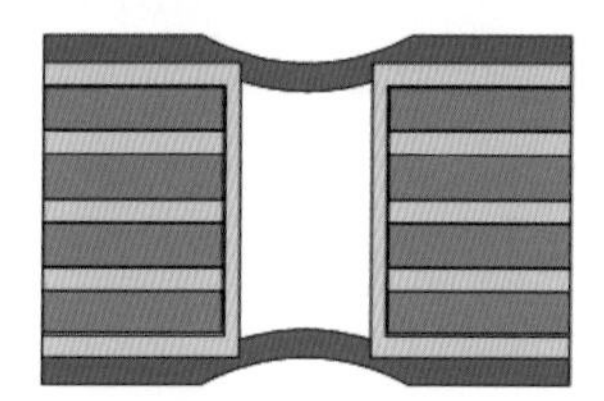

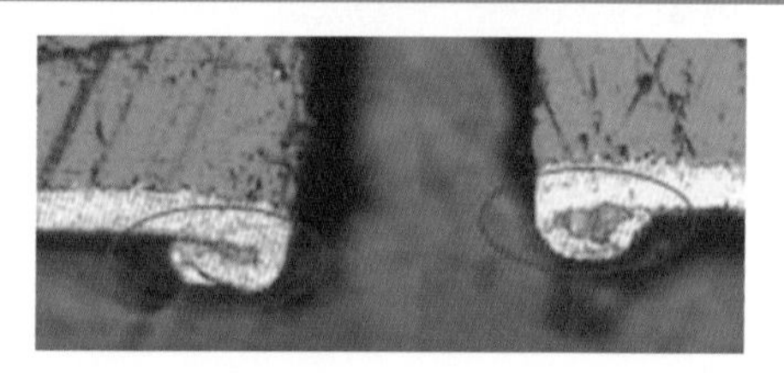

可能造成的原因

1. 通孔孔口周圍有毛頭，致使壓膜不良
2. 壓膜時通孔中有水存在
3. 乾膜厚度不夠，不足以維持架橋蓋孔
4. 棕片明區附著如：缺口、毛頭、污點等
5. 壓膜壓力太大或溫度太高

參考的解決方案

對策 1.

檢查鑽孔後是否毛頭太大，適度加強去毛頭作業以降低剪孔現象。另外在刷磨時也要注意刷壓，不要產生凹陷 (Dish Down) 的問題，過度的凹陷會讓壓膜的孔邊結合力不良，一樣會使蓋孔能力降低。

至於店鍍銅方面，應該要注意固體粒長到孔邊的問題，加強過濾可以減輕這個問題的發生率。

對策 2.

乾膜會在有水的環境中微量溶解，如果過度溶解軟化會讓乾膜的保護力降低，嚴重的可能還會產生產生環狀孔破或破膜等問題，因此壓膜前板子要做低溫烘烤趕走水氣。

對策 3.

增加阻劑層膜厚，至少應在 1.5 mil 以上，不過在選用前應該要留意選用膜的解析度是否足夠。

對策 4.

最好直接更換底片。

對策 5.

對銅面粗度作最佳化，減低壓膜壓力與壓膜溫度，避免發生剪孔的問題。

 問題 11-3　顯影時乾膜受損或發現乾膜浮起邊緣不齊

圖例

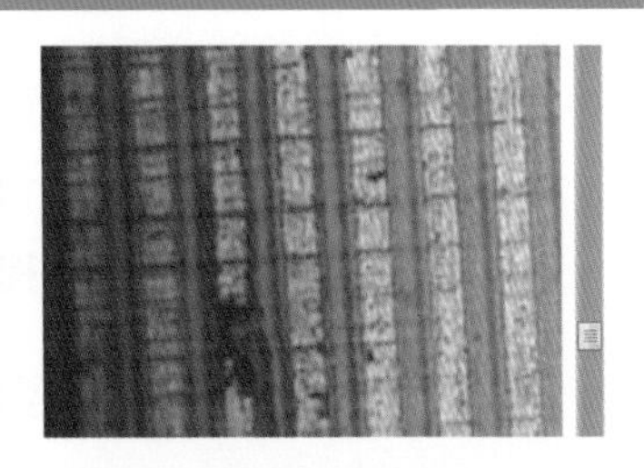

可能造成的原因

1. 曝光不足，致使受光區聚合不足
2. 顯影過度，造成硬化乾膜受損
3. 曝光後顯像前停滯時間不足
4. 顯影溫度太高時間太長
5. 壓膜前銅面處理不良
6. 壓膜之壓力及溫度不夠
7. 板面受損或前處理不良凹陷無法密貼

參考的解決方案

對策 1.

乾膜的曝光條件，與壓膜、乾膜儲存時間、顯影條件等都有關係。何謂曝光足夠，必須以整體的表現來判定。

作業者可以利用曝光格數表進行測試，最好每班都能進行驗證以免產生困擾。

對策 2.

確定顯影線的顯影完成點出現在設定的範圍，過早或是過晚都不是好的作業條件。所謂的過度，可能來自於時間、溫度、藥液濃度、槽體負荷等等因素的總表現，必需要加以驗證。

對策 3.

如果乾膜曝光後的停滯時間不足，可能會發生聚合不完整或是不均勻的問題。一般乾膜曝光後按至少要停滯 15 ～ 30 分鐘，使接近銅面已曝光之乾膜得以進一步硬化，之後才能進行顯影作業。

對策 4.

依據原廠建議控制的顯影溫度、時間進行作業，當然有另外一個變數是噴壓，這方面應該在設線初期就要列入評估。

對策 5.

壓膜前的銅面粗度會影響乾膜的接著力，適當的銅面粗化處理可以產生良好的水破實驗成果。適當的粗度也可以讓壓膜作業順利產生良好的抓地力，這對於達成良好的影像轉移有莫大的幫助。

對策 6.

壓膜應該注意速度、溫度與壓力，其中特別是速度的部分要格外小心，因爲乾膜在加熱後並不是液體而是黏性體，如果速度過快會沒有足夠時間塡充粗度間隙而無法產生足夠抓地力。

對策 7.

板面受損產生的凹陷，是壓膜作業中最大的殺手。它可能會讓乾膜沒有結合力，也可能會讓乾膜在顯影時產生殘膜的問題。如果要測試壓膜、曝光、顯影的製程，最好不要拿前處理不良電路板測試。這樣是在浪費時間，對製程的驗證也沒有幫助反而增加困擾。

 問題 11-4　蝕刻時阻劑遭到破壞或浮起

圖例

光阻浮離斷路

機械刮傷蝕刻斷路

可能造成的原因

1. 電路板持取作業不當
2. 電路板清潔處理不當
3. 製程板曝光不足
4. 蝕刻液控制不良、pH 太高、溫度太高
5. 製程設備損傷

參考的解決方案

對策 1.

顯像後儘量不要觸摸板面，作業間如果可能儘量採用自動化的設備進行生產。

對策 2.

壓膜前銅面要能通過水破試驗，粗度控制儘量與壓膜條件作緊密配合，壓膜前確實進行乾燥處理，停滯時間要適當管控不要停滯過久。

對策 3.

用曝光格數表檢查，搭配顯影條件找出最適當的作業條件來進行生產。

對策 4.

調整蝕刻液狀態，縮短顯影後蝕刻前之停置時間。蝕刻前板子要存放在黃光區內，太多的白光會使乾膜生脆化現象。

對策 5.

一般的人爲損傷都比較沒有全然的方向性，但是機械性的損傷多數都會有固定方向或是間隔。判定爲機械因素時，應該要確認發生源同時排除。

 問題 11-5　線路電鍍發生滲鍍阻劑邊緣浮起

圖例

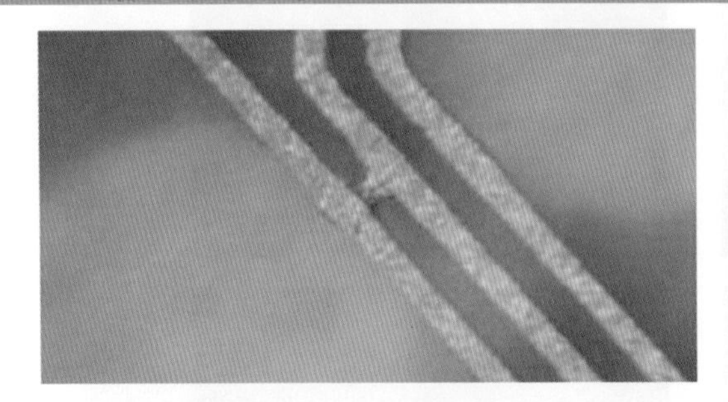

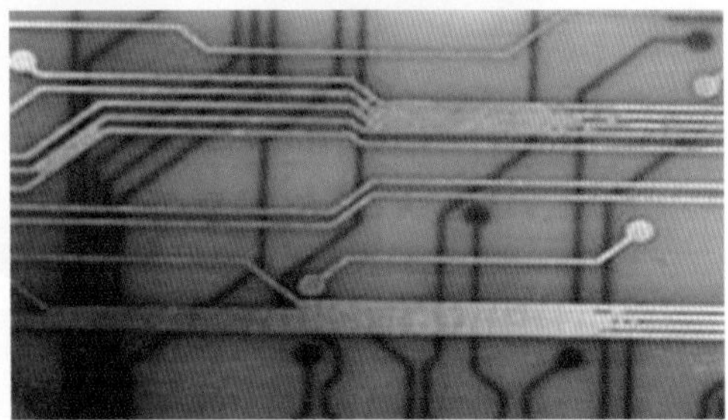

可能造成的原因

1. 壓膜前處理不良導致乾膜附著力不足
2. 壓膜條件不良
3. 曝光不當阻劑聚合不足
4. 顯影過度傷及乾膜
5. 電鍍前處理之脫脂溫度、濃度、種類、時間不當
6. 選用乾膜不當

參考的解決方案

對策 1.

加強前處理銅面之清潔，搭配乾膜的型式進行作業。

對策 2.

一般對於細線路的製作需要比較高的接合力，依據原廠的建議或是降低壓膜的速度，調整正確的壓膜壓力與溫度，這些都有助於改善壓膜的狀況。

對策 3.

利用曝光格數表進行曝光條件確認，維持實際曝光格在應有格數的上下一格以內。

對策 4.

注意顯影條件，確定其溫度、速度、濃度以及顯影點出現的時間與位置，一般在行程的一半到60%就應該完全顯影完成。

對策 5.

選用相容的脫脂劑，搭配應有的操作溫度、濃度、時間，調整到適合乾膜性質的狀態。

對策 6.

電鍍鎳金所使用的乾膜比一般的乾膜更耐鹼，可以承受電鍍中因爲電鍍效率比較低所產生的局部過鹼問題，因此必需要使用專用的乾膜來進行加工才能過關。

問題 11-6　剝膜後發現銅面上尚留有殘渣

圖例

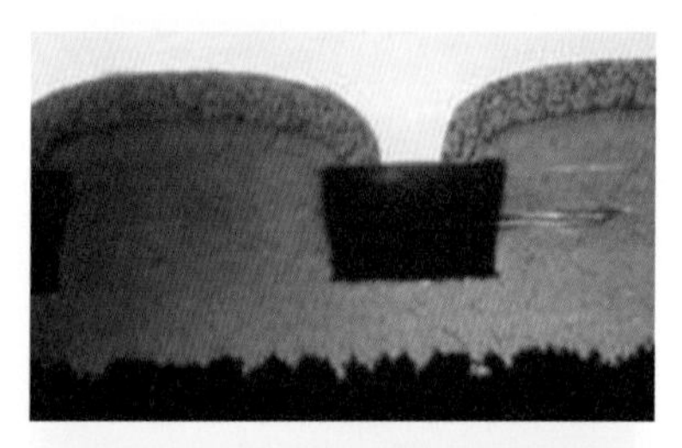

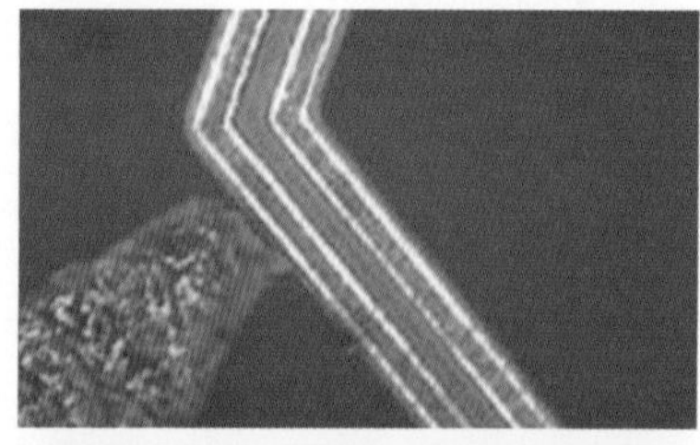

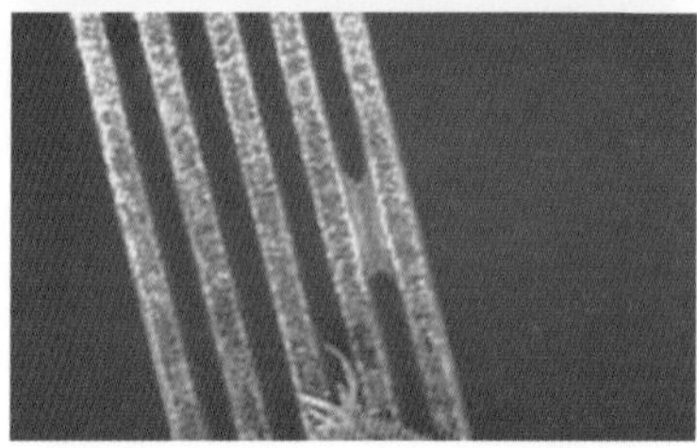

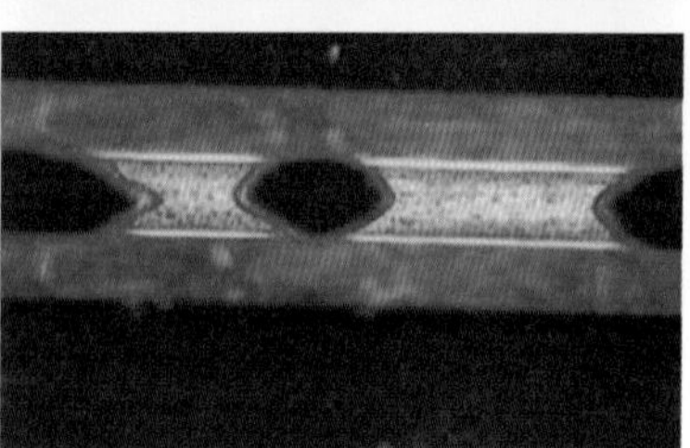

可能造成的原因

1. 剝膜時間不夠條件不足
2. 鍍層厚度超過阻劑厚度造成夾膜
3. 已顯影的板面過度暴露於白光中
4. 顯影後有不當的烘烤
5. 剝膜液老化或問題
6. 已剝落的碎膜又重新附著

參考的解決方案

對策 1.

按乾膜不同的形式及厚度調整壓膜時間，並先作試剝及調整，只要還未電鍍或蝕刻都還有補救的機會。

對策 2.

增加乾膜之阻劑厚度，防止此種夾膜的問題。改善電流分佈減少高電流處之鍍層厚度，增加剝膜時間或更換剝膜液加入碎膜配方可以改善這個問題。

對策 3.

板子在電鍍前或蝕刻前應保持在黃光環境中，已顯影的板子要儘快進行後續製程以減少停滯時間避免介面產生鹽類過度沾黏。

對策 4.

減低或取消烘烤，烘烤可以改善黏著性但也可能產生剝膜不良。

對策 5.

依據一般的管理原則，不要讓藥水過度負荷，補充及換槽都應該依據規定進行。不要因爲生產量不到就不更槽，因爲在槽中的乾膜溶解物還會繼續分解反應，此時負荷量已經產生變化。

對策 6.

換掉剝膜液並清洗槽壁及管路，加強設備中之過濾系統。加強後處理之清洗工作，減少流程時間防止過度聚合反應。

問題 11-7　電鍍線路缺口、斷路

圖例

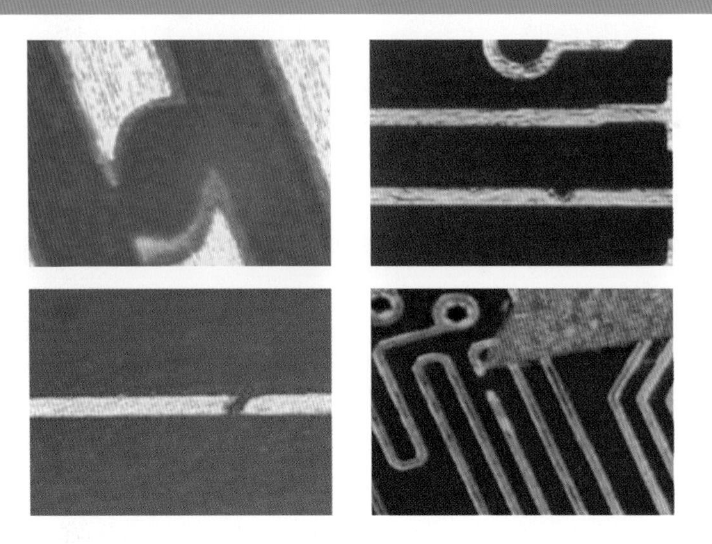

可能造成的原因

1. 乾膜顯影殘膜回沾缺口或斷路
2. 電鍍錫刮傷

參考的解決方案

對策 1.

減少碎片產生的機會，尤其應該儘量避免再生產板上任意作切片取樣。此外對於顯影線的噴流與排水動向也要有適度的配置，另外在傳痛滾輪的保養方面也要留意，這些都可以降低這類問題的發生。

減少過細碎圖形設計，否則乾膜站立不穩有可能片狀膜掉落回沾，簡單的掉落範例如後：

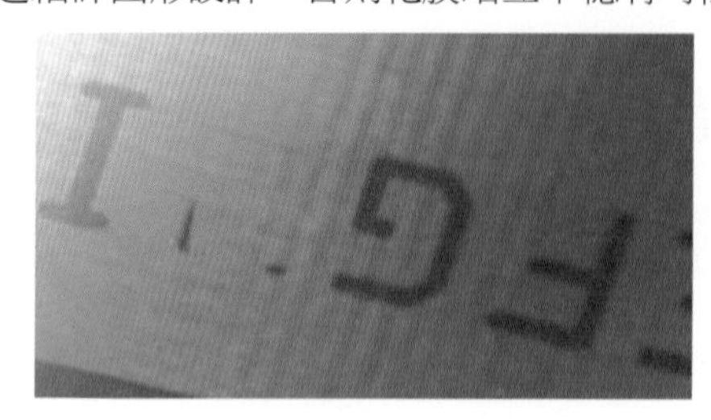

對策 2.

小心維護生產設備與作業手法，避免產生錫面刮傷。

問題 11-8　階梯線路與線路漸縮

圖例

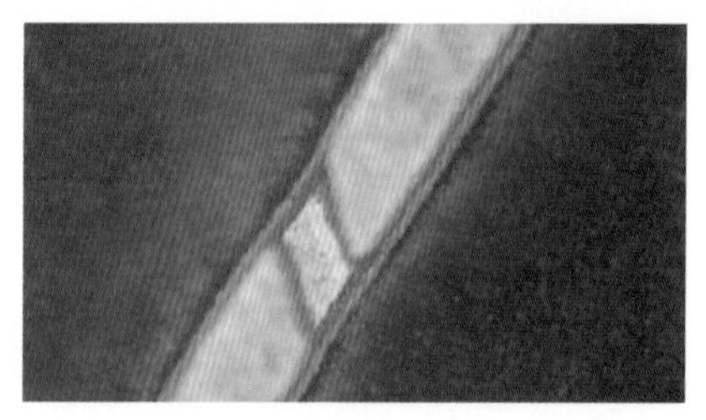

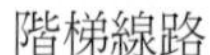

階梯線路

線路漸縮

可能造成的原因

1. 輕微污染抗鍍
2. 曝光真空不良或板面不平下凹

參考的解決方案

對策 1.

改善線路顯影厚的清潔、乾燥與可能的烘乾飛濺問題，如果狀況輕微理論上線路電鍍的前處理就可以清除這類輕微污染。

對策 2.

加強眞空度與延長眞空時間，偶發性的板面不平並不容易防止，但是如果出現定點問題就比較有機會調整處理。

問題 11-9　基材刮傷乾膜

圖例

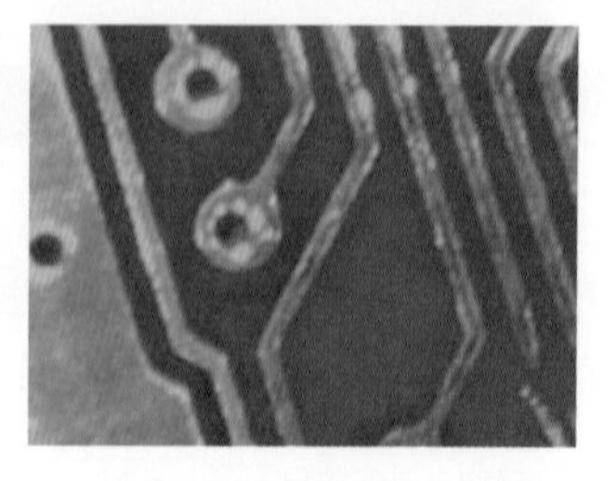

可能造成的原因

一般規則性刮傷比較會判定爲機械性損傷，但是這種不規則不定向的刮傷比較會判定爲操作刮傷。

參考的解決方案

對策 1.

降低人工作業比例，禁止人員一次多片持取作業，翻板上下料機構應該將間隔空間加大。

 問題 11-10　線路短路

圖例

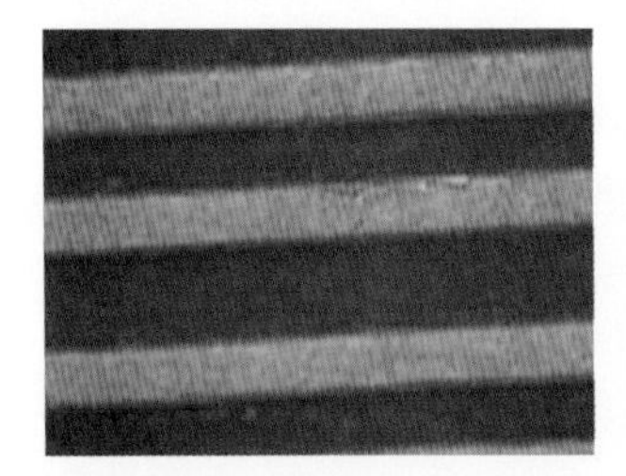 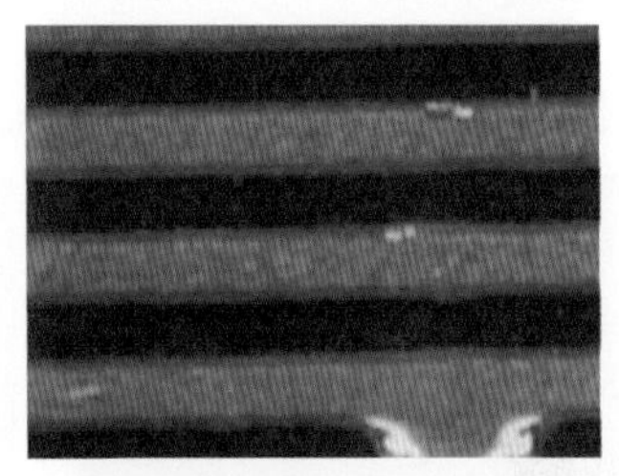

可能造成的原因

1. 曝光污點
2. 顯影刮傷

參考的解決方案

對策 1.

強化曝光前的清潔作業，改善作業環境與作業習慣，考慮使用自動設備或 DI 系統。

對策 2.

改善操作習慣與降低機械刮傷的機會。

 問題 11-11　線路邊緣突出或短路

圖例

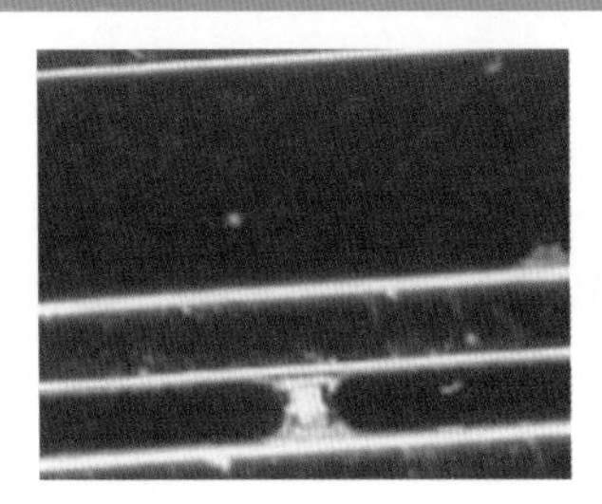 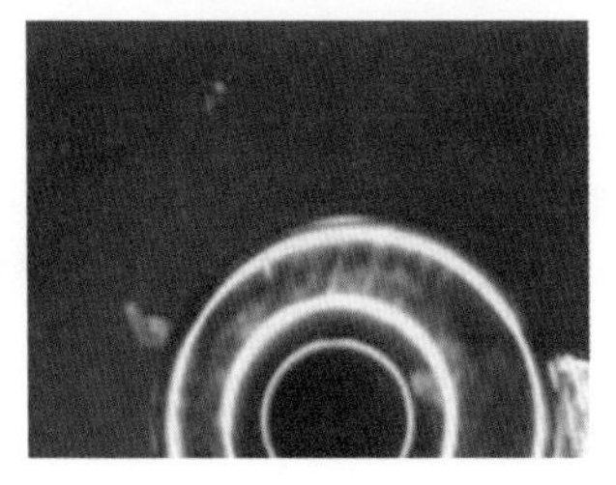

可能造成的原因

1. 剝膜不全
2. 壓膜機滾輪變形量不夠、破損失壓導致錫滲鍍

參考的解決方案

對策 1.

改善剝膜並避免出現線路電鍍夾膜的問題，如 11.6 所述。

對策 2.

改善與仔細監控壓膜機壓輪狀況，柔軟度不足或有破損時就應該要作處與更換。

 問題 11-12　區塊性短路

圖例

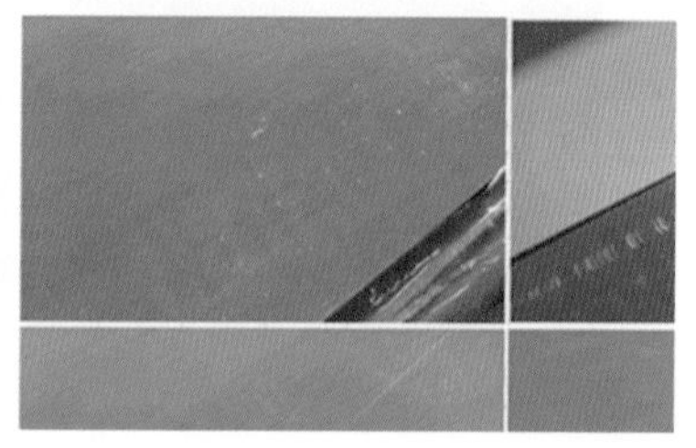

可能造成的原因

過去多數跨線路的短路缺點，業者會判定是作業中操作擦撞或乾膜結合力不佳導致的問題。不過這個案例中的現象明顯不同，出現的事塊狀的短路現象。而又由於電路板的線路設計，已經朝高密度發展，小小的瑕疵就會造成報廢。

圖例左邊中的線路，都是 20/20um 的組合，追查後發現圖例右邊有原料的原始刮痕，這表示問題售原材料的貢獻不小。

參考的解決方案

對策 1.

改善原材料的供應，確認進料的品質狀況，降低有效區出現銅面凹陷刮痕的機會，特別是壓板操作與切形整理的品質。載體銅皮業者使用量逐年增加，但是材料的脆弱卻沒有受到相對重視，這方面需要明確改善。

對策 2.

報戶性措施的搭配，也是一種可以參考的作法。多年前日本的基材公司曾經推出帶有保護膜的基材。這種材料在銅皮壓合後，才將保護膜剝除，運輸與壓合作業對刮撞傷容忍度就比較高。

改善並仔細監控壓膜前處理的狀態，如果表面損傷狀態輕微，也可以靠輕刷、提升壓膜條件等方式克服部分問題。

蝕刻製程篇－通路的選擇者，線路的主要製作方法

12-1 應用的背景

印刷電路板的內外層線路製作，在顯影後都可能會使用蝕刻製程，蝕刻的目的是將光阻未覆蓋金屬區蝕除。對印刷電路板製作而言，將銅蝕除形成線路是電路板製作的重要程序。一般內層蝕刻都是和顯影去膜連結在一起而稱爲 DES(Developing-Etching-Stripping) 線，噴流的方式也和顯影相同是以上下噴灑進行，因此在判定蝕刻完成點驗證上大致與顯影類似，但因爲蝕銅液會不斷侵蝕線路側面，因此蝕刻完成點要設定在比顯影更後面的區域，一般都會超過 80% 蝕刻槽有效長度。

蝕刻是影響線路寬度穩定度最大的製程，一般定義線路蝕刻的能力都以蝕刻因子 (Etching Factor) 爲指標，它是一個蝕刻槽成果控制的重要指標。蝕刻比的定義如圖 12-1 所示。

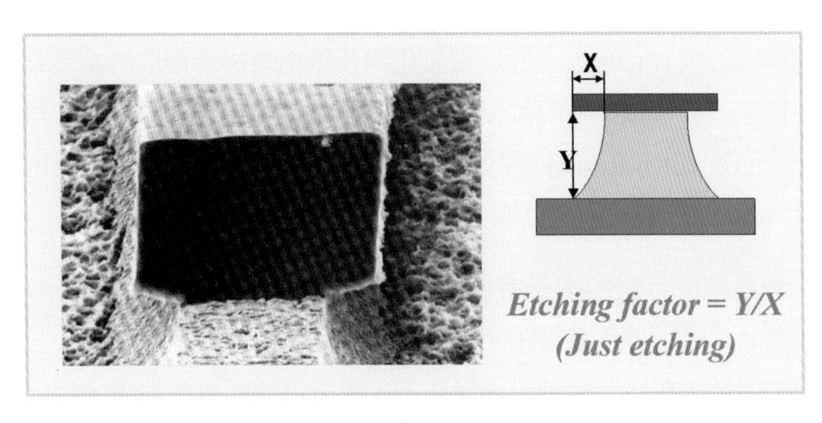

▲圖 12-1

一般蝕刻在電路板同一平面上會有不同蝕刻速率，因此如果沒有清楚定義，所得蝕刻比就沒有統一說法。對直接蝕刻而言，當蝕刻恰好達到光阻與線路底部同寬時就叫做恰當蝕刻 (Just Etch)。此時所得的蝕刻比才是定義的蝕刻比，如果蝕刻使線路底部小於光阻寬度則超過愈多蝕刻比愈高，這種比較就沒有意義了。因此要比較蝕刻比必須在恰當蝕刻時作比較，同時要力求全板面儘量一致尤其是板面上方。

蝕刻控制參數很多，溫度、藥液濃度、銅濃度、黏度、酸度、噴壓、噴嘴分布、輸送速度、板面流動狀況、光阻厚度等都是。除了一些物料變化外，可以機械調整的參數應該儘量自動控制。

一般用於蝕刻的噴嘴有錐狀 (Cone Type) 與扇狀 (Fan Type) 兩類，在使用與設計上各家設備商都有不同考慮與理論依據。兩種噴嘴的噴灑狀態如圖 12-2 所示。在擺動設計方面則有擺動型、平行移動兩類設計，目的仍然以達成板面液體均勻分佈為依歸。

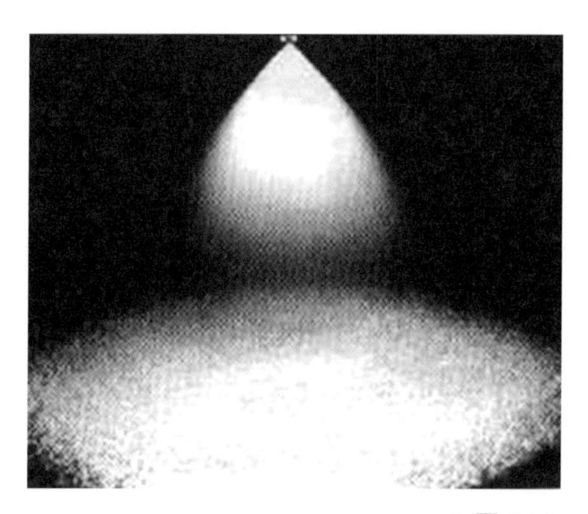
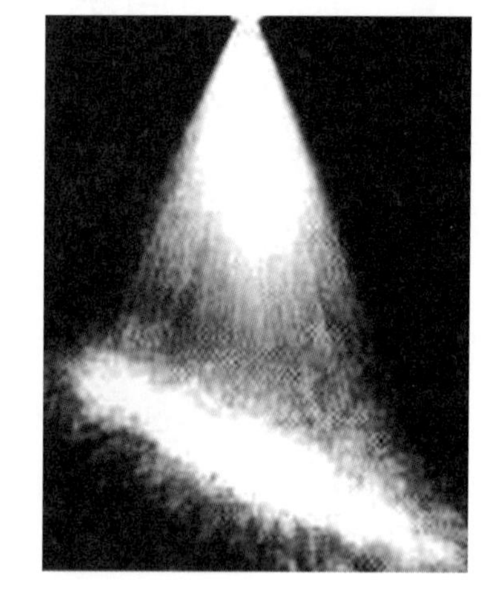

▲圖 12-2

蝕刻液也稱腐蝕劑 (Etchant)，是以強氧化物及氧化酸組合而成的金屬腐蝕液，功能是將銅皮氧化並快速溶解。較典型的蝕刻液有：氯化鐵、氯化銅、鹼性蝕銅劑等。選擇的基本考慮是以適合蝕阻 (Etch Resist) 層的特性優先，氯化鐵及氯化銅主要使用在有機光阻劑蝕刻，鹼性液 (Alkaline) 則使用在以錫、鉛錫、鎳為蝕阻的應用。

選擇蝕刻液系統時考慮的因子有蝕刻速度、蝕刻因子、製程控制、溶液壽命、水洗性、廢液處理難易、成本等多重因子。蝕刻反應受到藥液置換率影響很大，而酸含量高低也直接影響蝕刻因子。在同一蝕刻設備操作下，酸度高側蝕會較嚴重，因此要達到高蝕刻因子必須用較低酸的低蝕刻速率系統。

12-2 蝕刻的原理

針對典型蝕刻液作業原理，作以下的探討描述。

1. 氯化鐵系統

是歷史最久的蝕刻系統，標準電極電位 +0.474V，有很大的蝕刻速度，蝕刻化學反應機構如後：

$2FeCl_3 + 2Cu \rightarrow 2FeCl_2 + Cu_2Cl_2$ ---------------(1)

$2FeCl_3 + Cu_2Cl_2 \rightarrow 2FeCl_2 + 2CuCl_2$ -----------(2)

$2FeCl_2 + 2HCl + (O) \rightarrow 2FeCl_3 + H_2O$ ----------(3)

$FeCl_3 + 3H_2O \rightarrow Fe(OH)_3 + 3HCl$ --------------(4)

$CuCl_2 + Cu \rightarrow Cu_2Cl_2$ -------------------------------(5)

反應進行中銅含量及 PH 會變高，蝕刻速率因而會有改變。

$FeCl_3$ 減少容易產生 $Fe(OH)_3$ 沈澱及 Cu_2Cl_2 覆膜，但添加 HCl 可以提昇 $FeCl_3$ 含量 (如反應式 (3) 所示) 防止沈澱。由反應 (1)(2) 可知反應中 $FeCl_2$ 會增加，但添加 HCl 及應用強氧化物或空氣中的氧可使它再回復爲 $FeCl_3$，(如反應式 (3) 所示)，這種做法可同時保持藥液一定氧化力，而獲得不錯蝕刻因子的線路。

氯化鐵溶液系統因爲有較強的氧化電位，蝕刻速率高促使蝕刻因子能保持較佳水準。但由於必須保持高酸度，因此設備設計必須特殊耐蝕材料否則使用困難。

2. 氯化銅系統

氯化銅系統的標準電極電位爲 +0.275V 比氯化鐵小，相對蝕刻速度較小。蝕刻化學反應機構如後：

$Cu + CuCl_2 \rightarrow Cu_2Cl_2$--------------------------------(1)

$Cu_2Cl_2 + 2HCl + H_2O_2 \rightarrow 2CuCl_2 + 2H_2O$ --------(2)

爲防止銅面產生不溶性的 Cu_2Cl_2 以維持蝕刻力，會構建添加 HCl 及 H_2O_2 的再生系統。由於 $CuCl_2$ 會累積，因而要有 $CuCl_2$ 的廢棄處理。因蝕刻力略弱又屬高酸系統，因此蝕刻因子略差但環保問題少，反應單純理論上較易控制，在適當的控制下應仍可獲得不錯的成果。

3. 鹼性蝕刻系統

電路板用所謂鹼性蝕刻系統就是含氨的鹼性蝕刻液，它的蝕刻速率及銅溶解度都高，一般使用在以鍍錫、錫鉛、鎳金屬爲蝕阻膜的線路製作。應用鍍錫、錫鉛、鎳爲蝕阻的做法，一般都用於線路電鍍以製作外層線路，因此被認定爲外層線路的標準製程。鹼性蝕刻溶液的主要組成成分如後：

NH_4OH、NH_4Cl、$Cu(NH_3)_4Cl_2$、$NaClO_2$，另外會添加一些如：$(NH_4)HCO_3$、$(NH_4)_3PO_4$ 做緩衝劑。

主要的反應式如下：

$$Cu + Cu(NH_3)_4Cl_2 \rightarrow 2Cu(NH_3)_2Cl$$
$$4Cu(NH_3)_2Cl + 4NH_4OH + O_2 + 4NH_4Cl \rightarrow 4Cu(NH_3)_4Cl_2 + 6H_2O$$

充分的新鮮空氣，可以讓噴灑藥液中的銅氧化，因此蝕銅機的空氣循環必須留意。藥液的管理是採取比重控制，以補充溶液排出高濃度廢液的方式進行，再生系統與氯化鐵系統類似。

12-3 問題研討（已在內層蝕刻討論過的類似問題不在此重複）

問題 12-1　板子兩面蝕刻效果差異明顯

可能造成的原因

1. 噴嘴堵塞
2. 輸送滾輪遮蔽不當或噴嘴配置不當
3. 噴管漏水造成噴壓下降
4. 上下壓力調節不當導致差異

參考的解決方案

對策 1.

檢查並清除之，同時檢討發生的原因強化過濾系統，以降低這類問題發生的機會。

對策 2.

調整並重新安排噴嘴的配置與方向，好的設備設計應該要降低滾輪對噴流的影響，同時也應該要將裝置方法設計成防呆的結構，這樣就可以排除這樣的問題。

對策 3.

檢查管路並排除故障，一般的噴流管排爲了要能夠有趕水的效果，都會採用軟管連接的方式來設計。但是裝配的時候如果沒有注意而產生作業時會有動態摩擦的問題，則很容易產生脫落或是破管問題。

另外在接頭的部分，也應該儘量採用快速簡易的拆裝方式，這樣可以減低依靠工具的麻煩，同時也比較會產生作業疏失的問題。

對策 4.

一般水平的處理設備，都會有水滯效應的問題，因此會以上下噴壓不同的方式或是噴嘴配置不同，來補償各區域間的差異。

如果這樣的效能沒有發揮，或是設備產生了控制上的問題，則兩面的偏差就會出現，這些現象都應該予以排除。

問題 12-2　板面蝕刻某些區域尚留有殘銅

圖例

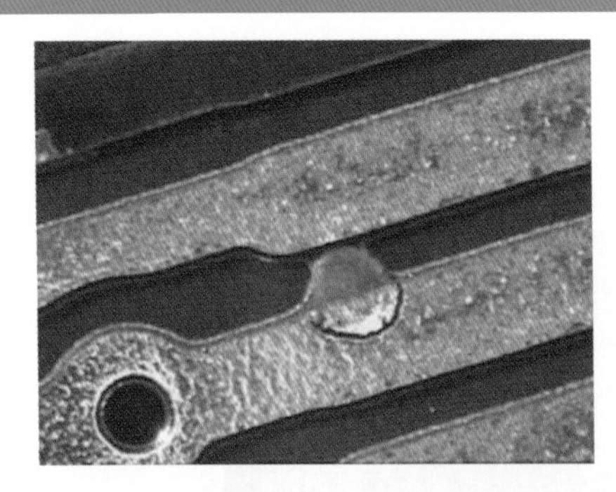

可能造成的原因

1. 板面光阻顯影或剝膜不全殘膜
2. 底片不良致使光阻之顯像與剝膜不良留有殘膜
3. 全板鍍銅板面銅厚不均
4. 修補用油墨沾到蝕刻區
5. 壓板殘膠導致殘銅
6. 輸送速度太快導致殘銅

參考的解決方案

對策 1.

撿查光阻劑之顯影與剝膜製程，改善其作業範圍以降低發生率。

對策 2.

確認所使用的底片品質及其型式，曝光作業區也應該保持應有的潔淨度，以降低產生瑕疵點的發生率。

對策 3.

調整電鍍設備的狀態到最佳狀況，細線蝕刻最好是將需要蝕刻的銅厚度調整到最低，可以考慮採用線路電鍍的製程來製作電路板。

使用的銅皮類型也最好是使用低稜線銅皮，這樣可以提升蝕刻製程的作業寬容度。

對策 4.

目前已經比較少見修補的處理，如果仍然採用這樣的作業方式，要小心油墨乾固硬化的狀態，避

對策 5.

多層印刷電路板都會進行壓合製程，在堆疊膠片的過程中會有樹脂顆粒落在銅皮表面的風險，此時應該要想辦法保持作業表面潔淨度。

一般的作業準則是在每次堆疊的作業時清理銅皮表面，這方面的處理必需要徹底。另外可以在壓板後電鍍前，對於比較容易污染的製程產品進行適當的刷磨，這樣也有助於降低這類問題的比例。

對策 6.

調降輸送速度，並確認蝕刻設備的藥水狀況，如果是因爲藥水變異產生蝕刻速率降低的問題所致，則應該要進行調整。

 問題 12-3　蝕刻發生嚴重側蝕過蝕 (Undercut or Over etching)

圖例

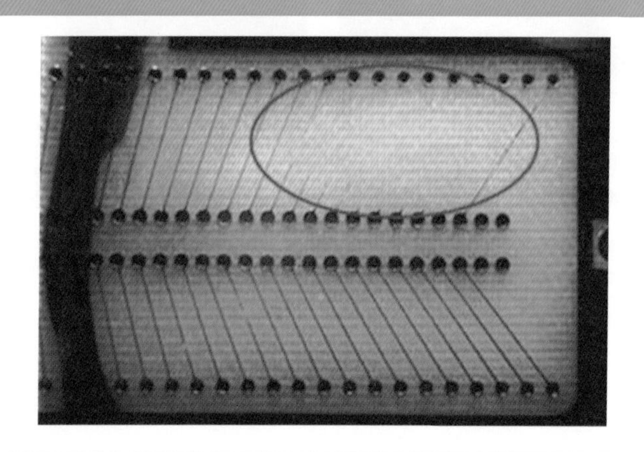

可能造成的原因

1. 噴嘴角度不對，噴管失調
2. 噴壓太大，導致反彈而使側蝕惡化
3. 線路邊緣的阻劑破損或浮離
4. 銅面厚度不均
5. 線路配置差異大，疏線路區過蝕
6. 輸送速度太慢
7. 蝕刻液中鹽酸濃度太高
8. 氯化銅蝕刻液比重太低導致蝕刻速度加快

參考的解決方案

對策 1.

注意設備的維護保養，每次保養後都應該要將設備的配置回歸到原有的狀態。要求設備商將防呆的設計加入，以免發生安裝上的錯誤問題。設置機械時，應該要進行作業最佳化的測試，調整噴管及噴嘴到最佳的狀況。

對策 2.

一般噴壓多設定在 1.5 ～ 2.5kg/cm^2 的範圍，噴壓過強或過弱時應該調整之，一般認爲噴壓強對於側蝕比較不利，實際上如果採用低酸的系統有可能噴壓較高對於蝕刻比反而有利。最佳狀況如何，必需要依據使用的藥水與設備搭配才能決定。

對策 3.

噴壓太強或出自前站阻劑製程中清潔與顯影的不良，這些都應該在前製程加以改進。

對策 4.

銅厚度不均的問題，應該要進行電鍍厚度的最佳化，同時考慮將製程朝向線路電鍍的方向製作，會讓製程寬容度加大。

對策 5.

線路的分佈是設計的必然，如果線路配置差異過大，可以考慮進行不均勻的補償設計，或是分兩次蝕刻的作業法。當然這樣的作法都不是常態也比較費事，但是如果產品的需求確實很嚴可能還是必需要如此作。

對策 6.

檢討蝕刻速度的設定是否正確，按銅厚不同而改善其傳動速度，校正設定速度確認其正確性。

對策 7.

以鹽酸做爲再生劑者，槽液內含量不可過高，鹽酸太濃時應檢查管路閥門。

對策 8.

檢查槽液在 54℃時的比重值是否仍在 1.26 ～ 1.29 之間，比重太低速度就會加快。檢查各水管是否漏水，添加銅量使比重回升到 1.26 ～ 1.29 之間。

問題 12-4　輸送帶中前進的板子呈現斜走現象

可能造成的原因

1. 機組安裝之水平度不良
2. 噴管擺動不正確導致板面噴壓不均引起走斜
3. 輸送帶齒輪損壞造成某些傳輪桿的停工
4. 傳動桿彎曲或扭曲
5. 機組內擋板太低使板子受阻

參考的解決方案

對策 1.

調整各段滾輪之水平角度與排列尤其是銜接的地方，因爲銜接的地方如果有高低差則產生旋轉偏移的機會就會大增。

對策 2.

調整噴管擺劫狀況，必要時請供應商進行調整與修改。

對策 3.

更換損壞之滾輪，避免在需要動力推進的地方採用惰輪設計。

對策 4.

更換不直的傳動桿，在設被設計之初就選用比較強韌的材料進行設備的製作。

對策 5.

調整擋板的角度與高度，必要的時候重新設計製作。

問題 12-5　銅蝕刻製程速度變慢

可能造成的原因

1. 再生用化學品的供應有問題，導致再生反應減慢或停止
2. 管路漏水造成蝕刻液被稀釋
3. ORP 中的微伏特計設定值太低，(低於 500mV 再生反應可能不完全)
4. 量產時板面帶入過多水
5. 蝕刻液比重太高溶銅量太高

參考的解決方案

對策 1.

檢查機組中再生劑的備量及補充情形，同時檢查 ORP 系統及相關控制系統，確認運作正常反應確實。對於必需要保養的半透膜設施，特別要小心定期清理，一旦被堵塞其控制能力就會失效。

對策 2.

檢查蝕刻液的比重，一般控制數值為 1.26 ～ 1.29，如果比重不足者顯然已發生漏水稀釋或是控制系統失效，應該找出問題並加以改善。某些時候比重計因為膨潤的問題而失準，這方面的問題必需要定期進行檢查以確保控制的穩定。

對策 3.

將 ORP 的設定值提高，須在 500 ～ 540mv 之間，可依據藥水供應商的參考資料進行調整。

對策 4.

加裝檔水滾輪或風刀，降低槽間的液體交換。

對策 5.

加水將氯化銅蝕刻液稀釋到比重範圍之內，應保持在 30 ～ 32 波美度之間 (比重值 1.26 ～ 1.29)。

問題 12-6　鹼性蝕刻液過度結晶

可能造成的原因

當鹼性蝕刻液之 pH 低於 8.0 時，則溶解度變差之下將形成銅鹽的沈澱汲與結晶

參考的解決方案

對策 1.

檢查補給用備槽中的子液 (Replenish Solution) 是否仍足夠，檢查子液補充之控制器、管路、幫浦、電閥等是否堵塞異常。確認是否過度抽風，而造成氨氣的大量逸走致使 pH 降低，檢查 pH Meter 的功能是否正常。

因爲鹼性蝕刻的作業，主要輔助氧化的動力是空氣。如果設備保養時調整過抽風狀況，而在回復生產時卻沒有復歸抽風的狀況，則整個反應平衡就會被破壞。

問題 12-7　鹼性蝕刻效率太差，儲槽底部有鹽類沈積

可能造成的原因

1. 槽液進水過度稀釋，導致 pH 降低溶解變差鹽類析出蝕刻效率劣化
2. pH 値太低

參考的解決方案

對策 1.

檢查進水情形，一般多半是來自於槽內冷卻水管的漏水或板子帶入水份太多。

一般連線如果檔水滾輪異常，就會不斷帶進水份導致藥水狀況偏離。如果沒有發現檔水的問題，則應該檢查儲槽中冷卻管的狀況，如果漏水則應停機調槽，進行管路的檢修。

對策 2.

確認抽風是否太強，尤其是在保養過後更是要小心這個問題。因爲許多作業者在保養時爲了降低氣味，會將抽風開大而在恢復時忘了調整回來，這樣的狀況一般應該可以在設被的設計上進行改進。

問題 12-8　連續蝕刻時蝕刻速率下降，停機一會又能恢復蝕速

可能造成的原因

抽風量過低，導致氧氣補充不及

參考的解決方案

對策 1.

鹼性銅蝕刻也是一種氧化反應，其抽風一則可以除臭，二則可以補充氧氣。有時候爲了防止氨氣過度逸走，當降低抽風量時就發生氧氣供應不足的問題。

這方面的問題可以考慮用雙牆設計的結構降低味道，同時可以用封閉式的迴風系統將空氣打到槽體底部進行攪拌。這樣的作法可以加速氧氣的作用，同時可以降低抽風量而不會有重大的氣味，始可以與廠商討論進行設備的修改。

問題 12-9　線細與過蝕

圖例

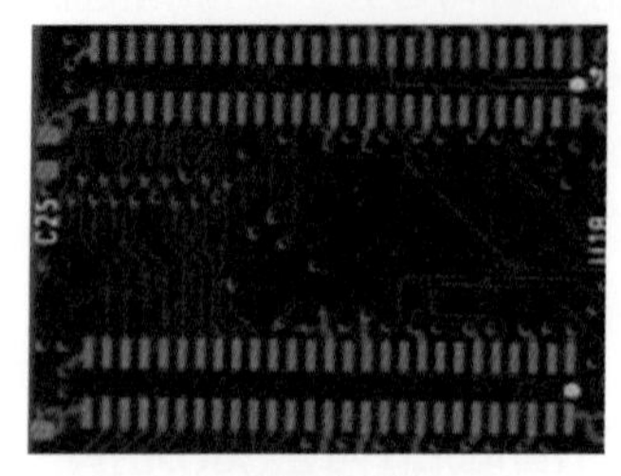
外層線路線細

過蝕

可能造成的原因

電路板外層線路可以用全蝕刻製作，也可以用線路電鍍加蝕刻製作。對細線而言，以線路電鍍的製作方法較普遍，因此以這種做法為探討目標，主要的線細問題有幾個因素如下：

1. 底片設計補償因子
2. 底片製作不良
3. 曝光不當造成影像轉移不良
4. 蝕刻因子 (Etch Factor) 不足或過蝕造成細線能力不佳

參考的解決方案

外層線細的探討不外是影像轉移與蝕刻不佳所產生的問題，茲就特定的可能因子，嚐試作解決方案的闡訴：

對策 1.

線路製作首重影像轉移的控制能力，不能控制精度在規格內就無法做到良好的線路。

由於線路製作過程中，線路的尺寸變化的影響因子包含了影像轉移、線路蝕刻、後續處理等。因此在影像轉移的關鍵工具底片如何製作，就備受重視。

廠商對外層線路設計，會針對一次銅及底銅的厚度，有一套補償係數設計標準。如過作業狀態有變異，記得要調整設計參數，否則線路不是寬就是窄，很難達成目標。

對策 2.

常用的底片有棕片 (Diazo film)、黑片 (Emulsion film) 和玻璃片等。一般電路板廠仍以塑膠片為主要工具，只是所用的廠牌，以及是由繪圖機繪出或是由曝光機再製出的不同而已。如果是再製片，也就是常用到的棕片，每次重製所產生的偏差量會隨機的。

對精度較高的電路板而言，如果要保持良好的製程穩定度，仍以直接繪出的底片公差較小，當然底片成本也會高些。

對策 3.

外層線路如果漏光，線路間距就會加大線路自然會細，必須加以防止。

對策 4.

某些產品必須作細線路，但是蝕刻製程的能力不足，因此對大尺寸的內層板，會產生邊緣線路乾淨但板中間卻有銅渣，如果板中蝕刻乾淨則板邊有線細的問題。

如果要徹底解決此問題，就必須提昇蝕刻均勻度，同時要強化蝕刻因子的能力，例如降低水滯效應、降低平均蝕刻速率，都是可以嚐試的方法。

問題 12-10　短路

圖例

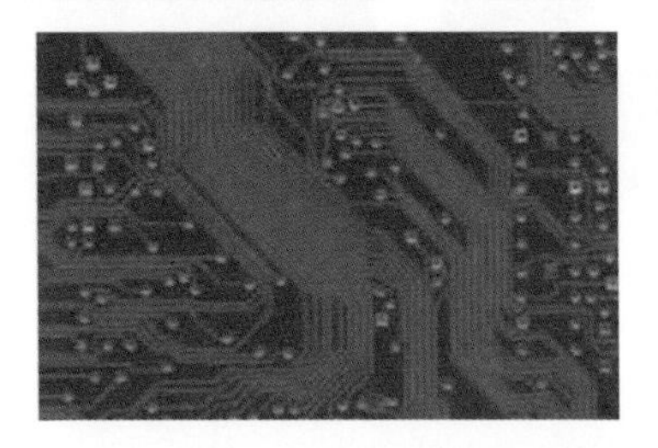

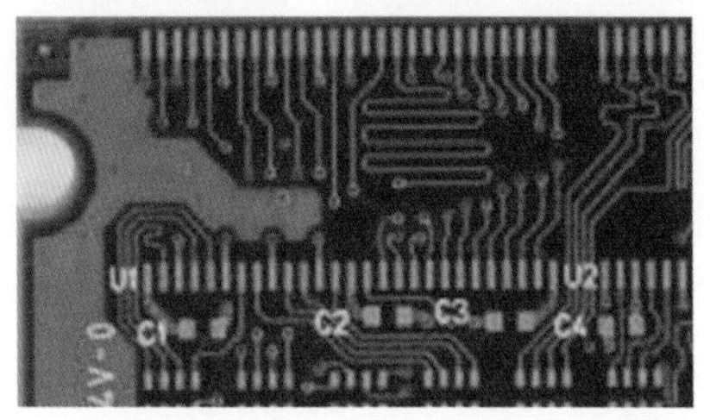

可能造成的原因

外層線路的斷路如果是使用直接蝕刻來製作，則問題會和內層線路的短路問題類似，但是如果是用線路電鍍的方法製作，則短路的原因會有以下幾個主要因素：

1. 乾膜的附著力不佳，造成線間也鍍上銅錫
2. 乾膜受到刮擡傷造成線路間距鍍上銅錫
3. 線路電鍍過高產生草菇頭 (Mushroom) 現象，線路無法蝕出。

參考的解決方案

短路基本上就是不該有銅的區域卻有銅的殘存，它可分爲不該電鍍的區域卻鍍上銅錫，該蝕刻掉卻又未蝕刻掉兩類問題。針對這兩者問題的產生因素，在此提出一些解決方案

對策 1.

乾膜的附著力不佳，可以加強壓乾膜前處理的表面粗度，同時注意乾燥段的效率是否足以使板面確實乾燥。

在壓膜方面，必須確實掌握乾膜的特性，原則上略爲降低壓膜速度會有助於結合力的提昇。在顯影方面應該注意顯影點及上下面的均勻度，避免過度的顯影產生。

線路顯現後，儲存的環境及時間必須控制，否則良好的線路可能會被破壞，其中尤其是溫度及陽光最會影響乾膜的附著力。這些項目都注意到了，乾膜結合力的問題應該可以解決。

對策 2.

刮擡傷絕對是線路的殺手，應該從機械及人員操作著手改善刮擡傷的問題。

對策 3.

線路電鍍的電流密度分布並不均勻，對線路較疏鬆的區域容易發生電鍍高度超過乾膜的問題。可以改善的方式是降低電流密度，改善電鍍均勻度。也可以用更厚的乾膜，防止電鍍高度超越乾膜，只是解析度必須符合產品的需求。

只要草菇頭現象不發生，就不會有乾膜去除的問題，當然乾膜去除了就不會有間距無法蝕除的問題。

問題 12-11　線路破損

圖例

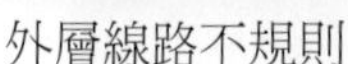

外層線路不規則

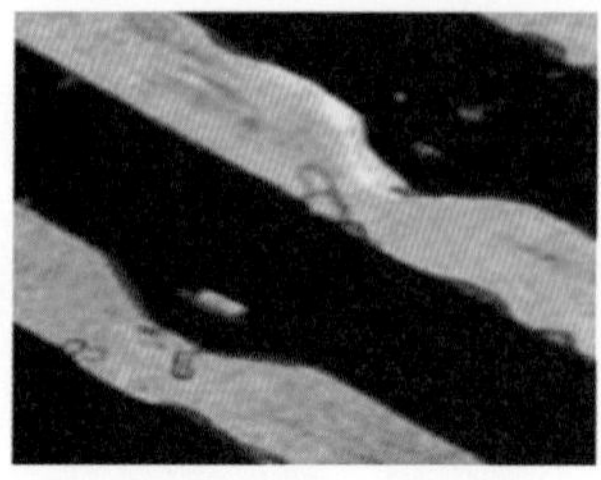

缺口

PAD 破損

可能造成的原因

線路不規則可能的問題，仍以訊號傳輸的穩定性影響較大。可能的原因有幾個：

1. 曝光不良
2. 顯影不全
3. 刮撞傷 (線路產生前及產生後)
4. 光阻剝離保護不全

參考的解決方案

線寬的變異值應以不超過 20% 爲原則，然而製程中的干擾因素很多，包括了人爲、製程與機械的問題。簡單對主要的問題提出一些解決方案

對策 1.

曝光只要有異物或底片損壞，所產生的影像就會和原來的期待產生差距。所謂曝光不良所產生的線路不規則，主要還是因爲局部的線路漏光或受異物影響產生變形。

不論變寬或變窄都有可能，因此在影像轉移作業時必須小心規劃其環境及操作程序，才能避開此問題。

對策 2.

多數使用線路電鍍的外層線路製作方法，由於顯影的時候乾膜去除不全，或者顯影後未吹乾，乾膜再度溶出，這都會造成線路的寬度產生變異。

防止的方法就是確認顯影的條件，確認顯像點確實足以讓線路完整呈現，同時烘乾機也必須確認所烘的電路板確實經過烘乾後不會再產生乾膜溶出，如此就不致於造成線路內縮的問題。

對策 3.

刮撞傷的防治可參考內層線路刮撞傷的防治方法。

對策 4.

部分的光阻不論是因爲壓膜或是其它處理的因素，導致了顯影後對銅面結合力的降低或是剝離，只要沒有全部脫落都可能會產生線路不均或啃蝕的問題。

這方面的缺陷只能從改善光阻保護能力來下手，包括強化壓合、選擇良好物料、降低損傷光阻的作業等等。

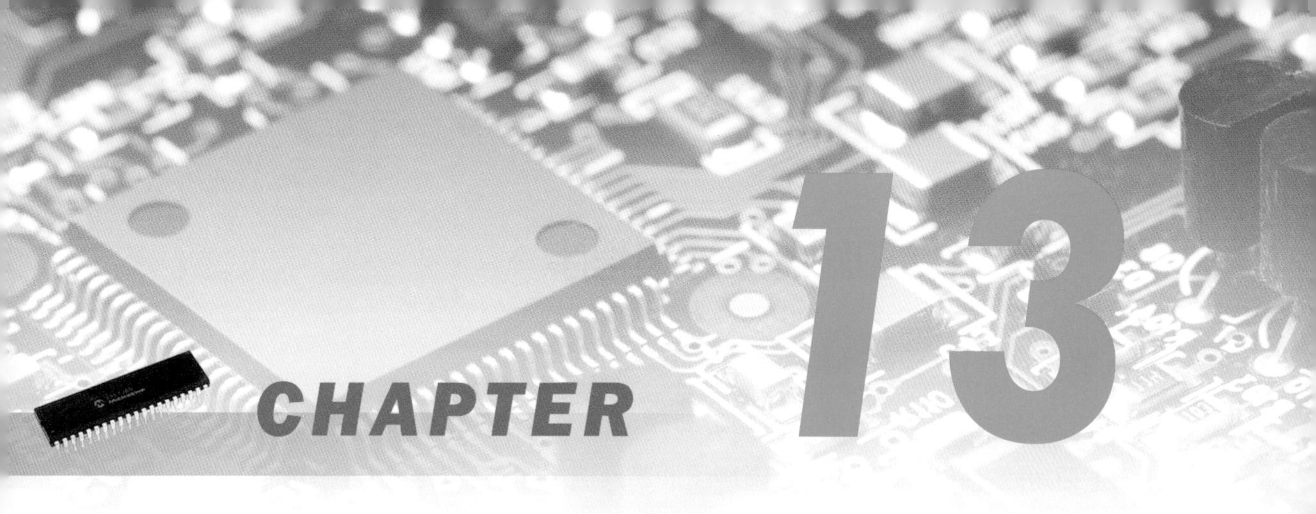

文字、綠漆網印刷篇－留下地標覆蓋線路作業

13-1 應用的背景

絲網印刷技術自電路板技術產生以來就伴隨著它一路走來，雖然其間任務有不同轉變，但直到現在產品線路已經細緻到人眼無法辨識，它仍然佔有重要產業地位。

究其根本原因，絲網印刷所具有的廉價、彈性、簡便、直接等因素，都使我們在發展新想法時，隨時會想到它的存在。儘管多數以往的線路製作任務，已經由影像轉移的光阻材料取代，但是目前在綠漆塗裝、文字印刷、油墨塞孔、線路填平、導電膏印刷等選擇性塗裝領域，仍然能夠處處見到它的身影。

印字仍採用傳統絲網印刷工序，主因在於所需要精密度適中而操作及物料成本又低。目前經過自動化設備輔助，幾乎已經能在相當快速省力的狀態下生產。特定油墨爲了要發揮應有效果，又必須選擇性塗裝避免浪費或減少製程問題，也採用這類技術施工。例如：銀漿貫孔、軟板銀膠印刷、塞孔印刷等都是典型用法。至於衍生性用途的鋼板印刷，也是由這類技術的延伸應用，目前在電子組裝、凸塊製作也都可以看到這類技術。至於其他線路製作精細度較鬆的產品，到目前爲止也都還在使用這類技術生產。

13-2 絲網印刷的原理與程序

網框製作

談到絲網印刷就不得不先談網版製作，網版是一件由絲網與支撐框所構成的印刷工具。主要功能在遮蔽與開放特定區域讓油墨通過，同時具有控制供墨量能力的一種工具。絲網依據材料種類、網目粗細、網紗特性等，而有各類不同絲網產品。圖 13-1 所示為兩種不同網紗的絲網範例。

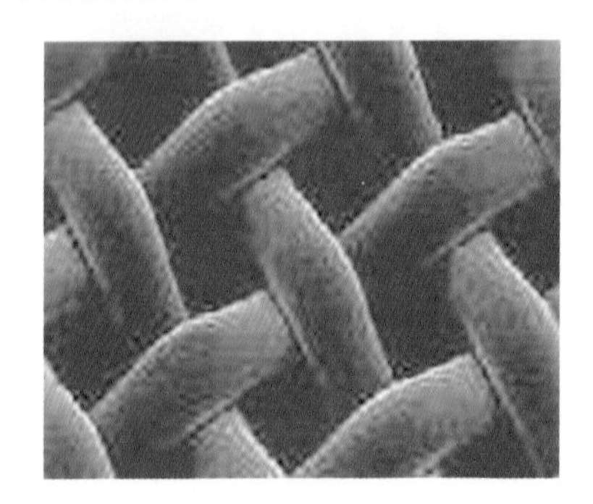

精密網布

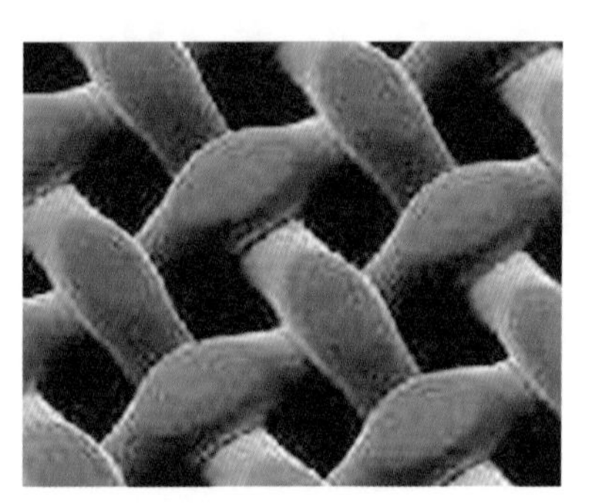

軋壓網布

▲ 圖 13-1

搭配不同印刷需求，可以選用不同絲網進行張網作業。張網時會採用網框將絲網繃緊，一般網框大分為固定框與可調框兩種。框架強度會影響網框穩定度，因此製框時必須使用恰當的框架材料，圖 13-2 所示為典型鋁框架結構材。

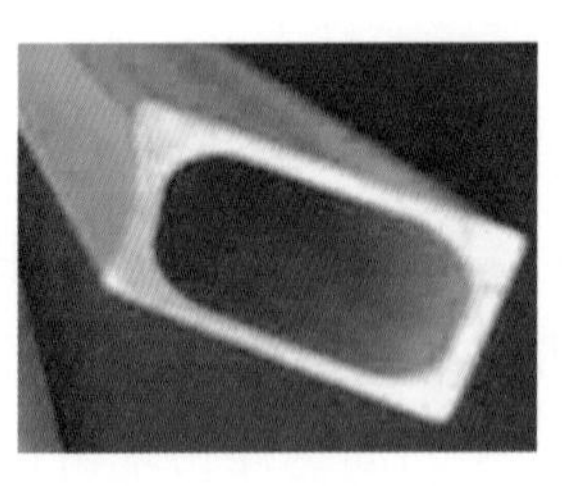

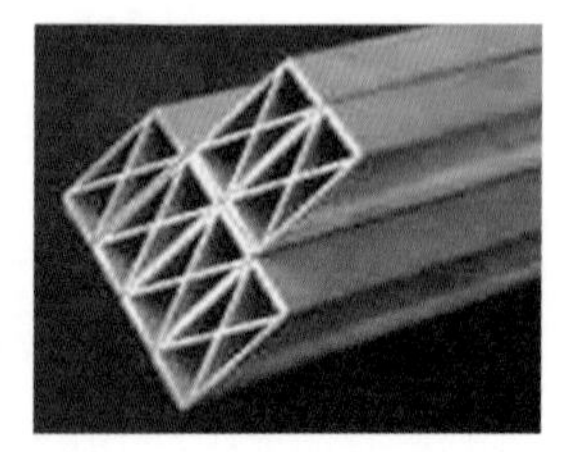

▲ 圖 13-2

可調框是以夾具固定絲網四周，固定區本身具有螺絲釘設計，可以微調拉伸量與鬆緊。至於固定框則是用張網機張網，利用機械夾具將絲網緊繃到應有張力，用手動或自動張力計測量表面張力。圖 13-3 左所示為一般業界使用的張力計，有機械與數位的不同設計。其原理如同彈簧稱，底面有一條伸縮區可以測出網布的張力。圖 13-3 右為典型的自動張網設備。

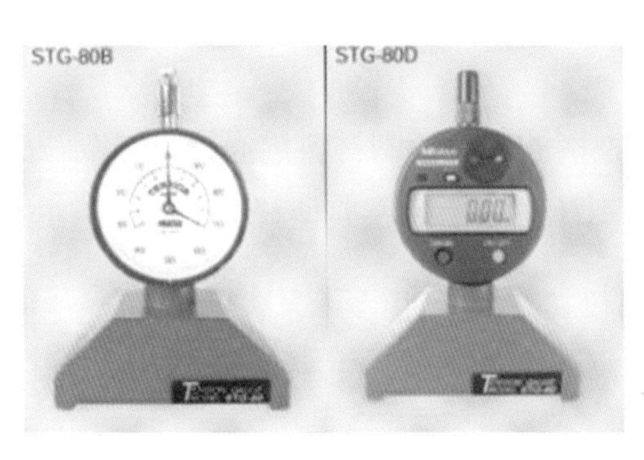

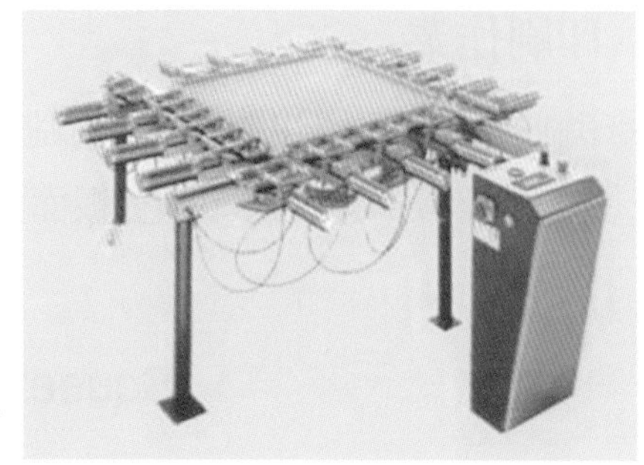

▲ 圖 13-3

張網完成的絲網會以黏膠貼附在網框上，並進行靜置釋放應力的處理。一般張網製框其絲網並不採取垂直水平配置，而是採用斜張網模式製作網框，主要是爲了下墨順利不受方向性影響。靜置完畢的網框，才會進行後續製版作業。

13-2-1　製版

完成靜置的網框可以開始進行製版，製版的目的是利用感光乳膠或感光薄膜在絲網上製作遮蔽區。製作方式包括直接網與間接網兩種作法，所謂的 " 間接網 " 指的是將感光膜貼到網框上，進行影像製作的網框，而所謂 " 直接網 " 則是將乳膠直接塗裝到絲網上烘乾進行影像製作的網框。一般網框影像轉移法，與電路板曝光製程類似，不同的是曝光設備必須與網框搭配，同時顯影也採用人工噴灑方式進行而不是以顯影線作業。圖 13-4 所示爲經過曝光與顯影後的網框狀態。

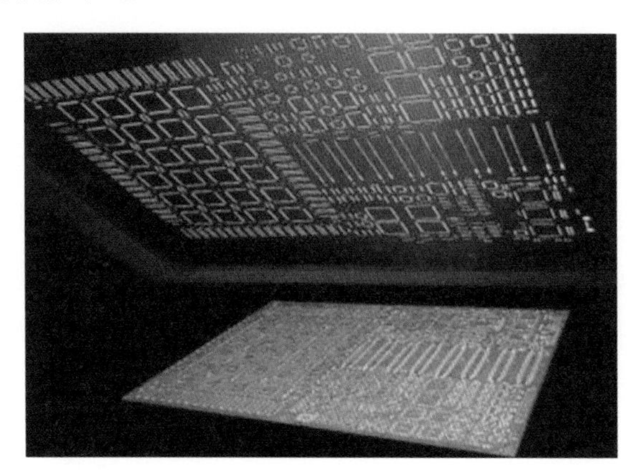

▲ 圖 13-4

完成的絲網印刷網框需要經過檢查與修補確認，完成的網框再經過烘乾聚合與靜置就可以用來進行印刷作業。

13-2-2 印刷作業

絲網印刷將絲網架上印刷機，利用刮刀推擠油墨或印刷材料透過絲網鏤空區沈積在被印物上，對於電路板作業就是印刷在板面上，圖 13-5 所示爲典型絲網印刷作業示意。

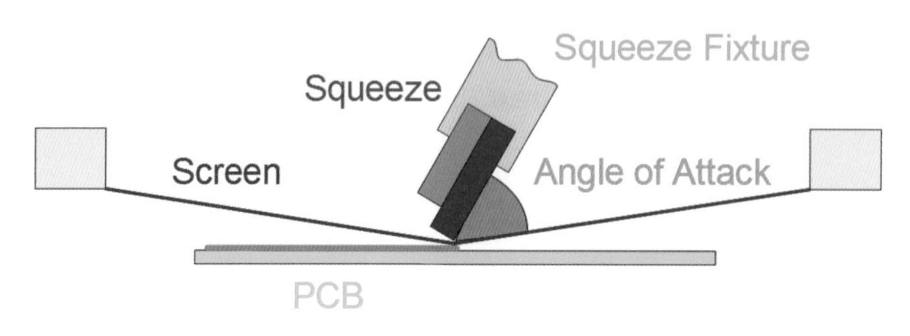

▲ 圖 13-5

絲網印刷下墨量控制可以利用絲網選用來處理，絲網的線徑、開口程度、乳膠厚度都是可以調整下墨量的參數。如果是採用單次覆墨刮印法進行印刷，其產生的印刷厚度就是可單次通過絲網的厚度，產生的厚度機構模式如圖 13-6 所示。

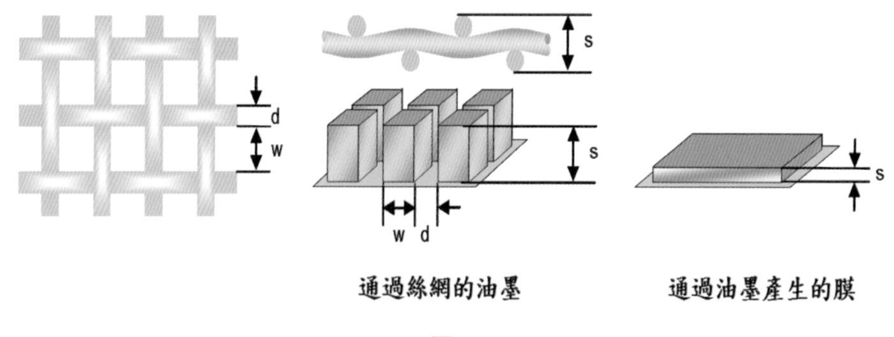

▲ 圖 13-6

對於特殊印刷用途，還包括帶墨印刷作業。這種方式的下墨量仍然與絲網開口及厚度有關，而且主要用途比較偏向全板刮印模式。一般爲了要讓下墨量足夠同時能夠均勻化，操作模式會傾向於採用往返兩道帶墨刮印，其操作模式如圖 13-7 所示。

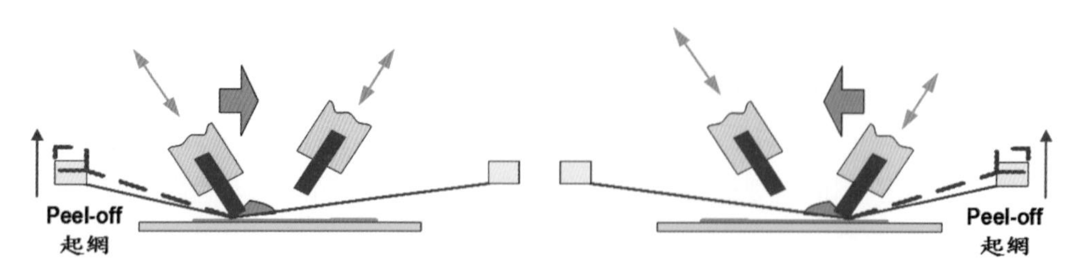

▲ 圖 13-7

絲網印刷的刮印角度對下壓力會有影響，因為刮印角度與下壓油墨的力量有關，其基本的關係如圖 13-8 所示。

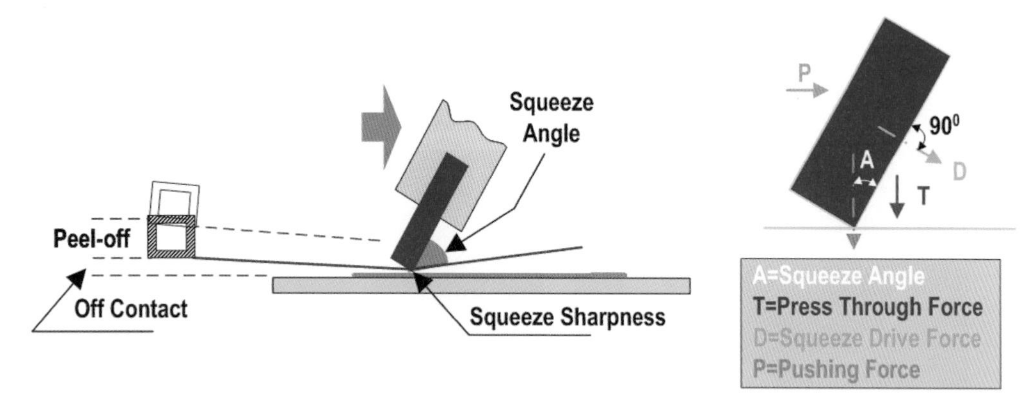

▲圖 13-8

絲網印刷網框大小與刮刀尺寸搭配必須要有適切關係，如果刮刀過度接近網框大小，則下壓絲網會發生困難。另外網框與印刷物件距離應該要儘量接近，只要能保持不黏網即可，這樣刮刀下壓時的絲網變形量可以比較小，相對印刷對位的精準度會比較高。這種措施對需要較高對位的印刷而言，會有一定的正面幫助。至於採用更大的框架，因為下壓角度比較小，同樣可以發揮降低變形的效果。這種處理還有一個好處，就是框架變大彈性相對可以比較大，也有利於網框耐用性。但是較大網框需要使用較大空間及設備，都會增加作業與設置成本，這些必需在評估安裝設備前就完整思考。基本網框與刮刀關係示意，如圖 13-9 所示。

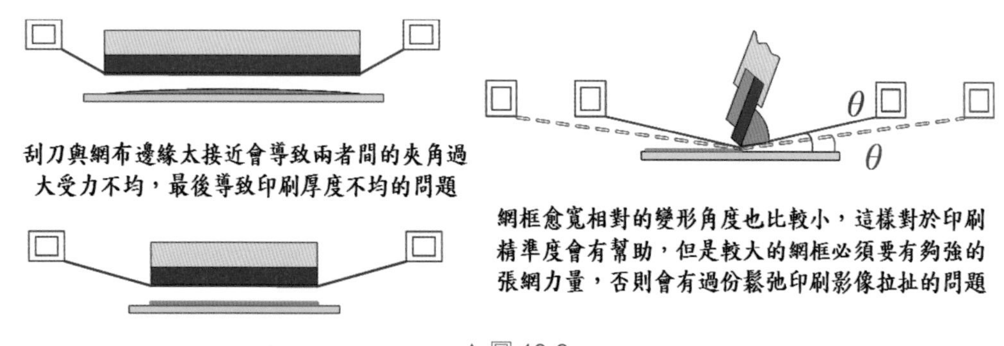

▲圖 13-9

絲網印刷的作業有許多細節是來自於經驗累積，基本上各家製作方法與操作模式都有差異。因此對於一些作業細節，筆者不在此進行細節陳述，僅就基本的原理概述至此。

13-3 問題研討（本章內容以印刷非曝光材料為討論主體）

問題 13-1　綠漆沾墊

圖例

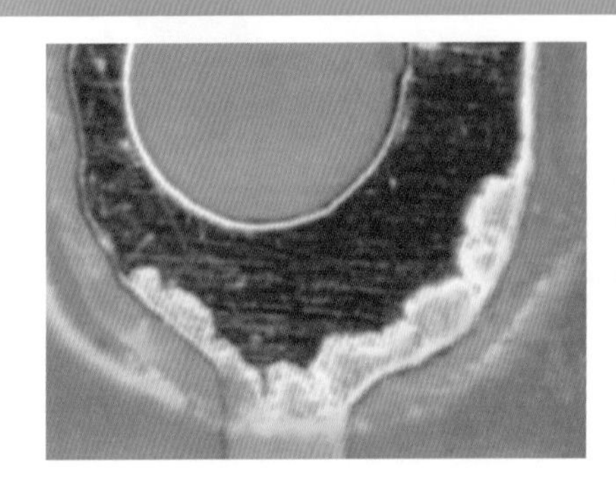
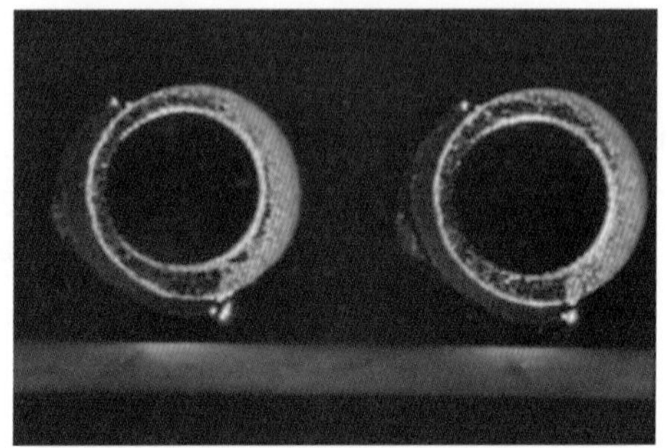

可能造成的原因

1. 不明原因的沾墊缺點，出處不十分清楚
2. 板子本身已經發生變形
3. 刮印的時候刮刀壓力過大
4. 回墨板 (Flood Bar) 壓力過大
5. 使用刮刀硬度不當
6. 網布之網目過於寬大
7. 刮刀之刃線已經不銳利
8. 網布經回墨後停留太久以致油墨滲入布中太多
9. 印刷房空氣調節與環境控制不理想
10. 焊墊週圍的留白地帶設計過嚴
11. 網框的離板距離不當
12. 網布維護性作業“吸印”（Blotting) 沒有徹底執行

參考的解決方案

對策 1.

一般缺點的問題解決，必須要有系統的找出與設備、物料、作業等等的關係，只有釐清了這些關係性才能針對問題的出處進行解決。如果只有不規則少數的問題隨機出現，一般都是操作或是異常狀況所導致，如果是物料或是設備的問題，則多數都會有規則性。

對策 2.

想辦法整平電路板，或是在前製程、設計等方向上進行預防措施。對於已經出現的問題板，也可以採用治具的方式夾住電路板進行印刷，之後再放鬆，不過這不是好的處理方式，應該來是要從預防的作業方面著手。

對策 3.

在進行印刷前，應該確認原有的印刷機作業模式爲何，原來是用在何種的產品印刷應用上。一般用在印字的作業，多數會採用比較大的壓力。

在調整壓力的過程中可以試印報廢板或白報紙，如果原來所用的壓力是設定給線路圖形的印刷用途時，要轉用來進行印綠漆則無需用力太猛應採用較低的壓力，此時應該儘量不使刮刀在網布上下沈太深。

對策 4.

放鬆回墨板的壓力，回墨板的用意是在網布上均勻的塗佈油墨，而不是要將油墨擠進網布中去。回墨的做法一般只用在綠漆印刷，不會用在線路印刷上，過度的擠墨會讓網版背面積墨產生污染。

對策 5.

面對板面線路較密而每個配圈直徑都很大時，要讓油墨容易壓入各線路之間距中可暫採 60 度 (Durometer 硬度) 的刮刀材質去試印綠漆。

此種型號有可能會因爲材質太軟，而容易造成髒印 (Smearing)。對多數油墨而言，70 度可能更爲合適。一般複雜度的板子，並不需要用到 80 度硬度的刮刀。

對策 6.

網目開口太大，將造成板面上的漏墨太多，應往開口小也就是網目編號多的方面去調整。不過調整的過程中可能同時會讓絲網的厚度降低，下墨量也同時降低，如何去搭配這些變異必需要在作業間同時考慮。

對策 7.

刮刀刃線應該要保持應有的銳利度，如果印刷時發現有摩擦拉扯絲網的現象，應該就是刮刀的銳利度變差的跡象，應該要用專用的打磨設備研磨。另外必需要注意刀面是否產生了缺口，發現的話應該要即刻進行修整，否則容易在表面產生直條狀的墨線瑕疵。

對策 8.

網布中流入太多油墨，在刮印時很容易造成解像不良的髒印。作業時應該儘量保持連續的印刷作業，這樣不但不容易在作業中產生乾涸的現象，印刷的品質也比較容易維持。

對策 9.

印刷房的室溫與濕度應該要維持恆定，一般的期待應維持溫度大約在 21+/-1℃，相對濕度則約爲 50+/-5%。溫度太高時會造成烘烤型油墨 (指環氧樹脂類) 的逐漸硬化，也會使 UV 型油墨的流動性 (Flow) 增大，對操作都非常不利。

對策 10.

爲了避免綠漆覆蓋不良也不會蔓延滲流到焊墊上，在電路板的設計過程中應該將適當的容許公差列入考慮。

對印刷油墨或綠漆者而言，當然是如許公差愈大愈不容易發生沾墊的問題。但是一般焊墊的邊上多數都會有線路通過，如果設計太寬鬆就容易產生露線路的問題，這些部分必需要搭配客戶的需求進行，但是必要的時候應該要反應客戶實際的作業困難，以免影響生產的良率表現。

對策 11.

新網布彈性好的時候，可以調低接近電路板一點。舊網布則可能需要略微調高，以免產生髒印的現象。如果網布過舊失去彈性，就應該要重新張網製作。

目前一般的半自動印刷機，其網框架的設計都會有氣壓桿升降的設計。在安裝網框與調整的時候，應該要將氣壓放空以免影響調整效果。網框四邊應該要達成平衡一致，不要產生單邊高度不一的問題，如果發現網框有變形的問題應該要即刻更換。任何網框不平整的問題，都可能會影響到實際的印刷效果。

對策 12.

一般作維護性 " 吸印 " 的時機，是以絲網背面產生殘墨足以影響印刷品質時爲佳。如果能夠持印刷速度、印刷間隔時間，則印刷的變化應該可以保持在一定的差異內。這樣的狀況下可以觀察印刷的品質，進行固定的清理工作。如果清理的 " 吸印 " 頻率已經訂定，就應該確實執行不要隨意改變，否則印刷品質會逐漸劣化不穩定。

所謂“吸印”(Blotting) 是指網布在經過數次的綠漆印刷後，出現餘墨過多容易造成邊緣模糊解像不良的情形，這個時候作業者會在印刷機檯面上鋪設吸墨紙利用空推的方式將網目中的殘墨吸掉。

爲了要回復絲網的通暢性，在吸墨後作業者一般會再進行一兩次的帶墨推刮讓新鮮油墨通過網目達到通暢印刷的目的。

 問題 13-2　印刷跳印漏印 (Skips)

圖例

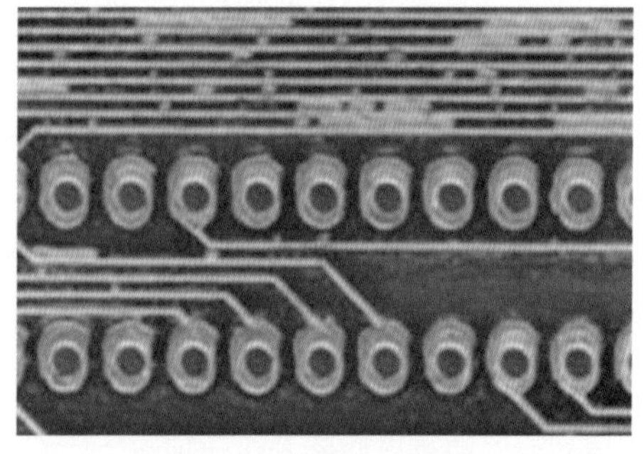

可能造成的原因

1. 線路上銅層鍍太厚，綠漆不易漏下到底材面上
2. 攻角 (Attack Angle) 不理想
3. 刮刀在 Z 方向的前傾角不理想
4. 刮印的速度不理想
5. 絲網的開度不理想

參考的解決方案

對策 1.

爲了確保通孔孔壁的銅厚度，習慣上都會至少讓最低値超過規格下限。一旦線路太密則又窄又深的間距中，就很不容易印下綠漆。

一般比較會採取的應對方式爲：(1) 加重刮刀與回墨板壓力，使絲網中蓄積較多墨量，使其間有足夠的墨量可以塡充深溝 (2) 單次印刷後就必須做一次吸印，以免造成印刷板面模糊問題發生。

對策 2.

在刮刀推印綠漆時，刮刀刃線不應垂直於板子前進的方向，也就是刮刀左右兩端不應該齊頭並進。應保持一前一後約 25 ～ 35° 的斜進方式，這樣可使陷入線邊綠漆中的空氣有機會向旁側擠出就可以幫助消除漏印，刮印方式示意如下圖。

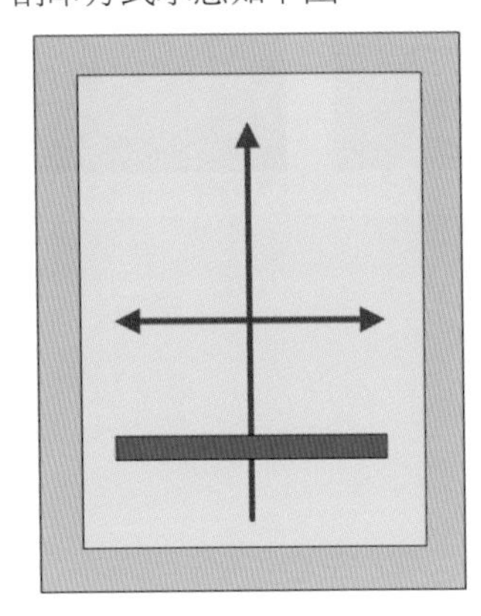
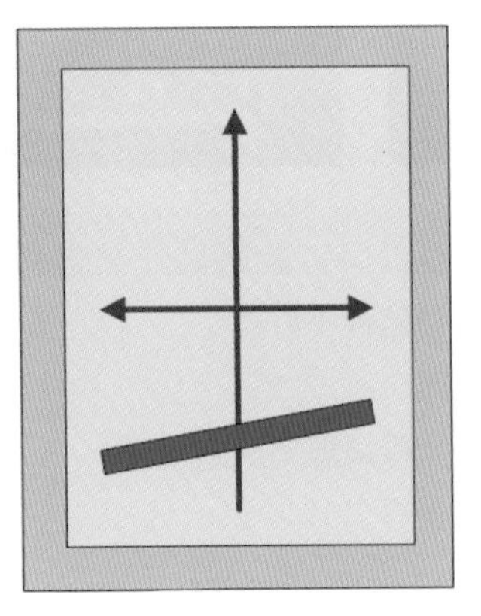

圖中約呈 30 度印刷者稱爲斜進（Skew Angle），一般刮刀在印線路時觸及絲網或板面的型式並非直立，而是以略向前傾的作業角度推進，其與前緣絲網之夾角稱爲攻角。

而刮刀推進的“刃線”也要與板面形成另一斜角，稱之爲 Skew Angle，兩者適當的搭配對於避免跳印漏印有一定的幫助。

對策 3.

在刮刀推進時不應直立移動，應使其與鉛直方向保持 20° 的前傾角狀況，因爲愈直立刃線會變得愈寬也愈不易壓下油墨。但是這種前傾角雖然能解決漏印的煩惱，不過若按此法印過幾片後可能又會產生溢墨 (Bleeding) 及髒印 (Smearing) 的問題，勢必會增加“吸印”的負擔。如果焊墊周圍的允許公差愈大，可以允許較低的維護頻率。鍍銅愈厚的板子，吸印的次數愈要增多。

對策 4.

雖然速度與漏印之間不一定就有直接的關係，但是印刷速度慢一點的確會減少漏印的情形。然而實際操作時，調整速度所能幫上的忙並不很大。

對策 5.

當發現絲網開口太小而容易發生漏印時可以改用開口較大者，這將會立刻發現改善的效果，這是因爲開口較大時將會漏下較多的墨量。不過這樣的狀況也容易造成溢墨，因此調整絲網開度的程度不要過大。

有時刮刀的硬度也會影響到漏印問題，太硬時常不易順應板面的高低情況而不易下墨，一般以 70-durometer 比較可以普遍使用。

凡室內溫度太高或兩次刮印之間所停置的時間太久，都會造成烘烤型綠漆在網布上的乾硬。最好將室溫控制在 21+/-1℃，並保持連續的操作。

 問題 13-3　印刷對準性不佳 (Poor Registration)

圖例

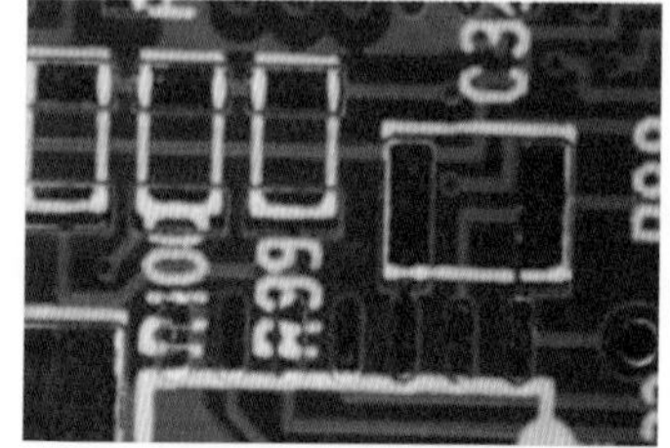

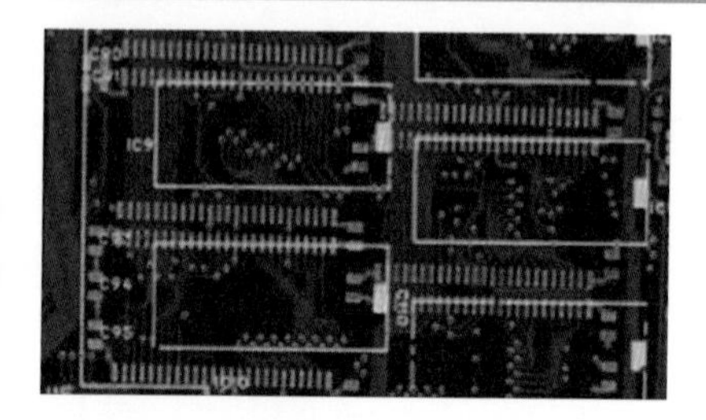

可能造成的原因

1. 所鑽的或沖的工具孔準確性不好
2. 板彎板翹導致印刷偏離
3. 層數愈多的多層板，印綠漆愈不易對準
4. 調整各有關環境間的差異
5. 絲網的離板距離 (Off-Contact Distance) 不當
6. 刮刀壓力不理想
7. 使用的是非固定框，也容易產生印字偏移

參考的解決方案

對策 1.

板子出現這類問題通常在線路製作時就會被發現，如果整體偏移還在公差內時，只好採目視對位法強迫進行製作。這種綠漆沾墊偏移的問題作業員會很難處理，必需要回溯到前製程改善。

對策 2.

可以採用治具固定進行印刷，根本的改善當然還是要注意壓板的品質控制。

對策 3.

經過愈多次的影像轉移，累積的公差也會增加，這對於後製程的綠漆印刷對準度而言當然包袱就更重。雖然可能每次的對準度都在允許範圍內，但是總公差還是超出了綠漆可以允許的範圍。面對這樣的問題，比較有效的方式，當然就是改善累積公差的問題。

對策 4.

由於整個印刷作業過程包括網版製作、印刷操作及工作底片製作等三個步驟。通常這些步驟是在三個不同環境中完成，因而免不了需要在印刷前仔細調整絲網上的圖形與電路板面之對準關係才能開始推印。

如果採用的是可調框的方法，對絲網用張力螺栓進行微調，則網布上的圖形應該可以徹底對準待印的電路板。

對策 5.

絲網的離板高度距離應該仔細調整，太高或太低時都會造成板面對準性的不良。過高變形量會過大，必然會產生對位偏離的問題，如果偏低則可能容易產生刮刀拉扯絲網產生陰影的問題。

對策 6.

所用刮印壓力太大時，將會造成絲網在印刷時不斷的拉伸，遲早會造成網布的走樣。最好在可能範圍內採用最低壓力，以延長網布的壽命。

對策 7.

注意張網對位的問題，使用固定框。在大量生產前，先做數次的試印，會有助於改善印字偏移。在架網的高度方面，應該採取適當高動調節，過高的絲網會產生拉扯變形及位置偏移。

電路板的固定機制是一個問題，尤其是在半自動印刷機作業時，做異者時常會採用點狀差梢進行收放的固定，如果公差大或是產生移動就容易發生問題。其他的注意事項，可以參考印字不清的問題解決方案。

 問題 13-4　印刷文字脫落 (Legend Peeling)

可能造成的原因

1. 印刷文字硬化不足發生脫落
2. 文字油墨硬化劑比例調配不當
3. 綠漆中硬化劑太多也會造成文字脫落
4. 烤箱抽風不良導致環境揮發份累積太多
5. 混合比例與烘烤時間不當
6. 綠漆印刷後未及時硬化時，將造成文字附著不良

參考的解決方案

對策 1.

文字油墨多半是烘烤型環氧樹脂，通常在正確作業溫度中至少要到達規定硬化時間的 50%～75%以上才會漸次硬化。如果成品並沒有完整聚合就出貨，一旦出現硬化不足時極可能就會出現脫落的情形。至於 UV 硬化者，也應在 UV 爐中完成足夠的處理程序才安全。

對策 2.

不同的油墨調合比例會有差異，使用者最好不要弄錯。硬化劑加多了會變得脆化，如果少了則其黏著性又不好。雖然這樣的狀況尚不至於脫落，但在清洗時還是容易因為黏著力低而掉下來，那麼在波焊時就更容易浮離了。

對策 3.

硬化劑比較多時綠漆表面會變得非常光滑，這樣會妨礙文字本身的黏著性的產生而容易脫落。

對策 4.

揮發份在烤箱中停留會產生污染，一旦落在板面上則會形成雪花。一般的情形下如果繼續烘烤文字時，在出烤箱後將非常容易發生脫落的現象。

對策 5.

文字油墨中混入硬化劑後必須做正確完善的攪和，印刷後也必須進行足夠的烘烤才能確保文字的黏著性。

對策 6.

如果綠漆表面上形成一層薄膜將妨礙文字的附著，印過綠漆的電路板在進烤箱前所能停置的時間不可超過 4 小時，否則即使後來進行完整的烘烤脫落的風險還是相當大。

問題 13-5　印刷時板面出現黏網現象

可能造成的原因

1. 絲網離板的距離不足
2. 網目太粗所造成
3. 絲網張力 (Tension) 不對
4. 印刷速度太快
5. 採用半自動印刷機時，印刷操作應該開啓離版功能
6. 各次刮印之間隔不宜太久
7. 重視印刷房的環境管理

參考的解決方案

對策 1.

一般正常的離板距離大約爲 0.125 吋 (1/8 吋)，也就是絲網在待印時離開電路板的高度。某些時候因爲絲網的張力大小及網框尺寸，而需要考慮做適度調整，但是其幅度該都十分有限。

對策 2.

網目太粗會產生漏墨太多的問題，這樣會使絲網與板面間產生沾網不易分離的狀況。

對策 3.

網目太粗開口太大則其絲網彈起的力量就會不足，作業者應隨時檢查所用之網布張力看看是否都已調到正確的數字。

對策 4.

某些油墨的特性不同，印得太快則絲網彈回所需的時間將嫌不夠。這些方面的問題，可以進行試印來確認適當的作業條件。

對策 5.

刮刀向下推印時，印刷機應該要啓動離版功能，這個功能可以協助絲網由電路板面彈起，這樣的作法也能解決多數的黏網問題。

對策 6.

儘量保持連續刮印避免停置時間太久，以免造成烘烤型油墨的乾燥而發生黏網的情形。

對策 7.

印刷房內要保持涼爽，太熱了容易使油墨乾燥，也因此而造成板面黏網的頻傳，其中尤以烘烤型環氧樹脂所配製之綠漆爲甚。

問題 13-6　下墨量不足，引起影像斷續不清的現象

圖例

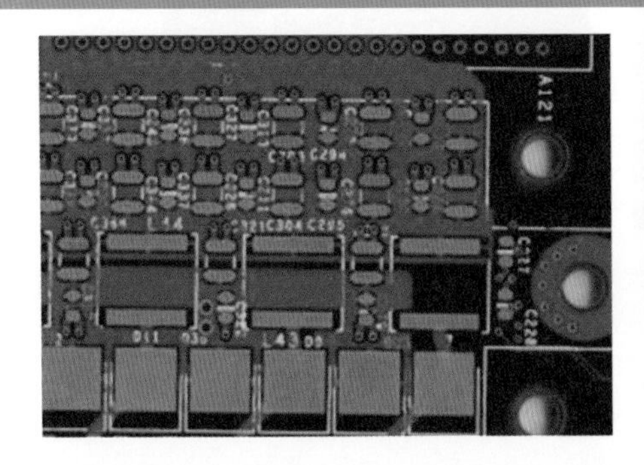

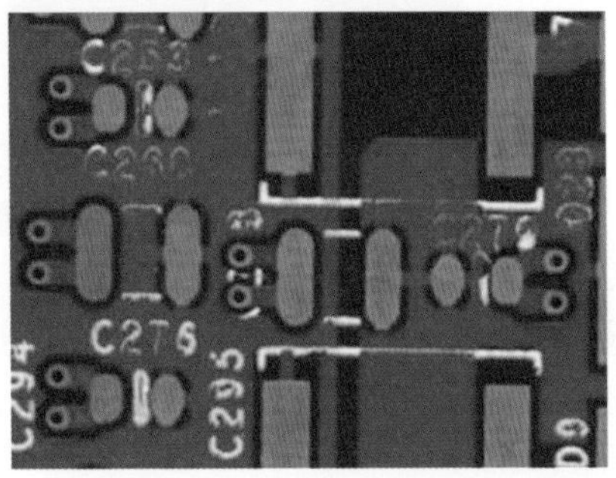

可能造成的原因

1. 下墨量不足，引起影像斷續不清的現象
2. 絲網印刷過程中，印刷的影像經過拉扯產生模糊的現象
3. 刮刀的銳利度不足
4. 綠漆表面不潔

參考的解決方案

對策 1.

印字影像斷續不清的部份，主要應該考慮的事項有：絲網網框的張網狀態是否良好、影像製作是否清晰、油墨刮刀的覆墨及刮印是否確實、網框的裝設是否平整沒有應力、壓力是否均勻、網高是否平衡、油墨刮刀的壓力是否恰當，另外在印刷多次後必須用墊紙的方式做洗網的程序，以避免油墨過乾造成網目堵塞。這些如果都加以注意，印字不清的問題較不容易發生。

對策 2.

印刷絲網框大致分爲固定框及非固定框，如果使用非固定框，對張網微調當然較方便，但是印刷拉扯所產生的模糊現象較容易發生。固定框由於張力事先校調過，張力也較均勻有力，相對較不會發生張力不均的印刷問題。張往後必須靜置釋放應力，應力殘存會使印刷準度不足或印刷模糊。因此建議使用固定框，確實遵循標準程序製作印刷影像，印刷不清的問題較不易發生。

對策 3.

刮刀的銳利度也是印刷不清的是重要因素，刮刀必須定期研磨，才能保持良好的印刷品質，鈍刀容易拉扯絲網產生印刷陰影。

對策 4.

綠漆表面如果出現清潔度不良的問題，就容易發生油墨結合力不足脫落或是不沾的現象，這樣的現象對於印字不清也是一個問題。

問題 13-7 印刷影像邊緣滲出之陰影或鬼影

圖例

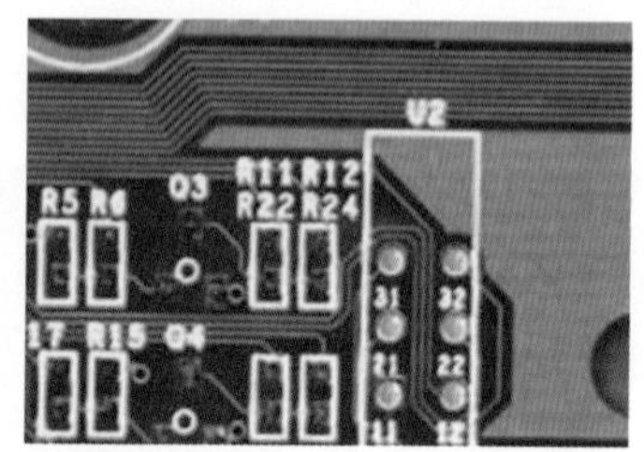

可能造成的原因

1. 油墨之流動性太大
2. 網版之網目太粗
3. 網板上有小毛邊
4. 待印之基板不平
5. 附著於板面之油墨量太多
6. 刮刀鈍化產生絲網拉扯
7. 絲網彈開板面時機不對，導致網布之移動
8. 網框高度不齊
9. 油墨調配不對

參考的解決方案

對策 1.

調整刮刀壓力及角度，以減少油墨在非印刷區銅面的出現機會。降低油墨調整時的稀釋劑量，這樣可以維持略高的黏度同時也比較可以保持黏度流動性穩定。

對策 2.

印刷線路之網目至少應在 270mesh 以上，依據所需要的印刷品質可以調整使用的絲網網目水準。

對策 3.

改直接網版爲間接網版使其解像度更好，也可以改用較細網目之絲網來進行印刷，解析度與厚度有關這方面應該要小心。

對策 4.

利用治具壓平基板或用眞空吸平的方式來降低電路板不平的程度。

對策 5.

調整降低刮刀的硬度、角度、壓力及油墨的流動性等，這些因素導致的油墨量過高問題如果改善，當然就可以降低陰影的問題。

對策 6.

將刮刀已圓鈍的角度磨利成直角，這樣可以降低絲網拉扯的問題使印刷影像模糊問題降低。

對策 7.

調整網布之張力、整平網框、增加網布及板面間架空距離，另外增家離版的設計機構來降低拉伸影像模糊的問題。

對策 8.

調整網版之張力、整平網框讓高度一致。

對策 9.

按原廠資料去調配，避免隨意的調整油墨黏度等特性。

 問題 13-8　附著板面的油墨量太多

圖例

可能造成的原因

1. 絲網之網目太粗
2. 刮刀太軟或刀口磨擦變圓
3. 刮刀刀口角度太小
4. 網版上油墨累積量太多
5. 刮刀推墨壓力太小

參考的解決方案

對策 1.

換用更細網目的絲網進行生產。

對策 2.

按油墨特性及用途選擇適當的刮刀材料，發現刮刀產生鈍化的問題應該要儘快進行研磨刮刀的處理。

對策 3.

加大刮刀角度，使其與絲網間趨向於接近直角。

對策 4.

減少油墨累積量，提高清網的頻率到能夠順利進行印刷並獲得良好品質爲止。

對策 5.

加大壓力推墨下壓與刮印，避免產生印刷時絲網與電路板間的距離而導致油墨流出產生模糊問題。

問題 13-9　已印油墨出現氣泡或附著不良

圖例

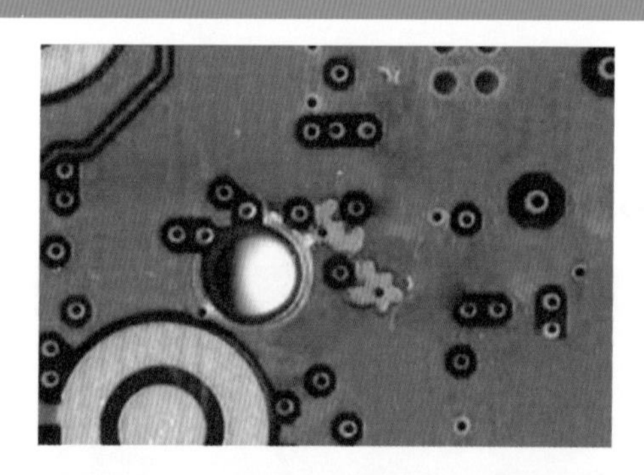

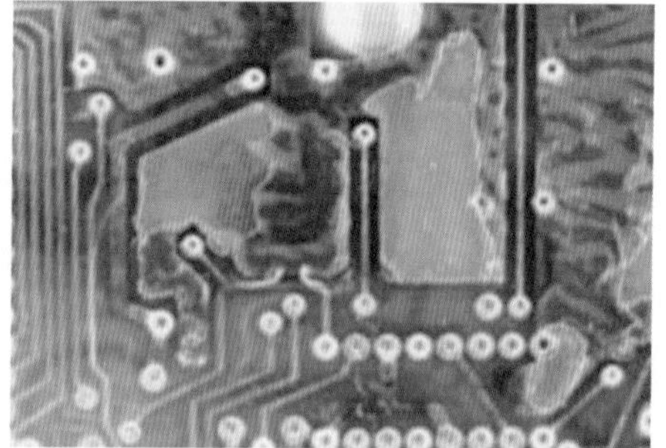

可能造成的原因

1. 網版遭到污染
2. 基板銅面不潔
3. 絲網網目太粗
4. 推動刮刀速度太快
5. 油墨過期
6. 油墨乾涸後出現空洞或火山口則可能是由銅面污染造成
7. 綠漆油墨硬化不足導致浮離
8. 油墨調和不善導致浮離
9. 烤箱抽風不良

參考的解決方案

對策 1.

網版用完後應徹底清潔、太舊者應換新。

對策 2.

板面不潔是各種結合力不良的主要禍首，爲了能徹底清洗電路板應該在化學藥液及機械刷磨兩方面同時努力。同時清洗槽中也要進行監控，以瞭解板面污染的實際處理狀況，同時可以掌控電路板的清潔程度。印前需做徹底清潔，清潔後儘量短時間內完成塗裝及整體製程。

對策 3.

調整到適當的絲網類型，並搭配該絲網的需要條件進行作業。

對策 4.

速度須配合油墨濃度、網目及推壓等等因素來決定最佳作業條件。

對策 5.

留意先進先出的作業方式，控管庫存過期就進行更換。

對策 6.

板面在印刷之前要做好眞空吸塵、環境也要保持整潔，任何在後續處理會產生氣體的反應都可能會讓油墨產生起泡的問題。

對策 7.

某些問題未必會在製程當時發生，但是經過組裝的高熱處理後可能就會因爲劣化而讓問題呈現，作業者應該要確認印刷、烘烤聚合的程序視在正常的狀況下完成。

對策 8.

應該遵照供應商提供的混和比例調和油墨，凡硬化劑太多或太少都容易造成浮離 (Peeling) 或剝落 (Flaking)，這方面可以利用適當的混合設備進行混合。

對策 9.

綠漆中揮發份被烤出後須盡快抽出箱外，任其徘徊停留在烤箱內將會造成後污染，應檢查烤箱的排風量有問題應該著手改善，使待烤的板子免於浮離的問題。

 問題 13-10　線路邊緣呈現鋸齒狀

圖例

可能造成的原因

1. 網版 (Stencil) 製作不良
2. 絲網之網目太粗
3. 原底片不良

參考的解決方案

對策 1.

更換網框並從張網等步驟逐項進行監控改善，務必讓到手的網框能夠保持一定的品質水準。

對策 2.

選用適當的絲網進行印刷以達到應有的印刷解析度。

對策 3.

重做底片，並在作絲網前進行底片檢查。

問題 13-11　塞孔氣泡

圖例

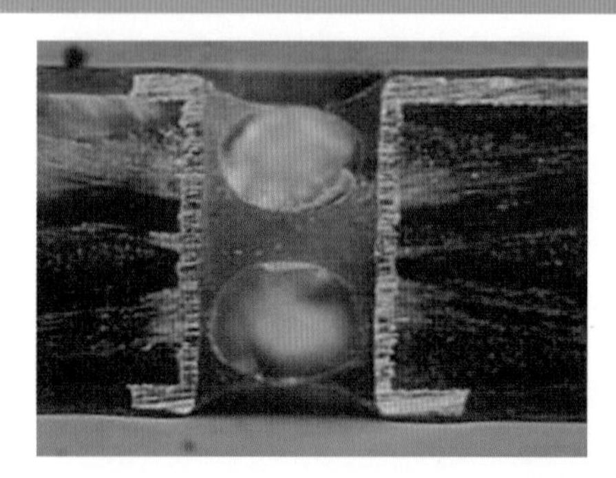

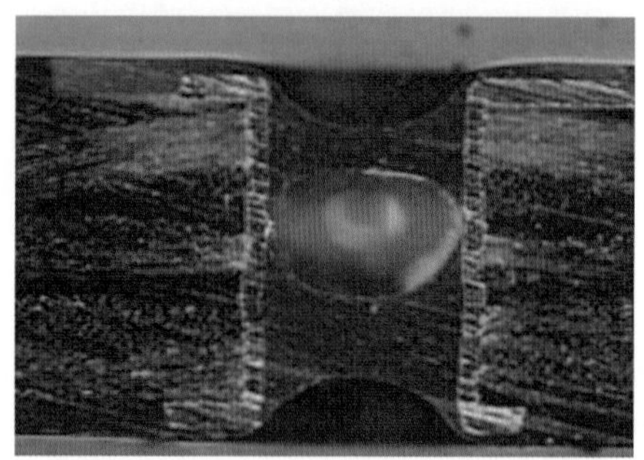

可能造成的原因

SMT 元件越來越成熟，板子上的多數通孔元件被取代，許多全通孔已只用於電性的導通。因此不但鑽孔徑變小，爲了避免焊錫的使用量與連結強度因爲有孔而無法控制，因此要求小孔必需填充，這就是所謂的塞孔。由於塞孔多數仍用印刷方式，因此會有塞孔空洞的問題，其主要的原因如后：

1. 油墨滾動帶入空氣
2. 油墨揮發物氣化造成氣泡
3. 多次刮印帶入氣泡

參考的解決方案

一般的填孔分爲一次銅後塡孔、線路後塡孔及噴錫後塞孔等三種，其中以一次銅後塡孔較能獲得良好的塡孔效果。因爲電路板表面沒有線路，刮印操作的壓力速度都不必過分考慮線路的問題。同時又由於表面平整，刮印中也較不會產生氣泡。

線路後塞孔因爲和綠漆合併又不用刷磨，製程簡單費用低，但是不易達到好效果。噴錫後塞孔則完全著眼於阻擋錫的再流動所產生的問題，因此多數使用熱固型的油墨。噴錫後塞孔基本上有較大的風險，如果油墨下的錫量大，容易爆開產生問題，但是如果控制得當卻是最單純的辦法。除了噴錫後塞孔外，針對其他兩塞孔易發生的問題提出一些解決方法：

對策 1.

油墨滾動在印刷中根本無法避免，因此用較厚的刮刀、封閉式刀頭，都是可以嘗試的方法。近來有眞空式塞孔機及滾壓式塞孔機被提出，但是效果都待考驗。後圖所示，爲典型的封閉式印刷刮刀模式。

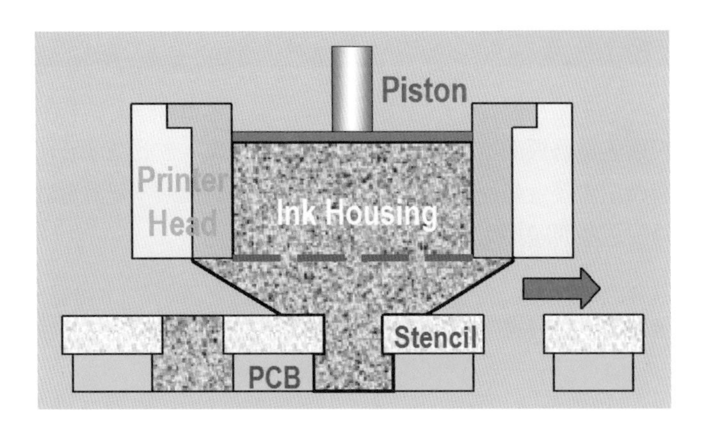

對策 2.

油墨印刷一定會控制黏度，但是對塞孔而言如果有揮發物就會有困擾。因爲空洞的形成，不是空氣帶入就是塡滿後又吹出來的。

如果揮發物含量高，空洞的問題勢必出現，尤其是塞孔時孔內會塞入大量的油墨，一旦揮發物揮發當然像吹氣球，這也是爲何綠漆連帶塞孔不易做好的原因。如果要用綠漆塞孔分兩段作業，先做塞孔後印表面仍然是建議的做法。

對策 3.

多數的印刷機械使用的刀具都是一公分的厚度，但是對於塞孔而言，刮刀下壓愈久下墨量愈大，如果電路板的孔深度大，能用較厚的刀具應該對降低氣泡有幫助。多次刮印並非不可以，只要在能控制氣泡大小的狀態下並不是問題，但氣泡含量是隨機的，如何控制都必須朝向減量的趨勢走，這是不會錯的。

 問題 13-12　半塞孔內銅薄

圖例

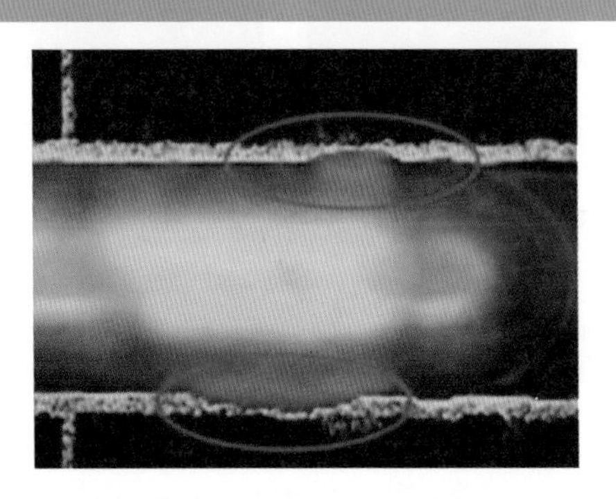

可能造成的原因

通孔塞孔不易完全，如果經過金屬表面處理的作業，容易殘存液體而不易清除，如果殘存的又是腐蝕性液體，則孔內銅厚度就不保了。

參考的解決方案

對策 1.

填孔對表面黏著技術的電路板而言是不可避免的技術，因此半填孔或填孔不全的問題比比皆是，而目前許多的電路板有希望用浸金製程作金屬表面處理，這類製程又多是垂直式的作業方式，液體交換不易，問題更多，針對這些問題提出以下解決方案

對策 2.

如果可能將孔完全填滿，這樣就不會有任何的腐蝕性液體會殘存在孔內，當然也就不會有任何孔內的損傷。

對策 3.

不能填滿則用水平式的金屬表面處理，較可防止清洗不全的問題。如果必須使用垂直式設備的製程，則板排列必須寬鬆且循環及流動必須加大及改善。

問題 13-13　線路轉印 (疊痕)

圖例

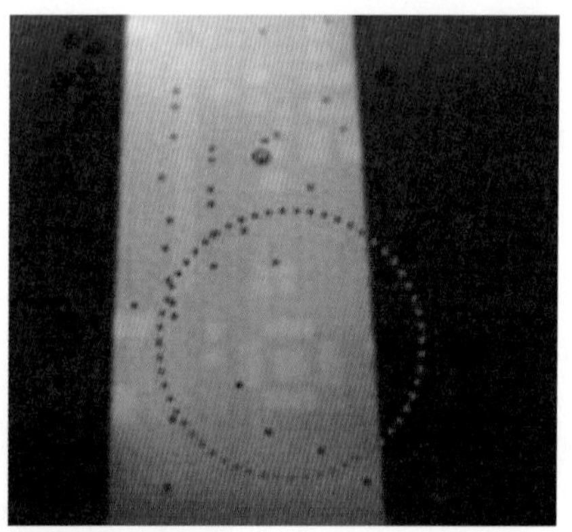

可能造成的原因

板子疊放硬化不足或過重，銅面殘存痕跡或印字痕，附著在銅面導致外觀不良與可能的組裝問題。

參考的解決方案

對策 1.

避免不必要的基板疊放，這樣不但會可能產生印痕，也有可能在作業中產生刮傷的風險。

對策 2.

油墨應該要有充分的硬化處理，比較恰當的處理模式應該還是要進行間隔、插框等必要防範措施。

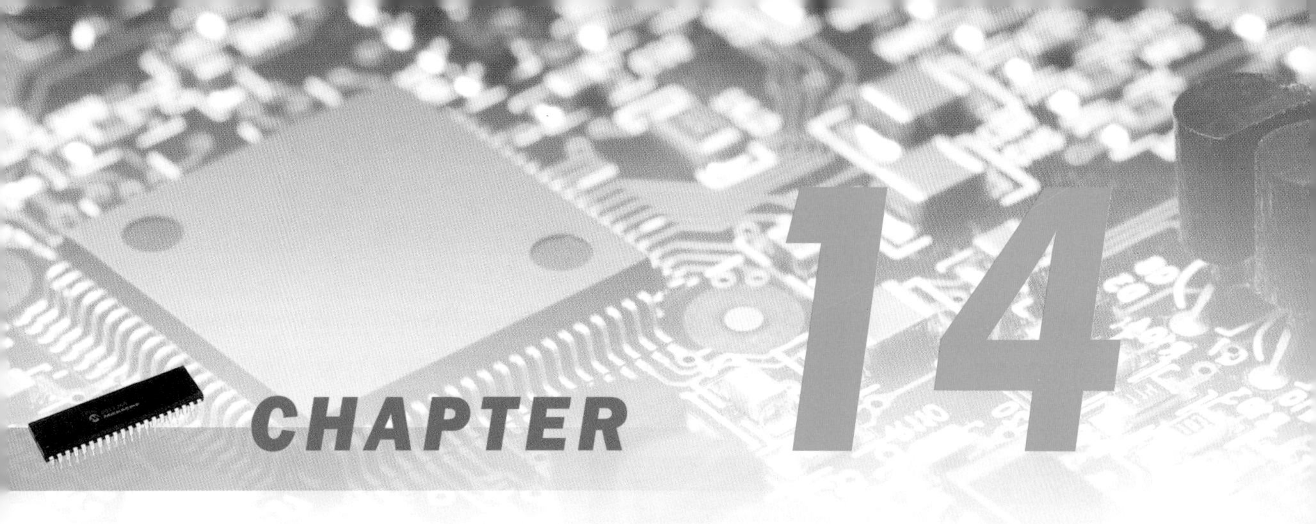

綠漆製程篇－線路的外衣，組裝的防護罩

14-1 應用的背景

感光及網印綠漆製程

綠漆是印刷電路板永久板材的一部份，其品質除了防焊、對準之嚴格要求外，功能性要求也相當嚴謹。如：電氣性質 (介質強度、介質常數、耐濕氣絕緣電阻等)、耐燃性、耐化學性等，這些在不同產品與安全等級也都有詳細規定。它不只是外觀性表面塗裝而已，對整個印刷電路板產品的信賴度都算大事。

單面板的綠漆多屬於 UV 聚合壓克力樹脂，這樣可以方便快速加工並連線自動化生產。雙面及多層板早期多採用雙液型高溫烘烤環氧樹脂系統，其性質要比壓克力樹脂好得多。這種綠漆作業以絲網印刷直接產生圖形，因此一旦印偏沾污進孔時就會嚴重影響組裝。

由於電路板設計密度提高公差變小，感光型材料進入市場，包括乾膜與感光型液態綠漆 (LPSM - Liquid Photo Imageable Solder Mas) 都有其應用，而後者由於作業性、填充性、價格優勢等因素，成爲目前產業的最重要材料型式。現場可以採用簡單的空網全板印刷作業，成像後進行硬化，成爲完整線路保護層並發揮防焊效果。而因爲表面平整度與高密度電路板的需求，高階電路板產品最近又開始引用比較貴的乾膜型綠漆材料。

由於綠漆應用的多樣化，生產現場有各種的設備與作業方式進行生產，如：綠漆塞孔、帶墨往返皆印、兩面同時印刷等都有人採用。而大量生產自動化的塗裝設備，如：簾幕式塗裝、噴塗、滾筒塗裝等生產方式，也因應產品需求被業者採用。

網版印刷非感光綠漆的限制

止焊漆主要是用來區隔組裝區與非組裝區，並達成阻絕焊錫的目的，熱硬化油墨完全依賴網印精度差，而較精細線路製作需要採用感光型材料。兩者比較如圖 14-1 所示。

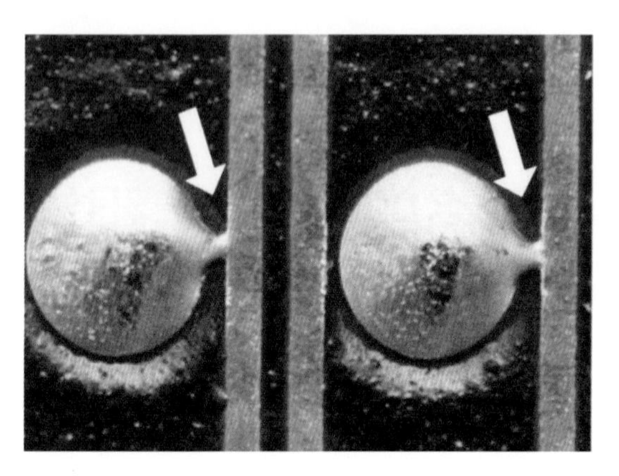
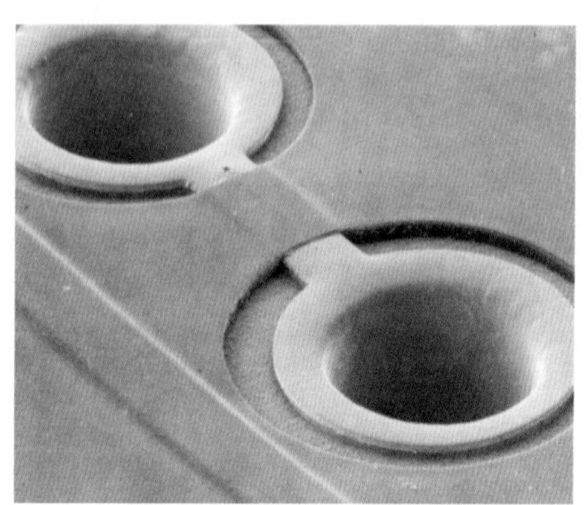

▲圖 14-1

14-2 止焊漆的塗佈製程

為了增強止焊漆與線路密著性，塗布製程的前處理十分重要。止焊漆雖有乾膜型及液態油墨兩類，但基本上前處理採用類似的粗化方式，不論使用刷磨或化學腐蝕，控制表面粗度及清潔度是主要訴求。液態油墨的塗佈方法有多種，經塗布後再作 UV 曝光、顯影組裝區呈現，即完成止焊漆圖案製作，這與外層線路電鍍光阻製程幾乎完全相同。之後經由 UV 或烘烤聚合硬化，整個製作程序就算完成。

1. 製程前處理

有機樹脂接著在銅面要有適當粗度才有結合力，因此充分脫脂、刷磨、酸洗是必要工作。部份業者使用刷磨機將金屬面粗化並獲得新鮮銅面，其後經過酸洗、水洗將板面清潔。純機械處理的銅面均勻度並不理想，尤其是線路產生後再用刷磨法粗化容易損傷線路，因此化學、噴砂處理就成為較佳選擇，圖 14-2 為各種粗化處理的比較。粗化、充分水洗後應將電路板迅速乾燥，否則容易產生水紋問題。乾燥後的電路板送入無塵室進行壓膜或至印刷房進行印刷等塗佈工作。

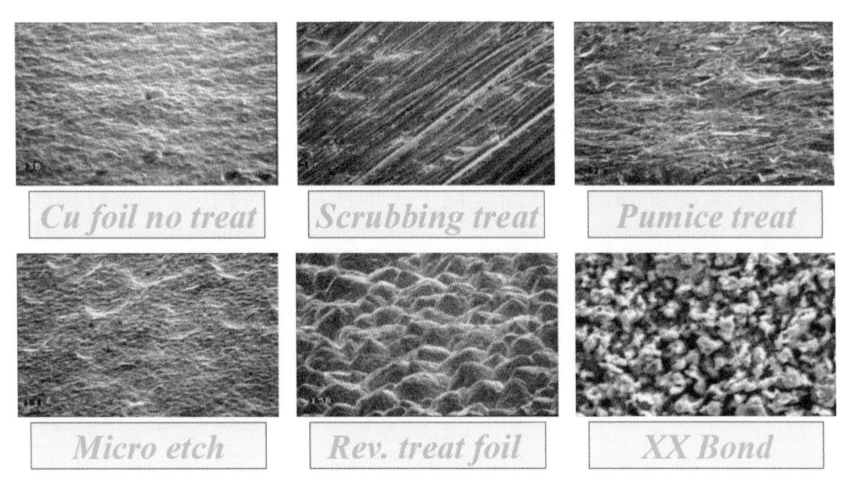

▲ 圖 14-2

2. 壓乾膜式的止焊漆

乾膜止焊漆流動性差，爲了要充填到線路死角必須採用眞空壓膜法。作業者將完全潔淨的電路板，經預熱通過壓膜機在雙面形成止焊漆膜。若爲滾輪式壓膜機，其所設定溫度、眞空度、板速、滾輪壓力等，都因會膜厚、板厚、板尺寸等變動而必須局部調整。若爲平台式眞空壓合機，則參數又不相同。一般若爲壓膜式止焊漆，其作業會在無塵室中進行。

乾膜的保護膜容易產生靜電，招來塵埃黏附。一般會用黏性滾輪清潔或離子風除塵，壓膜後至曝光間，爲了讓樹脂降溫穩定並獲致良好接著力，必須靜置一定時間 (Hold Time) 但不要過久，這與線路製作並無二致。

3. 液態油墨塗佈的方法

典型液態油墨塗布法，如圖 14-3 所示。

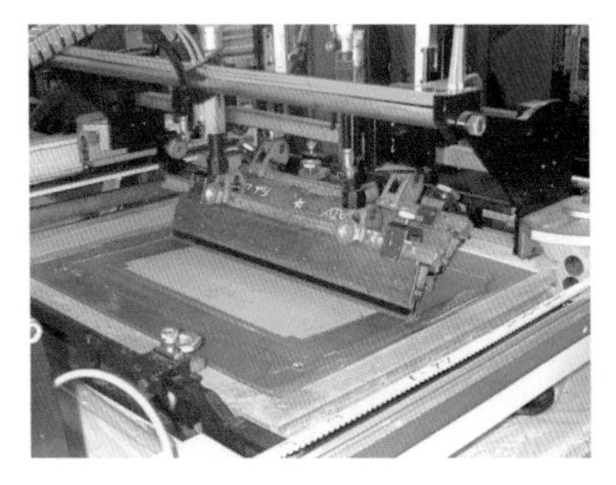

▲ 圖 14-3

網印法簡單而經濟，但要做出均勻適當的厚度，可能需要兩次以上印刷。多數通孔電路板由於擔心油墨進入通孔不易處理，因此會進行檔墨印刷防止油墨入孔，若使用空網印刷則製版就比較簡單。

噴塗法是以無空氣施加靜電進行油墨霧化，但由於材料利用率不高以往使用者不多，但是目前因為設備技術改進及均勻度需求，重新受到業者重視與使用。

簾幕式塗布法雖然可以快速均勻地塗布，但因油墨必須採低黏度操作，因此物理性質較不容易作到高抗化學性，目前量產廠有不少使用此類設備。

其實液態油墨止焊漆，最期待的是能夠一次完成雙面塗布。因為單面塗布後必須先行預烘，之後再進行第二面油墨塗布。這樣不但耗工耗時，且兩次烘烤容易造成烘烤不足或烘烤過度的問題。又由於操作時間長作業多，清潔度問題也值得關注，因此雙面一次塗裝是業界的理想。

目前雙面塗裝，有滾輪式塗布機及雙面印刷機兩種方式。滾輪塗布機目前因為會將油墨壓入通孔，當預烘時又會垂流而必需分多次塗裝，因此並不理想。至於雙面印刷則有自動化設備販售，且有部分廠商使用。

4. **曝光、顯影、後烘烤硬化處理**

經過止焊漆塗佈的電路板，與底片對位套接後以 UV 曝光機曝光，除曝光能量略高外其曝光及顯影作業與線路製作類似。乾燥好的電路板用 UV 光照射再次將未完全反應的光化學物質反應完成，其後以熱烘烤進行硬化聚合，經此過程止焊漆特性即可呈現。

14-3 問題研討（有關絲網印刷議題，前章討論過的本章不再重複）

 問題 14-1　綠漆不均勻

圖例

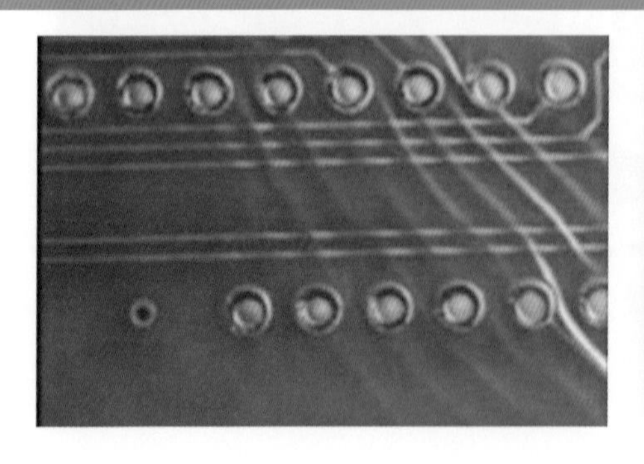

可能造成的原因

S/M 不均勻的主要原因如後：

1. 印刷 (塗佈) 不良
2. 銅厚不均
3. 油墨混入空氣
4. 自動印刷機之刮刀在行進中發生跳動

參考的解決方案

對策 1.

印刷 (塗佈) 不良的問題，主要還是架網框時是否把機械狀態調至最佳，只要印刷經驗夠是可以改善的。如果使用的是其他設備塗佈，則下墨量的多少、油墨的成膜性、下墨零件的均勻度都必須作確認，才能解決問題。

對策 2.

銅厚不均勻，這就非常難改善，因爲問題並不出在 S/M 的塗佈，而是出在電鍍製程。最有效的解決方法是降低線路電鍍的平均銅厚，全板電鍍多鍍一些，如果同時能改善線路電鍍的均勻度，就有較大的機會改善綠漆均勻度，這個假設即使是使用非絲網印刷的綠漆製程也成立。

對策 3.

傳統的脫泡方式，多採用靜置或是眞空脫泡處理，但是靜置效果不佳又慢，眞空則容易讓稀釋劑快速揮發吹泡問題更大。目前比較有效的處理方式是採用離心式攪拌脫泡機，可以讓攪拌均勻同時脫除氣泡。

至於刮印時所夾帶的氣泡，其量比較少應該可以用靜置的方式處理，如果狀況比較嚴重也可以再次進行脫泡後重新進入印刷。

對策 4.

刮印動作過猛或刮行方向不正確，應試行新法檢查刮刀裝置是否有異常並加以改善。

 問題 14-2　烘烤後乾燥情形不良

可能造成的原因

1. 自動隧道式烤箱熱源發生故障
2. 傳統式烤箱溫度不足或不均

參考的解決方案

對策 1.

確認問題零件並更換排除，完成的烤箱應該要進行溫度曲線的檢查，以面發生溫度配置不良的問題。

對策 2.

烤箱的設計一般都會有風流向的配置，如果電路板放置的方式沒有搭配以可能會產生流動不良的問題，因此除了要驗證溫度的分佈以及零件運作狀況，也必須要留意作業放置的方式。

使用久了的烤箱，其加熱系統都容易產生比面污染油污的問題，在清潔處理方面也應該要加以留意。

問題 14-3　曝光時綠漆黏底片

可能造成的原因

1. 曝光檯面溫度升高
2. 所印綠漆乾燥不足
3. 塗裝厚度差異大或產生滴狀回沾，曝光眞空過高

參考的解決方案

對策 1.

所形成的熱膨漲甚至還會在對準度上造成偏差，應該要改善曝光檯面的冷氣吹送功能並加強冷卻效果，這樣就可以減輕這些溫度變化所產生的負面影響。

對策 2.

增加烘烤時間或溫度，但是應該要保持在控制範圍的上限。

對策 3.

調整塗裝厚度避免過厚的問題，另外在邊緣以及容易積墨的地方應該要防止過厚的綠漆出現。

曝光所使用的眞空度，以則夠達成需要的密貼性與解析度爲目標，不必要過度增加眞空度導致沾黏。

問題 14-4　去墨區出現顯影不良

圖例

可能造成的原因

1. 顯影液老化
2. 顯影液溫度不足
3. 輸送速度太快
4. 曝光過度，遮光區綠漆也發生硬化
5. 顯影機噴壓不足
6. 漏光底片破洞
7. 預烘過度或顯影強度不足 (顯影不足)
8. 噴嘴堵塞

參考的解決方案

對策 1.

槽體必須要保持一定的負荷上限，同時應該要留意藥水補充的狀況，這樣才能維持應有的處理活性。

對策 2.

確認加溫系統運作正常，定期保養應該要清理加溫系統的表面污垢以降低熱傳的障礙。

對策 3.

一般顯影的作業習慣是固定速度的，在測試曝光格數後達到應有的殘格數，就將這些參數都保持在大配的狀態。正常狀況下速度並不會作大幅的變更，但是參數是一種搭配的結果，並沒有辦法單獨存在。

對策 4.

依據曝光格數測試來決定曝光的程度，儘量保持穩定的底片與電路板密貼度，以減少漏光曝光過度導致的顯影不良。

對策 5.

確認循環、過濾、噴流、管路或噴嘴堵塞等等的狀況，標定噴壓的上下限來管控作業的情況。

對策 6.

檢查曝光真空度、底片密貼性，底片經過使用可能會產生刮傷的風險，必須要確認遮光區的完整性。

對策 7.

油墨綠漆都必須經過曝光前的預烘，如果烘烤過度綠漆已開始聚合，這樣即使不見光也很難洗掉，這個部份要與顯影的條件搭配，惟有搭配良好的預烘、曝光、顯影，才能杜絕顯影不全的問題。

綠漆油墨一般都會含有大量的填充物，如果未注意槽體的負荷量或是條件與顯影液的搭配相容性，就會發生顯影不全的問題。

對策 8.

油墨綠漆的殘留物，停滯在噴流系統中容易產生堆積，如果保養不全容易產生逐步堵塞噴流強度變小的問題，這方面值得在保養工作上注意。

問題 14-5　綠漆沾墊或進孔

圖例

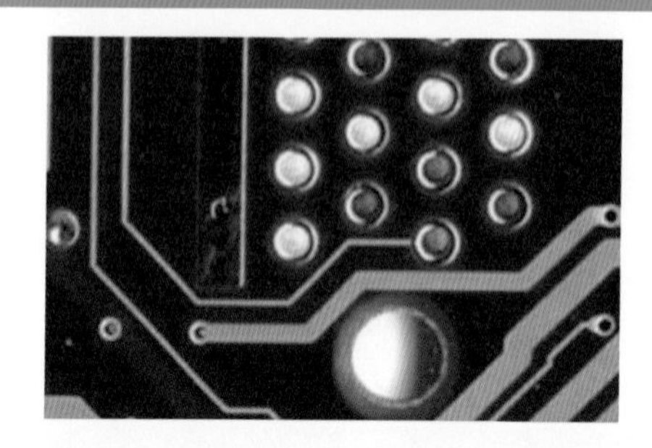

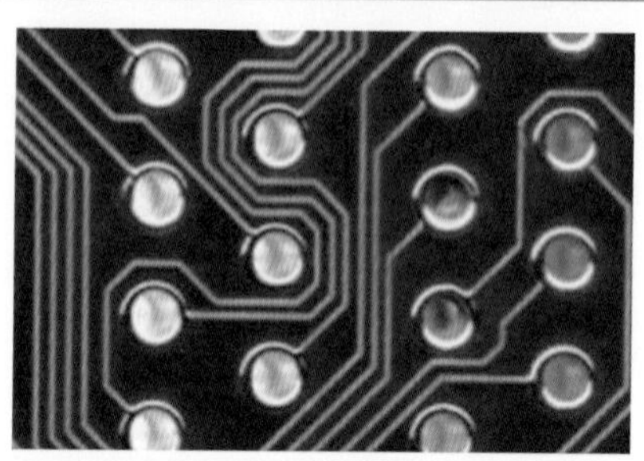

可能造成的原因

S/M 滲入孔內主要是在印刷過程中，油墨直接灌入孔內所致。由於某些孔是組裝或測試孔，並不允許油墨阻塞，因此在印刷時絲網會做擋墨設計，如果遮擋不良，S/M 就會滲入孔內。

產生這樣問題的可能主因原因如後：

1. 網印之物料或工具不正確
2. 刮刀推力或架網張力太大
3. 網目開口太大或刮刀面之覆網油墨過多
4. 網布印墨面 (Under Side) 受到油墨之沾污
5. 油墨溢印過多
6. 絲網之圖案出現破裂
7. 絲網離板距離過大

參考的解決方案

對策 1.

防止 S/M 滲入孔內必須做好印刷對位的控制，同時如果公差允許，絲網所做的擋墨設計，應將擋墨墊的尺寸放大至最大的範圍，如此就可以降低 S/M 滲入孔內的問題率。

至於採用其他的全面塗裝方式所導致的滲入，則注意預烘、防止露光與強化顯影就是必要的工作。

對策 2.

降低刮刀推力，並調整與試印避免產生拉扯的現象。檢查刮刀的銳利度，過度銳利推墨量可能不夠，過度的鈍化拉扯力可能太大。

對策 3.

更換使用的絲網，調整到應有的下墨量，覆墨量也適度的調整避免停滯過久墨量過大的問題。

對策 4.

擦淨網布增加吸墨紙乾印 (Blot Screen) 的頻率。以白報紙代替實板進行吸墨式乾印，使絲網印刷面得以清潔。

對策 5.

檢查油墨的黏度，檢討原始綠漆底片之開口程度。刮印後應儘快烘烤，減少濕膜之蔓延溢出等問題。

對策 6.

重製網框小心貼網，避免這樣的問題再發生。

對策 7.

調低離板距離減小刮刀壓力，可以延長絲網的壽命與穩定性。

問題 14-6　影像區發生顯影過度

可能造成的原因

1. 顯影前曝光不足導致受光區綠漆硬化不足
2. 顯影液溫度過高
3. 輸送速度太慢
4. 曝光後顯影前停滯時間不足
5. 銅面前處理不良

參考的解決方案

對策 1.

依據曝光格數表進行聚合程度的驗證，求出正確的曝光量與顯影搭配就可以順利運作。

對策 2.

調整溫度控制如前題所述。

對策 3.

調整顯影速度及與其他參數的關係。

對策 4.

曝光後至少應維持 30 分鐘之停滯時間，讓感光後的聚合反應能夠進行到理想的狀態。

對策 5.

銅面前處理的程度不足或是清潔度沒有保持，都有可能產生顯影似乎過度的類似現象。

問題 14-7　綠漆硬化不足 (通常在組裝時才會發現，如：錫珠、錫網等)

圖例

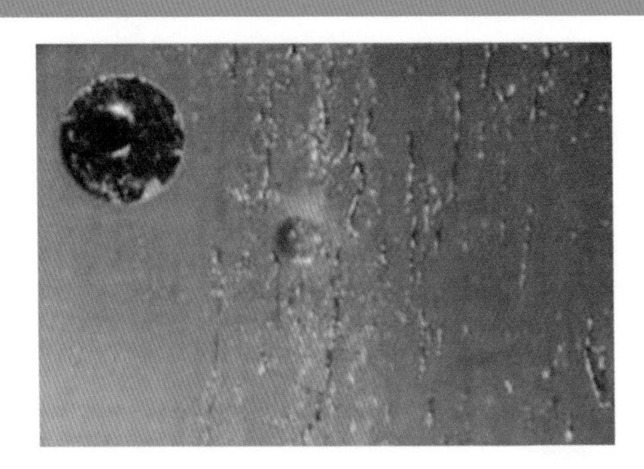

可能造成的原因

1. 顯影後之熱烘硬化不足
2. 綠漆油墨的儲存過期
3. 光啓始劑沒有消耗完畢

參考的解決方案

對策 1.

搭配油墨的型式進行烘烤，可以調整烘烤的溫度與時間來達成目的。一般油墨在烘烤時都容易有表面先乾溶劑不容易揮發出來的問題，至些現象可以用低溫先烘烤再升溫的方式處理。

對策 2.

遵循先進先出的原則管控物料，更換油墨或將過期油墨用在非正式物料上。

對策 3.

某些油墨配方本身有特殊的光啓始劑在內，因爲沒有搭配曝光系統的頻譜而在曝光時未耗盡，導致硬化不足的問題發生，這類的現象一般會伴隨著綠漆白化的問題出現。

 問題 14-8　綠漆耐濕氣之絕緣電阻值不足

可能造成的原因

1. 綠漆接觸過害物質造成其中樹脂受損
2. 綠漆調配或硬化不正確
3. 綠漆配方特性無法通過耐濕氣絕緣電阻值要求

參考的解決方案

對策 1.

減少綠漆與強鹼或溶劑 (如：二氯甲烷) 的接觸機會，以免產生永久性的傷害。

對策 2.

依據供應商的建議，增加烘烤時間及溫度，並遵守供應商指示作正確的油墨調配。

對策 3.

改用其它品質可以搭配產品需求規格的綠漆。

 問題 14-9　線路漏銅

圖例

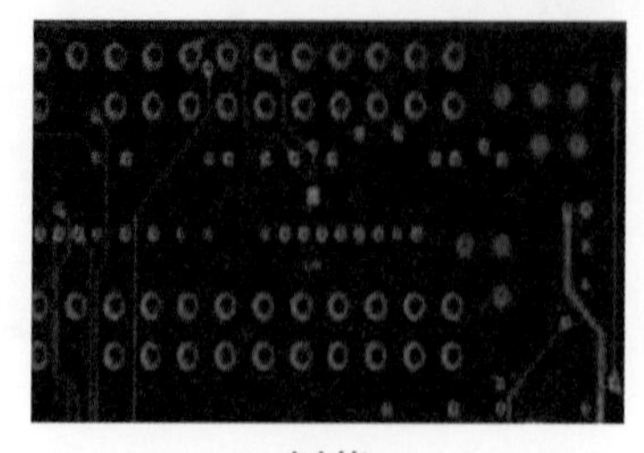

剝落

破洞

線路漏銅

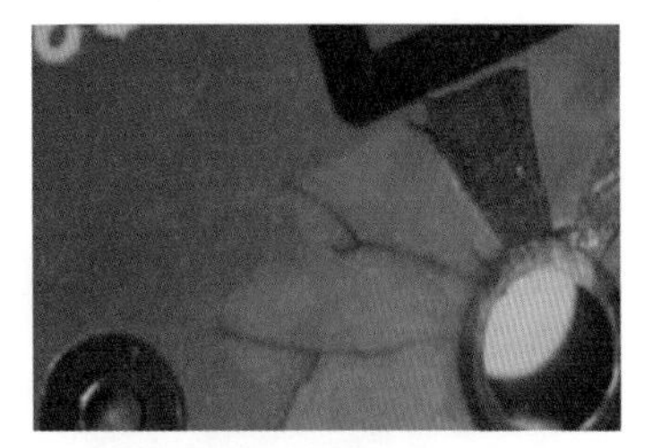
破裂

可能造成的原因

綠漆線路漏銅，主要指的是線路上部分的區域在塗佈後，綠漆又再度剝落，剝落的時間大致分爲顯影時及綠漆硬化後，除了刮撞傷外，其他的因素如后：

1. 曝光時的異物造成局部未曝光
2. 噴錫時結合或厚度不足破裂脫落
3. 綠漆聚合不足或物理性質不合

參考的解決方案

綠漆一向是電路板製作者最頭痛的問題之一，因爲外觀直接看得到，又與最後的組裝直接相關，因此如何避免在綠漆區域線路漏銅，維持整體綠漆品質實在是個大問題。僅針對幾個主要問題成因，提出解決方案

對策 1.

一般的綠漆曝光，由於不會產生直接性的報廢問題，且其影像又比線路規格略寬。因此曝光區的曝光機多採用非平行曝光機以降低對灰塵的敏感度。無塵室則只能說是個管制區，清潔度的要求一向較寬，因此會有較多的外來灰塵粒子問題。

這些問題只有靠清潔度的改善才能解決，包括曝光前的板面清潔及操作環境機械的清潔。此類的問題現象是屬於點狀的，小心誤判問題而找不到對的改善方案。

對策 2.

綠漆強度或結合力不足，綠漆的前處理是一個重要因子。如果綠漆前處理能給綠漆一個足夠均勻的金屬表面粗度，多數可以保障結合力。這類的脫落漏銅，大部分的現象都會是小塊狀的而不是點狀的，問題也不來自於曝光。

要保有完整的結合力，除了有好的金屬表面，在綠漆塗佈厚度方面也要有一定的水準。綠漆塗佈一般都會在線路轉角處偏薄，因此如果能保持它的厚度到某種水準，則其強度會較好。在做法方面，第一就是控制線路的總厚度，如此可以避免轉角過薄。其二是注意油墨的黏度及塗佈穩定度。

雖然一般的規格有四種，各爲目視可見、0.4mil、0.7mil、1mil 以上，但對一般製作者而言，如果能保持在 0.4 mil 以上多數已進入安全區。綠漆過厚對解析度有一定的影響，但如果能對線路厚度及綠漆均勻度作整體改善，則平均厚度提高仍不成問題。

對策 3.

近來在電路板的最終金屬表面處理，有不少是使用化學鎳金或者是化學錫製程。由於製程的操作溫度及藥水都較嚴苛，因此容易攻擊綠漆。如果此時所使用的綠漆，在聚合度方面不完全，就容易產生剝落。某些綠漆不論如何烘烤曝光，還是產生變色或剝離的問題，這樣的綠漆就是體質不良，可能只是合用於噴錫板，必須考慮更換。

問題 14-10　噴錫後綠漆脫皮

圖例

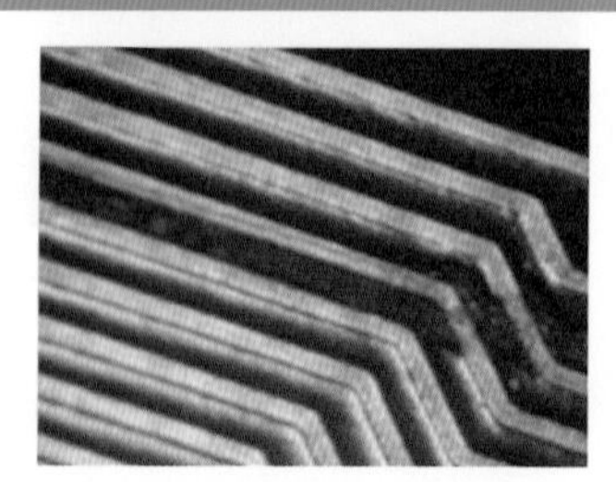

可能造成的原因

1. 選用綠漆無法適應高溫噴錫製程
2. 噴錫前烘烤不足
3. 沒入高溫熔錫時間過久
4. 熔錫之溫度過高
5. 綠漆過度硬化

參考的解決方案

對策 1.

須選用能耐得住噴錫的綠漆，並按供應商的建議去進行操作。

對策 2.

加強烘烤硬化，烘烤後不要停滯過久產生吸水的問題，必要時可以再次進行烘烤作業。

對策 3.

接觸高溫時間過長，會讓介面產生漲縮差異的應力損傷造成剝落問題，應該要縮短作業時間。

對策 4.

必須降低噴錫溫度，目前在無鉛製程方面這樣的考驗會更加重。

對策 5.

調整作業條件，必要的時候應該要求更換材料或是調整配方。

問題 14-11　PAD 沾 S/M

圖例

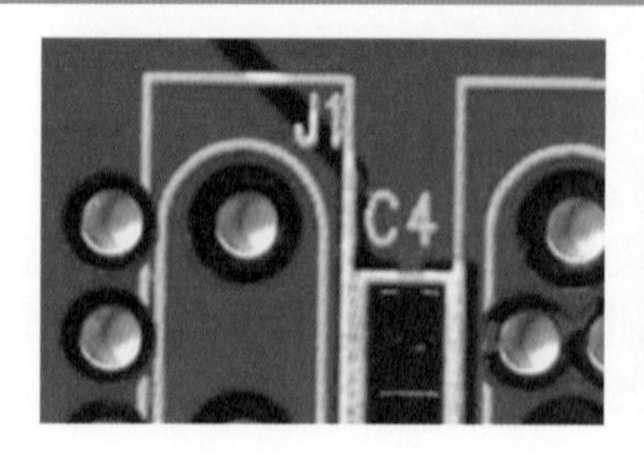

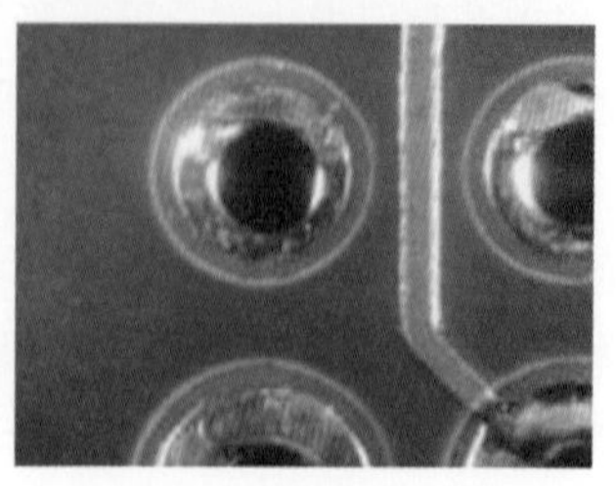

可能造成的原因

PAD 沾 S/M 的產生原因，包括了預烘過度、曝光露光、底片損傷露光、顯影不潔、顆粒回沾等等因素。

參考的解決方案

對策 1.

預烘過度一般在適當的掌控下應該可以避免，但是如果烘烤的設備內均溫性變差，就以可能發生局部預烘過度的問題。這類的問題除了要注意設備的持續狀態穩定外，更重要的是電路板的置放密度以及方向都要保持穩定，否則容易產生變化造成問題。

對策 2.

曝光露光、底片損傷露光的問題可以遵循曝光機的問題解決程序，進行曝光框、真空度、清潔度等等因素的檢討。一般而言，將設備恢復正常狀態九可以免除這類的問題。如果電路板的厚度變化大，尤其是超厚或是超薄的電路板，擇適當的調整曝光機的作業方式如：加大真空、更換曝光框、加排氣調等等工作就屬必要程序了。

對策 3.

顯影不潔、顆粒回沾等問題，比較重要的注意點，就是強化設備的保養，尤其是顯影槽的清潔以及後烘烤箱的清潔。陳舊的烤箱一般容易在管路內陳積殘渣，如果不幸發生脫落回沾就會發生這類的問題。

 問題 14-12　S/M 氣泡、空泡浮離

圖例

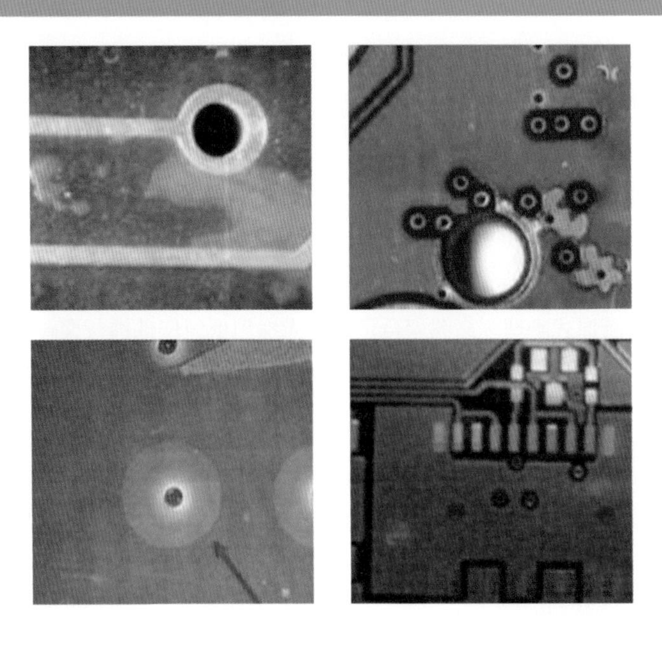

可能造成的原因

1. 油墨攪拌時帶入的氣泡
2. 印刷過程中滾動 (簾幕式塗布機的油墨迴流) 所產生的氣泡
3. 綠漆油墨內揮發時所產生的氣泡、破泡不良
4. 浸金空泡側蝕
5. 油墨抗微蝕抗酸能力不足
6. 銅面氧化

參考的解決方案

對策 1.

油墨攪拌時如果能用專用的攪拌機並加上眞空除泡，這個部份的氣泡並不成爲問題。

對策 2.

印刷中的氣泡產生應屬自然現象，只要印刷後烘烤前能夠靜置足夠的時間，氣泡應可消除。但是如果靜置不足或油墨黏度過高，氣泡未排除乾淨，則綠漆內的氣泡就處處可見。簾幕式塗佈機的油墨迴流機構，應該注意避免重落造成氣泡大量產生，乾燥時氣泡根本無法排除。

對策 3.

液態油墨塗裝過程有可能會有殘泡現象，除了應該要降低塗裝可能導致的氣泡帶入，同時也應該要讓油墨充分靜置除泡。

綠漆本身會利用溶劑降低濃度以利於印刷或塗佈，這些溶劑最後都必須揮發排除。如果含量過高，在綠漆表面已乾燥時，內部揮發物已無法排除。因此烘乾的選用條件及油墨溶劑的選用就十分重要。

對策 4.

綠漆聚合不良、前處理不潔導致結合不良、銅面氧化側蝕、處理槽浸泡過久等都可能是原因，要針對這些可能導致的原因降低其影響。

對策 5.

選用適當地抗酸油墨，控制塗裝與聚合狀態，前處理銅面與板面都應該要調整到最佳的表面結合狀態。

對策 6.

綠漆烘烤可以採用漸進式處理，高溫聚合可以考慮採用低氧條件進行聚合，如果有再次烘烤的必要也要採用低氧化可能性的製程。

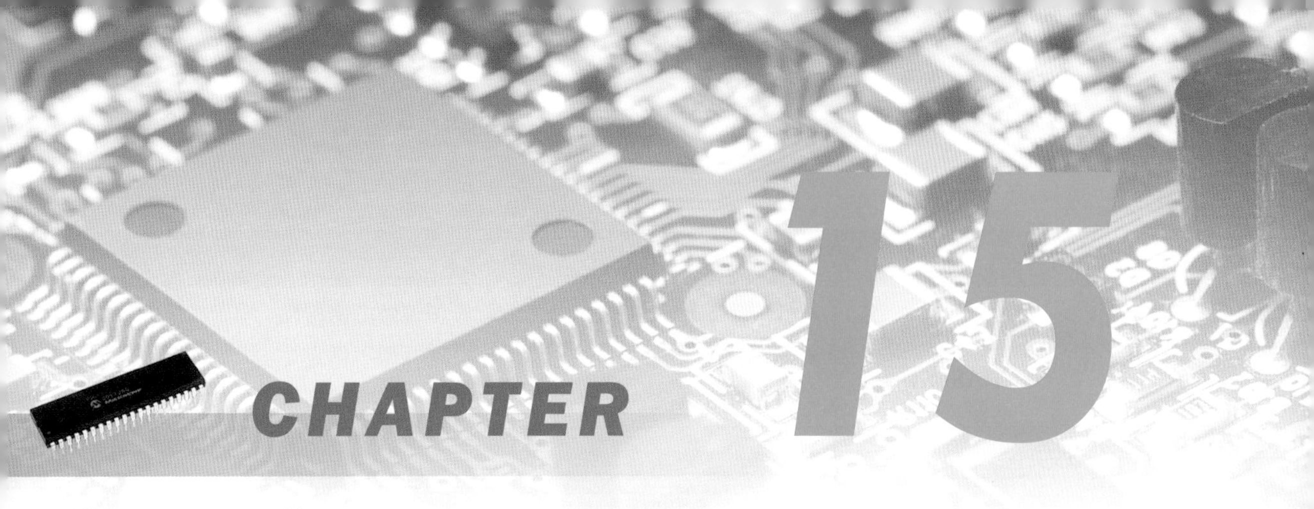

表面金屬處理篇－金屬的外衣，電子組裝的基礎

15-1 應用的背景

電路板的功能是作爲電子產品連結的載體平台，平台是以互連爲目的，必須提供適當互連機制與功能，才算良好的電路板。一般電子產品採用的互連方式包括焊接、端子連結、打線等，不同的連結方式需要不同金屬表面處理。某些印刷電路板，有時還會同時採用兩到三種金屬處理，其間差異只是使用的比例及用途不同而已。

15-2 各式印刷電路板金屬表面處理

15-2-1 焊接用金屬處理

印刷電路板組裝最大宗的手法仍然是以焊接爲主，而焊接手法所需的金屬表面處理變化非常多樣。下表所示，爲一般用於焊接用印刷電路板金屬表面處理技術整理比較。

基於印刷電路板高密度化，多數都已經無法採用噴錫製程。因爲需要焊墊表面平整度及細密線形，這些都不是噴錫技術容易達成的。因此印刷電路板基於無鉛化及高密度走向，多數產品都逐步轉向非噴錫的金屬表面處理。

金屬表面處理的種類	優點	缺點
噴錫 (HASL)	• 低成本 • 焊錫性佳 • 信賴度好	• 無法製做細密接點 • 接點外型不穩定 • 電路板受到熱衝擊
有機保焊膜 (OSP)	• 低成本 • 良好的共平面性 • 穩定的焊接性與信賴度	• 耐熱性不佳迴焊多次有問題 • 容易受到酸及高濕的影響
浸銀 (Immersion Silver)	• 良好的共平面性 • 穩定的焊接性與信賴度 • 良好的外觀	• 怕氯硫的污染 • 容易刮傷 • 操作問題較多
化鎳浸金 (Immersion Gold)	• 良好的共平面性 • 良好的初始焊接性 • 良好的外觀	• 高成本 • 多一層鎳介面陣列式元件容易有焊接問題
浸錫 (Immersion Tin)	• 良好的共平面性 • 量好的焊接性及信賴度	• 存放時間較短 • 有綠漆傷害的問題 • 顏色不均

15-2-2 打線與端子用金屬處理

目前最常用在構裝載板的連結法之一是打線法 (Wire bond)，它是一種連結載板與積體電路接點的方法。因爲連接採用打線技術，是以必須提供符合打線要求的金屬處理。對多數載板商而言，打線用金屬處理一直都有規格標準的爭議。因爲各家對金屬處理的厚度要求及表面狀況，相同應用其允收標準卻常常不同。

例如：一般打金線用載板的金屬處理，廠商會要求作到 150 ～ 200 micro inch 的鎳、20 ～ 30 micro inch 的金，對於一般焊接或較普通的電路板產品，這是非常厚的鍍金處理。但部分產品製造者卻以 100 micron inch 的鎳與 12 micron 或更低的金層製作打金線產品，基本上也號稱沒有問題。究竟應該以何者爲標準，目前主要還是以使用者需要規格爲準。

打線作業主要分爲兩類，它們各是打金線與打鋁線。在操作上雖然有所不同，但是以細緻金屬線作爲連結橋樑的手法卻是一致的，圖 15-1 所示爲打金線的成品範例。

打金線的時候會先以高熱將線頭部分做出球體，之後利用精細打線頭將金線加壓黏合到積體電路黏結墊 (Bond Pad)。此時利用超音波震盪的動作將球體與黏結墊間作高速摩擦，藉以獲得清潔新鮮的金屬接著面，同時再加壓形成表面金屬間的結合力。完成晶片端連結後，打線頭會隨著構裝載板黏結墊位置進行移動，作另外一端的連結。

▲圖 15-1

鋁線本身極容易氧化，難以採用成球打線法。所以打鋁線採用楔形對楔形 (Wedge to Wedge) 手法做打線，這種手法因爲有方向性限制，因此打線速度相對慢，也較不受業者喜愛，目前主要用途是以低腳數消費性產品爲主要應用。

目前打線應用已經不限於構裝載板，一些小型通信模組也已經採用混合式組裝，在一些小晶片組裝也直接採用打線進行模組組裝，因此以往只有晶片構裝才大量使用打線的狀況已逐漸改變。因爲打金線需求，以往導線架採用鍍銀製程來製作打線區金屬面。但是電路板組裝可能會以單或多次處理，鍍銀製程並不完全適合電路板應用，因此仍採用鍍軟金方式。

所謂軟金就是純度較高的金，金屬處理的鍍金方式會隨應用不同而不同。如果用於端子的鍍金會用硬金，所謂硬金就是含有雜質的非純金。因爲金本身活性低，可以在空氣中穩定存在不易氧化，因此被選爲重要功能性表面處理金屬。

應用鍍金主要是用它的軟、耐氧化、延展性高等特性。但是因爲端子必須耐磨耗，而加入了少量的鈷、鎳等金屬以提高強度。但是用於打線的金屬面，必需具有柔軟、緻密不氧化、純度高等特性，因此就採用高純度鍍金製程。一些用於大型電腦、軍事用品或信賴度要求特別高的產品，也有先鍍軟金後鍍硬金的做法。這類產品應用，多數對鎳金厚度要求都相當高，某些特殊用途會要求鍍金厚度高於 50 micro inch 以上，這在製作難度及成本方面都相當高。

由於金與銅具有相互遷移 (Migrate) 的現象，因此如果金直接製作在銅面上就會發生儲存一段時間，金滲入銅而失去金應有特性的現象，尤其在較高溫度下操作，其遷移速度更快。

基於保有金特性的必要性，因此多數鍍金製程都會要求先製作一層足夠厚的鎳層作爲阻絕層 (Barrier)，藉以防止金特性消失。但依據一些打線專家說，其實打金線本身眞正的結合力來源仍然是鎳與金的結合，金主要還是以提供防氧化功能爲重。

筆者比較想要強調的是，電鍍層緻密性與保護性才是鍍金製程的重點，厚度只是一種爲穩定而定出的一般性規格要求，這也就回答了爲何各廠商對規格要求如此不同。當然除了鍍層因素，打線作業也是影響因素。

目前多數打線用載板或電路板，都還是以使用電鍍型鎳金爲主，因爲經驗上化學型鎳金打線表現並不穩定。其實這涉及到另外一個問題，因爲化學鎳會有雜質共析，例如：磷就是典型共析物。這些共析物會促使析出金屬鎳層硬度提高，而金屬硬度提高會不利於打線作業。

但問題是化學鎳本身的共析與硬度值其實並不容易穩定均勻，因此打線的允許操作範圍就比較窄，這就是化學鎳金不易做載板打線的原因。

由於電路板組裝複雜性提高，已有某些公司希望推廣鎳鈀金製程，這種金屬表面處理可以同時符合打線、焊接、端子等多重應用，多用途的優勢讓大家容易接受此技術。究竟是否能如供應商的預期成爲主流，則還需要時間觀察。

端子連結與凸塊處理的金屬表面處理

目前有不少電子產品爲了方便拆換，必須將電路板介面進行金屬處理適應連結所需，其中最重要的仍是鍍金處理。其實電路板在端子鍍金已有相當歷史，最知名的仍是金手指鍍金。一般介面卡及記憶模組產品，都因爲需要插接功能而在組裝端面進行適當的鍍金處理。

業者常將處理類型分爲硬金與軟金，主要區分以其成分與應用爲準。某些應用要求較嚴格的產品，產品表面處理會包括軟硬金兩種，當然這種要求必須付出更高單位成本。某些特殊應用甚至要求製作金凸塊以方便後續焊接、硬式接觸 (Hard Contact)，這類應用也會使用到端子連結的金屬處理。

微凸塊製作是另一個重要高密度電路板金屬表面處理技術，它主要是用在高密度構裝載板尤其是覆晶載板應用。至於一些特別密的零件，如：TAB 的組裝位置，也有一些業者會進行精密焊錫印刷，提供適量焊錫以備後續組裝之用。

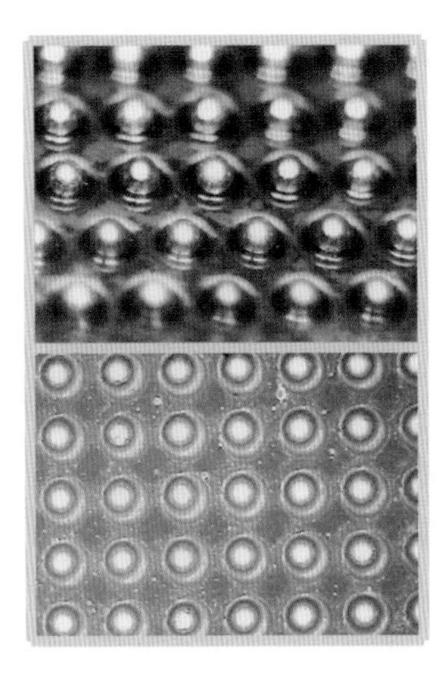
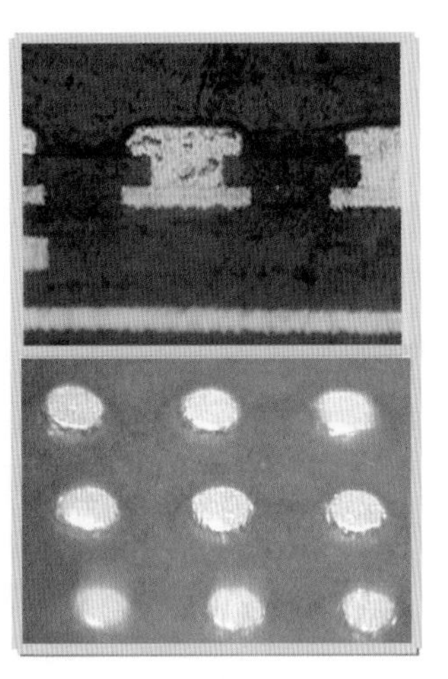

▲圖 15-2

15-3 無鉛焊接對於金屬處理的影響

由於鉛被列入全球前十大環保毒物，同時對兒童成長發育造成重大威脅，因此各大電子廠商、學校、研究單位都將無鉛列入重大議題，希望能將鉛在組裝中排除。國際間已於 2006 年七月開始禁用有鉛焊料，這已經是現在進行式。

目前世界知名組織對無鉛定義趨於統一，態度也相當積極，各種電子產品對無鉛的訴求愈來愈嚴。代表性組織的無鉛焊錫定義水準如下：

JEDEC	< 0.2wt % Pb
JEIDA	< 0.1wt % Pb
EUELVD	< 0.1wt% Pb

從大處著眼，雖然無鉛定義在數值上有差異，但可以看出這種定義是希望任何金屬使用不要加入鉛金屬，這方面的精神是一致的。

取代有鉛焊錫的方法，必須符合四大原則，就是製程相容、操作性佳、成本合理、產品信賴度符合要求。焊錫仍以錫爲基礎進行修正，將低溫焊接性保留但以其他金屬替代鉛。一般常用分類主要以操作溫度範圍爲基礎，專家將操作溫度切割爲低於 180℃、180 ～ 200℃、200 ～ 230℃、高於 230℃四個區塊。下表所示爲典型無鉛焊錫金屬材料組成。

溫度範圍	錫膏	塊材	線材
低於 180℃	錫鉍、錫銦合金	錫鉍、錫銦、錫鉍銦	錫鉍、錫銦、錫鉍銦
180 ～ 200℃	錫鋅鉍、錫鋅鉍銦、錫鋅銦、錫鉍銅、錫銦銀、錫銦銀銻	錫鋅	錫鋅
200 ～ 230℃	錫銅、錫銀、錫銀銅、錫銀銅鉍、錫銀銅鍺、錫銀銅銻、錫銀鉍	純錫、錫銀、錫銀銅、錫鋅、錫銅、錫銀銅銻、錫銅銻、錫銀銅銻、錫銀銅鍺、錫鉍銻	純錫、錫銀、錫銅銻、錫銀銅、錫銀銅銻、錫銻、錫銅、錫鋅
高於 230℃	錫銻、金錫、錫銀銻	錫銅、錫銻、錫銻銅、錫銻銅銀鋅、錫銻銅銀、錫銻銅鎳銀、錫鋅、錫鉍銅	錫銀、錫鋅、錫銻、錫銀銦、錫銀銅、錫銀銻、錫銀鎳銅、錫銀鎳銅銻、錫銀銅鋅

面對組裝焊接技術改變，電路板金屬表面處理必須作適度調整。以目前所知，最有潛力的無鉛焊錫，多數專家仍認定是錫銀銅合金。對於綠色材料需求，電路板產業在表面處理的相容性上仍要多下功夫。

15-4 問題研討 (類似鍍槽的問題只進行一次探討)

15-4-1 胺基磺酸鎳問題

問題 15-1 胺基磺酸鎳鍍層粗糙或邊緣長出樹枝

可能造成的原因

1. 槽液中出現尚未溶解的碳酸鎳或硼酸之粉末
2. 陽極袋出現破洞
3. 槽液過濾不當
4. pH 值超過範圍
5. 有 $Fe(OH)_3$ 等鐵離子雜質沈積出現

參考的解決方案

對策 1.

添加固體化學品時，應該在槽外進行溶解完整後再加入槽中，如果必要還應該在導入時進行過濾。如果是放在槽內的裝袋化學品，應該要確認填充時袋外沒有沾黏固體粉粒同時袋子沒有破洞。

對策 2.

陽極一定要加袋，同時應該要進行適當的前處理才能用在槽中，車線應該要能夠耐酸鹼，必要的時候可以套雙袋。

對策 3.

濾心密度應該要選用 5 ～ 10um 以下的濾心，一般每小時至少應翻槽約三次，如果發熱過快可以略微降低，但是一定要達到濾除雜質的要求。

對策 4.

pH 太低時在袋中加入碳酸鎳沒入槽液，使慢慢溶解而提升 pH 至應有的範圍。

對策 5.

加強過濾將雜質清除，目前市場上有除鐵劑可以使用，業者可以嘗試看看是否對您的槽液有效。

問題 15-2　鍍鎳層呈現燒焦現象

可能造成的原因

1. 液溫太低、攪拌不足
2. 所用電流密度太高
3. 陰陽極的配置不對分佈力不足
4. 鎳金屬濃度太低
5. 硼酸含量太低
6. 槽液中有金屬污染如鐵與鋁等
7. 發生有機污染
8. 添加劑不足

參考的解決方案

對策 1.

按供應商指定之溫度範圍操作，加強槽液過濾循環並加裝陰極桿擺動之攪拌。

對策 2.

重新計算待鍍面積，採用適宜之電流密度，同時應該要確認整流器的作業範圍是否可以搭配作業的參數範圍。

對策 3.

陽極長度應比陰極要短，這樣可以分散電力線。陽極對陰極的面積比應為 2/1，掛鍍板子兩側之陰陽極距離要相等，如果板子兩面之待鍍面積相差太遠時，可採正反排板方式拉近差異。

理論上所有的鎳金電鍍都是屬於線路電鍍的模式，因此兩面的電鍍與狀態都可能會不同，電鍍設備的電流控制應該分面處理。

對策 4.

添加胺基磺酸鎳，以提升 Ni^{++} 至範圍內。

對策 5.

在槽液中以袋裝硼酸逐漸溶解提升含量，溫度不足時硼酸溶解度會降低。

對策 6.

目前許多的雜金屬都有特定的處理劑，應該可以進行測試或是按供應商資料進行處理。

對策 7.

採活性炭細粉對槽液做攪拌過濾處理，之後用濾心進行連續過濾處理，完成後再將槽液打回電鍍槽。

至於根本的解決方案，則應該要找出問題的來源，如：添加劑與帶入的清潔劑或油類等，並加以改善。

對策 8.

做哈氏槽試鍍實驗，按操作電量之安培小時執行定量添加。

問題 15-3　鍍鎳層出現凹點 (Pits)

圖例

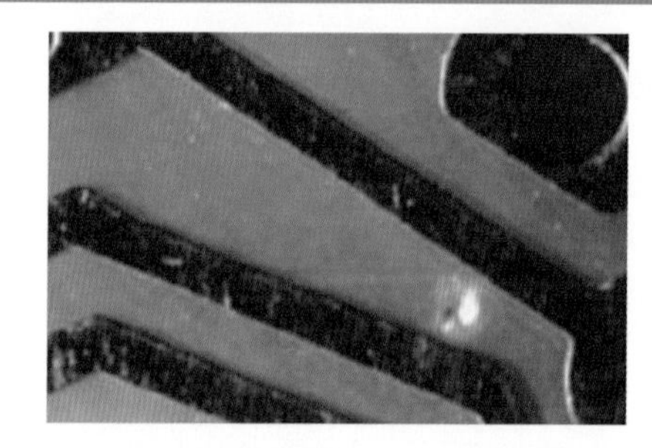

可能造成的原因

電鍍鎳是各種電鍍中最容易發生凹點的製程，因爲氫離子的還原電位非常接近鎳，很容易造成氫氣在陰極上的附著，必須添加潤濕劑 (除針孔劑) 以降低槽液的表面張力，使氣泡不易附著被攪拌趕走才能減少這種缺失。其一般性的可能原因如下：

1. 槽液遭到有機物污染
2. 抗凹劑 (Antipit Agent) 或潤濕劑不足
3. 硼酸含量太低
4. pH 値太高
5. 金屬污染
6. 氨量太高 (係出自胺基磺酸鎳水解的副產物)

參考的解決方案

對策 1.

以活性炭粉做全槽攪拌處理，或用活性炭濾心連續處理，找出污染來源並加以改善。

對策 2.

依據供應商建議使用表面張力儀測量表面張力，做哈氏槽試驗與正常鍍片比較確認爲正常狀態。

對策 3.

以袋裝硼酸掛在槽中使慢慢溶解，且可長期掛用以維持飽和濃度，注意溫度降低時硼酸會沈積出來結晶在槽底，因此作業人員要注意定期清理或是偶爾拿出硼酸掛，觀察槽底沒有結晶時再放回。

對策 4.

以胺基磺酸降低其 pH 值，注意過濾系統有否漏入空氣。

對策 5.

以 2 ～ 5ASF 的低電流做假鍍，以浪板將雜質弱電解析出。特定的金屬雜質，業可以使用金屬去除劑來處理。

對策 6.

當氨量達 1000ppm 時高電流區出現凹點，到目前爲止尚無解救辦法，只有維持 pH、鎳濃度、液溫等在最佳狀況，並不可使用非溶解性陽極以減少氨的發生。

問題 15-4　鍍鎳附著力很差自銅面浮起

可能造成的原因

1. 前處理清潔不足
2. 槽液中出現油跡或有機污染物
3. 鍍鎳進行中電流有間斷現像，甚至產生鎳層的分離

參考的解決方案

對策 1.

檢查前處理之清潔與微蝕以及水洗狀況，同時要注意進料的金屬表面原始狀況是否氧化過度，處理完後應該要注意是否即刻進行電鍍，過長的等待時間對結合力不利。

對策 2.

活性炭處理並注意污染的來源，板子進入鎳槽要保持在已通電 (1 ～ 2V) 的活性狀態，否則很容易產生鈍化結合不良的問題。

對策 3.

仔細檢查陰極掛鉤或匯電桿等是否生鏽或導電不良，夾緊用的蝴蝶螺絲是否有導電不良的問題。這些輔助電鍍的工具及掛架，都必需要定期保養與檢查否則很容易出現不可預期的問題。

 問題 15-5　鍍鎳之分佈力 (Throwing Power) 太低

可能造成的原因

1. pH 值太低
2. 濃度太低
3. 鎳含量不足
4. 金屬污染
5. 夾點導電不良

參考的解決方案

對策 1.

以碳酸鎳掛袋方式提升 pH 值，也可以用調整藥水個別添加的方式調節。

對策 2.

依據供應商資料提升槽液濃度，同時應該要分析濃度偏離的問題主因爲何。

對策 3.

分析後加入適量的胺基磺酸鎳，再分析是否已到達操作需求範圍。

對策 4.

以波浪型陰極板在 1 ～ 5ASF 下假鍍進行清除，無法電鍍處理的部分則以金屬處理劑進行處理。

對策 5.

清除各接點的鏽跡，夾緊用的各種螺絲有可能被阻劑遮蓋的部分都應該要排除。

 問題 15-6　陰極效率低沈積速率慢

可能造成的原因

1. pH 值太低
2. 鉻金屬污染
3. 電流密度太低
4. 槽液遭到過氧化氫的污染

參考的解決方案

對策 1.

以碳酸鎳槽中掛袋方式提升，也可以直接用藥水調節。

對策 2.

一般狀況不會發生但是如果發現這樣的問題就必需要進行處理或是重新配槽。

對策 3.

重新計算待鍍面積更改整流器設定數值，一般線路型電鍍的狀態都很難得到夠均勻的電鍍層，因此調高電流到可以獲得最低厚度需求的程度就可以改善。

對策 4.

將槽液加溫到 66℃以上維持一小時，以趕走槽液中的過氧化氫。

問題 15-7　陽極效率太低

可能造成的原因

1. 陽極發生極化 (Polarized) 現象
2. 氯離子濃度太低
3. 陽極型式不對

參考的解決方案

對策 1.

電流密度太低，可以直接調整電流密度來改善。按供應商指示增加氯離子含量，提升氯離子的咬蝕效果。

對策 2.

增加氯化鎳含量或加入供應商的特別助劑以提升氯離子濃度。

對策 3.

必須使用加硫去極化型 (Sulfur Depolarized) 之陽極，另外也應該要增加氯離子濃度到應有的水準。

問題 15-8　鍍鎳層出現脆化現象

可能造成的原因

1. pH 值太高
2. 硼酸含量不足
3. 有機污染
4. 金屬污染

參考的解決方案

對策 1.

用胺基磺酸 (Sulfamic Acid) 降低 pH 值，或者直接用藥水調節。

對策 2.

掛硼酸袋來提升其含量，但是應該注意降溫所導致的問題，並間歇性的拿出硼酸袋來解決槽底結晶的問題。

對策 3.

用活性炭粉全槽處理，或加活性炭濾心間歇處理，當然還是必需要找出污染源並想辦法排除。

對策 4.

以波浪型陰極板在 1 ～ 5ASF 下假鍍來清除，也可以用金屬處理劑進行處理。

15-4-2 硫酸鎳鍍鎳製程 (俗稱 Watts 製程)

問題 15-9 鍍鎳表面粗糙或長樹枝 (Treeing)

可能造成的原因

1. pH 值超出範圍
2. 槽液過濾不當
3. 陽極袋破損
4. 液中出現未溶的碳酸鎳或硼酸之粉末
5. 鐵污染

參考的解決方案

對策 1.

太高時可以小心加少許硫酸來調降，太低時掛碳酸鎳袋子以調升，應該與廠商討論如何利用緩衝藥劑讓槽液維持酸度平衡。

對策 2.

循環過濾之流速至少每小時要翻槽約三次，濾心密度應在 5 ～ 10um 之間。如果發熱過大可以降低循環量，但是不應該過低而導致無法有效排除異物。

對策 3.

陽極應加套適宜的陽極袋，必要時加雙層袋也是可以考慮的作法。

對策 4.

這類的添加應該要在槽外處理溶解完成，之後才打進槽體中進行作業。如果以槽中掛袋方式進行補充，掛袋位置不可接近過濾機的出水口與陰極板子附近，以免造成其它干擾。

對策 5.

提高 pH 到 5.5 左右，使鐵離子產生的沈澱而消除之，再以稀硫酸降回 pH，或按供應商資料進行處理。

問題 15-10　低電流區域鍍層昏暗

可能造成的原因

1. 槽液遭到銅污染
2. 底鎳表面活化不足導致打底金或金層分離
3. 槽液中發生有機污染或槽面出現油跡
4. 硬金槽液之 pH 值太高

參考的解決方案

對策 1.

以波浪式陰極板在 2 ～ 5ASF 下進行假鍍，以清除液中之污染。

對策 2.

檢查板面進入金槽時，是否已呈現立即供電之活化狀態。檢查板子在槽間轉移時，底鎳有否遭到污染或鈍化。進出各槽間的板子不可出現乾面之情形。

對策 3.

以液面刮除法小心清除掉油跡，以活性炭濾心對金槽進行處理，釐清污染來源並杜絕發生源。

對策 4.

按供應商資料降低 pH 值。

15-4-3　鍍硬金

問題 15-11　金手指鍍金層硬度降低

可能造成的原因

1. 增硬劑含量不足
2. 遭受有機污染
3. pH 值太高
4. 電流密度太高
5. 無機或金屬污染

參考的解決方案

對策 1.

依據供應商資料進行調整，調整後進行電鍍測試確認其效果。

對策 2.

進行活性炭處理是其中一種方法，但是一般業者發現這樣的狀況可能會直接換槽回收。比較重要的是應該確認污染來源並加以防範。

對策 3.

依據應商技術資料進行調整，降低 pH 值。

對策 4.

重新計算待鍍面積，降回應有的電流密度範圍。

對策 5.

依據供應商技術資料處理並找出污染源，不得已時更換槽液回收黃金。

問題 15-12　鍍金層硬度增高

可能造成的原因

1. 增硬劑含量太高
2. 黃金含量不足
3. pH 值太低
4. 槽液比重太低
5. 所使用之電流太低

參考的解決方案

對策 1.

依據供應商技術資料處理，降低增硬劑含量到合理範圍。

對策 2.

依據供應商技術資料，添加金鹽到應有的範圍內，儘量不要將含量拉到有效範圍的下限。

對策 3.

依據供應商技術資料，提高 pH 值到應有的範圍內，同時應該考慮使用有緩衝設計的系統。

對策 4.

添加導電鹽以提升槽液比重，強化攪拌提升均勻度。

對策 5.

重新計算待鍍面積，提升電流值到合理的狀況。

問題 15-13　鍍金之陰極效率不足

可能造成的原因

1. 黃金含量不足
2. 槽液中鈷含量比例偏高
3. 有金屬污染

參考的解決方案

對策 1.

依據供應商技術資料添加金鹽到應有的範圍，同時儘量走中值不要走下限，另外應該要長期追蹤實際用量來添加。

對策 2.

依據供應商技術資料進行調整。

對策 3.

可以考慮用金屬處理劑處理，必要時徵詢供應商的意見再做處理。

問題 15-14　鍍金表面粗糙

圖例

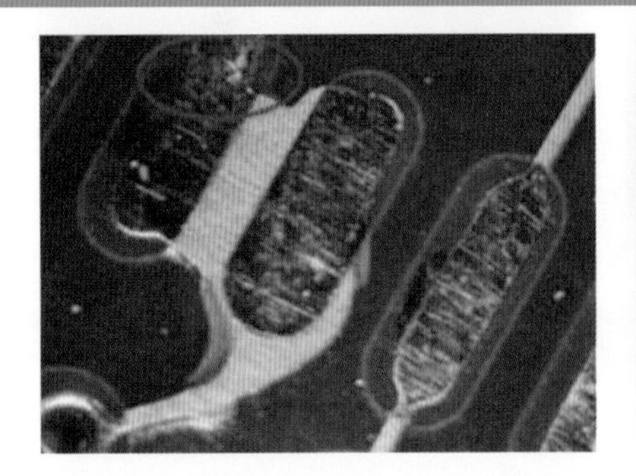

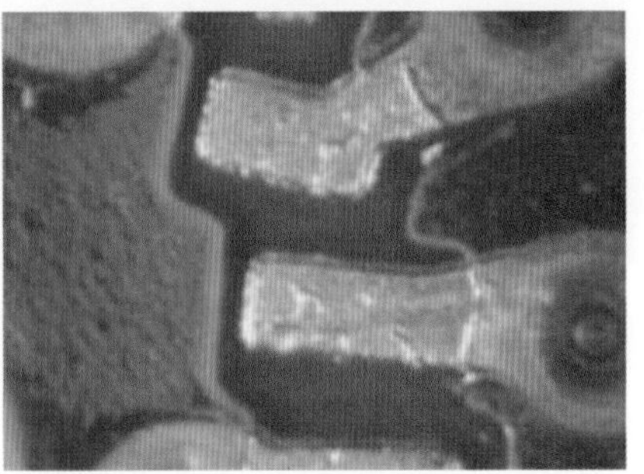

可能造成的原因

1. 底鎳層或底銅層已經粗糙
2. 槽液中出現固體粒子

參考的解決方案

對策 1.

針對鍍鎳與鍍銅的部分進行解決，不要受到鍍金粗糙的表象所困擾。針對鍍銅與鍍鎳製程檢討，改善其產生的源頭。

對策 2.

加強過濾或進行活性炭處理，降低槽液中含有顆粒的機會，或採活性炭處理來清除。

問題 15-15　鍍金層內應力太高

可能造成的原因

1. 鈷對金的比例太高
2. 有機污染

參考的解決方案

對策 1.

依據供應商技術資料調整到合理範圍。

對策 2.

進行活性炭處理或其它建議藥劑處理，無法處理時只好進行回收。

問題 15-16　鍍金滲鍍

圖例

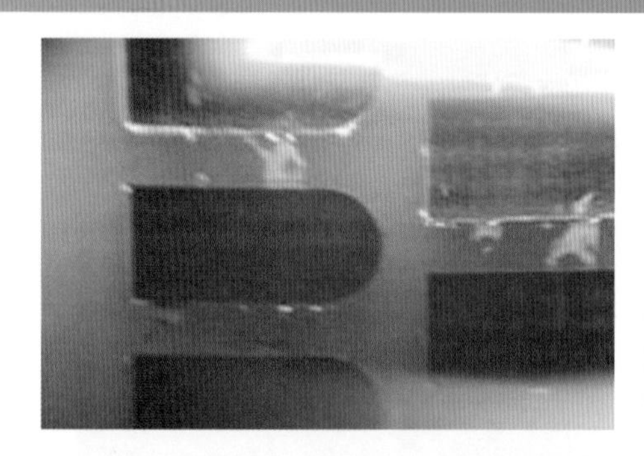

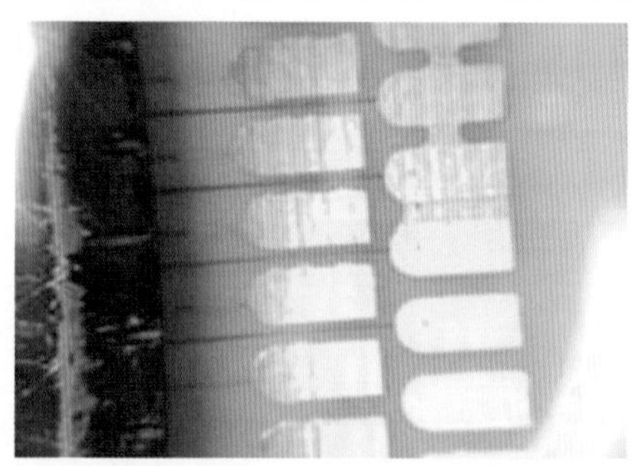

可能造成的原因

1. 壓貼膠帶不牢或乾膜不牢
2. 金含量太低導致效率不足氫氣太多造成滲鍍
3. 電流密度太高產生氫氣太多導致滲鍍
4. 攪拌不足

參考的解決方案

對策 1.

選用恰當的作業模式及材料，以降低遮蔽不良的問題。

對策 2.

依據供應商技術資料添加金鹽，提升金量到作業範圍的上限。

對策 3.

依據供應商的技術資料建議，降低電流密度到合理的範圍。

對策 4.

加強攪拌趕走氫氣，注意槽內介面活性劑含量對表面張力的影響。

問題 15-17　金手指粗糙結塊

圖例

金手指粗糙

金手指結塊

可能造成的原因

金手指粗糙及結塊其實多數問題出在金手指電鍍的前處理，問題主因如後：

1. 金手指粗糙的部份，有可能是金手指電鍍線刷磨的處理造成粗糙，也有可能是電鍍前的水洗不完全所造成。
2. 金手指結塊的來源多數發生在先噴錫後鍍金的製作者，由於金手指已噴上錫鉛，鍍金時必須將錫鉛剝除，如果剝除不完全而有殘留就會產生金手指結塊的問題。

參考的解決方案

對策 1.

對於金手指粗糙的部份，可以在電鍍鎳金的第一道刷磨部份，考慮使用多段刷或者使用較細的刷輪。壓力不要過大，供水必須充分。在水洗的部份，特別需要注意噴流是否順暢未被堵塞，由於金手指電鍍會使用保護膠帶，膠帶表面的膠體會有小量溶出，這些黏稠狀的物質容易阻塞噴嘴，因此保養維護及操作前的檢查有機會改善此類問題。

對策 2.

金手指結塊的問題，可以在噴錫前先將金手指用膠帶保護再噴錫，由於底部沒有錫的問題，結塊無從發生。或者先鍍金後噴錫，這也是目前大部分採用者，不過這樣較容易發生金手指沾錫的問題，其實電路板製程雖然有製程調整的彈性，但往往調來調去都是顧此失彼十分矛盾，如何選用最恰當的製程，就要看製作者能力強處在何處了。

 問題 15-18　金手指沾錫

圖例

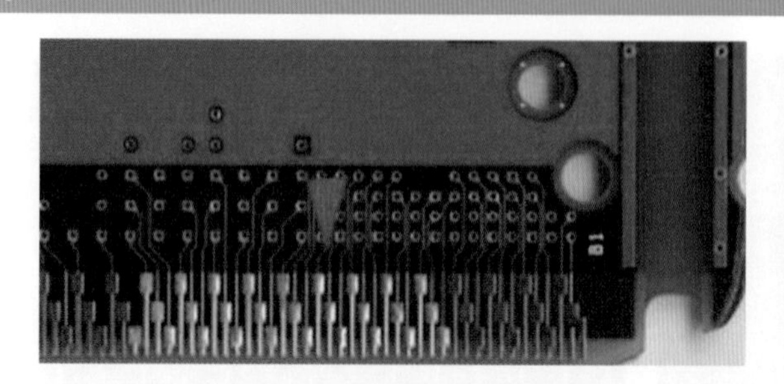

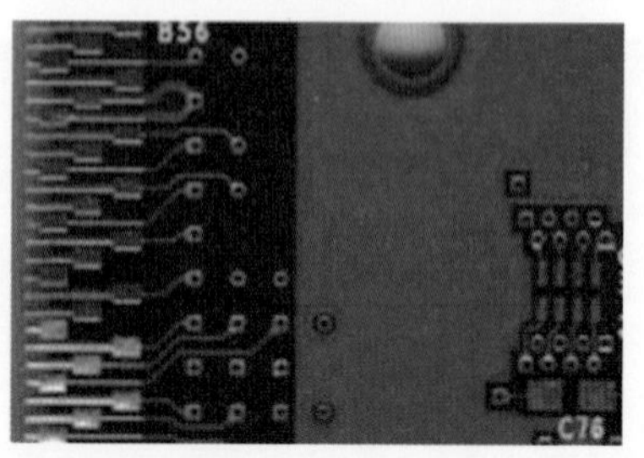

可能造成的原因

1. 對於先鍍金手指後噴錫的製作者，由於在金手指貼膠的區域保護不周全造成金手指沾錫
2. 如果電路板必須重工，在重工製程中發生金手指沾錫的現象。

參考的解決方案

這樣的問題主要還是在金手指區域的保護完整性，解決方案如後：

對策 1.

有不少的電路板板邊有孔距離金手指相當地近，而這些孔又必須噴錫，因此膠帶可調整的貼膠空間會被壓縮，從製作者而言，這是無從選擇的技術困擾。因此選用恰當的膠帶，改善貼膠的方式是惟一可以選擇的路。又由於兩者都是選擇保護的問題，如果將高溫製程放在前面，膠帶在鍍金時是較低溫度的操作，較有機會存活。

對策 2.

如果必須重工，壓膠的工作必須確實，否則容易前功盡棄。

 問題 15-19　金手指沾綠漆

圖例

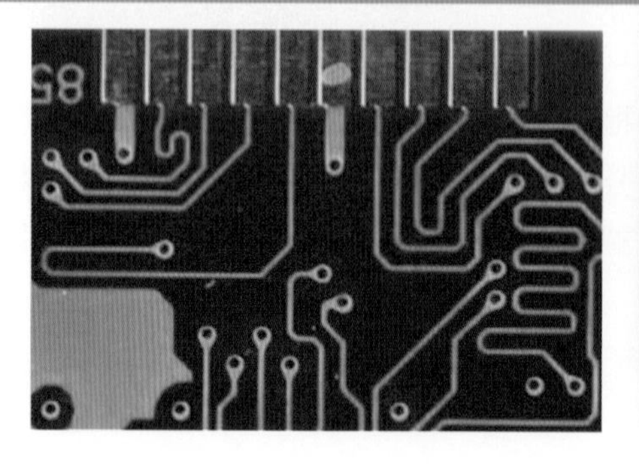

可能造成的原因

金手指沾綠漆必須觀察綠漆是在金面上還是在銅面上。如果是在金面上，則發生的地點一定是在鍍金之後，如果是在銅面上，則會發生在鍍金前，它的原因如後：

1. 在鍍金面上的綠漆沾金手指，較有可能的原因是操作過程中綠漆殘屑的飛回污染
2. 如果綠漆沾在銅面上，則代表綠漆顯影後及後烘烤時，有綠漆回沾的問題。

參考的解決方案

對策 1.

如果綠漆沾在金面之上，當然可以修補，只要將綠漆清除表面做確實的清理，不要過度傷及金面，在信賴度上並沒有太大的問題。但問題是，這樣的狀況仍表示鍍金後的一些製作程序，如烘烤，綠漆修補等的作業操作並不良好，因此對作業機械及人員操作應加強改善。

對策 2.

綠漆沾在銅面上，代表的是顯影後綠漆再度回沾或者是曝光時底片有漏光的現象，造成綠漆沾金手指，解決的方法應該在曝光方面加強清潔度及底片的保護，在綠漆顯影方面，應該加強機械的保養避免污泥的殘存，如此可以保持良好的顯影品質，較不容易發生殘渣回沾的問題。

問題 15-20　金手指沾印字油墨、綠漆

圖例

可能造成的原因

1. 絲網印字對位不良所致
2. 操作不當污染

參考的解決方案

對策 1.

改善對位作業可考慮用自動設備來降低問題率，在設計方面如果允許，儘量將印字區離開組裝區，爭取更大的操作空間，就可以降低沾油墨的問題。

對策 2.

手動作業特別容易因人的疏忽造成污染反沾，建議操作的空間配置及操作程序要作細部檢討，尤其是產量大時更要小心，愈多存量愈容易發生互相污染。對框架的運用也要小心，框架也常是污染源。當然也可以改變製程順序，這樣也有機會避開這個問題。

問題 15-21　金手指不規則

圖例

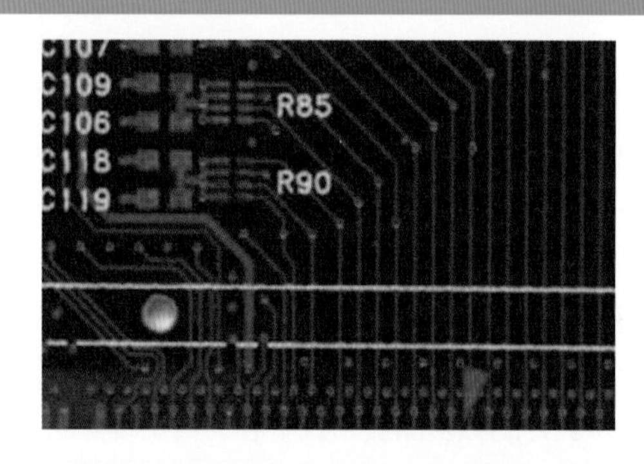

可能造成的原因

金手指不規則的原因有兩種，一種是製作線路時就已不規格，一種是在鍍金手指時，刷磨與微蝕所產生的線路不規則。

參考的解決方案

對策 1.

線路不規則的部份可參考線路問題解決方案。對於刷磨微蝕所造成的電路板，製作者應考慮降低刷壓，將刷輪的粗度細緻化，同時在沒有剝金鎳的問題下，降低微蝕液的微蝕量，如此可以解決金手指不規則的問題。

問題 15-22　金面凹陷

圖例

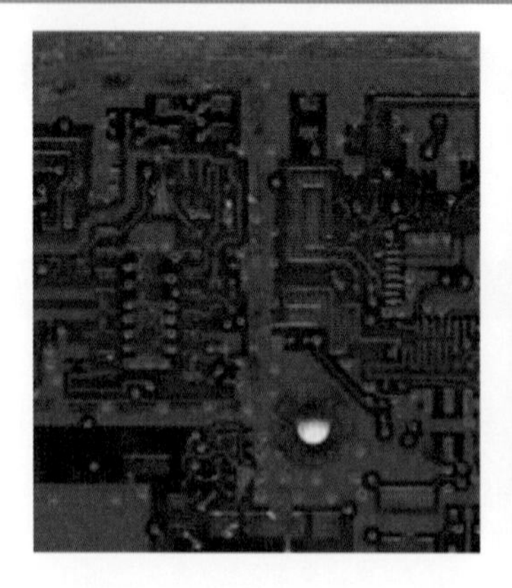

可能造成的原因

金手指凹陷有幾種不同的型式，例如銅皮的凹陷，鎳與金局部性較薄的凹陷，受壓傷的凹陷等。這些問題的成因如後：

1. 銅皮的凹陷問題來自於壓板的外來異物所致
2. 鎳金局部性偏薄有時是因為鍍鎳的針孔現象
3. 受壓傷的凹陷部份與刮擦傷類似

參考的解決方案

對策 1.

壓板的改善主要在於疊板時必須想盡辦法防止異物存在於鋼板與銅皮間，這樣凹陷就可以排除。

對策 2.

鎳金局部偏薄與針孔的問題，多數是因為電鍍鎳的電鍍效率不佳容易產生氣泡吸附的問題，如果在電鍍藥水中加入一些界面活性劑來降低表面張力使氣體不易殘留，則此類凹陷多數可以排除。

對策 3.

刮擦傷的部份可參考內層刮擦傷問題解決方案。

 問題 15-23　金手指露銅

圖例

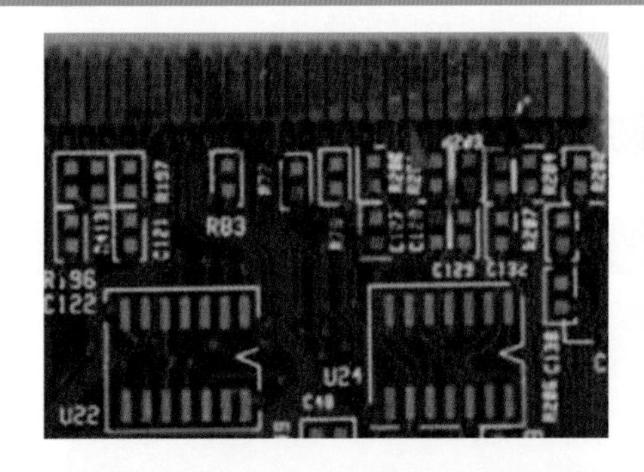

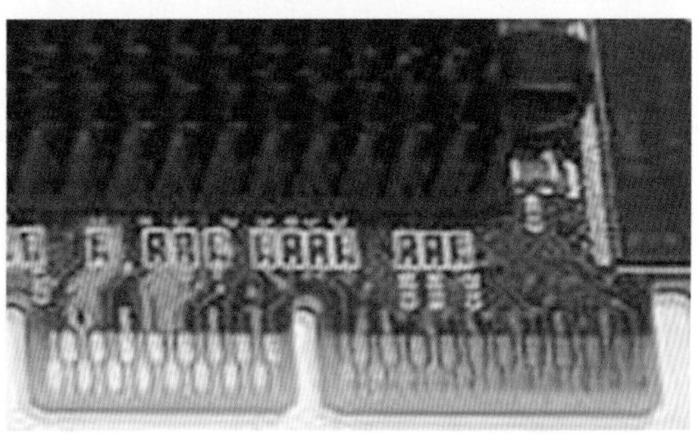

可能造成的原因

1. 有異物無法電鍍
2. 電鍍後剝落
3. 表面刮傷

參考的解決方案

對策 1.

綠漆顯影不潔、回沾都可能造成鎳金電鍍的問題，必須改善電鍍前的綠漆製程及電鍍前處理製程。

對策 2.

如果是剝落，則應該參考鎳金剝落的改善方案。

對策 3.

如果是刮傷的問題，應該從斜邊作業以及其他的機械性操作程序中找出問題所在。

15-4-4 鍍軟金 (打線用金層)

問題 15-24 金層本身之間出現浮離

可能造成的原因

1. 鍍金前活化不足或底鎳已經鈍化
2. 槽液表面出現油跡或有機污染

參考的解決方案

對策 1.

進入鍍金槽的瞬間必須處於 " 活性 " 狀態，加強入槽前迅速充足之水洗，不可讓板面出現表乾的現象。鍍鎳後到鍍金前的時間要儘量的縮短以免發生氧化問題。

對策 2.

小心刮除表面浮油，並進行活性炭處理，必須要找出污染源以免再次發生。

問題 15-25 未能通過打金線拉力試驗

圖例

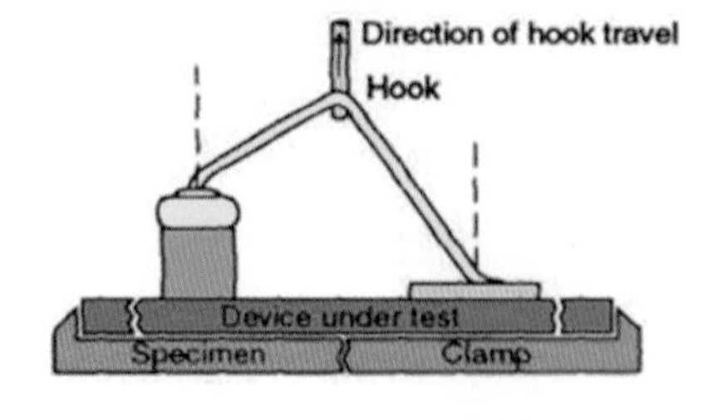

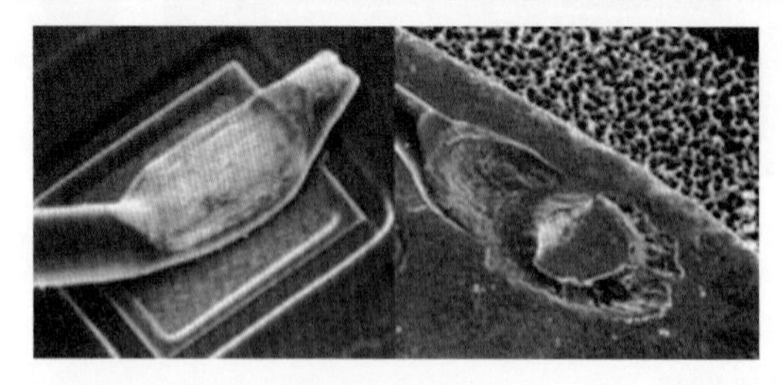

可能造成的原因

1. 出現其它金屬共鍍
2. 鍍金層厚度不足
3. 有機污染

參考的解決方案

對策 1.

打線金層一定要很純，不可有任何雜金屬參雜其間。電鍍層的緻密度也很重要，如果最後的保護性不足則可能產生底層金屬污染影響打線的結果。

試拉力的弧線 (Loop) 在綳緊時會形成三角力量，使晶片與底載板受力相等，目前 P-BGA 底板較嚴的及格要求約 5 ～ 6gm。

對策 2.

增加鍍金時間改善鍍金效率，留意電路分佈的情況避免產生鍍層過度不均的問題。

對策 3.

進行活性炭處理，必要的時候可能必須要更槽。

 問題 15-26　電流效率太低 (指陰極效率)

可能造成的原因

按理論值計算每個“安培 . 分”電量鍍得 120mg 黃金時，其效率可稱爲 100%。不過一般商用鍍金製程，即使全新配槽之最好情況時，其效率也只有 60%左右，鍍舊了的槽液效率當然更低。

此時金層會出現少許雜質，對構裝打線金而言關係重大。鍍金槽無論如何小心管理鍍久了一定會老化效率降低。分析電流效率低的可能原因爲：

1. 槽液中金含量太低
2. 受到金屬雜質污染

參考的解決方案

對策 1.

依據供應商技術資料添加金鹽，提高金含量可以改善電流效率。

對策 2.

依據供應商技術資料處理，應該要注意金屬污染來源予以排除。

 問題 15-27　鍍金層疏孔 (Poros) 太多底鎳易鏽

可能造成的原因

1. 鍍金層厚度不足
2. 鍍金前底鎳上有固體粒子附著
3. 金槽中出現固體粒子之雜質
4. 操作參數不對

參考的解決方案

對策 1.

增加電鍍厚度，當厚度不足時其疏孔將更嚴重。延長鍍金時間，提升鍍金效率，使用適當的電流密度以改善電鍍緻密度。

對策 2.

加強入槽前之清洗，不要採用噴砂的方式進行待鍍表面處理。

對策 3.

加強循環過濾清除槽內的雜質，降低表面產生粒子沾黏的機會。避免使用會產生顆粒的不溶性陽極，應使用白金鈦網或白金鉭網之專用陽極。

對策 4.

依據藥水供應商的技術資料建議進行操作。

15-4-5 化學鎳金製程

問題 15-28 電鍍鎳層結構不良

可能造成的原因

1. 銅層針孔、粗糙、深層氧化
2. 鍍鎳時綠漆、乾膜等光阻溶出
3. 微蝕過度

參考的解決方案

對策 1.

改善鍍銅'蝕刻等製程。

對策 2.

更新鍍液、使用抗酸型較佳的油墨、注意后烘烤條件是否適當。選用比較不會溶出的乾膜進行選擇性鍍金。

對策 3.

調整至正確操作溫度，濃度，時間等。

問題 15-29 電鍍液異常分解

可能造成的原因

1. PH 過高 (PH 調整劑添加過量，鹼液混入)
2. PH 調整劑添加攪拌不充份
3. 槽體負荷 (Bath loading) 過大

4. 觸媒金屬多量混入
5. 槽溫局部過熱

參考的解決方案

對策 1.

PH 調整劑添加應減慢，也應該減少單次添加量同時調整頻率，讓槽液的變異量降低。

對策 2.

任何添加最好是在槽外先進行混合作業，之後再加入槽體進行混合攪拌，槽體回流的設計要儘量減少死角以免混合不易均勻。

對策 3.

調整印刷電路板的單次投入量，避免過度處理產生的過強反應。

對策 4.

鍍前水洗應加強，同時要注意離槽時的帶水量，應該要強化每次清洗的稀釋比。

對策 5.

攪拌充份並加強槽體溫度控制，特別注意冷卻用的盤管設計以及進流水的溫度狀況。

問題 15-30　化鎳槽液混濁不清

可能造成的原因

1. 鎳濃度太高 pH 太高
2. 鎳槽溫度太高
3. 鎳槽液被板子帶出之量太多
4. 槽體系統中管路出現漏水

參考的解決方案

對策 1.

可能有亞磷酸鎳的生成，應該確認鎳濃度及 PH 值都保持正常操作範圍，降低液溫至 20 ～ 40℃後添加適量建浴液充份攪拌，這樣可以減輕其影響。

對策 2.

調至正確溫度。

對策 3.

增用建浴劑，拉長板子滴水時間。

對策 4.

增用鎳槽建浴劑，修復管路。

 問題 15-31　鎳析出速度過快

可能造成的原因

1. PH 偏高
2. 槽體溫度太高
3. 槽液組成偏差

參考的解決方案

對策 1.

添加 H_2SO_4 降低 PH 值，添加時要緩慢並確實攪拌。

對策 2.

改善槽液溫度控制，尤其要留意設備內的冷卻容量。

對策 3.

補充液的添加比例要搭配消耗執行，累積長期分析的數據並調整到儘量接近實際消耗量。

 問題 15-32　鎳析出速度過慢

可能造成的原因

1. PH 值偏低
2. 槽液溫度過低
3. 槽液組成偏差
4. 受重金屬污染 (鉛鎘鉻等有機不純物的侵入)
5. 槽液老化

參考的解決方案

對策 1.

修正 PH 調整液添加量，最好能夠有緩衝藥水的設計。

對策 2.

改善槽液溫度控制，避免設備循環產生死角。

對策 3.

補充液添加比例定時修正。

對策 4.

假鍍除金屬，活性碳去除有機質。

對策 5.

定量定次的作業完成後，就應該要進行更新作業。

問題 15-33　化鎳金之鍍面粗糙

圖例

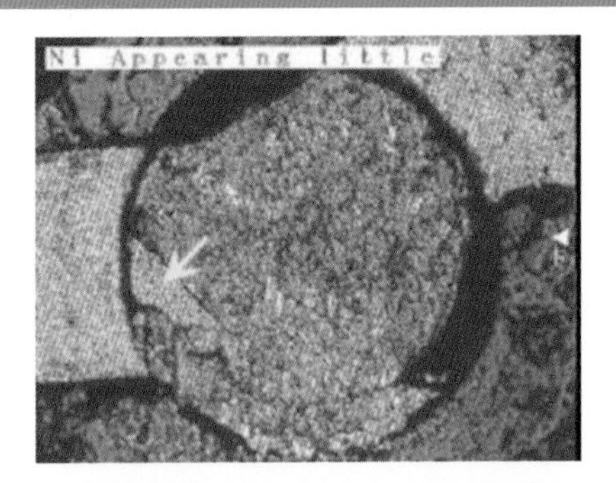

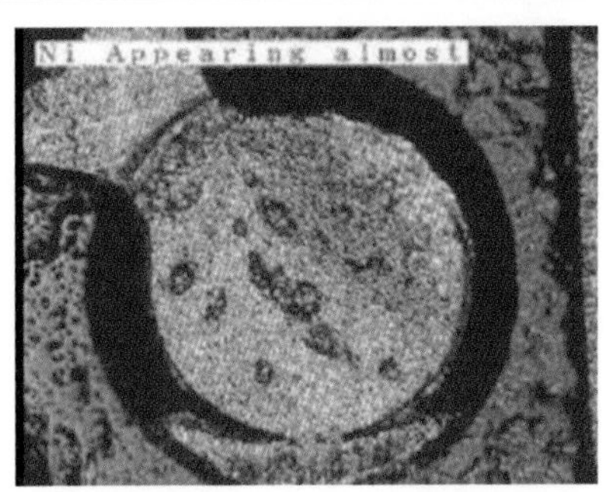

可能造成的原因

1. 不當的前處理 (脫脂不足)
2. 不溶物混入
3. 氫氧化鎳生成
4. 鍍鎳槽液之 pH 值過高或 Ni 濃度過高
5. 槽體負荷過小
6. 銅面原本很粗糙或嚴重氧化
7. 鎳槽液中存在有不溶性粒子，可能造成共鍍而粗糙
8. 配槽水或清洗水之水質不良
9. 銅層本身出現針孔
10. 銅面存在有綠漆殘膜
11. 過度微蝕造成銅面粗糙
12. 加藥區之局部槽液攪拌不足

參考的解決方案

對策 1.

修正脫脂處理的程序以及強度。

對策 2.

施行過濾防止不溶物混入。

對策 3.

調整 PH 補充劑及攪拌方式。

對策 4.

調整 Ni 濃度及 pH 值，對控制器與補給裝置詳加檢查與調整。

對策 5.

調整槽體負荷比，提升反應強度。

對策 6.

改善微蝕、清潔劑、刷磨等前處理，務必要得到良好的細緻銅面。

對策 7.

加強過濾，更換槽液，改善鎳槽前水洗之流量與時間。

對策 8.

配槽及補充液面一律使用純水，移槽過濾更換槽液。

對策 9

改善電鍍銅或蝕刻等前段工程 。

對策 10.

改善綠漆特性，硬化條件及於化鎳金線上線前加強 " 除殘膜 " (De-Scum) 之處理。

對策 11.

調整微蝕至正確操作的溫度、濃度、時間等參數。

對策 12.

仍將加藥口移至適當位置。

問題 15-34 P. T.H 孔上金

圖例

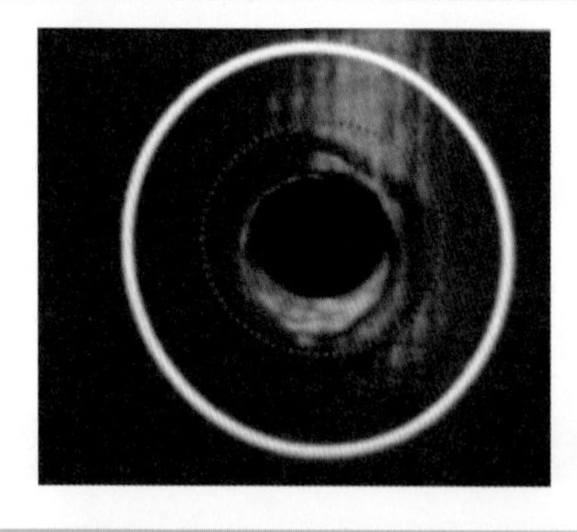

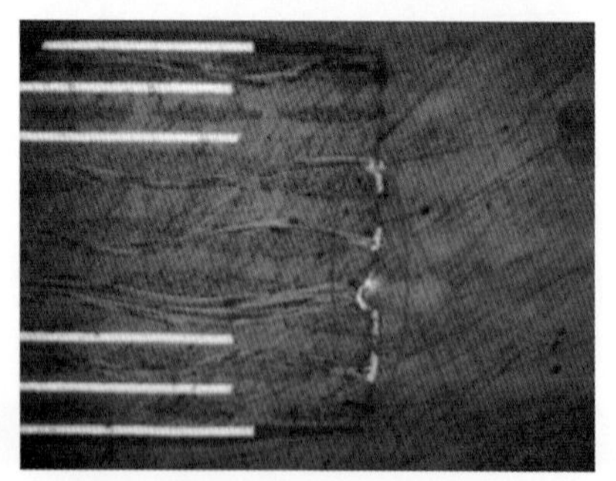

可能造成的原因

工具孔上金是讓人頭疼的問題，比較常見的原因包括：

1. P. T.H 藥水鈀殘留
2. 孔內殘銅
3. 化金活化水洗不淨

參考的解決方案

對策 1.

目前化學銅廠商有提供不上金配方，但是相對的其鈀活性強度也變得比較若，如何平衡需要留意。

對策 2.

留意線路電鍍的乾磨保護完整性，避免出現鍍錫無法完全蝕銅的問題，應該就可以避免這種問題。

對策 3.

強化水洗效果，加強震盪與攪拌等作用。

 問題 15-35　綠漆白化的問題

圖例

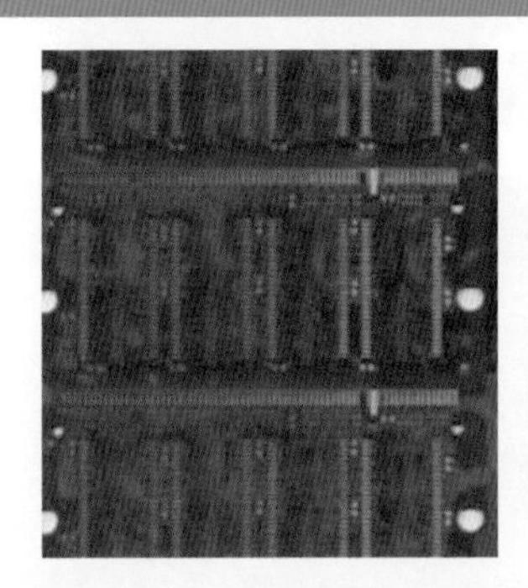

可能造成的原因

1. 綠漆本身的耐化性不夠好
2. 防焊烤箱異常溫度不足
3. 烘烤時間不足
4. 綠漆厚度過厚

參考的解決方案

對策 1.

許多可以承受噴錫的綠漆卻未必能夠承受化鎳浸金製程，主要的問題出在綠漆本身的耐化性不夠好。因為使用化鎳浸金製程材料必須要能耐得住高溫長時間的化學攻擊（平均 82 ～ 86℃，兩槽共約 20 ～ 30 分鐘）。

因此凡是耐化性不佳的綠漆，經過化鎳浸金製程後色澤會變淺，也就是綠漆中的若干物質已溶入化鎳浸金槽液中，這樣不但槽液會快速污染，同時綠漆白化的現象也可能會讓綠漆剝落或是劣化，這也是一般會被退件的品質缺點。

對策 2.

檢查烤箱溫度設定及標準操作時間。

對策 3.

檢查綠漆厚度是否正常。

對策 4.

化金後之不良板以後烘烤 (Post Curing) 可以改善。

 問題 15-36　金面色差

圖例

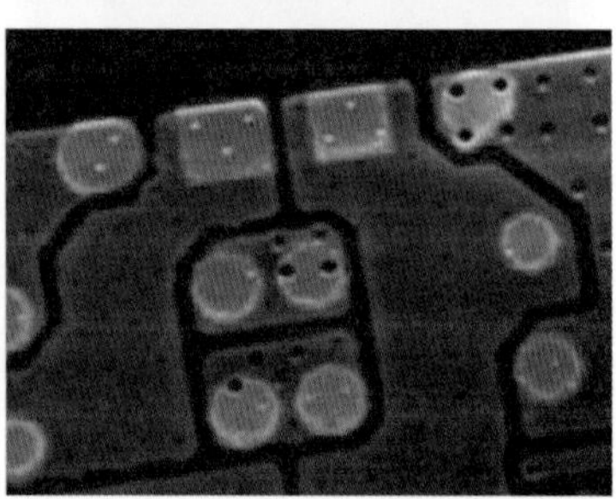

可能造成的原因

1. 銅面粗糙
2. 銅面氧化
3. 綠漆水洗烘乾不良
4. 微蝕不足
5. 半塞孔清潔不良
6. 鎳槽溫度不足

參考的解決方案

對策 1.

降低前製程粗糙問題，並考慮採用可行的微蝕方式降低表面粗度差異 (如：用硫酸雙氧水做適度微蝕)。

對策 2.

強化前處理，部分廠商採用刷磨、噴砂等處理，但是並非所有的產品都可以適用。如果可能，採用化學處理並強化脫脂、微蝕、酸洗，有機會可以改善色差。不過更有效的方式，還是降低進入製程的板面氧化程度與差異。

對策 3.

光阻或不潔的液體在板面留下水漬、殘痕、有機膜，都可能會影響浸金處理的脫脂、微蝕等處理，當然也就會讓鎳金成長產生差異，嚴重的還可能產生漏銅不上鎳金的問題，因此必須提升綠漆後的水洗效果，杜絕這類問題發生。典型殘留上金不良的狀態如後：

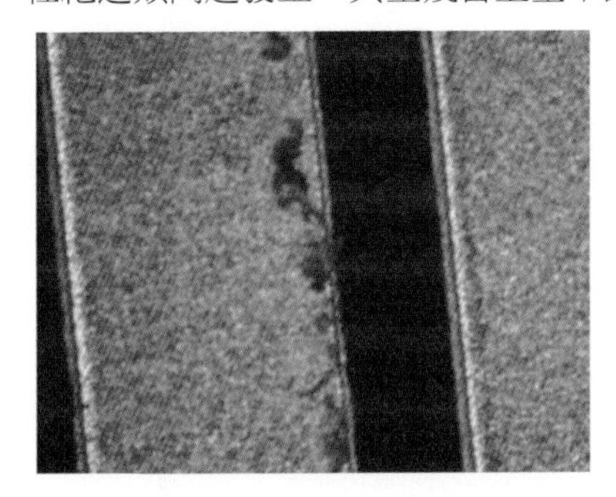

對策 4.

銅面經過烘烤聚合、停滯等過程，銅面產生的氧化與污染機率及程度都會有差異，此時如果無法將狀態調整成一致，必然會讓浸金製程的表面色澤產生差異。因此比較有效的方法之一，是利用適當的微蝕處理將銅面徹底清掉一層，此時充裕的微蝕就相當關鍵。如果面對特殊狀況，作業可能必須利用手動調整微蝕程度，之後再進行浸金處理。

對策 5.

半塞孔設計化金板，因塞孔未達高百分比以上 (如：>70%)，加上前處理藥液殘留孔內未除淨，造成後續化鎳金析鍍異常有白霧狀外觀。這種狀態如果允許，可以建議改變設計。假設設計無法變更，就應該利用震盪噴流等方式提升清洗效果。

對策 6.

浸金藥水供應商，一般都會要求鎳、金槽在高於 80℃以上作業，但是槽體溫度均勻性與實際作業狀況需求，卻可能讓作業溫度偏低。此時鎳的結晶就可能產生變化，最終導致表面色差，這方面應該要遵循廠商建議溫度作業。

 問題 15-37　鎳金表面出現針孔

圖例

可能造成的原因

1. 鎳槽液中存在有不溶性顆粒
2. 前處理不良
3. 化鎳槽液遭到有機污染 (如清潔劑)
4. 化鎳槽攪拌不足，氫氣附著太多

參考的解決方案

對策 1.

移槽過濾，加強過過濾細緻度，改用較密濾心。

對策 2.

改善鎳前之微蝕、清潔與刷磨。

對策 3.

更換槽液，杜絕雜質來源。

對策 4.

增強攪拌及往復擺動速度，加裝 " 氣缸式落震 " 設備 (Cylinder Shock，上下落程 1.5 ～ 2.0cm，7 ～ 15 次 / 分) 以隨時震走板子所附著的氫氣泡。

問題 15-38　化鎳浸金所出現架橋 (常出現在密集 SMT 焊墊間的板材上)

圖例

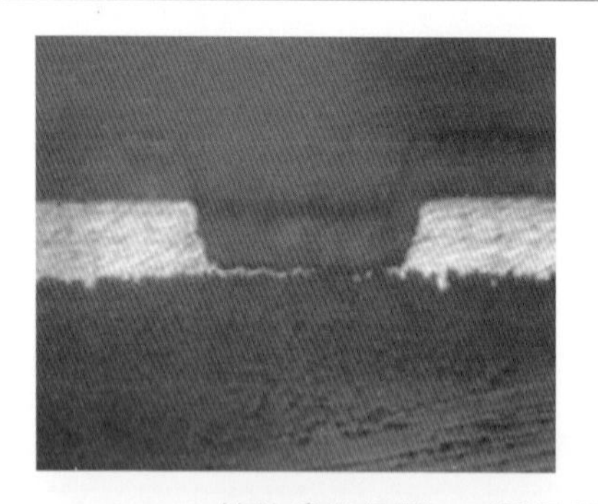

線路邊緣長腳，可能是銅粉殘留、蝕刻不淨、殘鈀

鈀過強導致滲金，小間距更容易發生

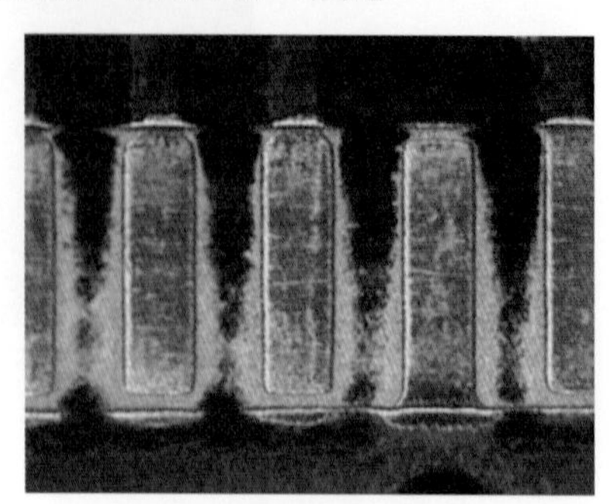

蝕刻殘銅導致滲金

可能造成的原因

1. 鎳槽前之活化液 (鈀離子) 遭污染 (尤其是鐵離子或化鎳藥水的滴入)
2. 活化液老化
3. 鎳槽液之補充異常
4. 鎳槽液溫太高
5. 板子上線前刷除銅面氧化物時，所用刷壓太大造成銅粉殘留
6. 蝕銅未淨，基材面上留有殘銅
7. 當 Pd 槽受 Cl^- 污染時會有嚴重長腳現象
8. 前處理刷壓過大 (銅粉殘留)

參考的解決方案

對策 1.

根絕污染源，鎳槽前之預浸與活化兩槽所用硫酸須採用高純度者，活化液添加須專用藥杯作業。

對策 2.

更新活化槽，改善活化液之加溫方式並加強過濾，改用稀硫酸補給添加以降低瞬間變化過大的問題。

對策 3.

手動分析 Ni^{++}/pH：檢查補充量，及補給裝置是否正常。

對策 4.

調整到正常作業溫度。

對策 5.

仔細檢查，並改善刷壓降低銅金屬的變形及銅粉。

對策 6.

改善蝕銅製程。

對策 7.

當 Pd 槽之 Cl^->10ppm 及會有長腳出現。

對策 8.

檢查及調整刷壓，檢查水洗是否足夠，可以考慮改用一般的非機械前處理。

問題 15-39　焊接掉零件的黑焊墊 (Black Pad) 問題

圖例

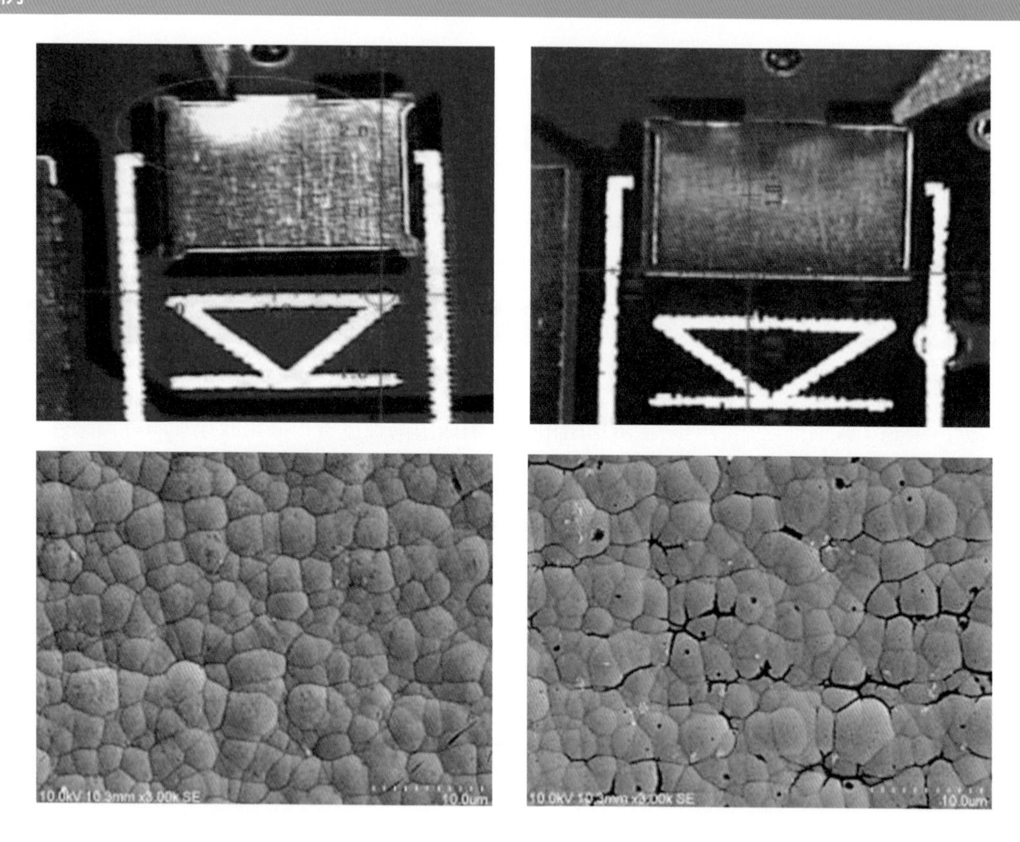

可能造成的原因

化鎳是由磷、鎳兩者所構成的不同比例混合體，也被看成是一種合金態物質，堆積晶格中少量比例磷共存。一般會因配方差異而有高、中、低磷鎳的不同，焊接用處理面含磷比例範圍大約為 4 ～ 10％。過低的磷含量耐蝕能力比較差，過高的磷含量則則會導致焊接能力變差。如何穩定控制鎳層含磷量、均勻度、穩定度，同時又能讓浸金反應不致過度攻擊鎳面就成為防止〝黑鎳〞的重點。比較可能的問題來源如後：

1. 磷槽 MTO 數使用太多次
2. 磷管控失當
3. 微觀沈積速度過快
4. 剝金重工不良
5. 鎳鍍層晶格晶界過大過多表面細碎

參考的解決方案

對策 1.

各家配方與結晶特性不同，可以操作的 MTO 數也有差異，使用的 MTO 數偏高會導致磷含量偏離控制範圍，當然後續的浸金處理對鎳面的置換與攻擊反應也就不同。當鎳面置換攻擊過度，就會呈現磷含量爬升，內面呈顯比較偏黑的外觀，SEM 可以看到不同程度的黑線，嚴重的以一般顯微鏡或裸視就可以看到金屬面偏黑。遵循供應商建議的 MTO 數操作，依據產品特性略降低 MTO 操作數才能降低黑鎳的出現機會。

對策 2.

化學鎳槽採用磷酸鹽作爲磷金屬的來源，磷含量、操作溫度、添加劑濃度都會影響到共析的狀態，適當地作業溫度、良好的攪拌、穩定的槽體負荷 (Bath loading)、電路板框架的配置等，都是穩定鎳層表現的控制重點。

對策 3.

所謂微觀沈積速度過快，指的是結晶狀態的結構狀態。依據結晶學的解釋，晶格愈完整晶界愈少，金屬材料結構愈良好而不易被攻擊。也因此常見的黑鎳現象都會先出現晶界黑線，接著逐漸擴大延伸成爲腐蝕嚴重的黑鎳面。其實輕微的黑線，假設仍然能夠順利在焊接時產生適當 IMC，未必會構成焊接不良掉零件的問題，因此刻意以 EDX 測量鎳面黑線區域偏高，而認定這就是黑鎳未必恰當。巨觀的沈積速度穩定，適當地 MTO 數操作不讓沈積變得過慢，理論上就可以讓微觀成長適度晶格飽滿不易出現黑鎳。

對策 4.

儘量降低重工機會，不建議只剝金不剝鎳就進行重工，剝鎳液內含銅量過高也可能會損傷銅面需要小心管控，這些問題要與藥水商合作進行最佳化調整。

對策 5.

進行製程最佳化，避免沈積速率變化過大。由後圖剝金後的鎳面 SEM 照片可以看到，右圖晶格細碎部份晶界容易受到置換反應攻擊。

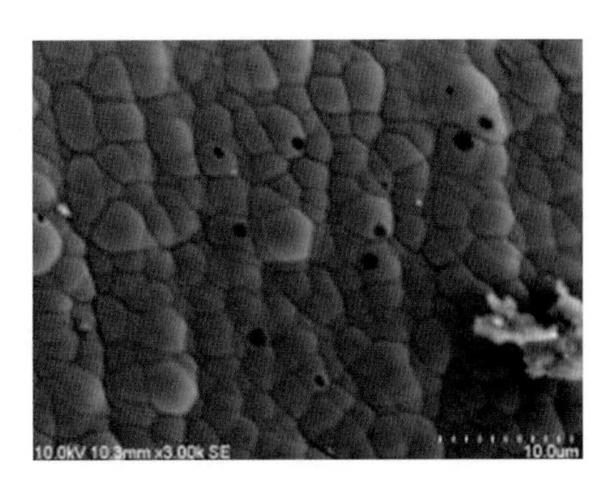

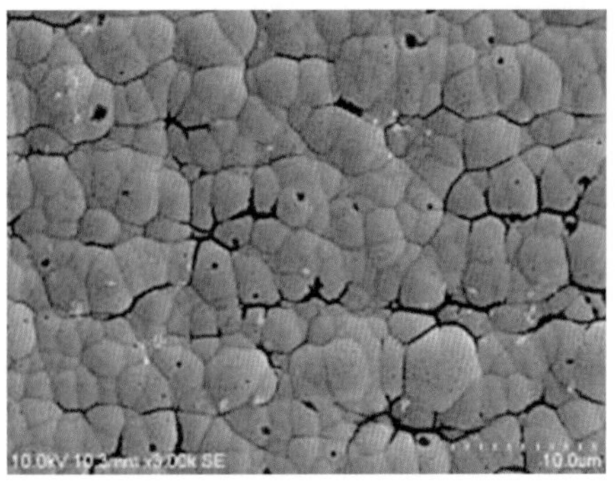

問題 15-40　剝鎳 (金)

圖例

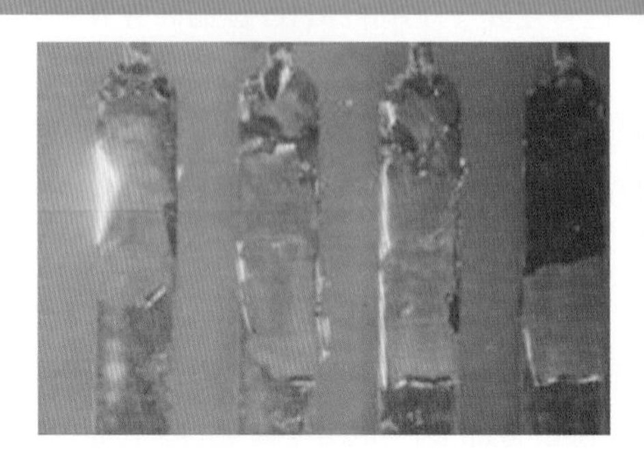

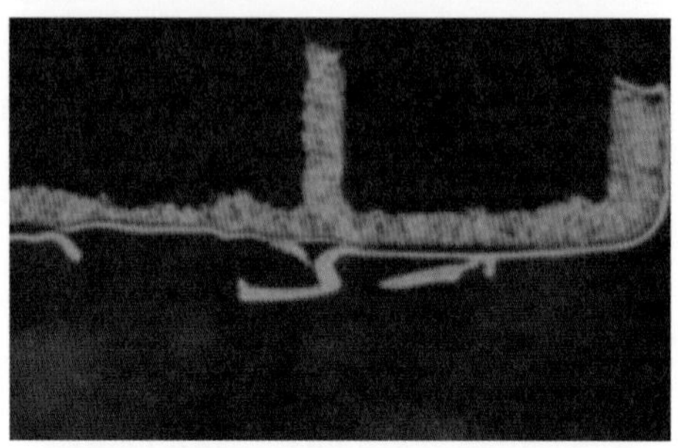

可能造成的原因

剝鎳、剝金都是介面上有污物，或者是表面的機械應力過大所造成的金屬分離，可將此幾個因素作分別的討論：

1. 銅或鎳表面狀態不佳
2. 鍍層應力過大
3. 鎳面剝金

參考的解決方案

電鍍鎳金多數用於端子電鍍，少數用於特殊的組裝連接。由於屬於電鍍作業鍍膜厚度也較高，因此性質不同於一般的化學處理，容易剝鎳的改善方式，作以下的檢討：

對策 1.

銅或鎳面保持新鮮，是良好鍍層的不二法門。因此在電鍍前都會作完整的刷磨、去脂、微蝕、活化等程序，藉以保證電鍍的品質。但是許多的電鍍設備，在水質及水洗清潔機構方面，不容易做得完善。尤其是部分的循環及阻隔機構需要完善的保養，如果保養不善容易發生偶發性的鍍層剝離問題，這方面必須留意。

對策 2.

不同的電鍍鎳槽，鍍層所殘留的應力就不同。硫酸鎳槽和磺酸鎳槽的電鍍應力表現不同，鍍層應力大時即會產生浮離現象，對高電流密度操作而言應力也會加大。因此選用恰當的電鍍藥液及恰當的操作條件是防止剝鎳的重要工作。

對策 3.

鎳本身其實很容易氧化並產生一層鈍化層，因此如果鈍化層形成後再要清除並獲得一層良好的金鍍層，就變得十分困難。因此多數的電鍍鎳金設備都會在鍍鎳後的等待時間上作恰當的控制，某些製程甚至會加上一道活化劑，在活化鎳表面後再進行鍍金的工作，藉以保證鍍金的品質。一般在鍍鎳金後會有一道膠帶試剝的程序，以確定結合力的好壞。如果發現是剝金而不是剝鎳，特別小心不要下錯判斷，位有時剝鎳或剝金在作業者回報時並不會交代清楚，如果判斷錯誤是不可能解決問題的。

問題 15-41　化鎳金漏鍍或跳鍍 (Skip)---SMT Pad 或金手指應該上化鎳金的部分，並未上化學鎳與金

圖例

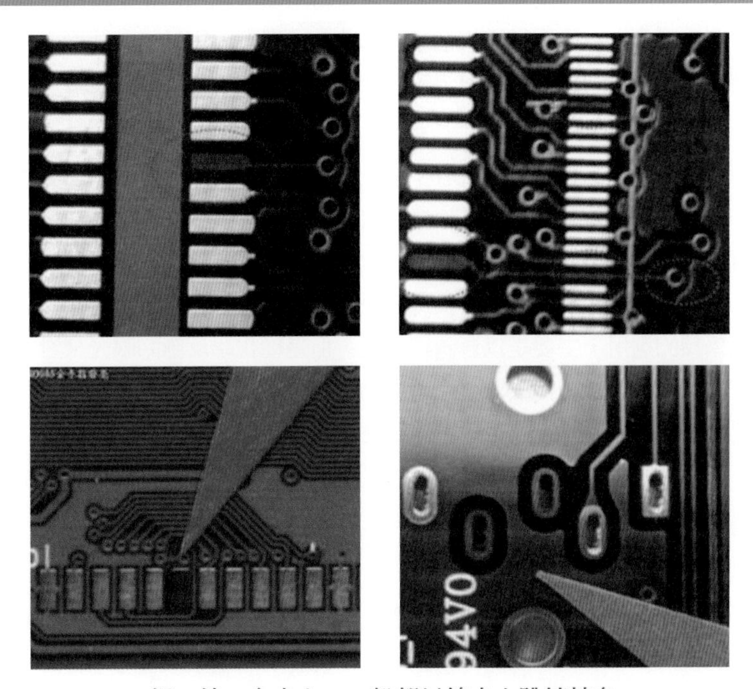

鈀、鎳、金未上，一般都以鎳未上跳鍍較多

可能造成的原因

所謂的化鎳金漏鍍，就是銅金屬表面在化鎳金的製程中未活化而產生的不反應現象，它的主要問題如下：

1. 金屬表面前處理不良
2. 鎳槽的活性不足 (補充異常、成份失調)
3. 綠漆塞孔不良 (孔內易積藥水)
4. 化鎳前水洗不良
5. Ni 槽攪拌太強 (打氣及循環量)
6. 電路板的線路配置特殊
7. 生產時有黏板現象。
8. 銅面上有 Scum 殘留。
9. 活化槽鈀未吸附在銅上。
10. 鎳槽不安定，防析出電流過高。

參考的解決方案

化鎳金是針對許多的 SMT 小零件組裝需求，爲了達到金屬表面平整且又能保有銲錫性所做的金屬處理。一般來說一定會在金的底層先覆上一層鎳層，然後再作金的析出。一般來說主要的金屬處理問題大多出現在鎳的製程而不是金的製程。因爲鎳反應的特殊性，啓動不易容易有問題，一般解決方案如下：

對策 1.

因爲化學鎳金是在綠漆後才作業，因此如果不能保持清潔的銅面，化學反應很難啓動。問題是綠漆在硬化程序中，多少都會有有機揮發物的沾黏，因此前處理並不容易。某些廠商使用水平式的刷磨加去脂劑，做完前處理後盡快的投入垂直浸金線生產，可以大幅改善浸金的良率。

對策 2.

某些時候由於化學鎳槽的活性不足，或者是投入板數量影響反應的啓動，因此產生活性不足的問題。如同化學銅一樣，如果是新藥液或者是停機一段時間，活化槽液的預備動作是必要的。由於化學金屬反應不同於電鍍藥液，主要的反應動力來自於化學藥液的反應機能，如果藥液老化機能不足則反應就無從發生。因此保有穩定的鎳槽活性，就可以保有較佳的化學鎳析出能力。

目前業界對化學鎳的選用，主要是以含磷鎳爲主，但是從化學反應的眼光來看，含硼鎳的反應活性會更高，只是許多的化學特性仍待改善，應用上仍有努力空間。如果鎳能反應順利，只要鎳鍍層形成後停滯時間不要過長造成過度氧化，化學金的反應多數較不成問題。

對策 3.

改變設計、先塞后印、強化清洗與藥水置換。

對策 4.

許多的電路設計，在化鎳金的金屬墊邊會有通孔或盲孔的存在。這些區域由於清洗不易，在轉入化學鎳槽時，孔內的殘液很容易再次流出污染銅面，因此容易造成起始反應不啓動。改善的方法只有改善對流及震動以加強清洗，同時放寬板間距以降低水洗的負擔，如此就可以促進清潔度降低不啓動的風險。

對策 5.

降低鎳槽的攪拌速率。

對策 6.

化學鎳金的反應也是電化學反應，因此它的行爲也和電性相關。如果銅墊與大面積的銅連結，電子相對會被大面積的金屬面分散，如同一個大的電容，此時該銅墊相對較不容易啓動反應，容易產生漏鍍或鍍層薄的問題。這個方面並不容易改善，唯有靠降低前三者的啓動難度較實際。

對策 7.

注意插板時板與板間距。

對策 8.

板子化金前需進行輕刷，避免板面清潔度不足。

對策 9.

檢查鈀槽活化強度，調整至 Pd=40ppm 以上。

對策 10.

將鎳槽過濾翻槽後，並調整鎳槽濃度再生產。

問題 15-42　滲鎳、化金綠漆浮離、底銅側蝕

圖例

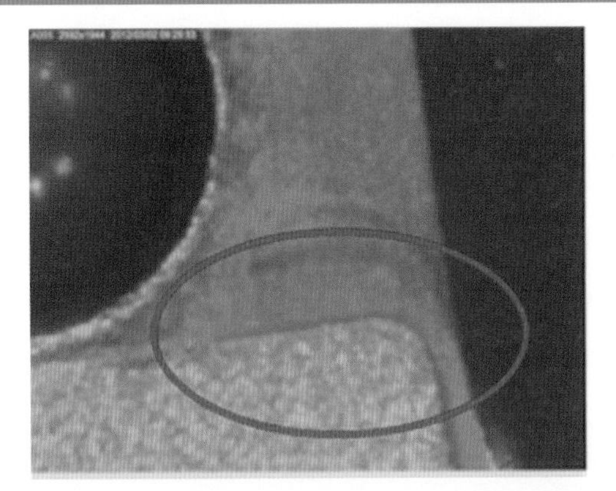

可能造成的原因

1. 化鎳前處理微蝕過度，造成 Undercut 過大而產生滲鍍
2. 襯墊烘烤氧化嚴重，導致銅受到比較嚴重的攻擊產生側蝕
3. 鎳槽溫度過高或處理時間過長
4. 綠漆前處理表面粗度不足

參考的解決方案

對策 1.

控制微蝕量、瞭解使用微蝕劑的特性，避免不當的重工處理。

對策 2.

綠漆烘烤的換氣量與烘烤條件要適當，塗裝的前處理也要留意粗度的控制。某些產品爲了要有良好的綠漆結合力，而採用超粗化的處理提昇結合性，但是又在表面處理前以比較大量的蝕刻整平表面，這樣也會有襯墊側蝕的風險。

對策 3.

降低滲鍍除了選用抗化性良好的綠漆外，鎳槽溫度控制也是重點，在高溫 80°　C 以上的鎳槽時間過長 (如：超過 20 分鐘以上)，所遭受的浸蝕會更嚴重程度將更高。如果特性可行，可以考慮使用析出速度比較快得配方。

對策 4.

選用適當地超粗化處理來提昇結合力與耐化性，同時要留意操作參數與可操作範圍的控制。

問題 15-43　露鎳

圖例

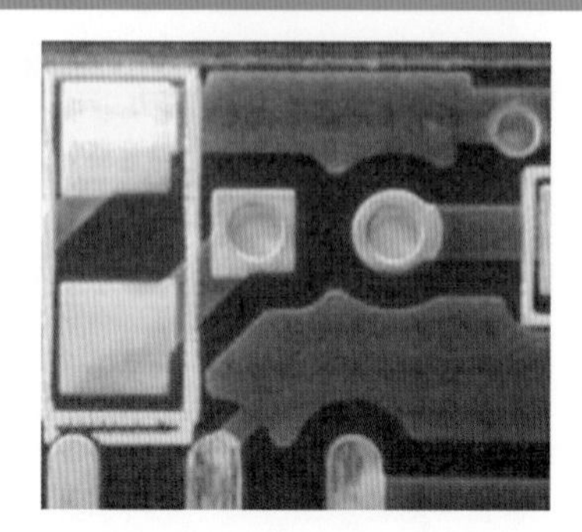

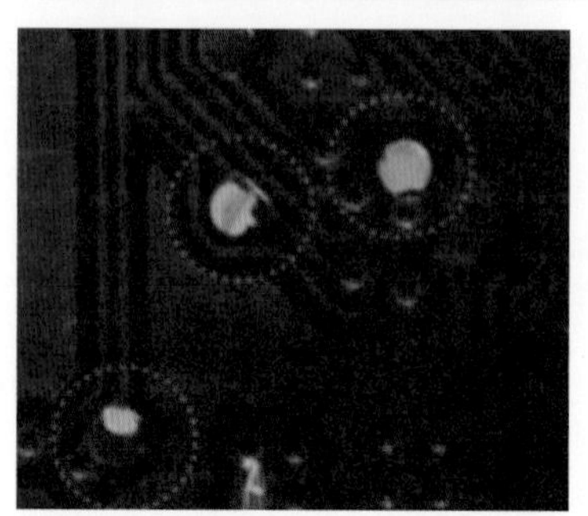

能造成的原因

1. 薄板生產時金槽疊板導致弧狀未上金。
2. 水洗不潔、停滯時間過長導致鎳面鈍化引起脫金。
3. 重工脫金

參考的解決方案

對策 1.

可以考慮將插板間隔加大，或者強化固定機構來避免製程中的重疊遮蔽問題。

對策 2.

提昇水洗的震盪、搖擺、補充、迴流，降低生產線的當機機率，如果出現停滯問題，應該要分離批次進行補救處理或報廢。

對策 3.

有時候爲了要救電路板，而會進行剝鎳、金重工處理。一般鎳層鈍化不容易再次活化，如果直接從舊鎳面開始處理極易出現分層，因此如果重工會建議完全剝除表面的鎳再處理。當然最佳狀況是避免重工。

問題 15-44　線路沾金、散鍍 (Stray)--- 防焊綠漆上有鎳金沾黏附著

圖例

綠漆面刮傷露銅沾金

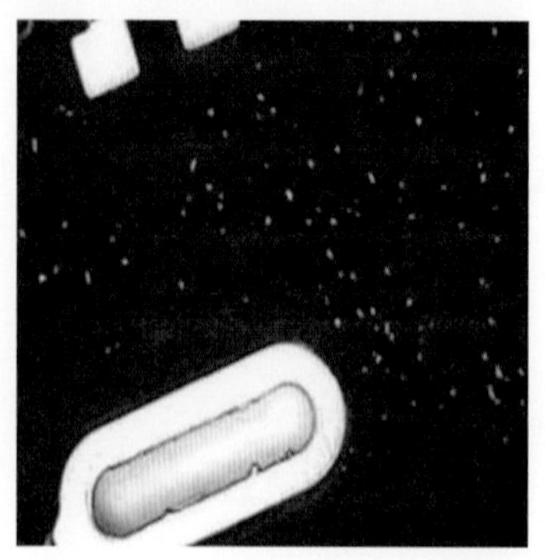

綠漆沾金

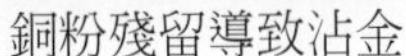
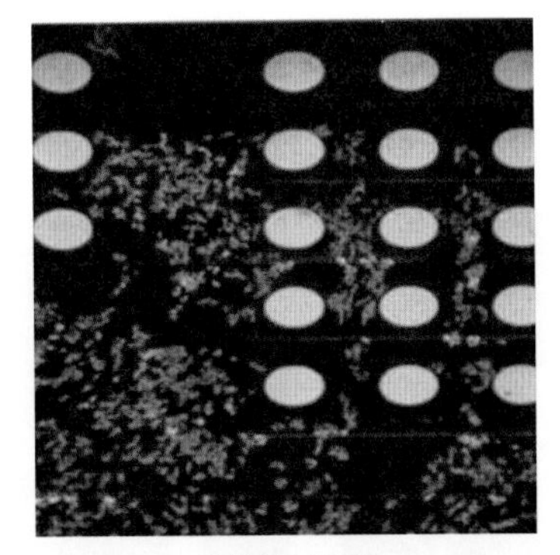

銅粉殘留導致沾金　　金顆粒沾粘

可能造成的原因

1. 表面刮傷上金
2. 綠漆過度聚合或聚合不足導致 Pd 產生假性結合
3. 金槽中的金顆粒附著在綠漆上
4. 磨刷銅粉、金鎳粉反沾
5. 殘留活化槽受到懸浮物污染。
6. 活化槽受到污染 --- 氯化鈀。
7. 鎳槽不安定，防析出電流過高。

參考的解決方案

對策 1.

分析刮傷原因，降低括傷比例。

對策 2.

瞭解油墨特性，選用表面孔隙比較低的油墨，同時調整適當地聚合度以降低出現的機會。

對策 3.

槽中懸浮細小金顆粒在較高溫度下，不斷聚集在線路密集處，造成露銅沾金假象。這種狀態，可以用製程後的沾粘清潔或超音波清潔方式清理掉。

對策 4.

改善刷磨極槽液過濾等處理以降低發生機率

對策 5.

重新過濾活化槽。

對策 6.

重新將活化槽硝槽後，再重新配槽。

對策 7.

將鎳槽過濾翻槽後，並調整鎳槽濃度再生產。

問題 15-45　板面白霧 --- 金手指上化鎳金有白霧情形

圖例

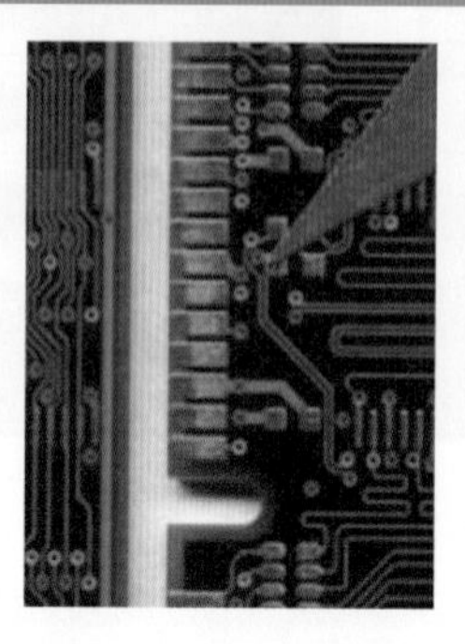

可能造成的原因

1. 銅面刷磨後有水紋殘留
2. 化鎳槽 pH 值瞬間變化過大
3. 化鎳槽添加藥液 9026AM/CM 時，槽內有板子
4. 金後水洗不淨
5. 後水洗槽或水平之後清洗線水質受酸污染

參考的解決方案

對策 1.

銅面磨刷後避免有水漬殘留。

對策 2.

避免調整 pH 值時鎳槽內有板子。

對策 3.

避免調整添加藥水 (9026AM/CM) 時鎳槽內有板子。

對策 4.

加強金後水洗，並延長熱水洗時間。

對策 5.

更換金槽後水洗槽或是水平之後清洗線水洗槽

問題 15-46　化金後金面變雙色

圖例

可能造成的原因

鎳槽安定劑過高，鎳粗的地方鎳厚度不足（箭頭處爲異常處）。

參考的解決方案

對策 1.

Dummy 鎳槽且開自動添加讓安定劑與螯合劑達平衡。

問題 15-47　鎳金厚度正常，化金後金面偏棕、紅、灰

圖例

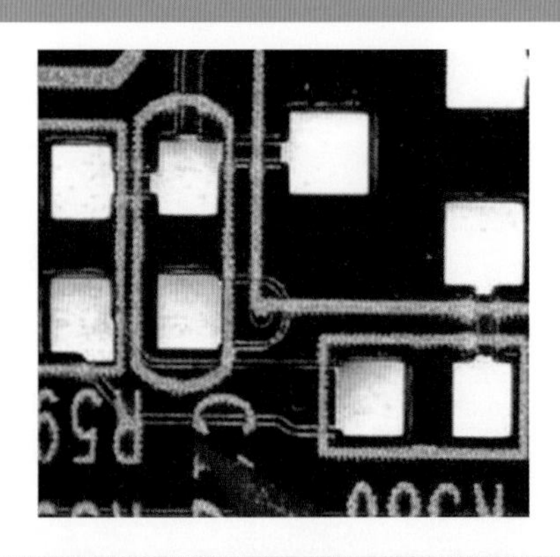

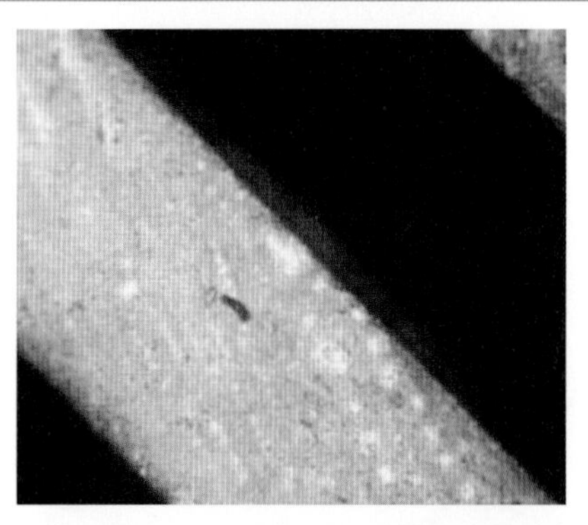

可能造成的原因

金不會氧化，化金板常看到表面偏棕、紅的現象，銅、金是同族元素非常容易因極性、電位差導致表面吸附，造成化金面有 Cu 形成氧化現象。金面反吸附銅離子，板子出金槽時不見得可看出泛紅，但只要經烘烤過後，立即顯現出來。

氧化與髒不同，當然也可以用軟橡皮擦除，但是很難保證完全沒有殘留氧化物。因此比較好得方式，應該是用緩和的清洗劑去除，但是並不建議用過重的微蝕劑。一般可能造成表面有氧化物的原因如下：

1. 金槽銅含量過高
2. 水洗銅含量過高
3. 沒有用專線清洗，導致表面處理受到污染 (例：噴錫板、OSP)
4. 手痕氧化
5. 金保護有限鎳層受到攻擊擴散到表面

參考的解決方案

對策 1.

降低銅帶入的機會，包括降低電路板設計的半塞孔量、強化微蝕水洗能力、降低掛架殘留藥液量、活化槽銅含量管控、金槽銅含量管控等

對策 2.

調節水洗替換率，降低帶出量

對策 3.

設專線或強化水洗替換率

對策 4.

強化操作紀律，操作中都必須戴手套且必須及時更新

對策 5.

製作適當厚度的浸金層，避免成品在不當環境下停留過久，適度包裝避免組裝前開封且拆除包裝後要儘快完成組裝。

問題 15-48　化金後金面色差並發現鎳厚度不足有鎳粗現象

圖例

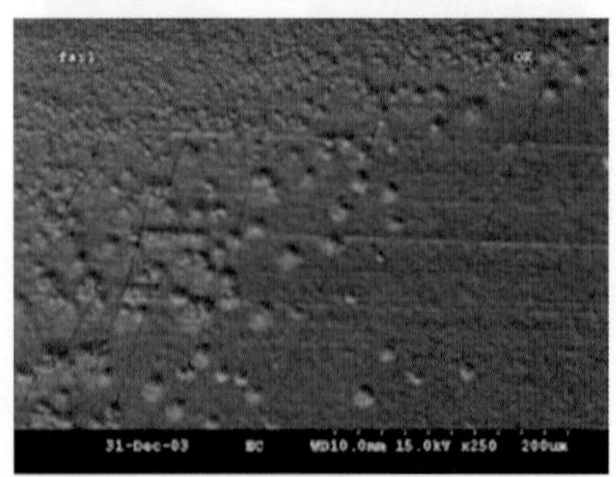

可能造成的原因

鎳槽還原劑過高而其它藥液均正常。

參考的解決方案

對策 1.

更換鎳槽因為此異常槽液已失效，圖片所示為鎳槽還原劑為 48g/L 時之情形。

問題 15-49　孔邊及大銅面均跳鍍

圖例

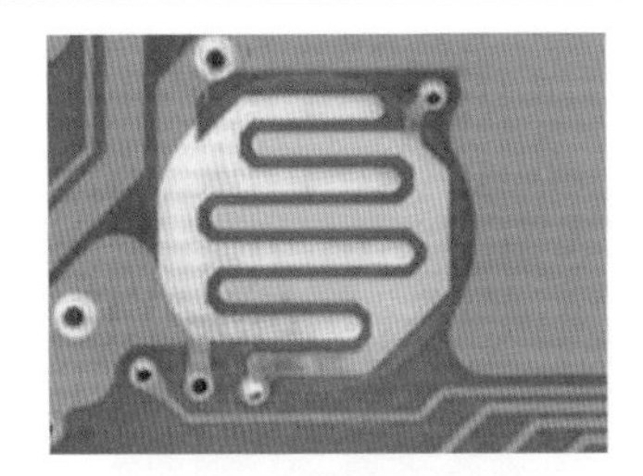

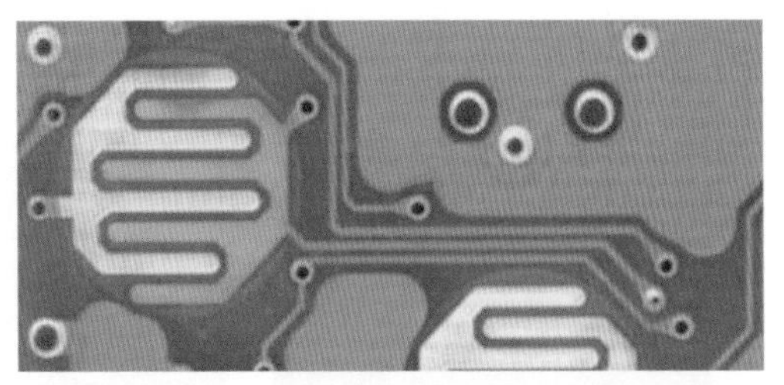

可能造成的原因

有時孔內會發現白色異物，EDX 分析可發現大量的 Sn 及 Pb 存在，這是噴錫退洗後走化鎳金跳鍍的現象。

參考的解決方案

對策 1.

此板無法重工及製作化金。

問題 15-50　浸金孔內漏銅

圖例

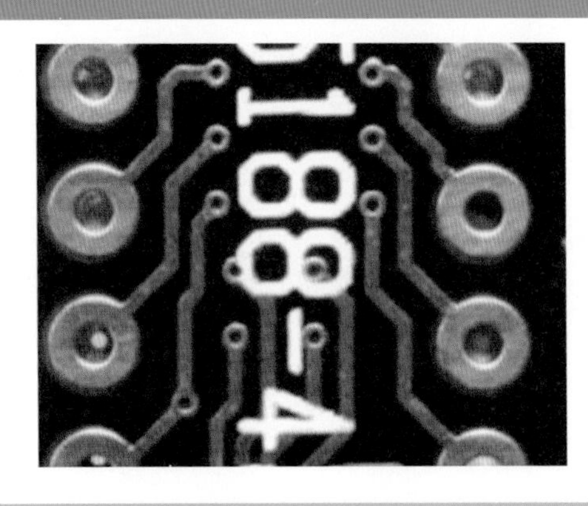

可能造成的原因

最常見的狀況是綠漆未用擋點印刷、不定時刮墨洗紙，使孔內霧狀或大面積沾墨，導致未上金。這方面可切片用 EDX 分析，當發現 Ca/Ba/S /Si 等元素就應該是油墨污染。

參考的解決方案

對策 1.

改善是往印刷操作及採用檔點印刷，此外也可以採用滾筒印刷方式做多次薄層塗裝，都可以降低油墨進入孔內的機會，進而改善孔內漏鍍的問題。

15-4-6 其他最終金屬表面處理

問題 15-51 孔小

圖例

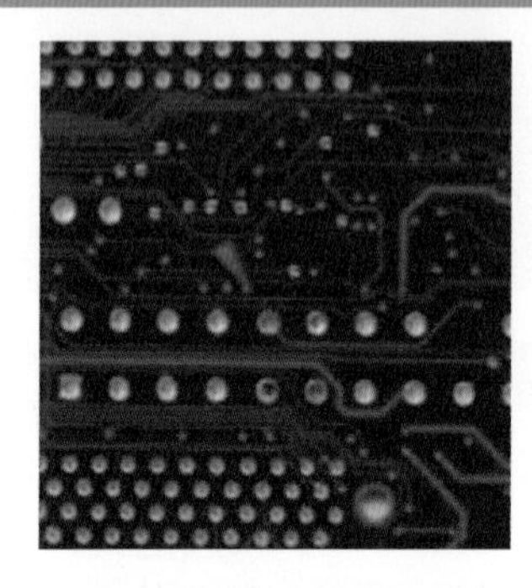
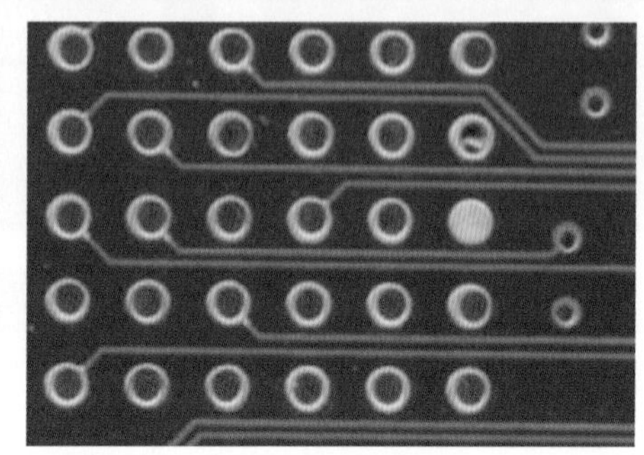

可能造成的原因

1. 鑽孔太小
2. 電鍍太厚塞入異物
3. 噴錫太厚

參考的解決方案

對策 1.

鑽孔製程都是由電腦控制來製作，基本上會鑽錯的機率幾乎是零。因此會發生錯誤的原因主要還是鑽針的置放發生了問題，因此鑽針的維護管理是解決的對策。

對策 2.

電鍍過厚的問題，大多數的原因都是因爲在線路電鍍時，該電鍍孔過份獨立造成局部性的電流密度過高。因此，如果在可能的狀態下，經過客戶允許，可將該孔的四周加上一些假銅墊，藉以分散電流，就可以改善。如果加假銅墊不被允許，則建議事前將鑽孔孔徑略爲加大，如此最後的尺寸就可以合於規格。

對於異物的部分，可以強化過濾降低產生的機會。

對策 3.

對於噴錫過厚的問題，可以遵循防止孔塞的模式執行，應該就可以獲得改善。

問題 15-52　沾膠

圖例

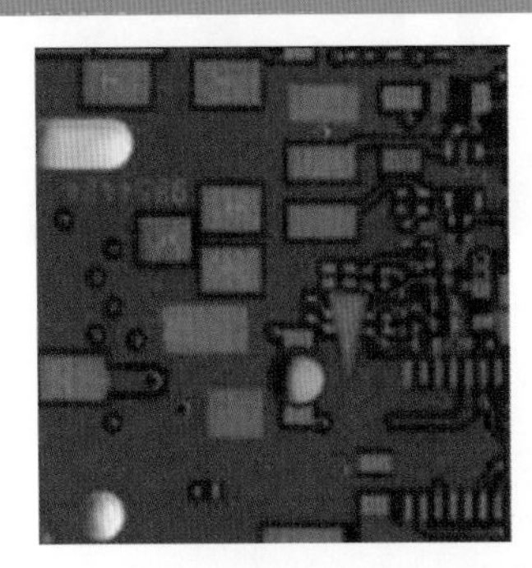

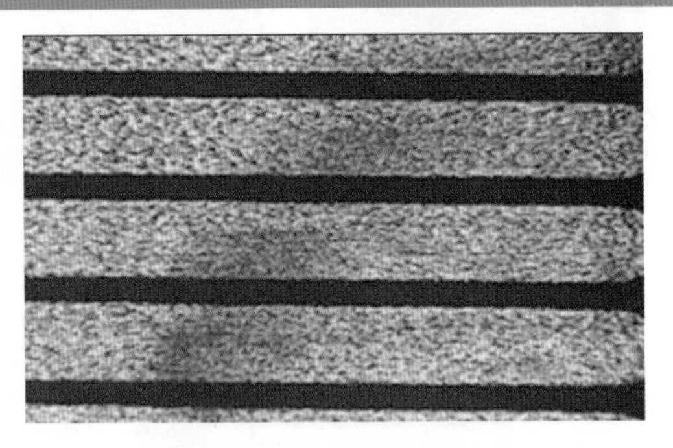

可能造成的原因

電路板製作偶爾會用到膠帶，不論是在電路板上或在機具上難免都會有殘膠發生，沾膠因而產生。

參考的解決方案

對策 1.

解決的方案最簡單的就是少用膠帶，如果必須要用，儘量避免在設備的藥液槽內，如果還是用了，就要特別注意保養，如此可以降低沾膠的比例。品質檢查系統應該注意標籤的使用，不當的使用會讓這樣的問題擴散。

對策 2.

採用適當的不沾膠膠帶，同時導入洗膠製程。

問題 15-53　OSP 膜面色差

圖例

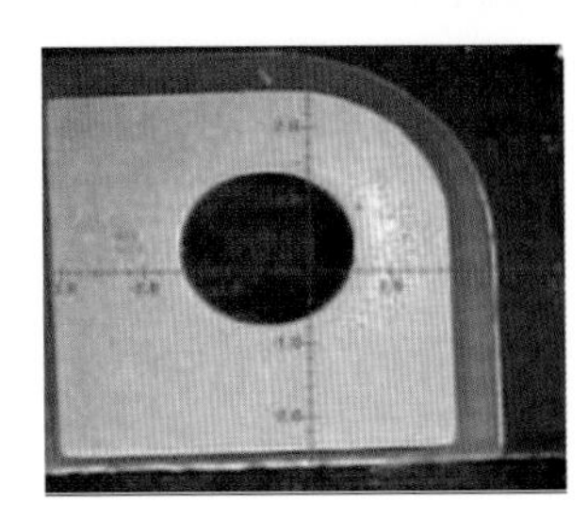

表面泛彩

膜面異物

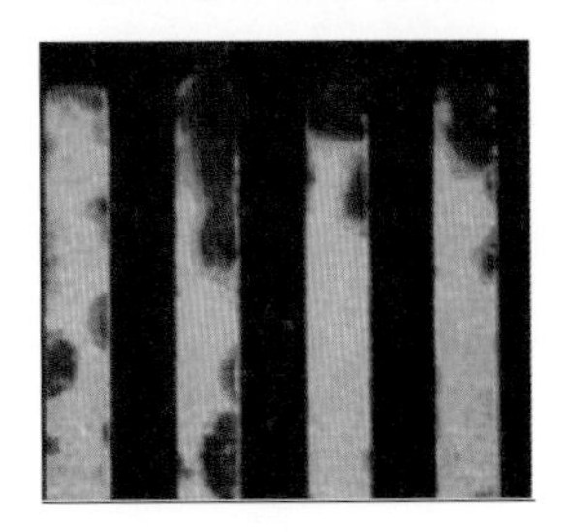

顯影不淨 / 銅面綠漆

銅面沾藥水

良銅含量高結晶堆積

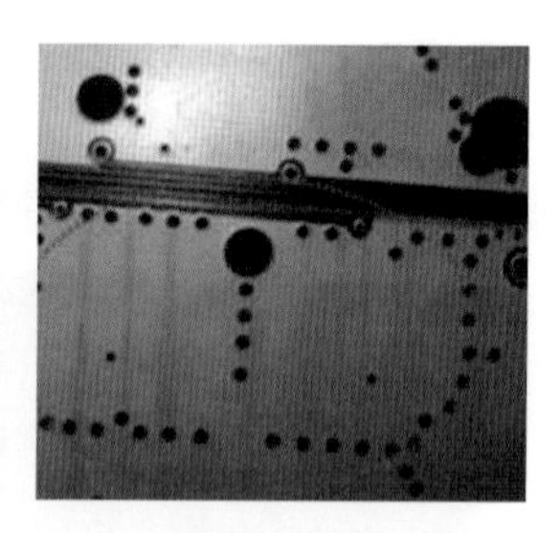
膜面水紋

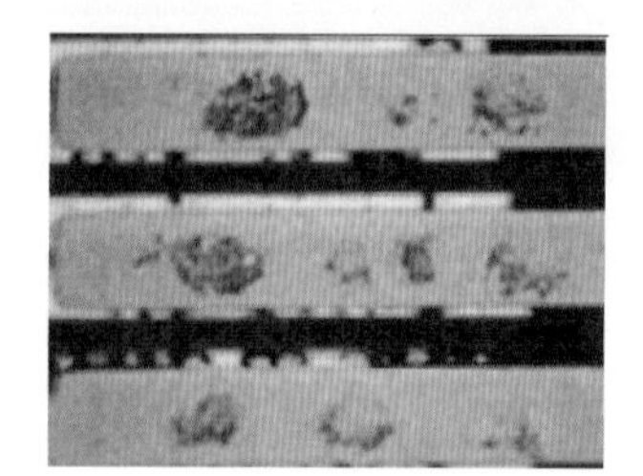

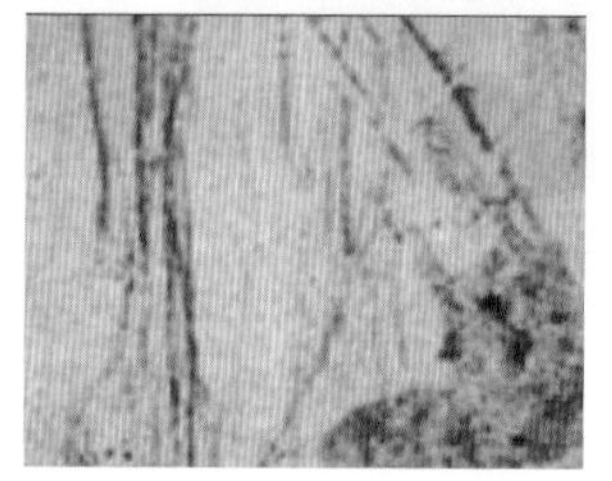
膜面沾膠

可能造成的原因

1. 板面氧化嚴重或有異物
2. 微蝕不足或不均、微蝕後水洗不潔
3. 藥水酸度過低或銅含量過高
4. 滾輪配置不當、不均導致藥水殘留板面

參考的解決方案

對策 1.

板片異物有可能是：藥水不正常、滾輪結晶、水洗後有機結晶，可以調整藥水、更換不易結晶藥水、改善滾輪保養等。膜面沾膠可能來自於：滾輪反沾、吸水滾輪老化、水洗水不潔，可以加強保養、定期更換滾輪、選用恰當材質滾輪等。

對策 2.

留意進料的銅金屬狀態，應該要盡量保持結構的一致性。如果電路板來自於不同的廠商或製程，可以考慮進行 150℃的氮氣烘烤，這樣機會可以將銅金屬的蝕刻性拉近。後續的水洗必須保持穩定，一般 OSP 使用的微蝕劑多數是硫酸雙氧水系統，因此只要維持設備正常應該不會有太大問題。

對策 3.

藥水酸度或銅含量過高的問題，應該要強化藥水的管控，同時應該要留意設備的帶出、帶入、補充穩定性。而這也有利於降低銅含量的累積，提昇整個製程的穩定性。

對策 4.

當水機構的效能必須要頻繁檢查，否則不論帶出、帶入、藥水殘留、結晶、刮痕、膜面水紋等問題都會出現。

問題 15-54　OSP 表面不良

圖例

銅面深層氧化 OSP 微蝕無法清除

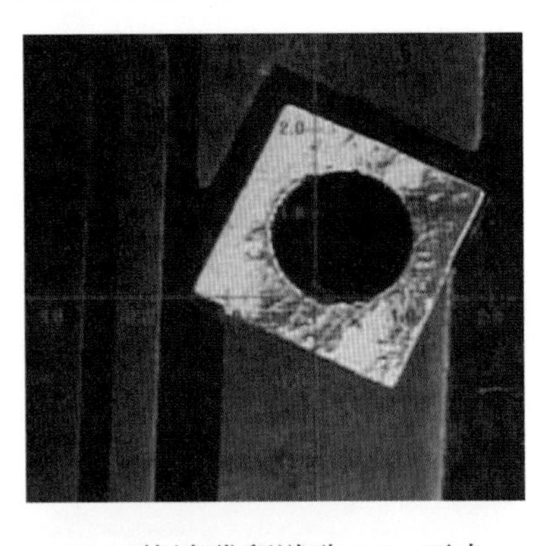

PAD 綠漆殘留導致 OSP 不良

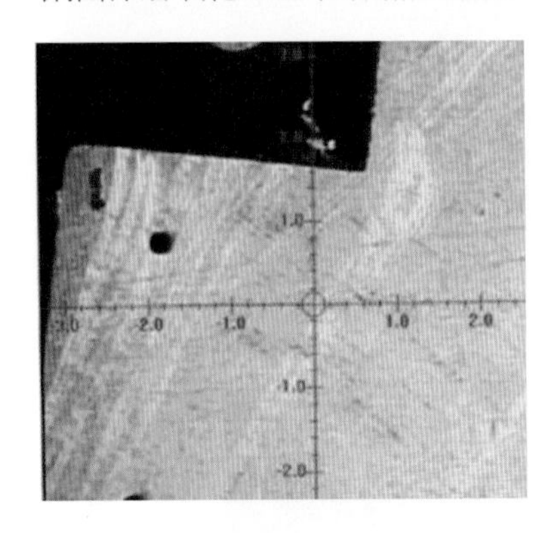

刮傷導致 OSP 粗糙

電鍍燒焦 OSP 不良

可能造成的原因

1. 銅面深度氧化或凹凸不平
2. 綠漆殘留
3. 刮傷
4. 電鍍粗糙
5. OSP 儲存條件不佳

參考的解決方案

對策 1.

降低前製程出現的各種不當腐蝕與損傷因子。

對策 2.

改善綠漆製程，一般 OSP 製程不會進行刷磨、噴砂，以避免出現過粗的銅面導致 OSP 不良。不過當面對這類問題時，可以考慮用比較輕的刷磨加上雙氧水做輕度前處理，有機會可以改善這類問題。

對策 3.

刮傷分爲機械、人員操作方面的刮傷，儘量進行自動化搬運並留意機械性刮傷的出處，應該有機會可以改善。

對策 4.

改善電鍍銅條件，留意板邊狀態與強化電鍍槽的過濾，降低粗糙出現的機會。

對策 5.

OSP 製程出板溫度相對重要，溫度高易吸濕而發生表面發黑。建議以冷風吹板溫降低到 40℃以下比較好。保存期限與最終清潔乾燥度有關，建議保存在 15 ～ 25℃ / 小於 RH60％的環境。避免面對偏酸、濕、有溶劑的環境。製程儘量縮短，不要空置太長時間。

問題 15-55　OSP 賈凡尼效應

圖例

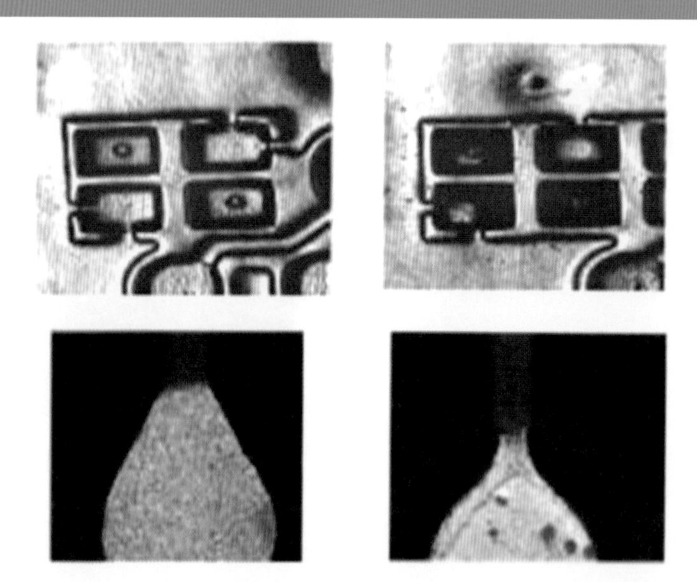

可能造成的原因

賈凡尼效應是一種氧化還原電位差的化學反應模式，當金屬面有大小、彎曲、金屬類型差異時，都可能會有這種效應。對 OSP 而言，最怕的就是細線路被咬斷或與金面連接的銅面受倒比較大攻擊。

參考的解決方案

對策 1.

一般業者應對這類 OSP 問題的方式，包括在線路設計時就進行線路寬度的補償，或者在襯墊設計方面用綠漆覆蓋住襯墊的模式來處理銅面。有金面的電路板，還要注意微蝕處理的控制，否則可能會有相當嚴重的過蝕問題。

問題 15-56　浸銀浸錫板氧化

圖例

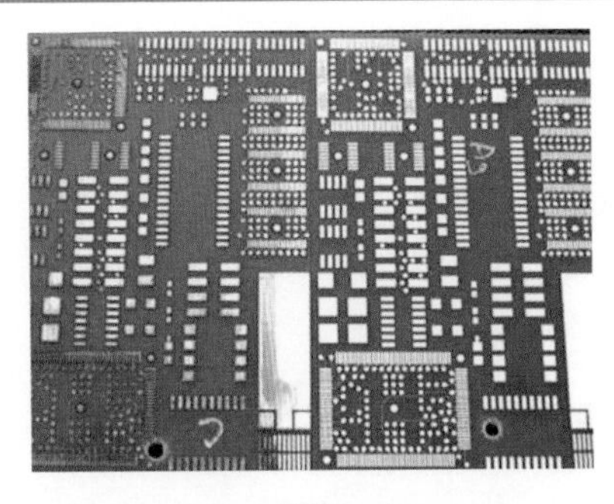

Silver

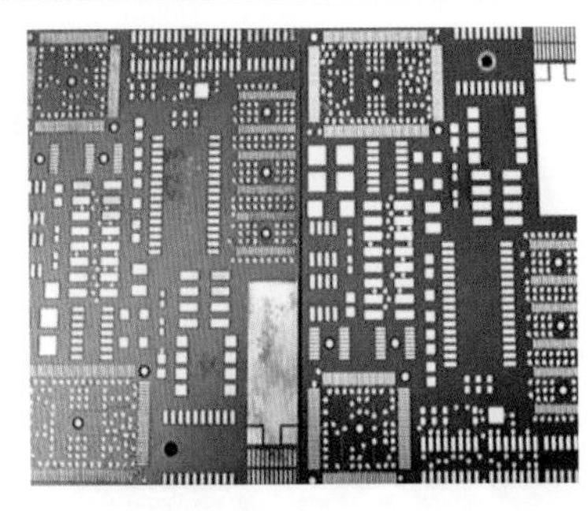

Tin

可能造成的原因

1. 儲存環境不良
2. 包裝使用含硫材料
3. 表面清潔度不足

參考的解決方案

對策 1.

改善儲存環境，儘量避免處理完成的印刷電路板停留在空氣中太久。處理的程序完成後一定要確保乾燥，以免有任何產生劣化的風險。

對策 2.

包裝材料不要採用含硫化物的材質，特別是一些包裝用的分隔紙張要小心其影響。

對策 3.

印刷板金屬表面處理另外一個比較重視的項目，就是電路板表面清潔度的問題。一些異常的離子殘留物會對於組裝後的電路板產生腐蝕的作用，因此有一些研究就針對未做浸銀、錫與製作過的電路板進行測試，並採用 IPC-TM -650 2.3.25 測試法進行表面清潔度測試。

驗證確實發現如果含有氯殘留物，電路板很容易產生腐蝕或變色的問題。這方面的問題以浸錫板特別嚴重，因爲藥水中含有硫　容易攻擊止焊漆而產生污染物殘留，這方面必須要從材料的改善著手。

問題 15-57 綠漆入孔導致孔內露銅、表面處理不良

圖例

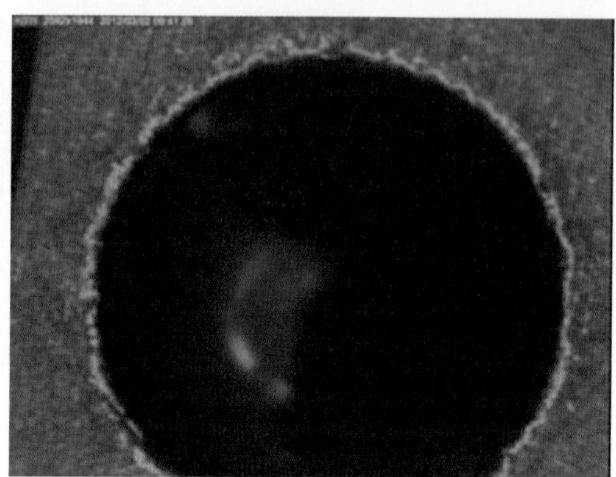

可能造成的原因

綠漆製程印偏造成 PTH 孔內進墨，不但化金製程會造成孔內露銅，其它濕製程也會產生殘留液體腐蝕、襯墊處理不良等問題。這種狀態不但可能導致不上金，也可能引起吃錫不良、孔破等問題。

參考的解決方案

對策 1.

如果沒有測試與組裝需求，設計時應考慮進行全塞孔。

對策 2.

進行檔點印刷，避免孔內出現油墨污染的問題。真的需要半塡孔設計時，則要提昇塡充率到比較高的水準 (如：70%以上深度)。

對策 3.

強化濕製程設備設計，提昇藥水置換率與水洗效果。

CHAPTER 16

切外形製程篇－大功告成

16-1 應用的背景

電路板製作是以單或多片排版，之後外框留下邊料所製作出來的產品，因此在完成時必須將不需要的部分去除，同時進行後續組裝所需要的外觀及功能性處理。因此，成型加工與外型處理成為電路板製作工程完成前的最後工續。

對電路板的成型處理而言，最常用的方法就是沖與切兩種。沖壓主要用在薄板加工，以沖模進行切板處理。如果加工量夠大同時板邊切割品質也可接受，用沖壓成型是不錯的選擇，它的尺寸穩定操作成本也低。但因為目前多數高階產品都外型平整度要求較高，同時多層板產品也因為怕沖壓應力造成損傷，多採用銑床 (Router) 做成型處理。

至於外型加工，主要是以修邊、導角、研磨、開折斷槽等為主。因為多層板及許多電子產品，為要求外觀平整度而捨棄沖壓做法，因此本段內容不對沖壓工程進行討論。

16-2 成型處理

目前印刷電路板最常用切形機 (銑床) 進行外型加工，這類設備不只可以用於最終電路板外型處理，同時在多層電路板壓板製程後的切外型也有應用，所不同的是精度要求有差異。

在成形機械加工中，銑刀是最主要的切割工具。傳統銑刀被分為所謂的臥式銑刀與立式銑刀兩種，臥式銑刀主要是以開直槽為主要用途，至於立式銑刀則是以製作複雜外型為主要用途，目前電路板成型用的銑刀，是以立式銑刀為主。銑刀幾何形狀隨用途不同而有不同設計，使用者必須依各型刀具設計效用與功能特性進行適當選擇。

右螺旋刃的右渦旋拉力，能把切屑沿溝往上排出，會將板子向上拉，通常應用在CNC 成型機上。這種加工模式因爲排屑沒有問題，對於封閉式開槽加工較爲有利，但必須是加工機本身有壓力腳設計才可以執行，否則會有切割區變形風險。至於左螺旋刃則是把切屑往下壓，切屑由下方排出並會將板子往下壓，這種模式對切邊及開放空間應用比較適合，同時沒有板面拉起問題。

一般銑刀與鑽針製作採用類似工序，但在結構形狀加工方面卻有不同考慮，另外由於用途多元化，因此研磨及量產作業都比較沒有標準做法。

各製造商對自己的銑刀產品，除了使用材料大都是超硬碳化鎢外，其他加工就比較有變化。一般使用者如果要選用產品，評比方式多數只能從使用壽命及切割品質著手，這方面的經驗法則不容易像鑽針一樣有許多可參考法則。

16-3 銑刀的使用

碳化鎢超硬合金是不耐衝擊有脆性的，所以它的外周刃部、前端魚尾，在持取時要特別注意保護，否則會造成缺口不利於切割品質，它會影響刀具切削性，造成切削性能減低、折損、排屑不良、斷面焦黑等問題。尤其容易產生切刃沾膠問題，這會大大影響切削品質與切刀壽命。

要避免刀具相互間碰觸或與其它物品碰撞，以免造成銑刀刃缺損。多數銑刀目前都是以扁盒或方盒包裝，持取最好不要一次取多支，操作很容易發生碰撞問題，目前有自動化取鑽針設備，可以考慮引用於銑刀操作。

銑刀在量測全長或直徑時，可以使用接觸法測量，但操作上要格外小心。如果經濟允許，使用非接觸式量測會更理想。

銑刀刃數有奇、偶數不同設計，偶數刃銑刀可以用測微器或游標尺等測定器來測定，其讀值與實際值很接近，奇數刃銑刀則因對角線非對稱，所以用一般測微器或游標尺等測定器無法量出其正確數值。

16-4 整體切割品質與能力的評估

一般銑刀能力評估是以幾個主要項目爲基準，依據這些測試項目進行評估，同一型銑刀也時常因爲測試環境條件及材料種類而有差異。盡管如此，進行適當批量評估仍有其代表意義，典型評估項目如下：

1. 銑刀的磨耗速度與操作參數的關係
2. 銑刀至折損點的總切削長度 (切刀壽命)
3. 切屑的排出性與沾黏性
4. 毛邊產生的程度與嚴重性
5. 切面的表面粗度與平滑性
6. 切割加工的尺寸精度

16-5 其它成型與外型處理技術

雷射成型

近年來由於雷射技術進步及薄型材料使用逐漸多元化，因此部分軟板及薄型產品廠商已經開始考慮使用非接觸式雷射成型設備進行成型加工。這類設備雖然有許多製程技術的好處，但由於目前並不普及同時作業成本也較貴，因此對量產而言仍然有許多努力空間。

折斷處理

多數小型電路板都採多片排版製作，因此在成型時仍然會考慮組裝方便性，而將電路板切割成多小片組裝尺寸，也就是俗稱的連片型式。這種配置型式是為了方便組裝，但在完成組裝後還是必須分割成最終產品尺寸。此時如果能提供簡單的分割方式，就是不錯的作業設計。

一般最常使用的兩種分割方式，其一是所謂〝郵票孔〞製作法，其二就是所謂 V-Cut 半切法，兩種加工方法如圖 16-1 所示。

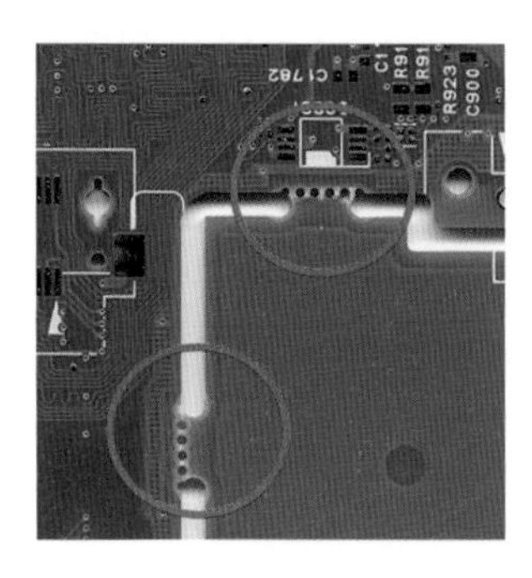
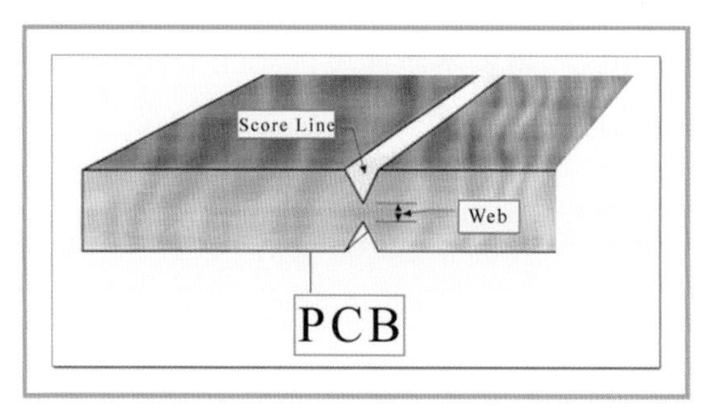

▲圖 16-1

斜邊處理

斜邊一般會用在介面卡類產品，以方便介面卡成品安裝插拔避免損傷。如果一片生產板只有單片排版，多數只需成形，不會作更多加工。

V 型修邊機及導角修邊機都是常使用的斜邊設備，但操作模式及品質略有差異。就 V 型修邊機而言，因爲是用鉋刀修邊，因此進刀過程中切割深度及切割高度都有較大偏差量。但因爲效率高操作簡單，有部分業者使用此類機械製作斜邊。

導角修邊機則恰恰相反，因爲使用端面銑刀進行修邊處理，因此斜邊高度與深度都比較穩定，但是操作速度慢成本也略高。圖 16-2 所示爲倒角修邊機的範例。

▲ 圖 16-2

多數板邊倒角要求都以安裝順暢性爲主要考量，這和主機板的插槽型式有直接關係，但沒有絕對規則。常見的倒角以 45 及 60 度較常見，至於深度控制則各家要求不同。但多數廠商以注重金手指基本長度爲主要規格定義，因此這些規定需與客戶商定。

電路板外型處理除了典型成型與修斜邊外，其實還會應需求作一些特殊外型處理。例如：在切割完成後，爲了能獲得整齊一致平滑的產品邊框，會被要求進行磨邊。某些特殊產品爲了特殊組裝，會要求做深度控制開不貫通槽。不過這些加工終究屬於非一般性外型加工，沒有辦法以標準技術探討來涵蓋。

16-6 問題研討

問題 16-1　外形尺寸超出公差

可能造成的原因

1. 切形操作中板子出現移位
2. 板翹太嚴重
3. 數位控制 (N/C) 指令不正確
4. 定位孔之間隙過大
5. 銑刀使用不當
6. 銑刀在主軸上發生偏轉
7. 進刀速率與其轉速關係配合不良

參考的解決方案

對策 1.

加大壓力腳之壓力，加設單一板內定位梢，必要時可以降低切刀前進速度。

對策 2.

重新檢查板材改善壓板系統，另外可以考慮用治具固定拉平電路板的方式進行切割。

對策 3.

檢查軟體及控制器，新程式作業應該要先進行試車再作實品切割。

對策 4.

檢查定位孔、檢查定位梢尺寸，將定位孔與定位梢關係做最佳化，對於無定位梢之切外形製程，檢查可能會產生偏移與結構較弱部份。

對策 5.

檢查銑刀是否磨損，檢查銑刀的半徑。特定切割需求的產品，可以考慮使用特別類型的切刀。

對策 6.

清潔筒夾，修理或更換筒夾 (破損或毛邊)。

對策 7.

將進刀速率與轉速關係進行最佳化，尤其是在進刀走向爲非直線的路徑時更爲重要。

問題 16-2 板邊出現白斑 (Crazing)

圖例

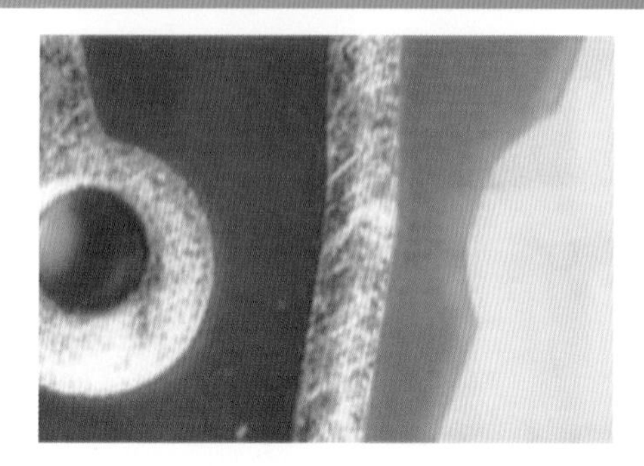
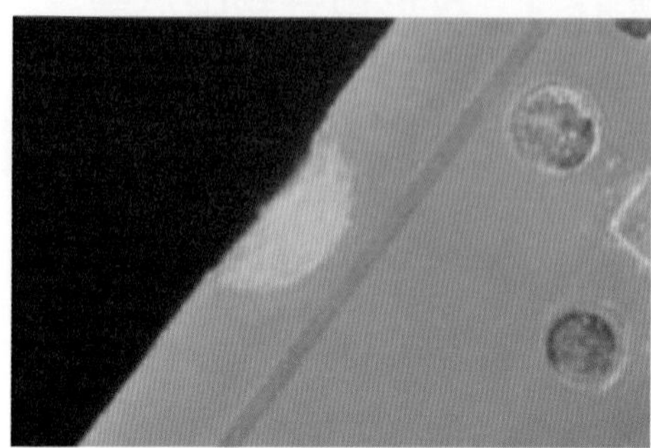

可能造成的原因

1. 銑刀磨損過度
2. 銑刀種類選用不當
3. 板材選用不當
4. 進刀速率與其轉速關係配合不良

參考的解決方案

對策 1.

更換銳利的銑刀，管制使用的切割距離。

對策 2.

更換銑刀種類，諮詢銑刀供應商，某些有經驗的刀具廠商還可以依據需求定作切刀。

對策 3.

檢查板材內補強纖維與樹脂的含量，負荷量過大時可以降低堆疊數或是降低進刀速。

對策 4.

進刀速率與轉速關係實行最佳化。

 問題 16-3　切外形後板邊粗糙 (Rough Edges)

圖例

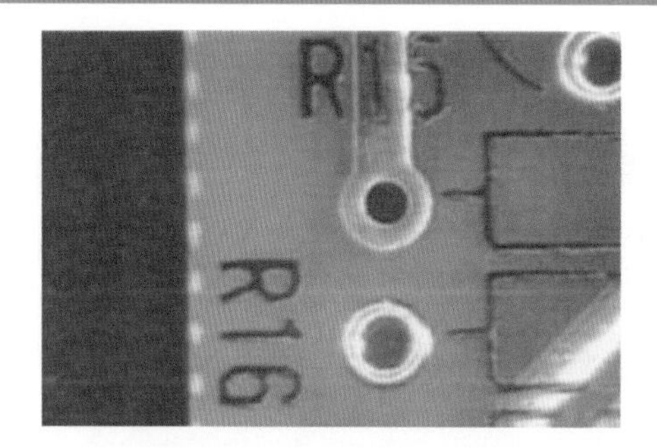

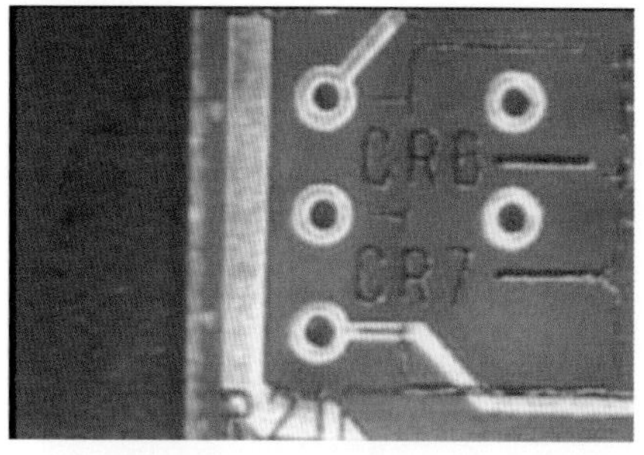

可能造成的原因

1. 銑刀磨耗
2. 銑刀種類選用錯誤
3. 銑刀附著過多的膠渣
4. 廢料移除裝置之效率不足
5. 銑刀損傷
6. 蓋板及墊板材料選用不當
7. 機台發生震動 (Vibration)
8. 板子壓著不當

參考的解決方案

對策 1.

更換銳利的銑刀

對策 2.

更換銑刀

對策 3.

檢查板材內補強纖維與樹脂的含量

對策 4.

增加廢料清除裝置的吸力 (Suction)

對策 5.

更換銑刀

對策 6.

更換蓋板及底板材料

對策 7.

減少切外形機台的震動

對策 8.

改善板子壓著之下降系統

問題 16-4　碎屑 (Craking Dust)

圖例

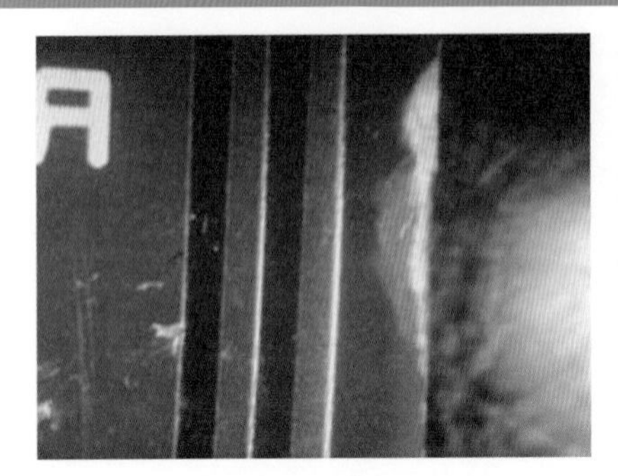

可能造成的原因

1. 銑刀轉速不當
2. 所用銑刀型式不正確
3. 切外形參數不當
4. 壓力腳與眞空管路磨損
5. 觸止環 (Stop Ring) 或套環位置不恰當
6. 壓力腳插入開口不當

參考的解決方案

對策 1.

核對轉速是否合乎規定 (必要時增加轉速)，檢查主軸轉速的校正值，檢查銑刀在筒夾 (Collet) 內是否發生鬆滑。

對策 2.

試行使用掀切式 (Up-Dreft) 銑刀早期一般徒手操作時多採壓切式銑刀。現行自動機已有壓力腳，故可用掀切法。

對策 3.

檢查銑刀深度 / 退屑槽長度 / 疊板層數等關係 (若疊板高度接近退屑槽有效長度的頂端時，將因喘氣困難而造成碎屑堵塞，此點與鑽針退屑的原理相同。

對策 4.

檢查抽風管路是否有破洞。

對策 5.

檢查套環頂端到銑刀端點之最小距離是否達到 20.3mm 的下限。

對策 6.

檢查主軸鼻端 (nose) 和壓力腳間的間隙是否足夠。

16-6-1　切斜邊製程

問題 16-5　銅箔邊緣浮起

可能造成的原因

1. 銑切刀不夠銳利
2. 進刀速率不當

參考的解決方案

對策 1.

磨利或更換切刀

對策 2.

將進刀速率與轉速關係做最佳化

問題 16-6　斜邊粗糙，有時形成鐘形切口

圖例

可能造成的原因

有金手指的電路板在完成生產程序後，必須切割成產品的尺寸並做金手指邊緣的修整以方便插拔。但是斜邊的方式有多種，每種都有優劣，如果採用的方式會使金手指的殘留長度不穩定，則容易發生金手指邊緣受損的問題。

1. 斜邊刀具不夠銳利
2. 刀具鬆脫、刀座未夾緊、電路板未夾緊
3. 使用的修邊模式不當

參考的解決方案

對策 1.

更換銳利切刀，調節適當的切割速度。

對策 2.

調整固定機構，強化印刷電路板固定的機制。

對策 3.

目前較常見的金手指斜邊機有刨刀式的及銑刀式的。其中以銑刀式的較穩定，但是兩者在製作程序中如果切削的方向不當，容易產生金手指翻起，金手指毛邊等問題，這些都是金手指邊緣受損的範例。解決之道必須針對刀具的型式做切削方向的調整，儘量降低金手指側向的拉扯力，這樣就可以降低邊緣受損的機率。

16-2-2 刻槽製程 (V-cut)

問題 16-7 V 型刻槽上下未對齊、深度不一致

圖例

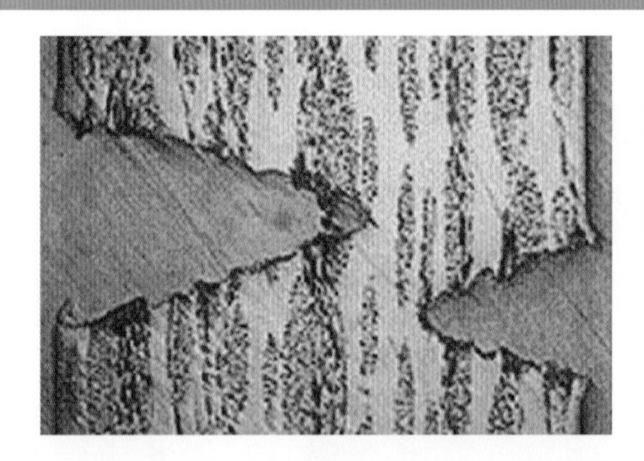

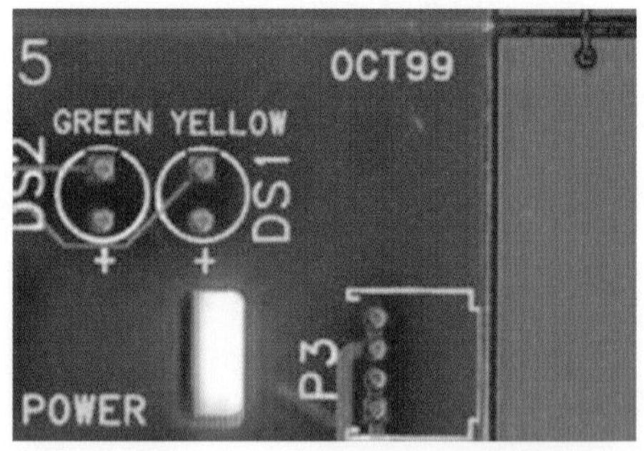

可能造成的原因

1. 導引梢 (Pilot Pins) 不良
2. 導引孔 (Pilot Holes) 不良
3. 程式錯誤 (Programming Error)
4. 進行刻槽時板子出現滑動偏移
5. 量測技術不正確
6. V 型槽意外增多或漏開
7. 刀具磨耗或損傷

參考的解決方案

對策 1.

檢查導引梢是否已磨損必要時加以更換，檢查導引梢的對準度必要時加以對準。

對策 2.

撿查導引孔大小，檢查 NPTH 的導引孔是否已被意外鍍銅，必要時將鍍層清除。檢查導引孔位置與板面其他零件圖形之間的相關性，重新設計具有錐角的導引梢，且導引孔之直徑亦可加以修改。

對策 3.

程式資料是否正確，並確認工作藍圖是否無誤，確認所使用的程式版本無誤，必要時校正輸入的資料，或調整機台的偏差。

對策 4.

檢查機台的空氣壓力，必要時加以調整，撿查固定機構是否已磨損並適當調整其固定力量。

對策 5.

量測直線位置時先檢查板子的對準度，檢查量測探針是否已磨損。必要時加以更換，或針對設備再校正。

對策 6.

確認刻槽位置與藍圖是否相符，檢查機台設定值與正確資料是否一致，必要時加以校正。

對策 7.

檢查刻刀重磨之時間表，必要時可做重磨，若過度磨耗或損傷時則須加以更換。

參考文獻

1. 電路板技術與應用彙編 - 總論 / 林定皓：2018
2. 軟性電路板技術與應用 / 林定皓 2018
3. 高密度電路板技術與應用 / 林定皓 2018
4. 電路板組裝技術與應用 / 林定皓 2018
5. 電子構裝技術與應用 / 林定皓 2018
6. 電路板影像轉移技術與應用 / 林定皓 2018
7. 電路板濕製程技術與應用 / 林定皓 2018
8. 電路板機械加工技術 / 林定皓 2018
9. 製程問題與改善對策全篇 -V4 / 林定皓 2015；台灣電路板協會
10. OMG 技術資料
11. ATO 晟太電路板製程問題改善系列資料
12. 台光提供壓板異常照片資料
13. 杜邦提供乾膜影像異常解析資料
14. IPC-600H Acceptability of Printed Boards.
15. IPC-TM-650 Test Methods Manual, 2000.
16. IPC(1996) IPC-T-50: Term and Definitions for Interconnecting and Packaging Electronic Circuits, Revision F (June 1996), IPC, Northbrook, IL
17. Printed Circuits Handbook(Fifth Edition)/Clyde F. Coombs, Jr.：McGraw-Hill
20. HDI Design / Mike Fitts ; Board Authority from Circuitree (Jun/1999)
21. IPC-4101, Specification for Base Materials for Rigid and Multilayer Printed Boards.
22. NEMA, Industrial Laminating Thermosetting Products Standard, 1998.
23. Tech Talk 系列 / Karl Dietz ; Circuittree.

國家圖書館出版品預行編目資料

電路板製造與應用問題改善指南 / 林定皓編著. -- 初.
版. -- 新北市 : 全華圖書, 2018.06.
面 ; 公分
ISBN 978-986-463-865-9(平裝)
1. 印刷電路

448.62 107009381

電路板製造與應用問題改善指南

作者 / 林定皓
發行人 / 陳本源
執行編輯 / 呂詩雯
出版者 / 全華圖書股份有限公司
郵政帳號 / 0100836-1 號
印刷者 / 宏懋打字印刷股份有限公司
圖書編號 / 06372
初版一刷 / 2018 年 08 月
定價 / 新台幣 750 元
ISBN / 978-986-463-865-9
全華圖書 / www.chwa.com.tw
全華網路書店 Open Tech / www.opentech.com.tw
若您對書籍內容、排版印刷有任何問題，歡迎來信指導 book@chwa.com.tw

臺北總公司(北區營業處)
地址：23671 新北市土城區忠義路 21 號
電話：(02) 2262-5666
傳真：(02) 6637-3695、6637-3696

南區營業處
地址：80769 高雄市三民區應安街 12 號
電話：(07) 381-1377
傳真：(07) 862-5562

中區營業處
地址：40256 臺中市南區樹義一巷 26 號
電話：(04) 2261-8485
傳真：(04) 3600-9806

歡迎加入 全華會員

● 會員獨享

會員享購書折扣、紅利積點、生日禮金、不定期優惠活動…等。

● 如何加入會員

填妥讀者回函卡直接傳真（02）2262-0900 或寄回，將由專人協助登入會員資料，待收到 E-MAIL 通知後即可成為會員。

如何購買 全華書籍

1. 網路購書

全華網路書店「http://www.opentech.com.tw」，加入會員購書更便利，並享有紅利積點回饋等各式優惠。

2. 全華門市、全省書局

歡迎至全華門市（新北市土城區忠義路 21 號）或全省各大書局、連鎖書店選購。

3. 來電訂購

(1) 訂購專線：(02) 2262-5666 轉 321-324
(2) 傳真專線：(02) 6637-3696
(3) 郵局劃撥（帳號：0100836-1 戶名：全華圖書股份有限公司）
※ 購書未滿一千元者，酌收運費 70 元。

全華網路書店 www.opentech.com.tw
E-mail: service@chwa.com.tw

※ 本會員制如有變更則以最新修訂制度為準，造成不便請見諒。

廣 告 回 信
板橋郵局登記證
板橋廣字第540號

行銷企劃部 收

23671 新北市土城區忠義路 21 號
全華圖書股份有限公司

讀者回函卡

填寫日期：　/　/

姓名：＿＿＿＿ 生日：西元＿＿年＿＿月＿＿日 性別：□男 □女

電話：（　）＿＿＿＿ 傳真：（　）＿＿＿＿ 手機：＿＿＿＿

e-mail：（必填）

註：數字零，請用 Φ 表示，數字 1 與英文 L 請另註明並書寫端正，謝謝。

通訊處：□□□□□

學歷：□博士 □碩士 □大學 □專科 □高中・職

職業：□工程師 □教師 □學生 □軍・公 □其他

學校／公司：＿＿＿＿ 科系／部門：＿＿＿＿

・需求書類：

□ A. 電子 □ B. 電機 □ C. 計算機工程 □ D. 資訊 □ E. 機械 □ F. 汽車 □ I. 工管 □ J. 土木

□ K. 化工 □ L. 設計 □ M. 商管 □ N. 日文 □ O. 美容 □ P. 休閒 □ Q. 餐飲 □ B. 其他

・本次購買圖書為：＿＿＿＿ 書號：＿＿＿＿

・您對本書的評價：

封面設計：□非常滿意 □滿意 □尚可 □需改善，請說明

內容表達：□非常滿意 □滿意 □尚可 □需改善，請說明

版面編排：□非常滿意 □滿意 □尚可 □需改善，請說明

印刷品質：□非常滿意 □滿意 □尚可 □需改善，請說明

書籍定價：□非常滿意 □滿意 □尚可 □需改善，請說明

整體評價：請說明

・您在何處購買本書？

□書局 □網路書店 □書展 □團購 □其他

・您購買本書的原因？（可複選）

□個人需要 □幫公司採購 □親友推薦 □老師指定之課本 □其他

・您希望全華以何種方式提供出版訊息及特惠活動？

□電子報 □ DM □廣告（媒體名稱＿＿＿＿）

・您是否上過全華網路書店？（www.opentech.com.tw）

□是 □否 您的建議

・您希望全華出版那方面書籍？

・您希望全華加強那些服務？

～感謝您提供寶貴意見，全華將秉持服務的熱忱，出版更多好書，以饗讀者。

全華網路書店 http://www.opentech.com.tw　　客服信箱 service@chwa.com.tw

2011.03 修訂

親愛的讀者：

感謝您對全華圖書的支持與愛護，雖然我們很慎重的處理每一本書，但恐仍有疏漏之處，若您發現本書有任何錯誤，請填寫於勘誤表內寄回，我們將於再版時修正，您的批評與指教是我們進步的原動力，謝謝！

全華圖書　敬上

勘　誤　表

書　號		書　名		作　者	
頁　數	行　數	錯誤或不當之詞句		建議修改之詞句	

我有話要說：（其它之批評與建議，如封面、編排、內容、印刷品質等・・・）